"十四五"职业教育国家规划教材

国家林业和草原局职业教育"十三五"规划教材

园林植物栽培养护

（第3版）

黄云玲　张君超　韩丽文　主编

中国林业出版社
China Forestry Publishing House

内 容 提 要

本教材是高职园林类专业核心课程教材。依据“园林绿化技术员、园林植物养护技术员、园林花卉生产管理技术员”等职业岗位的典型工作任务确定教材内容，全书包括两大模块、9个项目、29个任务，涵盖了园林植物栽培前准备、木本园林植物栽培、草本园林植物栽培、屋顶及垂直绿化植物栽植、园林绿地养护招投标及合同制定、园林树木养护管理、草本花卉养护管理、屋顶及垂直绿化植物养护管理、园林绿地养护成本控制及效益评估的基本知识和技能。

本教材以工学结合为切入点，凸显职业性和适用性。全书打破传统教材编写体例，从内容到形式体现高等职业教育特点，教学内容以工作任务为依托，教学活动以学生为主体，做到“教学做三位一体”，强化学生职业能力培养和职业素养养成，培养服务生态文明和“双碳”战略人才。

本教材可作为职业院校园林技术、园林工程技术、风景园林设计、园艺技术专业教材，也可作为相关专业继续教育、绿化工等职业资格培训、园林专业技术人员社会培训、园林类从业人员等的自学教材。

图书在版编目（CIP）数据

园林植物栽培养护 / 黄云玲，张君超，韩丽文主编. —3版. —北京：中国林业出版社，2019.10（2025.6 重印）
“十四五”职业教育国家规划教材 国家林业和草原局职业教育“十三五”规划教材
ISBN 978-7-5219-0360-7

Ⅰ. ①园… Ⅱ. ①黄… ②张… ③韩… Ⅲ. ①园林植物－观赏园艺－高等职业教育－教材 Ⅳ. ①S688

中国版本图书馆CIP数据核字（2019）第274668号

中国林业出版社 · 教育分社

策划编辑： 田 苗 康红梅　　**责任编辑：** 田 苗 曹潆文

电　　话：（010）83143557 83143627　　**传　　真：**（010）83143516

出版发行 中国林业出版社（100009 北京市西城区德内大街刘海胡同7号）
E-mail：jiaocaipublic@163.com 电话：(010)83143500
http://www.forestry.gov.cn/lycb.html

经　　销 新华书店

印　　刷 北京中科印刷有限公司

版　　次 2005年8月第1版（共印刷3次）
2007年8月修订版（共印刷3次）
2014年8月第2版（共印刷4次）
2019年10月第3版

印　　次 2025年6月第7次印刷

开　　本 787mm × 1092mm 1/16

印　　张 21.75

字　　数 738千字（含数字资源）

定　　价 56.00元

数字资源

《园林植物栽培养护》（第3版）

编写人员

主　编

黄云玲　张君超　韩丽文

副主编

苏小惠　张先平　宋墩福

编写人员（按姓氏拼音排序）

傅海英（辽宁生态工程职业学院）

韩丽文（辽宁生态工程职业学院）

黄云玲（福建林业职业技术学院）

黄淑燕（福建林业职业技术学院）

宋墩福（江西环境工程职业学院）

苏小惠（甘肃林业职业技术学院）

张君超（杨凌职业技术学院）

张先平（山西林业职业技术学院）

《园林植物栽培养护》（第2版）

编写人员

主　编

黄云玲　张君超

副主编

苏小惠　张先平　宋墩福

编写人员（按姓氏拼音排序）

傅海英（辽宁林业职业技术学院）

黄云玲（福建林业职业技术学院）

庞丽萍（黑龙江林业职业技术学院）

宋墩福（江西环境工程职业学院）

苏小惠（甘肃林业职业技术学院）

张君超（杨凌职业技术学院）

张先平（山西林业职业技术学院）

《园林植物栽培养护》（第1版）
编写人员

主　编

祝遵凌　王瑞辉

副主编

罗　镪

编写人员（按姓氏拼音排序）

刘　慧（杨凌职业技术学院）

罗　镪（甘肃林业职业技术学院）

王瑞辉（中南林业科技大学）

王亚丽（云南林业学校）

魏　岩（辽宁林业职业技术学院）

周兴元（江苏农林职业技术学院）

祝遵凌（南京林业大学）

第 3 版前言

教材建设是专业建设的重点内容之一，是课程建设与改革的落脚点。《园林植物栽培与养护》（第 3 版）是在黄云玲、张君超主编的“十二五”职业教育国家规划教材《园林植物栽培与养护》（第 2 版）的基础上进行修订的。第 2 版自 2014 年 8 月出版以来，累计印刷 4 次，在全国各地广泛使用，取得了良好的社会效益。鉴于第 2 版教材缺乏配套数字资源，其开放性和共享性有待加强。第 3 版修订在内容和形式上以 2 版为基础，突出教材的职业性、实践性、开放性、共享性，引入国家职业标准和企业标准，重视课程思政教育，关注学生职业素养养成培养。教材在内容和形式上充分体现职业教育特点，依据园林绿化技术员、养护技术员职业岗位的典型工作任务确定课程内容，使其与职业标准对接，吸收新知识、新技术、新工艺和新方法，涵盖各类园林植物栽培、园林植物养护管理两大模块、9 个项目、29 个任务，教学内容以工作任务为依托，教学活动以学生为主体，实现了以工作过程为导向的课程体系改革思想和行业发展要求，做到了工学结合，强化学生综合职业能力培养，增强学生就业与创业能力。

本次修订配套建设了教学课件、教学视频、案例、知识拓展等数字资源，相关资源已通过福建省精品在线开放课程，建成开放共享的网络教学平台，促进本课程数字资源开放、共享，用信息技术实现课程数字资源课堂用、经常用、普遍用。

本教材内容充实、图文并茂，每个任务附有案例、知识拓展、巩固训练、任务小结、思考与练习、自主学习资源库等，便于学生和其他读者学习提高。

本教材由黄云玲、张君超、韩丽文担任主编，苏小惠、张先平、宋墩福担任副主编。具体编写分工如下：黄云玲负责设计教材编写提纲，编写课程导入，项目 1，任务 2.1，项目 4，项目 8，并对全书进行统稿；张君超负责编写任务 2.2、2.3、2.4，项目 5，任务 6.2，并协助审定教材编写提纲；韩丽文老师负责编写任务 3.5，任务 7.5；苏小惠负责编写任务 3.3，任务 7.3，项目 9；张先平负责编写任务 3.1、3.2，任务 7.1、7.2；宋墩福负责编写任务 6.1；黄淑燕负责编写任务 3.4，任务 7.4，并协助全书统稿；傅海英负责编写任务 6.3、6.4。教材课件部分，任务 3.5、7.5 由韩丽文老师制作，其他课件由黄云玲制作，同时依托《园林植物栽培与养护》福建省精品在线课程建设，不断完善本课程其他数字共享资源。在教材编写过程中，各位编写人员投入了大量的时间和精力，多次深入园林企业进行调研，对书稿数次修改，在此表示感谢。

在本教材出版之际，要特别感谢课题组和专家委员会对编写团队的信任和支持，以及对编写工作的指导和把关；感谢福建林业职业技术学院和中国林业出版社的大力支持；感谢福建农林大学郑郁善教授、辽宁林业职业技术学院魏岩教授对书稿进行精心指导和审阅。本教材编写过程中，还参考并引用了部分文献资料和图片资料，在此一并表示衷心感谢。

由于编者水平有限，虽经反复修改，错误和疏漏之处在所难免，敬请读者在使用过程中提出宝贵意见，以便不断修正完善。

黄云玲

2019 年 5 月

第 2 版前言

教材建设是专业建设的重点内容之一，是课程建设与改革的落脚点。《园林植物栽培与养护》（第 2 版）是在祝遵凌、王瑞辉主编普通高等教育“十一五”国家级规划教材《园林植物栽培与养护》的基础上进行修订的。第 1 版自 2005 年出版，2007 年修订以来，累计印刷 6 次，总印数为 19000 册，在全国各地广泛使用，取得了良好的社会反响。随着高职园林类教育的改革与发展，由于第 1 版教材沿用普通高等教育的教学模式，学科痕迹明显，知识陈旧，理论性强，教学内容与工作内容脱节，能力培养较单一，不能满足工学结合教学改革实践的需要。根据《国家中长期教育改革和发展规划纲要（2010—2020 年）》、《教育部关于全面提高高等职业教育教学质量的若干意见》（教高〔2006〕16 号）、《关于加强高职高专教育教材建设的若干意见》（教高司〔2000〕19 号）等文件精神要求，为全面提高高职院校专业教学质量，工学结合已成为专业人才培养模式和课程体系改革的重要切入点，并引导课程体系构建、教学内容设置及教学方法改革。因此，有必要在传承第 1 版教材的基础上，以“高职园林技术专业工学结合教育教学改革创新研究”课题研究思路为指导，开展专业调研和职业岗位分析，以工学结合为切入点，以任务为载体，对教材进行重新修订。本次修订意欲打破传统教材编写体例，从内容到形式体现高等职业教育发展方向，在课程内容编排上打破传统“章、节”的学科体系“平行”结构，依据园林“绿化工”“养护工”职业岗位的典型工作任务确定课程内容，使其与职业标准对接，吸收新知识、新技术、新工艺和新方法，涵盖各类园林植物栽培、园林植物养护管理两大模块、9 个项目、27 个任务，教学内容以工作任务为依托，教学活动以学生为主体，体现了以工作过程为导向的课程体系改革思想和行业发展要求，做到产教结合，强化学生综合职业能力培养，增强学生就业与创业能力。

《园林植物栽培与养护》（第 2 版）有如下特色：

（1）实践性。本教材内容主要依据园林绿化技术员、园林植物养护技术员、园林花卉生产管理技术员等职业岗位的典型工作任务确定；任务流程按企业园林植物栽培与养护管理的实际工作流程设计；任务实施对接企业实际工作任务安排学习小组进行实战训练；每个任务课后还安排了巩固学习和强化技能的实践训练项目，全程推行“工学结合、任务驱动”的教学模式，做到教师在“做中教”，学生在“学中做”，实现“教学做三位一体”和全程“工学结合”，强化了学生职业能力培养和职业素养养成。

（2）职业性。本教材教学内容选取融入了中、高级绿化工、养护工、花卉园艺师等国家职业资格标准，融入了职业岗位技能考核认证考点和要求，做到“双证融通”；融入了园林行业技术标准，贴近生产、贴近技术、贴近工艺，突出职业能力培养。

（3）创新性。在教材结构框架上改变按学科体系编排课程内容的“平行”结构，建立按工作过程编排课程内容的“串行”结构；教材内容组织打破传统学科系统化束缚，将学习过程、工作过程与学生能力和个性发展联系起来，实现从“重教轻做”到“教学做三位一体”转变，从“重理论轻实践”到“理论与实践一体化”转变，从“重知识结构系统性”到“工作过程完整性”转变，从“以教师为中心”到“以学生为中心”转变。具有职业教育特色和创新性。

（4）前瞻性。本教材以较前瞻的眼光，在内容安排上关注在校学习和后续学习的需要。高等职业教育是培养高素质技术技能型人才，不是培养职业工人，本教材充分理解高等职业教育的基本特点和教育教学要求，科学安排各任务知识点、技能点和拓展知识，既注重技能培养，也重视知识积累，为学生后续发展奠定基础。

本教材内容充实、图文并茂，每个任务附有案例、知识拓展、巩固训练、小结、思考与练习、自主学习资源库等，便于学生和其他读者学习提高。

本教材由黄云玲、张君超担任主编，苏小惠、张先平、宋墩福担任副主编。具体编写分工如下：黄云玲负责设计教材编写提纲，编写课程导入，项目 1、任务 2.1、任务 4.1、4.2、项目 8，并对全书进行统稿；张君超负责编写任务 2.2、2.3、2.4，任务 5.1、5.2，任务 6.2，并协助审定教材编写提纲；苏小惠负责编写任务 3.3，任务 7.3，任务 9.1、9.2；张先平负责编写任务 3.1、3.2，任务 7.1、7.2；宋墩福负责编写任务 6.1；庞丽萍负责编写任务 3.4，任务 7.4；傅海英负责编写任务 6.3、6.4。在教材编写过程中，各位编写人员投入了大量的时间和精力，多次深入园林企业进行调研，对书稿数次修改，在此表示感谢。

在本教材出版之际，要特别感谢课题组和专家委员会对编写团队的信任和支持，以及对编写工作的指导和把关；感谢福建林业职业技术学院和中国林业出版社的大力支持；感谢福建林业职业技术学院郑郁善教授、辽宁林业职业技术学院魏岩教授对书稿进行精心指导和审阅。本教材编写过程中，还参考并引用了大量的文献资料、图片资料和网站资料，在此一并表示衷心感谢。

由于编者水平有限，虽经反复修改，错误和疏漏之处在所难免，敬请读者在使用过程中提出宝贵意见，以便不断修正完善。

黄云玲
2014 年 2 月

第 1 版前言

园林植物是园林绿化的主体材料。园林植物栽培养护是把园林植物应用于园林绿化工程的手段和过程，也是保存绿化成果、充分发挥园林植物的各种功能、保持园林绿化景观可持续发展的有效手段与措施。这项工作涉及园林植物的选择、配置、栽植和养护的各种技术与措施，是园林绿化工程从设计到施工中的各种岗位人员都应掌握的一门技术，这也是我们编辑这本教材的目的之所在。

事实上，随着园林事业的发展，特别是 20 世纪 90 年代以来，大力保护城乡环境、恢复和重建城乡自然生态平衡的呼声日益高涨，人们对通过园林绿化来改善环境和保护环境的期望越来越殷切。随之而来的是园林绿化市场的日益活跃，园林绿化设计与施工企业也如雨后春笋般诞生，各种类型的园林绿化规模和势头空前。但由于重设计轻施工、重栽植轻养护等思想的存在，使得园林绿化很难达到预期目标。所以，园林绿化市场中需要一支技术精湛的栽植和养护队伍。这是园林专业开设该门课程的初衷，也是我们以这本教材奉献给园林工作者，以期提高他们的理论和技术水平，规范园林绿化市场，使园林绿化市场走上健康发展的轨道为最终目的。

诚然，想仅以这本书来培养我们的园林专业的大学生们，让他们掌握关于园林植物栽植与养护的所有知识是远远不够的。因为尽管本书概括了园林植物栽植与养护的方方面面，从园林植物的生物学特性及其与环境的关系、园林植物的选择与配置到栽植与养护技术，涉及的园林植物面也很广，应该说是囊括了园林绿化所用的一切植物材料，但是对知识点的释疑上并非都深入，这是本书主要的读者对象——高职园林专业学生所决定的。鉴于此，本书在编写过程中力求做到知识面广、实用性强和便于使用。

全书共分 10 章，第一、二章介绍园林植物生长发育规律及与环境的关系；第三、四章介绍园林植物的选择与配置；第五、六章介绍园林树木的栽培与养护管理技术；第七章介绍古树名木的养护与管理；第八章介绍园林花卉栽培管理；第九章介绍草坪栽培管理；第十章介绍常用园林植物的栽培养护技术。本书每章均设置了复习思考题，并把目前有关栽培的技术规范作为附录列于书后，供学习参考。

南京林业大学风景园林学院祝遵凌博士和中南林学院*职业技术学院王瑞辉副教授担任主编，甘肃林业职业技术学院罗镪副教授担任副主编。各编委编写分工如下：祝遵凌编写第五章、第八章（第五节）、第十章（第二节/二）、附录二的部分内容；王瑞辉编写第六章、第十章（第二节/三、四）；杨凌职业技术学院刘慧副教授编写第一章和第二章；云南林业学校王亚丽高级讲师编写第三章和第四章；罗镪副教授编写第七章、第十章（第一节/一、二、五、六、七）、附录一；辽宁林业职业技术学院魏岩高级讲师编写第八章（第一、二、三、四节）、第十章（第二节/一）；江苏农林职业技术学院周兴元副教授编写第九章和第十章（第三节）。附录二的实训内容由相对应章节的编写人员编写。

本书在编写过程中得到了中国林业出版社教材建设与出版管理中心、各参编写单位的大力支持，参与编写的老师付出了近两年的艰辛劳动，在编写过程中参考并引用了大量有价值的资料，在此一并表示感谢。

由于编者水平有限，谬误之处，恳请广大读者批评指正。

祝遵凌

2005年5月于南京

* 现为中南林业科技大学。

目　录

模块 2　园林植物养护管理

“园林植物栽培养护”
课程导入

【知识目标】

（1）了解“园林植物栽培养护”课程对接的职业岗位、岗位职责；

（2）了解“园林植物栽培养护”课程性质、地位、培养目标，园林植物栽培养护的意义，国内外园林植物栽培养护概况；

（3）熟悉课程项目内容及实施方法。

【技能目标】

能够组建课程学习团队，合理进行团队人员岗位分工和角色转换，有序实施课程各项目任务的学习。

【素质目标】

（1）传承中国园林植物悠久栽培历史，弘扬中国园林文化，提升城市品味；

（2）培养学生牢固树立并践行绿水青山就是金山银山的理念，培养学生的生态观和生态素养。

0.1 课程概述

0.1.1 园林植物栽培养护的内涵

园林植物栽培养护是通过对各类园林植物生长发育规律的了解，研究园林植物栽培和养护管理具体方法的一门实用型技术，其专业性、实践性、职业性强。

0.1.2 “园林植物栽培养护”课程性质、地位

“园林植物栽培养护”是园林技术、园林工程技术专业核心课程，其目的在于让学生了解园林绿化工程施工员、园林植物养护技术员等职业岗位的全面工作流程，培养学生园林植物栽培、园林植物养护管理的能力，同时注重培养学生的职业素质和学习能力。本课程需要以“园林植物”“园林植物生长发育与环境”“园林植物有害生物防治”等课程的学习为基础。

0.1.3 园林植物栽培养护课程目标

（1）专业能力目标

- 会本地区各类主要园林植物栽植前的准备和栽培施工技术；
- 会本地区各类主要园林植物养护管理技术；
- 会本地区主要园林植物整形修剪技术；
- 会制定园林绿地养护招投标流程及合同；
- 初步会园林绿地养护成本控制及效益评估；
- 会使用和保养常用园林机具；
- 具备园林绿化施工员、园林植物养护技术员上岗就业的能力。

（2）方法能力目标

- 能独立分析与解决生产实际问题；
- 能自主学习园林新知识、新技术；
- 能通过各种媒体查阅各类资料，获取所需信息；
- 能独立制订工作计划并实施。

（3）社会能力目标

- 具有较强的口头与书面表达能力、沟通协调能力；
- 具有较强的组织协调和团队协作能力；
- 具有良好的心理素质和克服困难的能力；
- 具有行业法律观念和安全生产意识；
- 具有创新精神和创业能力；

• 具有良好的职业道德和职业素质。

0.1.4 园林植物栽培养护的意义及国内外发展现状

0.1.4.1 园林植物栽培养护的意义

①社会效益　园林植物栽培养护能有效保障园林绿化设计和园林种植施工的成效，为人们提供优美的休息、工作与赏玩的绿地景观环境，实现陶冶情操、净化心灵、增进健康、促进和平、美化环境、人居和谐等功能。

②生态效益　园林植物通过调节小气候、净化空气、防洪抗旱、净化涵养水源、净化改良土壤、防风固沙、防灾减灾、杀菌减噪等作用提高环境质量，发挥巨大的生态效益。

③经济效益　园林绿化产品如园林苗木、花卉、盆景等正以自然资本的形式不断丰富人们的生活，园林植物的自身价值和绿地景观的艺术、生态价值，绿地景观的服务功能价值有所提升，园林景观建设带动房地产、旅游、加工、商贸等产业的快速发展，创造了广阔的劳动就业市场，这些都是园林植物直接和间接创造的经济效益。

0.1.4.2 国内外园林植物栽培概况

（1）中国园林植物栽培概况

中国是“世界园林之母”，园林植物栽培历史已达数千年，劳动人民积累了非常丰富的栽培理论和经验。历代王朝在宫廷、内苑、寺庙、陵墓大量种植树木和花草，至今尚留有千年以上的古树名木。早在春秋战国时期，已有关于野生树木形态、生态与应用的记述。秦王嬴政在京都长安、骊山一带修建阿房宫、上林苑，大兴土木，种植各种花、果、树木，开始园艺栽培。河南鄢陵早在明代就以“花都”著称，这个地区的花农长期以来成功培育多种多样绚丽多彩的观赏植物，在人工捏、拿、整形树冠技术上有独到之处，如用圆柏捏扎成的狮、象等动物至今仍深受群众喜爱。北魏贾思勰撰写的《齐民要术》中记载“凡栽一切树木，欲记其阴阳，不令转易，大树髡之，小者不髡。先为深坑，内树讫，以水沃之，着土令为薄泥，东西南北摇之良久，然后下土坚筑。时时灌溉，常令润泽。埋之欲深，勿令动……”，论述了园林树木的栽植方法。明代《种树书》中载有“种树无时惟勿使树知”，“凡栽树不要伤根须，阔挖勿去土，恐伤根。仍多以木扶之，恐风摇动其巅，则根摇，虽尺许之木亦不活；根不摇，虽大可活，根茎上无使枝叶繁则不招风”。说明了园林树木栽植时期的选择，挖掘要求和栽后支撑的重要性。清初陈淏子《花镜》记载，凡欲催花早开，用硫黄水或马粪水灌根，可提早 2～4d 开花，介绍了植物催花技术。还有晋代戴凯之的《竹谱》，宋代范成大的《梅谱》、王观的《芍药谱》、陈思的《海棠谱》、欧阳修的《洛阳牡丹记》、刘蒙的《菊谱》，明代张应文的《菊谱》《兰谱》等，都详细记载了多种植物的栽培技艺。

中华人民共和国成立以来，党和国家非常重视园林绿地的保护和建设，曾提出“中国城乡都要园林化、绿化”的目标，并为此做了很大努力。1958 年党中央提出实现“大地园林化、绿化、美化、香化”的号召。20 世纪 50 年代，在北京展览馆和上海中苏友好大厦的绿化中，采用了大树布置园林。1954年后，杭州在扩建花港观鱼、平湖秋月、柳浪闻莺和玉泉等著名风景点时，移栽了20～50年生的天竺桂、七叶树、樟树、银杏、马尾松、雪松、紫薇、广玉兰等。近年来，随着城乡园林绿化事业的发展，园林植物栽培养护技术日益提高，表现在：生产逐步实现现代化、自动化；种苗生产高度发达，专业化分工更加精细；栽培养护实践中广泛应用新知识、新技术、新材料。但目前我国的栽培技术和生产水平与世界先进水平相比，还有一定的差距。生产专业化、布局区域化、市场规范化、服务社会化、产品标准化的现代化产业格局还没有真正形成。所以园林植物栽培应在继承历史的同时，借鉴世界先进经验与技术，利用我国丰富的物种资源，重视植物新品种研发与创新，打造植物繁育科技创新高地，为我国社会主义精神文明和物质文明服务。

（2）世界园林植物栽培养护的现状

近年来，世界园林植物生产有了迅速的发展，具有生产现代化，产品优质化，生产、经营、销售一体化的特点。在栽培养护技术上有了较大进展，主要表现在以下几个方面：

①控根容器育苗　木本植物容器育苗生长后期容易造成容器内根系缠绕打结，甚至侧根缠绕主根，导致根系生长不良。生产中可采用化学控根、物理控根和空气控根技术促进容器苗根系健康生长。其中化学控根技术是成本最低、应用最为广泛的一种方法，即将铜离子制剂氢氧化铜〔$Cu(OH)_2$〕、碳酸铜（$CuCO_3$）或其他化学制剂涂抹于育苗容器的内壁上，抑制根系顶端分生组织的生长，促发更多的侧根，提升苗木根系质量。控根快速育苗容器、舒根型容器、轻型软容器等一些新型的容器广泛应用于园林绿化大规格苗木生产。

②大树移植新技术　德国制造的Optimal移树机，包括直径为70cm和120cm的各种移树机器。作业时可整齐切断树根，保持形状完整的根球，根球形状对应天然根系，从而促进移植后的再生长。从大树起挖、断根、吊装、运输、种植全流程只需要十几分钟。该系列移树机从20世纪70年代至今不断创新，用户可找到适用于每棵树的最适合的树铲。大树移植时在根系周围埋透气管，促进根系透气排毒供氧，在大树叶面喷施抗蒸腾剂阻止水分损失，进行大树树干输液等，提高大树移植成活率。

③园林树木施肥技术不断优化　使用高效广谱安全的新型肥料如“植物壹号”等；采用施肥新方法，如微孔释放袋施肥、施肥枪施肥、打孔施肥等；提倡测土配方施肥、机械化和自动化施肥，实现高效、精准、安全、节约施肥。

④化学修剪技术逐步发展　由于人工、机械修剪成本高，促进了化学修剪的发展。有些化学药剂，可通过叶片吸收进入植物体内，运输到迅速生长的梢端后，幼嫩细胞虽可继续膨大，但可使细胞分裂的速度减缓或停止，从而使生长变慢，并保持树体的健康状况。

⑤树洞修补的技术与材料不断完善　研发了许多树洞填充的新型材料，其中聚氨酯泡沫是一种最新的材料。这种材料强韧，稍具弹性，与园林树木的边材和心材有良好的黏着力，容易灌注，膨化和固化迅速，并可与多种杀菌剂混合使用。

⑥园林花卉生产技术先进　温室已经发展为精控联栋温室，温室内生产环境采用物联网调控，水肥一体化、潮汐灌溉等先进技术广泛应用，实现机械化、自动化、流水化、规模化、标准化作业。园艺生产发达国家致力于研发创新新品种，申报专利，形成品种、技术、产品、营销等全产业链优势、人才优势和先进生产经营理念，有较强的核心竞争力。

⑦农药使用重视环境保护 由于环境保护的需要，淘汰了一些具残毒和污染环境的药剂，应用和推广了许多新型高效低毒的农药，并进行生物防治。

0.2 课程对接的职业岗位

0.2.1 对应的职业岗位（图 0-1）

（1）园林植物栽培的职业岗位

园林植物栽培对应的顶岗岗位是绿化工，主要工作内容是在绿化施工员的指导下做好绿化栽培前整地、挖栽植穴、栽植施工等工作。就业初次岗位是绿化施工员，主要工作内容是在项目技术负责人指导下负责现场的施工组织安排和施工管理，负责现场的技术、测量、试验等工作等。发展岗位是绿化施工项目技术负责人，主要工作内容是全面负责绿化施工技术、质量安全、目标管理，制订分部、分项的绿化工程施工方案，并结合施工实际，制订具体的技术组织措施，督促贯彻执行。目标岗位是绿化养护部项目经理，主要工作内容是全面负责绿化工程项目的招投标、主持制订中标绿化工程项目的施工组织设计、质量计划，编制年、季、月施工进度计划，组织绿化工程项目的安全生产，负责项目工程质量，负责组织部门员工业务培训等。

（2）园林植物养护的职业岗位

园林植物养护对应的顶岗岗位是养护工，主要工作内容是在养护技术员的指导下做好园林绿地花、草、树木的及时修剪、整形、清理、施肥、防病治虫，做好绿地、花坛的日常保洁，会用各类绿化养护工具开展绿地养护管理。就业初次岗位是绿化养护技术员，主

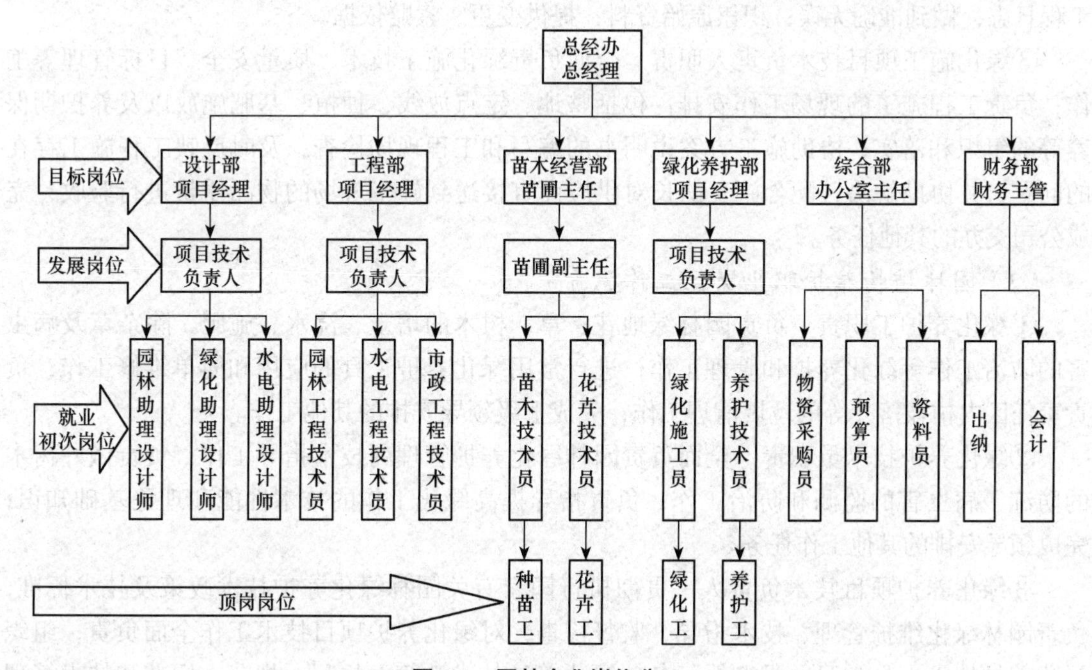

图 0-1 园林企业岗位分工

要工作内容是全面负责园林绿化养护管理的技术指导工作。发展岗位是绿化养护项目技术负责人，主要工作内容是全面负责绿化养护项目技术、质量安全、目标管理。目标岗位是绿化养护部项目经理，主要工作内容是全面负责绿化养护项目的招投标、主持制订中标绿化养护项目的质量计划，编制年、季、月养护管理进度计划，组织绿化养护项目的安全实施，负责组织部门员工业务培训等。

0.2.2 岗位工作职责

（1）园林植物栽培职业岗位工作职责

①绿化工岗位工作职责　服从领导安排，遵守劳动纪律，不迟到、早退，不脱岗，积极完成本职工作任务；能在绿化施工员指导下，熟悉园林植物栽植技术规程，能负责责任区内绿化工程的栽植地准备、挖栽植穴、绿化种植等工作；能熟练操作各种绿化工具、设备，清楚各种绿化物料的使用方法，并严格遵守各项安全操作规程；按时、按质地完成责任区内绿化的各项种植生产任务，发现问题及时处理、上报；完成领导交办的其他工作。

②绿化施工员岗位职责　在项目经理和技术负责人领导下，负责现场的施工组织安排和施工管理工作；负责现场的技术、测量、试验工作；做好现场的技术、安全、质量交底工作，履行签认手续，并经常检查规程、措施、交底要求执行情况，随时纠正违章作业。做好施工队伍技术指导；随时掌握作业组在施工过程中的操作方法，严格过程控制；按工程质量评定验收标准，经常检查作业组的施工质量，抓好自检、互检和工序交接检，发现不合格产品要及时纠正或向项目经理汇报；负责现场的施工准备，保护好测量标志；严格监督、检查、验收进入施工区、段的材料、半成品是否合格，堆码、装卸、运输方法是否合理，防止损坏和影响工程质量；按时填写各种有关施工原始记录、隐蔽工程检查记录和工程日志，做到准确无误；积累原始资料，提供变更、索赔依据。

③绿化施工项目技术负责人职责　全面负责绿化施工技术、质量安全、目标管理等工作；负责工程施工的现场工作安排：包括整地、定点放线、种植、基肥施放以及养护期保养等的组织和落实；协助施工方案说明书的编写和工程现场检查；及时反映工程施工存在的问题，并协助解决；配合施工队长对供应商直接送到施工现场的物品质量进行验收；完成公司交办的其他任务。

（2）园林植物养护职业岗位工作职责

①绿化养护工职责　负责园林绿地花、草、树木的培土、浇水、施肥、除杂草及病虫害的防治工作等绿化养护和管理工作；进行常用绿化养护工具的应用和简单维修工作；负责责任区内枯枝落叶等的垃圾清理工作；完成上级领导安排的其他工作。

②绿化养护技术员职责　全面负责园林绿化养护管理的技术指导工作；负责做好树木的防冻、病虫害的监测和防治工作；负责指导提高绿化工作的技术性能和理论基础知识；完成领导安排的其他工作任务。

③绿化养护项目技术负责人　贯彻执行国家有关园林绿化养护技术政策及技术标准，负责园林绿化维护管理、技术指导、监督检查，对绿化养护项目技术工作全面负责；组织绿化养护技术人员学习并贯彻执行各项绿化养护技术政策、规程、规范、标准和技术管理

制度；负责编制园林绿化养护作业计划，做好养护管理人员、材料、器具的计划、申请及使用；合理安排园林绿化养护管理流水和交叉作业，及时处理当天作业中的困难；指导绿化养护工人按照技术交底要求进行绿化养护作业，纠正一切违章指挥、违章作业行为，对绿化养护工人落实安全质量责任制，保障作业安全；负责绿化养护材料验收。材料到达后立即与库管员办理入库验收，并完善相关手续。对不符合要求的材料，要立即解决，杜绝使用；认真填写绿化养护作业日志，详细记载当天的人、材、机的使用情况；配合其他人员，完成部门领导交办的其他工作。

④绿化养护部项目经理职责　对公司领导负责，制订年度公司所辖范围绿化养护管理方案、绿化养护管理标准和技术要求以及月工作计划，并按审定后的养护管理方案和计划，组织各绿化队开展工作；审核绿化队长每周工作安排和临时出勤考勤表，审批绿化工人临时加班和 3 天内请假；每月末负责组织月检查，经常到绿地对绿化养护管理工作进行检查和指导；对检查发现的及绿化队报告的问题提出整改措施，情节严重须向公司领导汇报；努力学习专业适应知识，经常与外界同行交流，不断提高绿化管理水平；完成公司交办的其他工作。

模块1

园林植物栽培

项目 1

园林植物栽培前准备

园林植物栽培前准备是园林植物栽培的基础工作。本项目以园林绿化建设工程中各类园林植物栽培前准备的实际工作任务为载体，设置了定点放样、土壤准备、苗木准备 3 个学习任务。学习本项目要熟悉园林植物栽培技术规程，并以园林绿化建设工程中的实际施工任务为支撑，将知识点和技能点融于实际的工作任务中，使学生在“做中学、学中做”，实现“理实一体化”教学。

【知识目标】

（1）了解园林植物绿化种植定点放样工作内容，掌握定点放样技术方法；

（2）了解园林绿地土壤特点，掌握园林绿地土壤改良整理的技术方法；

（3）理解各类园林苗木规格要求，掌握园林苗木选择、起苗、运苗、假植、苗木处理的技术方法。

【技能目标】

（1）会熟练实施各类型园林绿地定点放样；

（2）会熟练实施园林绿地土壤改良整理；

（3）会熟练实施园林苗木选择、起苗、运苗、苗木处理操作。

【素质目标】

（1）培养精益求精的科学精神和职业素养；

（2）弘扬尊重劳动、热爱劳动、吃苦耐劳的劳动精神；

（3）养成法律意识、质量意识、环保意识、安全意识。

任务1.1 定点放样

◇任务分析

【任务描述】

定点放样是园林植物栽植前准备的重要内容。本任务学习以学校或某小区新建绿地中各类园林植物栽植的施工任务为支撑，以学习小组为单位，根据学院或某小区绿化种植设计图和施工图，实施完成园林植物栽植前定点放样任务。本任务实施宜在学院或某小区绿地等校内外实训基地开展。

【任务目标】

（1）会正确识读园林绿化设计图和施工图；

（2）会熟练实施各类型园林绿地绿化种植定点放样；

（3）会熟练使用各类定点放样工具；

（4）能独立分析和解决实际问题，吃苦耐劳，合理分工并团结协作。

◇知识准备

1.1.1 定点放样概述

绿化种植工程的放样按对象不同，可分为土方放样和种植放样。土方放样包括平整场地的放线和自然地形的放线。种植放样是根据园林绿化设计方案、园林植物绿化种植设计图和施工图，依栽植方式的不同，采用自然式、整体式、等距弧线等方法在现场测出苗木栽植的位置和株行距，明确标示种植穴中心点的种植边线，标明定点位置的树种名称（或代号）、规格，做到清晰简明、区别显著，达到绿化工程所要求的效果。

1.1.2 定点放样准备

（1）了解绿化设计意图

施工单位在放样前必须先阅读绿化设计图和施工图，找设计人员了解绿化设计意图，对发现的问题应做出标记，做好记录，以便在图纸会审时提出。

（2）踏勘现场

提取施工现场土样进行测定，据测定的土质情况，确定是否换土，并估计客土量及客土来源；了解施工现场交通状况；了解施工现场地下水位及水源、电源、地下管线等情况；了解施工现场是否平整，有无绿化施工障碍物，提出处理意见。

（3）图纸会审

由建设单位组织设计、施工单位参加图纸会审。会审时先由设计单位进行图纸交底，然后各方提出问题。经协商统一后的意见形成图纸会审纪要，由建设部门正式行文，参加会议各方盖章，作为与设计图同时使用的技术文件，施工单位在图纸会审中应重点把握以下内容：图纸说明是否完整、完全、清楚，图中的尺寸、标高是否准确，图中植物表所列数量与图中种植物符号数量是否一致，图纸之间是否有矛盾；施工技术有无困难，能否确保施工质量和安全，植物材料在数量、质量方面能否满足设计要求；地上与地下，建筑施工与种植施工是否矛盾，各种管道、架空电线对植物是否有影响；图中不明确或有疑问处，设计单位是否解释清楚；施工、设计中的合理建议是否被采纳。

1.1.3 定点放样方法

1.1.3.1 自然式配置放线法

（1）坐标定点（网格）法

根据植物配置的密度，先按一定的比例在设计图及现场分别打好等距离方格，然后在图上量出树木在某方格的纵横坐标尺寸，再按此方法量出在现场的相应方格位置，并用灰线做出明显标记。此方法适用于范围大、地势平坦而树木配置复杂的绿地。

（2）仪器测量法

用经纬仪或小平板仪依据地上原有基点或建筑、道路等明显地物标识，将树群或孤植树依照设计图上的位置依次定出每株位置，并用灰线做出明显标记。此法适用于范围较大、测量基点较准确而植株较稀的绿地。

（3）交会法

由两个地物或建筑平面边上两个点的位置到种植点的距离，以直线相交的方法定出种植交点。此法适用于范围小、现场建筑或其他标志与设计图相符的绿地。

1.1.3.2 规则式配置放线法

（1）图案简单（如行列式）的规则式绿地

定点放线的方法是以绿地边界、园路、广场和小建筑物等平面位置为依据，定出行位，再利用皮尺、测绳和标杆（控制行位）量出每株树木的位置，并用灰线做出明显标记即可。图案整齐、线条规则的小块模纹绿地，要求图案线条准确无误，故放线时要求极为严格，可用较粗的铁丝、铅丝按设计图案的式样编好图案轮廓模型，图案较大时可分为几节组装，检查无误后，在绿地上轻轻压出清楚的线条痕迹轮廓，并用灰线做出明显标记；图案连续和重复布置的绿地，为保证图案的准确性、连续性，可用较厚的纸板或围帐布、大帆布等（不用时可卷起来便于携带运输），按设计图剪好图案模型，线条处留 5cm 左右宽度，以便于撒灰线，放完一段再放一段，并用灰线做出明显标记。

（2）图案复杂的模纹绿地

对于地形较为开阔平坦、视线良好的大面积绿地，设计图案复杂的模纹图案，由于面积较大一般设计图上已画好方格线，按照比例放大到地面上即可；图案关键点应用木桩标记，同时模纹线要用铁锹、木棍划出线痕然后再撒上灰线，因面积较大，放线一般需较长时间，因此放线时最好订好木桩或划出痕迹，撒灰踏实。

1.1.3.3　等距弧线放线法

放线时可从弧的开始到末尾以路牙或中心线为准，每隔一定距离分别画出与路牙垂直的直线。在此直线上，按设计要求的树与路牙的距离定点，把这些点连接起来就成为近似道路弧度的弧线，于此线上再按株距要求定出各种植点。

1.1.3.4　尺徒手定点放线

放线时应选取图纸上已标明的固定物体（建筑或原有植物）作参照物，并在图纸和实地上量出它们与将要栽植植物之间的距离，然后用白灰或标桩在场地上加以标明，依此方法逐步确定植物栽植的具体位置，此法误差较大，只能在要求不高的绿地施工采用。

◇任务实施

1．器具与材料

（1）器具

全站仪、经纬仪、小平板仪、皮尺、测绳、花杆等。

（2）材料

学院或某小区绿化设计图和施工图，石灰、木桩、畚斗、记录表、纸张、笔，专业书籍，教学案例等。

2．任务流程

定点放样任务流程见图1-1。

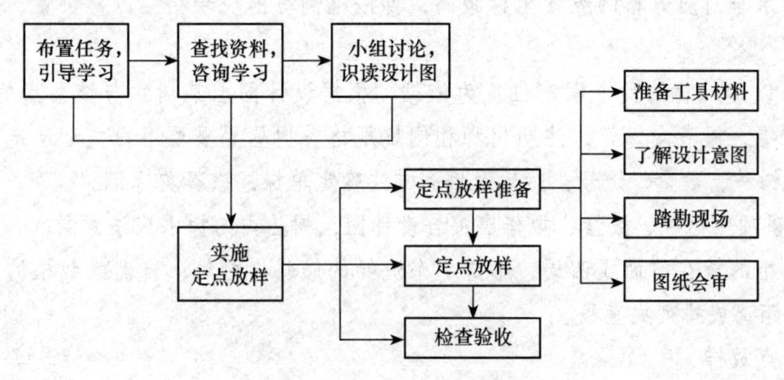

图1-1　定点放样流程图

3．操作步骤

（1）定点放样准备（图1-2）

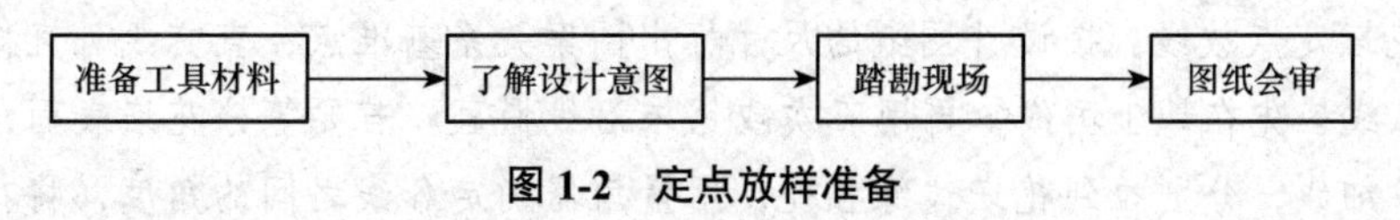

图1-2　定点放样准备

（2）实施定点放样

①行道树定点放样

A．任务　选定1～2条道路（每条长度1000m左右），其中一条有完好路牙，一条没有完好路牙。

B．实施放样

确定行位：行道树放样时，有完好路牙的以路牙内侧为准，无完好路牙的以道路路面的中心线为准，用尺测准定出行位，并按设计图规定的株距，大约每10株钉1个行位控制桩。如果道路通直，行位控制桩可钉得稀一些，一般首尾两头用尺量距，中间部位用经纬仪照准穿直的方法布置控制桩。每一个道路拐弯处都必须测距钉桩。

确定点位：以行位控制桩为瞄准的依据，用尺或测绳按照图面设计确定株距，定出每一棵树的位置。株位中心用铁锹挖一小坑，内撒石灰，作为点位定位标记。

C．注意事项　注意行位控制桩不要钉在种植坑范围内，以免施工时被挖掉；遇道路急转弯时，在弯的内侧应留出50m不栽树，以免妨碍视线；交叉路口各边30m内不栽树；公路与铁路交叉口50m内不栽树；高压输电线两侧15m内不栽树；公路桥头两侧8m内不栽树；遇有出入口、交通标志牌、涵洞、车站电线杆、消火栓、下水道等都应留出适当距离，并尽量左右对称。

②成片自由式种植绿地定点放样

A．任务　选定已进行绿化种植设计的一定面积空旷地进行自由式种植绿地定点放样。

B．实施放样

平板仪定位法：依据基点将单株位置、片林范围、树丛花丛位置按设计图依次定出，并钉木桩标明，注明种植的树种、数量。

网格法：按比例在设计图和现场分别找出距离相等的方格（10～20m见方）。定点时先在设计图上量好树木与对应方格的纵横坐标距离，再按比例写出现场相应方格位置，然后钉木桩或撒石灰标记。

交会法：以建筑物的两个固定位置为依据，根据设计图上某树木与该两点的距离相交会，定出植树坑位置，撒石灰标记，注明树种和刨坑规格。树丛界限要用白灰划清范围，线圈内钉上木桩，注明树种、数量、坑号，然后用目测方法确定单株，撒石灰标记。

C．注意事项　树种、数量、规格应符合设计图；树丛内的树木应注意层次，较大的放于中间或后面，较小的放在前面或四周，形成一个流畅的倾斜树冠线；自然式栽植的苗木，放线要自然，不得等距离或排列成直线。

③花坛定点放样

A．任务　任选已设计的规则式花坛、图案整齐模纹花坛、复杂图案花坛其中之一进行花坛定点放样训练。

B．实施放样

规则式花坛定点放线：按设计图纸的尺寸标出图案关系基准点，直交线可直接用石灰或锯末撒画。圆弧线应先在地上画线，再用石灰或锯末沿线撒画。若要等分花坛表面，可从花坛中心桩牵出几条细线，分别拉到花坛边缘各处，用量角器确定各线之间的角度，将花坛表面等分成若干份。

图案整齐模纹花坛定点放线：须用粗铁丝编好图案、轮廓模型，在花坛地面上压出线条痕迹，再撒上石灰线。

复杂图案花坛定点放线：先用厚纸板按设计图纸放样成图案模型，然后用方格法摆准位置，图案关键点用木桩标记，模纹线用铁锹、木棍划出线痕，然后撒上灰线。

（3）检查验收

各类型绿地定点放样后，应请设计人员及有关单位派人根据绿化种植设计图和施工图仔细核对，检查放样的准确性，方可转入下一步的施工。

4．考核评价（表 1-1）

表 1-1　定点放样考核评价表

<table>
<tr><td>模　块</td><td colspan="3">园林植物栽植</td><td>项　目</td><td colspan="2">园林植物栽培前准备</td></tr>
<tr><td>任　务</td><td colspan="4">任务 1.1　定点放样</td><td>学　时</td><td>2</td></tr>
<tr><td>评价类别</td><td>评价项目</td><td colspan="2">评价子项目</td><td>自我评价
（20%）</td><td>小组评价
（20%）</td><td>教师评价
（60%）</td></tr>
<tr><td rowspan="6">过程性评价
（60%）</td><td rowspan="4">专业能力
（45%）</td><td colspan="2">识图能力（10%）</td><td></td><td></td><td></td></tr>
<tr><td rowspan="3">方案
实施
能力</td><td>工具材料准备（5%）</td><td></td><td></td><td></td></tr>
<tr><td>实施定点放样（25%）</td><td></td><td></td><td></td></tr>
<tr><td>检查验收（5%）</td><td></td><td></td><td></td></tr>
<tr><td rowspan="2">社会能力
（15%）</td><td colspan="2">工作态度（7%）</td><td></td><td></td><td></td></tr>
<tr><td colspan="2">团队合作（8%）</td><td></td><td></td><td></td></tr>
<tr><td rowspan="2">结果评价
（40%）</td><td colspan="3">放样的科学性、准确性（30%）</td><td></td><td></td><td></td></tr>
<tr><td colspan="3">实训总结报告（10%）</td><td></td><td></td><td></td></tr>
<tr><td colspan="4">评分合计</td><td></td><td></td><td></td></tr>
<tr><td colspan="2">班级：</td><td colspan="2">姓名：</td><td>第　　组</td><td colspan="2">总得分：</td></tr>
</table>

◇巩固训练

1．训练要求

（1）以小组为单位开展训练，组内学生要分工合作、相互配合、团队协作。

（2）绿化种植施工放样应具有科学性和准确性。

（3）做到安全生产，操作程序符合要求。

2．训练内容

（1）结合当地小区绿化工程的种植放样内容，让学生以小组为单位，在咨询学习、小组讨论的基础上充分了解绿化设计意图，会正确识读绿化种植设计图和施工图。

（2）以小组为单位，依据当地小区绿化工程进行一定任务的种植放样训练。

3．可视成果

某小区绿化种植工程施工放样方案；施工放样成功的绿地。

◇任务小结

定点放样任务小结如图1-3所示。

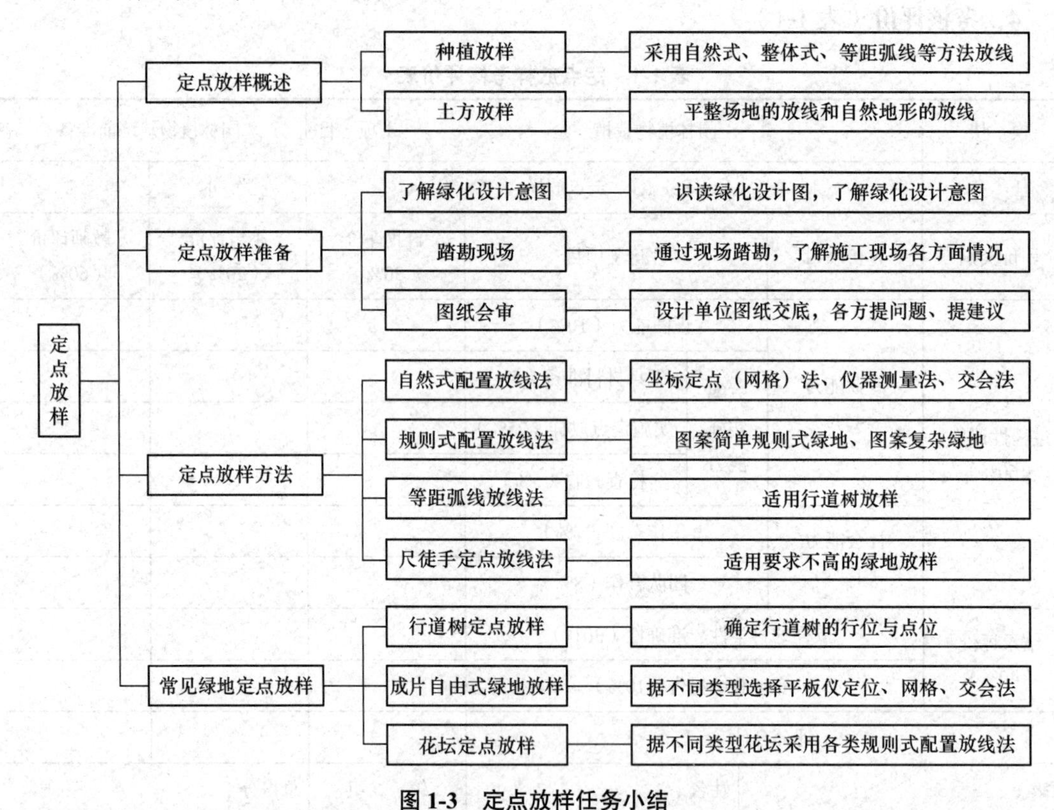

图1-3　定点放样任务小结

◇思考与练习

1．填空题

（1）绿化种植工程的放样按对象不同可分为________和________。

（2）土方放样包括________和________。

（3）定点放样准备工作包括________、________、________、________。

（4）自然式配置放线法有________、________、________。

（5）绿化种植工程定点放样的方法有________、________、________、________。

（6）行道树放样时，确定行位时，有完好路牙以________为准，无完好路牙的以________为准。并按设计图规定的株距，大约每________株钉1个行位控制桩。确定点位时，以________为瞄准的依据，用尺或测绳按照图面设计________，定出每一棵树的位置。

（7）行道树放样时，遇道路急转弯时，在弯的内侧应留出________不栽树，以免妨碍视线；交叉路口各边________内不栽树；公路与铁路交叉口________内不栽树；高压输电线两侧

________内不栽树；公路桥头两侧________内不栽树。

(8) 成片自由式种植绿地定点放样可选用________、________、________等方法放样。

2. 选择题

(1) 绿化种植工程的放样按对象不同，可分为( )。

A. 土方放样和种植放样　　B. 平整场地的放线

C. 自然地形的放线　　D. 自然式配置放线法

(2) 绿化种植工程放样准备工作中的图纸会审一般由( )负责组织。

A. 设计单位　　B. 施工单位

C. 建设单位　　D. 以上3个单位联合组织

(3) 以下放线法属于自然式配置放线法的是( )。

A. 仪器测量法　　B. 土方放样

C. 平整场地的放线　　D. 规则式配置放线

(4) 适用于范围较大、测量基点较准确而植株较稀的绿地放线法是( )。

A. 坐标定点(网格)法　　B. 规则式配置放线

C. 仪器测量法　　D. 交会法

(5) 适用于范围小、现场建筑或其他标志与设计图相符的绿地放线法是( )。

A. 坐标定点(网格)法　　B. 规则式配置放线

C. 仪器测量法　　D. 交会法

(6) 适用于范围大、地势平坦而树木配置复杂的绿地放线法是( )。

A. 坐标定点(网格)法　　B. 规则式配置放线

C. 仪器测量法　　D. 交会法

(7) 适用于要求不高的绿地施工的放线法是( )。

A. 坐标定点(网格)法　　B. 规则式配置放线

C. 尺徒手定点放线　　D. 交会法

(8) 适用于图案简单(如行列式)规则式绿地的放线法是( )。

A. 坐标定点(网格)法　　B. 规则式配置放线

C. 尺徒手定点放线　　D. 交会法

(9) 遇道路急转弯时，在弯的内侧应留出( )不栽树，以免妨碍视线。

A. 30m　　B. 50m　　C. 15m　　D. 8m

(10) 高压输电线两侧( )内不栽树。

A. 30m　　B. 50m　　C. 15m　　D. 8m

3. 判断题(对的在括号内填“✓”，错的在括号内填“×”)

(1) 仪器测量放线法适用于范围较大、测量基点较准确而植株较稀的绿地。( )

(2) 规则式配置放线法适用于要求不高的绿地施工放样。( )

(3) 尺徒手定点放线适用于图案复杂的模纹图案花坛放样。( )

(4) 交会法放线适用于图案复杂的模纹图案花坛放样。( )

(5) 行道树放样时，行位控制桩要钉在种植坑范围内。( )

（6）行道树放样时，交叉路口各边 30m 内可栽树。（　　）

（7）树丛或片林放样时，如实际地形和设计图有出入，树丛或片林的树种、数量、规格可根据实际地形调整，不需要和设计图吻合。（　　）

（8）各类型绿地定点放样后，无须检查验收，可直接转入下一步的施工。（　　）

4．问答题

（1）施工单位在绿化种植工程定点放样前的图纸会审中重点要把握哪些内容？

（2）自然式配置放线法包括哪些方法？简述其操作技术要点和适用性。

（3）简述规则式配置放线法的适用性和操作技术要点。

（4）举例说明怎样正确进行行道树的定点放样。

（5）举例说明怎样正确进行成片自由式种植绿地的定点放样。

◇自主学习资源库

1．浅议园林景观工程施工放样．范伟．城市建设理论研究，2012（02）.

2．园林绿化种植施工放样探讨．张艳军．南方农业，2017（15）.

3．简述园林绿化种植施工放样．刘伟灵．建材发展导向，2011（07）.

4．放线技术在园林绿化施工中的应用分析．黄培鸿．江西建材，2015(17).

5．园林植物栽培养护．周兴元．高等教育出版社，2006.

6．园林植物栽培养护．祝遵凌，王瑞辉．中国林业出版社，2005.

任务1.2　土壤准备

◇任务分析

【任务描述】

土壤准备是园林植物栽培前准备的重要内容。本任务学习以学校或某小区新建绿地中各类园林植物栽植的施工任务为支撑，以学习小组为单位现场踏查了解绿化种植场地现状，并依据绿化设计图和施工图实施完成园林植物栽培前土壤准备任务。本任务实施宜在学校或某小区绿地等校内外实训基地开展。

【任务目标】

（1）会正确识读园林绿化设计图和施工图；

（2）会熟练实施各类型园林绿地土壤改良整理；

（3）会熟练并安全使用各类土壤准备的器具材料；

（4）能独立分析和解决实际问题，吃苦耐劳，合理分工并团结协作。

◇知识准备

1.2.1 园林绿地土壤特点和类型

1.2.1.1 园林绿地土壤特点

（1）土壤剖面结构和形态混乱

由于城市建设过程中挖掘、搬运、堆积、混合和大量废弃物填充等原因，园林绿地土壤结构和剖面发育层次十分混乱，土层分异不连续，有的甚至发生土层倒置现象，即A层在下，B层在上，或古土壤层在上，新土壤层在下等。

（2）土壤质地变性，人工附加物丰富

由于城市建设如建筑修路及工业生产、居民生活等原因，园林绿地土壤多数为碎石、砖块、玻璃、煤渣、混凝土块、塑料、工业废弃物、生活垃圾和土的混合物，土壤颗粒组成中砾石和砂粒较多，细粒和黏粒所占比例较小，土壤质地粗，多为石质、砂质。有些土壤层次砾石和石块含量可高达80%～90%及以上，土壤持水性差，不利于植物生长。

（3）土壤紧实，容重大，孔隙度小

由于城市人口密集、交通发达、人流车流量大，人为践踏和车辆压轧园林绿地土壤，导致园林绿地土壤紧实，容重大，孔隙度小。

（4）土壤pH偏高

由于城市园林绿地土壤中常混有建筑废弃物如水泥、砖块和其他碱性混合物等，其pH较同地带的自然土壤偏高，基本以碱性土为主。

（5）土壤养分含量低，肥力下降

园林绿地土壤缺少人工培肥，原有土壤营养被植物吸收、淋溶流失和氧化、挥发等，导致土壤养分低输入、高输出，使园林绿地土壤含量低，肥力逐年下降。

（6）土壤污染严重

城市是一个重要的污染源，它产生的工业“三废”物质、生活垃圾、汽车尾气、医药垃圾等均会导致城市绿地土壤污染。

（7）市政管道等设施多

城市地下设施阻断了土壤毛细管的整体联系，占据了树木根系的营养面积，不利于园林植物生长。

1.2.1.2 园林绿地土壤类型

园林绿地土壤和农田土壤、自然土壤不同，其形成和发育与城市的形成、发展与建设关系密切。由于绿地所处的区域环境条件不同，形成两类园林绿地土壤类型。

（1）填充土

填充土主要指街道绿地、公共绿地和专用绿地的土壤，可分为3种：

①以城市建设垃圾污染物为主　混有砖瓦、水泥块、沥青、石灰等建筑材料，侵入物量少可人工拣出，量大则无法种植。土体有碱性物质侵入，土壤pH呈碱性，但一般无毒。

②以生活垃圾污染物为主　在旧城老居民区中，土体中混有大量的炉灰、煤渣等，有时几乎全部由煤灰堆埋而成，土壤 pH 高，呈碱性，一般也无毒。但肥效极低，影响种植。

③以工业污染物为主　因工业污染源不同，土体的理化性状变化不定，同时还常含有毒物质，情况复杂，故应调查、化验后方可种植。

（2）自然土壤

位于城郊的公园、苗圃、花圃地以及在城市大规模建设前预留的绿化地段，或就苗圃地改建的城区大型公园。这类土壤除盐碱土、飞沙地等有严重障碍层的类型外，一般都适于绿化植树。

1.2.2　土壤整理和改良

1.2.2.1　土壤整理和改良基本要求

（1）绿化种植或播种前应使绿地土壤达到种植土的要求。

①覆土 0.6m 以内粒级为 1cm 以上的渣砾和 2m 内的沥青、混凝土及有毒物质必须清除；

②土壤疏松，容重不得高于 $1.3g/cm^3$；

③土壤排水良好，非毛管孔隙度不得低于 10%；

④土壤 pH 应为 6.5～7.5，土壤含盐量不得高于 0.12%；

⑤土壤营养元素平衡，其中有机质含量不得低于 10g/kg，全氮量不得低于 1.0g/kg，全磷量不得低于 0.6g/kg，全钾量不得低于 17g/kg。

（2）绿地地形整理应严格按照竖向设计要求进行，地形应自然流畅。

（3）草坪、花卉种植地、播种地应施足基肥，耧平耙细，去除杂物，平整度和坡度应符合设计要求。

1.2.2.2　土地整理和改良的类型

（1）地形地势整理

地形整理指根据绿化设计要求做好土方调度，进行填、挖、堆筑等，结合清除地面障碍物，整理出一定地形，将绿化用地与其他用地分开，对于有混凝土的地面一定要刨除。地势整理是根据本地区排水的大趋势，将绿化地块适当垫高，再整理成一定坡度，以利排水。

（2）地面土壤整理

地形地势整理完毕后，在种植植物范围内，进行全面或局部整地。种植草坪、花坛、灌木等应做到全面整地，整地深度参见表 1-2。

表 1-2　园林植物种植必需的最低土层厚度　cm

植被类型	草本花卉	草坪地被	小灌木	大灌木	浅根乔木	深根乔木
土层厚度	30	30	45	60	90	150

（3）地面土壤改良

根据土层有效厚度、土壤质地、酸碱度和含盐量，采取相应的换土、客土、施肥、调节 pH 等措施改善土壤理化性质，提高土壤肥力，以适应所选树木生长要求。含有建筑垃圾的土壤、盐碱土、重黏土、粉砂土及含有有害园林植物生长成分的土壤，均应根据设计规定用种植土进行局部或全部更换。如在建筑遗址、工程遗弃物、矿渣炉灰地修建绿地，需要清除渣土并根据实际采取土壤改良措施，必要时换土，对于树木定植位置上的土壤改良一般在定点挖穴后进行。

◇任务实施

1．器具与材料

（1）器具

锄头、铁锹、铲、筛子、畚箕、推车等。

（2）材料

学院或小区绿化设计图和施工图，肥料、河土、黄心土、腐殖土、泥炭土、珍珠岩等，记录表、纸张，专业书籍，教学案例等。

2．任务流程

土壤准备任务流程如图 1-4 所示。

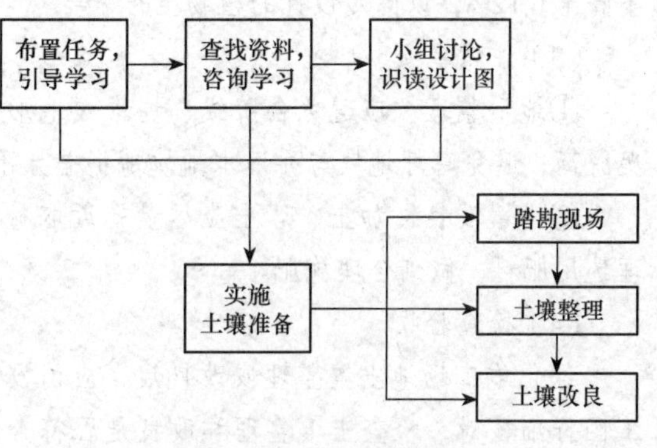

图 1-4　土壤准备流程图

3．操作步骤

（1）踏勘现场

实施土壤整理与改良前应先对绿化施工场地的现有地形、地貌、现场垃圾及施工环境等进行全面踏查，以便合理安排土壤整理工作；对需用的土壤取样化验，测定 pH，N、P、K 及矿物质含量，土层厚度，土壤质地，土壤孔隙度，渗水速率等，以便合理进行土壤改良，满足植物生长需要。

（2）土壤整理和改良

①任务　选定学院或某小区一定面积（500～1000m^2）已设计的绿化工程施工场地进行土壤整理和改良。

②土壤整理

场地清理：为了便于栽植工作的进行，在栽植工程进行之前，必须清除栽植地的各种障碍物；全面清除栽植工程施工场地上 1cm 以上的渣砾、碎石、碎砖等垃圾；刨除施工场地上的沥青、混凝土；清除杂灌、有毒物质等。

地形整理：据绿化工程竖向设计对地形整理的要求，首先进行平整场地和自然地形的放线，再依据放线情况做好土方调度，整理出地形的起伏变化来突出植物景观的变化和美感；绿地排水要根据本地区排水的大趋向，将绿化地块适当垫高，再整理成一定坡度，使其与本地区排水趋向一致。

地面土壤整理：依据绿化工程土壤整理的设计要求，进行全面或局部整地。

③土壤改良

加土、客土：根据绿化施工场地现场土壤调查结果，如果土层有效厚度不适合植物生长，应采取加土改良；如果是建筑垃圾土、盐碱土、重黏土、粉砂土及含有园林植物生长成分的土壤，应实施局部或全部更换原土壤；如果在建筑遗址、工程遗弃物、矿渣炉灰地修建绿地，应先清除渣土、刨除硬质铺装物和水泥，再进行局部或全部换土。

施肥：根据绿化施工场地现场土壤调查结果，如果土壤质地黏重、板结紧实、养分含量低，应采取施基肥等改良土壤措施，使土壤疏松、有效孔隙多、养分充足，以满足设计的植物生长需要。

调节 pH：根据绿化施工场地现场土壤调查结果，如果土壤 pH 超过 7.5，土壤含盐量高，应采取适当降低 pH 和土壤洗盐排盐等改良土壤措施，使土壤 pH 保持在 6.5～7.5，土壤含盐量不高于 0.12%，以满足设计的植物生长需要。

（3）注意事项

①地形整理　应避免台阶式、坟堆式地形；避免地形和绿化种植脱离；避免设计和现场情况脱离；避免草坪地块与乔灌木地块地形差异不当。

②土壤改良　加土、客土应尽量就近取材，降低成本；施肥应依据目的、天气、土壤等合理选用肥料，做到合理施肥。

（4）检查验收

绿化施工场地土壤整理或改良后，应请设计人员及有关单位派人根据绿化种植设计图和施工图仔细核对，检查土壤整理和改良是否符合设计要求，质量是否符合绿化工程施工验收规定要求。

4．考核评价（表 1-3）

表 1-3　土壤准备考核评价表

<table>
<tr><td>模　块</td><td colspan="3">园林植物栽植</td><td>项　目</td><td colspan="2">园林植物栽培前准备</td></tr>
<tr><td>任　务</td><td colspan="4">任务 1.2　土壤准备</td><td>学　时</td><td>2</td></tr>
<tr><td>评价类别</td><td>评价项目</td><td colspan="2">评价子项目</td><td>自我评价（20%）</td><td>小组评价（20%）</td><td>教师评价（60%）</td></tr>
<tr><td rowspan="6">过程性评价（60%）</td><td rowspan="4">专业能力（45%）</td><td colspan="2">识图能力（10%）</td><td></td><td></td><td></td></tr>
<tr><td rowspan="3">方案实施能力</td><td>踏勘现场（5%）</td><td></td><td></td><td></td></tr>
<tr><td>实施土壤准备（25%）</td><td></td><td></td><td></td></tr>
<tr><td>检查验收（5%）</td><td></td><td></td><td></td></tr>
<tr><td rowspan="2">社会能力（15%）</td><td colspan="2">工作态度（7%）</td><td></td><td></td><td></td></tr>
<tr><td colspan="2">团队合作（8%）</td><td></td><td></td><td></td></tr>
<tr><td rowspan="2">结果评价（40%）</td><td colspan="3">土壤准备的科学性、正确性（30%）</td><td></td><td></td><td></td></tr>
<tr><td colspan="3">实训总结报告（10%）</td><td></td><td></td><td></td></tr>
<tr><td colspan="4">评分合计</td><td></td><td></td><td></td></tr>
<tr><td colspan="2">班级：</td><td colspan="2">姓名：</td><td>第　　组</td><td colspan="2">总得分：</td></tr>
</table>

◇巩固训练

1．训练要求

（1）以小组为单位开展训练，组内同学要分工合作、相互配合、团队协作。

（2）绿化种植施工土壤准备方案应具有科学性和可行性。

（3）做到安全生产，操作程序符合要求。

2．训练内容

（1）结合当地小区绿化工程的土壤准备内容，让学生以小组为单位，在咨询学习、小组讨论的基础上充分了解绿化设计意图，会正确识读绿化种植设计图和施工图。

（2）以小组为单位，依据当地小区绿化工程进行一定任务的土壤准备训练。

3．可视成果

某小区绿化种植工程土壤准备方案；完成土壤准备的栽植地。

◇任务小结

土壤准备任务小结如图1-5所示。

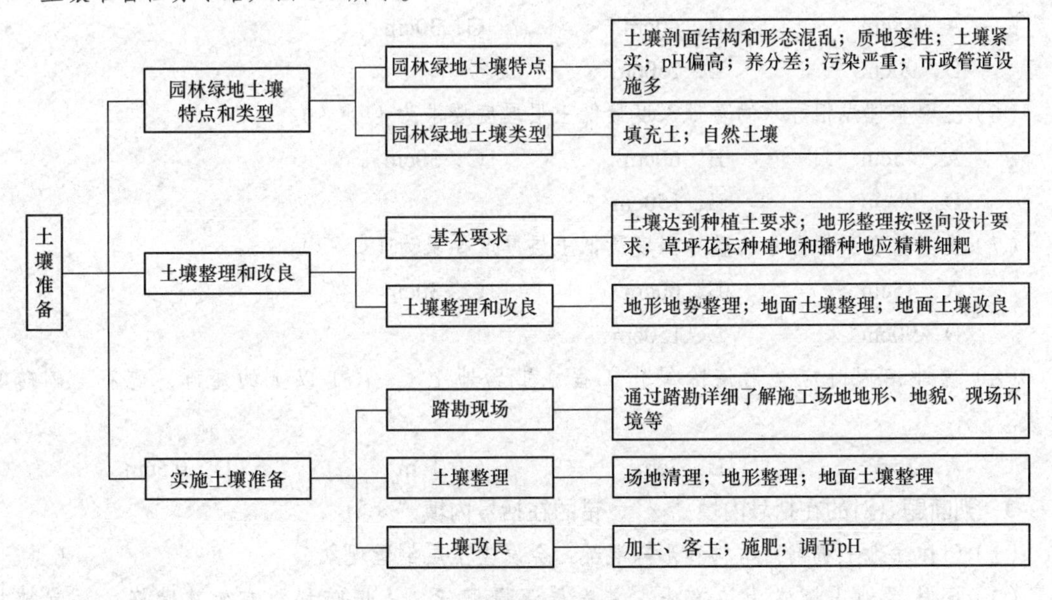

图1-5　土壤准备任务小结

◇思考与练习

1．填空题

（1）园林绿地土壤类型主要有________和________两类。

（2）园林绿地地形整理应严格按照________要求进行，地形应________。

（3）土壤整理和改良包括________、________、________等。

（4）地形整理指根据绿化设计要求做好________，进行________等，结合清除地面障碍物，整理出一定________。

（5）地面土壤改良的主要措施有________、________、________、________等。

2．选择题

（1）以下属于园林绿地土壤特点的是（　　）。

A．土壤肥力高　　B．土壤pH偏低

C．土壤疏松　　D．土壤pH偏高

（2）园林绿地土壤整理和改良对pH要求为（　　）。

A．6.5～7.5　　B．≤6.5

C．≥7.5　　D．以上3个范围均可

（3）园林绿地土壤整理和改良对土壤含盐量的要求为（　　）。

A．≥0.12%　　B．≤0.12%　　C．没有具体要求

（4）土壤整理草本花卉和草坪地被的整地深度最低土层厚度要求为（　　）。

A．45cm　　B．60cm　　C．30cm

D．90cm　　E．150cm

（5）土壤整理大灌木的整地深度最低土层厚度要求为（　　）。

A．45cm　　B．60cm　　C．30cm

D．90cm　　E．150cm

（6）土壤整理浅根乔木的整地深度最低土层厚度要求为（　　）。

A．45cm　　B．60cm　　C．30cm

D．90cm　　E．150cm

（7）土壤整理深根乔木的整地深度最低土层厚度要求为（　　）。

A．45cm　　B．60cm　　C．30cm

D．90cm　　E．150cm

（8）场地清理时应全面清除绿化工程施工场地上（　　）以上的渣砾、碎石、碎砖等垃圾。

A．2cm　　B．3cm　　C．1cm　　D．0.5cm

3．判断题（对的在括号内填“√”，错的在括号内填“×”）

（1）园林绿地土壤剖面结构和形态混乱，会发生土层倒置现象。（　　）

（2）园林绿地土壤常为填充土，其土层深厚肥沃，土壤疏松，有效孔隙多，适宜植物生长。（　　）

（3）园林绿地土壤污染严重，常含有工业“三废”物质、生活垃圾等。（　　）

（4）园林绿地土壤市政管道等设施多，不利于土壤整理和植物生长。（　　）

（5）绿化种植或播种前应使绿地土壤容重不低于1.3g/cm^3。（　　）

（6）绿化种植或播种前应使绿地土壤排水良好，非毛管孔隙度不得低于10%。（　　）

（7）绿化种植或播种前应使绿地土壤含盐量不低于0.12%。（　　）

（8）地面土壤整理种植小灌木整地深度最低土层厚度要达到90cm。（　　）

4. 问答题

（1）园林绿地土壤有哪些特点？

（2）简述园林绿地土壤类型。

（3）简述土壤整理的具体措施。

（4）简述土壤改良的具体措施。

（5）土壤整理和改良有哪些注意事项？

◇自主学习资源库

1. 园林土壤退化分析与培肥策略. 陈为民. 黑龙江农业科学，2012（06）.

2. 绿化施工与苗木移植. 徐友道. 福建热作科技，2010，35（02）.

3. 园林绿化工程施工及验收规范. DB11/T 212—2009.

4. 园林植物栽培养护. 周兴元. 高等教育出版社，2006.

5. 园林植物栽培养护. 祝遵凌，王瑞辉. 中国林业出版社，2005.

6. 中国园林绿化网：http://www.yllh.com.cn.

任务1.3 苗木准备

◇任务分析

【任务描述】

苗木准备是园林植物栽植前准备的重要内容。本任务学习以学院或某小区新建绿地中各类园林植物栽植的施工任务为支撑，以学习小组为单位，根据学校或某小区绿化种植工程项目，实施完成园林植物栽培前苗木准备任务。本任务实施宜在学校或某小区绿地等校内外实训基地开展。

【任务目标】

（1）会熟练计算绿化工程每种苗木的需要量；

（2）会熟练编制学校或某小区绿化种植工程项目的苗木准备方案；

（3）会熟练实施园林绿化种植工程项目的苗木准备；

（4）会熟练并安全使用各类园林树木起苗、苗木处理和运输工具；

（5）能独立分析和解决实际问题，吃苦耐劳，合理分工并团结协作。

◇知识准备

1.3.1 苗木选择

1.3.1.1 苗木质量标准

苗木质量的好坏直接影响栽植的质量、成活率、养护成本及绿化效果，因此出圃苗木应达到一定的质量标准。

①树形优美　苗木应生长健壮，骨架基础良好，树冠匀称丰满。

②根系发达　苗木主根短直，接近根茎范围内要有较多侧根、须根，起苗后大根应无劈裂。

③植株健壮　苗干粗壮、通直，枝条茁壮，组织充实，无徒长现象，木质化程度高，达到一定的高度和粗度（冠幅）；茎根比和高径比适宜。

④具有健壮顶芽，侧芽发育正常。

⑤无病虫害、草害和机械损伤。

以上是园林绿化苗的一般要求，特殊要求的苗木质量要求不同。如桩景要求对其根、茎、叶进行艺术的变形处理。假山上栽植的苗木，则大体要求“瘦、漏、透”。

1.3.1.2　苗木的规格要求

苗木的规格根据绿化任务的不同要求来确定。作为行道树、庭荫树或重点绿化地区的苗木规格要求高，一般绿化或花灌木的定植规格要求低些。随着城市绿化层次的增高，对苗木的规格要求逐渐提高。出圃苗的规格各地都有一定的规定，表 1-4 列举了华中地区执行的标准，表 1-5、表 1-6 列出了乔灌木苗木质量要求。

表 1-4　苗木的规格标准

苗木类别		代表树种	出圃苗木的最低标准	备　注
大中型落叶乔木		银杏、栾树、梧桐、水杉、槐树、元宝枫	要求树形良好，树干通直，分枝点 2～3m，胸径 5cm（行道树 6cm）以上	干径每增加 0.5cm 提高一个等级
常绿乔木		樟树、桂花、广玉兰	要求树形良好，主枝顶芽茁壮，苗高 2.5m 以上，胸径 4cm 以上	干径每增加 0.5m 提高一个等级
单干式灌木和小型落叶乔木		垂柳、榆叶梅、碧桃、紫叶李、西府海棠	要求树冠丰满，分枝均匀，胸径 2.5cm（行道树 6cm）以上	干径每增加 0.5cm 提高一个等级
多干式灌木	大型灌木	丁香、黄刺梅、珍珠梅、大叶黄杨、海桐	要求分枝处有 3 个以上分布均匀的主枝，高度 80cm 以上	高度每增加 10cm 提高一个等级
	中型灌木	紫薇、紫荆、木香、玫瑰、棣棠	要求分枝处有 3 个以上分布均匀的主枝，高度 50cm 以上	高度每增加 10cm 提高一个等级
	小型灌木	月季、郁李、杜鹃花	要求分枝处有 3 个以上分布均匀的主枝，高度 25cm 以上	高度每增加 10cm 提高一个等级
绿篱苗木		小叶黄杨、小叶女贞、九里香、黄素梅、侧柏	要求生长旺盛，分枝多，全株成丛，基部丰满，高度 20cm，冠丛直径 20cm（某些种类对冠径无严格要求）	高度每增加 10cm 提高一个等级
攀缘类苗木		地锦、凌霄、葡萄、紫藤、常春藤	要求生长旺盛，枝蔓发育充实，腋芽饱满，根系发达，有 2～3 条主蔓	
人工造型苗木		黄杨、龙柏、九里香、海桐、罗汉松、榆树	出圃规格不统一，按不同要求和使用目的而定，但造型必须完整、丰满	

表 1-5 乔木的质量要求

栽植种类	要求		
	树干	树冠	根系
重要地点种植材料（主要干道、广场、重点游园及绿地中主景）	树干挺直，个体姿态优美，胸径大于 8cm；雪松高 5m	树冠茂盛，针叶树应苍翠，层次清晰	根系必须发育良好，不得有损伤，土球符合规定
一般绿地种植材料	主干挺拔，胸径大于 6cm；雪松高 3.5m	树冠茂盛，针叶树应苍翠，层次清晰	根系必须发育良好，不得有损伤，土球符合规定
行道树	主干通直、无明显弯曲，分枝点在 3.2m 以上；落叶树胸径在 8cm 以上，常绿树胸径在 6cm 以上	落叶树必须有 3～5 根一级主枝，分布均匀；常绿树树冠圆满茂盛	根系必须发育良好，不得有损伤，土球符合规定
防护林带和大面积绿地	树干通直，弯曲不超过两处	具有防护林所需的抗有害气体、烟尘、抗风等特性，树冠紧密	根系必须发育良好，不得有损伤，土球符合规定

表 1-6 灌木的质量要求

栽植种类	要求	
	地上部分	根系
重要地点种植	冠形圆满，无偏冠、脱脚现象，骨干枝粗壮有力	根系发达，土球符合规定要求
一般绿地种植	枝条要有分枝交叉回折、盘曲之势	根系发达，土球符合规定要求
防护林和大面积绿地	枝条宜多，树冠浑厚	根系发达，土球符合规定要求
绿篱、球类	枝叶茂密，下部不秃裸，按设计要求造型	根系发育正常
藤本	有 2～3 个多年生的主蔓，无枯枝现象	根系发育正常

1.3.2 苗木来源和种类

1.3.2.1 苗木来源

栽植的苗（树）木来源于当地培育或从外地购进及从园林绿地或野外搜集。

（1）当地培育

由当地苗圃培育的苗木，种源及历史清楚，苗木长期生长在当地条件，一般对当地的气候及土壤条件有较强的适应性，苗木质量高，来源广，随起苗随栽植，减少苗木因长途运输造成的损害，降低运输成本。

（2）外地购进

从外地购买可解决当地苗木不足的问题，但应该做到苗木来源清楚，苗木各项指标优良，并进行严格的苗木检疫，防止病虫害传播。在苗木运输过程中应做好苗木保鲜、保湿等保护措施。

（3）野外搜集或绿地调出

这是指从野外搜集到或从已定植到绿地但因配置不合理或特殊原因需要重新移植的苗木。一般苗龄较大，移栽后发挥绿化效果快。

1.3.2.2 苗木种类

（1）留床苗

留床苗指未经移植过的苗木，一般主根深长，侧须根少，种植后成活率较低。

（2）移植苗

移植苗指经过一次或多次移植培育的苗木，根系健壮，侧须根多，种植后成活率高。

（3）容器苗

容器苗指栽植在各类容器中培育的苗木，根系发达完整，移植后成活率高。

苗木选择应注意优先选择乡土树种及本地苗木，尽量选择移植苗或容器苗。

◇任务实施

1．器具与材料

（1）器具

锄头、铁锹、起苗铧、铲、筛子、畚箕、推车、枝剪、水桶等。

（2）材料

学院或某小区绿化设计图和施工图，肥料、黄心土、生根剂、草绳、基质等，记录表、纸张、笔，专业书籍，教学案例等。

2．任务流程

苗木准备任务流程如图1-6所示。

3．操作步骤

1）任务

以学校或某小区某项绿化栽植工程苗木准备任务，安排学生进行苗木准备。

2）苗木准备

（1）苗木选择

苗木选择的质量标准详见本任务1.3.1苗木选择部分。

（2）起苗

起掘苗木是保证苗木成活的关键栽植技术之一，科学的挖掘技术、认真负责的组织操作是保证苗木质量的关键。

①掘苗前准备　挖掘苗木的质量与土壤含水量、工具的锋利程度和包装材料选用等有密切关系，因此起苗前应做好充分准备。首先，苗木挖掘前应对分枝较低、枝条长而比较柔软的苗木或冠丛直径较大的灌木应进行拢冠（图1-7），以便挖苗和运输，并减少树枝的损伤和折裂。其次，起挖前如天气干燥应提前2～3d对起苗地灌水，确保苗木充分吸水，土壤含水量适宜。最后，掘苗工具要锋利适用，带土球用的蒲包、草绳等应用水浸泡备用。

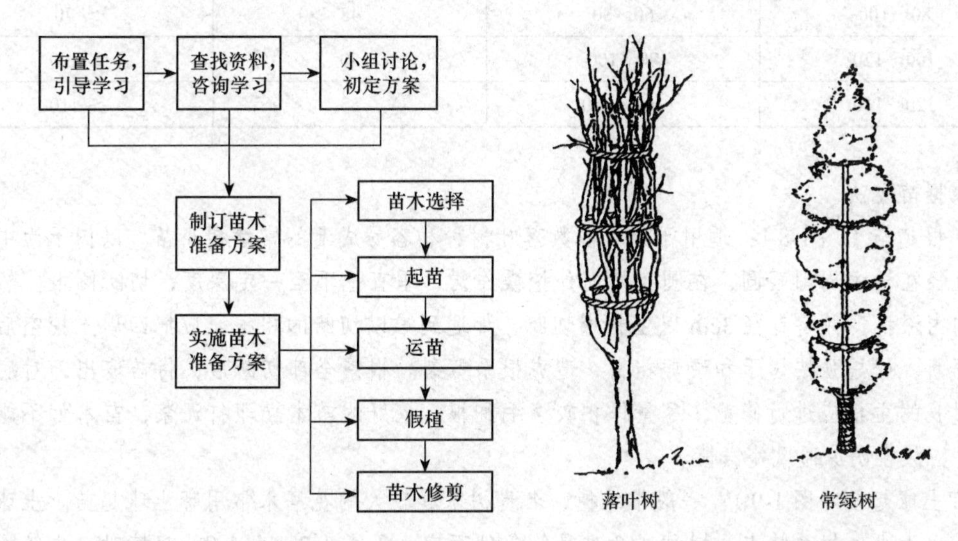

图1-6　苗木准备任务流程图

图1-7　树木拢冠示意图

②土球规格　为了既保证栽植成活，又减轻苗木重量和操作难度，减少栽植成本，挖掘苗木的根幅（或土球直径）和深度（或土球高度）应有一个适合的范围。乔木树种的根幅（或土球直径）一般是树木胸径的6～12倍，胸径越大比例越小。深度（或土球高度）大约为根幅（或土球直径）的2/3；落叶花灌木，根部直径一般为苗高的1/3左右；分枝点低的常绿苗木，土球直径一般为苗高的1/3～1/2。具体规格应在保证苗木成活的前提下灵活掌握，见表1-7、表1-8。

表1-7　乔木带土球或根盘规格　cm

干　径	土球直径	土球厚度	根盘直径
3~4	30～40	20～25	40～50
4～5	40～50	25～30	50～60
5～6	50～60	30～40	60～70
6～8	60～70	40～45	70～75
8～10	70～80	45～50	75～80

表 1-8 灌木带土球或根盘规格 cm

冠 径	土球直径	土球厚度	根盘直径
20～30	15～20	10～15	＞20
30～40	20～30	15～20	＞30
40～60	40～50	30	＞40
60～80	50～60	40	＞55
80～100	60～80	45	＞70
100～120	80～100	50	＞100
120～140	100～200	55	＞110

③掘苗方法

裸根起苗（图 1-8）：适用于绝大多数落叶树种和容易成活的常绿树小苗。以树干为中心按规定直径在树木周围画圆，在圆心处向外挖操作沟，垂直挖下至一定深度，切断侧根。然后于一侧向内深挖，并将直径 3cm 以上粗根切断，如遇到难以切断的粗根，应把四周土挖空后，用手锯锯断，切忌强按树干和硬劈粗根，造成根系劈裂。根系全部切断后，将苗取出，对病伤劈裂及过长的主根应进行修剪，尽量保护较多毛细根。挖好的苗木立即打泥浆，苗木如不能及时运走，应放在阴凉通风处假植。

带土球起苗（图 1-9）：一般常绿树、名贵树木和较大的花灌木常用带土球起苗。土球的直径据苗木大小、根系特点、树种成活难易等条件而定，见表 1-7、表 1-8。起挖时，先铲除树干附近及周围的表层土壤，深度以不伤及表面根系为度。接着按规定半径绕树干基部划圆并在圆外垂直开沟，挖掘到所需深度后再向内掏底，一边挖一边修削土球，并切除露出的根系，使之紧贴土球，伤口要平滑，大切面做好防腐处理；当挖起土球深度的 1/2～2/3 时，暂停开挖，须打好腰箍，并对树木做必要的支撑；然后向内切根掏底，使土球呈苹果状，底部有主根暂不切断。挖好的土球根据树体大小、根系分布情况和土壤质地及运输距离确定是否需要包扎和包扎方法；需要包扎的，可用软包装或硬包装（图 1-10、图 1-11）。最后用锹从土球底部斜着向内切断主根，使土球与土底分开，在土球下部主根未切断前，不得硬推土球或硬掰动树干，以免土球破裂和根系断损，将土球苗抬出坑外，集中待运，并将掘苗土填回坑内。

（3）运苗

①运输前修剪　修剪可在树木挖掘之前或之后进行，根据树木的生物学特征，结合不同的种植季节，以便于挖掘和搬运、不损坏树木原有姿态为前提，确定修剪强度；在秋季挖掘落叶树木时，须摘掉尚未脱落的树叶，保护好幼芽。

②苗木装车　运苗前应对苗木种类、数量与规格进行核对，仔细检查苗木质量，淘汰不合要求的苗木，补足所需数量，并附上标签，标签上注明树种、年龄、产地等。装运大规格带土球或根盘的大树，其根部必须放在车头，树冠倒向车尾，顺车厢整齐叠放，叠放层数以不压损树干（冠）为宜，树身和后车板接触处用软性衬垫保护和固定；树冠展开的树木应用绳索绑扎收拢树冠，雪松、龙柏等针叶树木用小竹竿绑扎保护主梢，装运竹类时，不得损伤竹秆和竹鞭

图 1-8　裸根起苗

图 1-9　带土球起苗

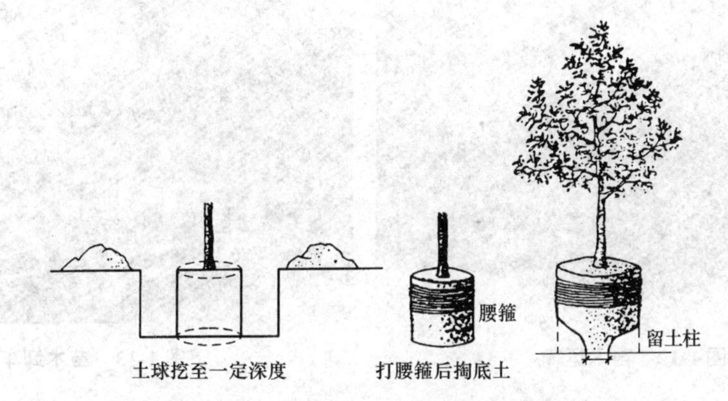

图 1-10　土球挖掘和打腰箍示意图

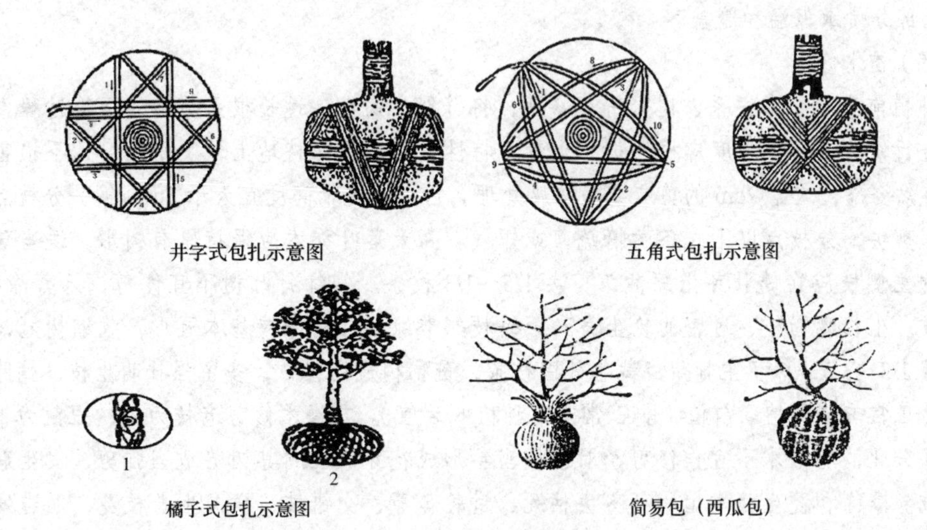

图 1-11　土球软包装示意图

之间的着生点和鞭芽；装运苗应做到轻装、轻放，不损伤苗木。运输树木应合理配载，不超高，不超宽。

③苗木运输（图 1-12） 短途运苗，中途最好不停留，直接运到施工现场；长途运苗应采取湿物包裹或裸根苗蘸泥浆等根部保护措施，及时通风降温和喷水保湿，做好途中遮盖保温、防冻、防晒、防雨、防风和防盗等工作。

④苗木卸车（图 1-13） 卸苗时要爱护苗木，做到轻抬、轻卸。裸根苗要顺序拿取，不准乱抽，更不可整车推下，确保根系不损伤，保持枝干完好、不伤干、不折冠。带土球苗卸车时严禁提拉树干，而应双手抱土球轻轻放下。较大土球最好用起重机卸车，或用长木板顺势滑下，保证土球不破碎，根盘无擦伤、撕裂。

图 1-12 苗木运输

图 1-13 苗木卸车

（4）假植

对到达种植点的树木，如不能及时定植，应对树木假植或培土，保护裸根及土球，必要时对地上部分喷水保温和遮盖。

（5）苗木修剪

种植前应对苗木根系、树冠进行修剪，将劈裂、病虫、过长根系剪除，运输过程中损伤的树冠进行修剪，修剪强度应根据树种生物学特性进行，既保持地上地下平衡，又不损害树木特有的自然姿态，大于 2cm 的剪口要做防腐处理。行道树定干高度宜大于 3m，第一分枝点以下侧枝全部剪去，分枝点以上枝条酌情疏剪或短截。高大落叶乔木应保持原有树形，适当疏枝，对保留的主侧枝应在健壮芽上短截，剪去 1/5～1/3 枝条。常绿针叶树不宜修剪，只剪除病虫枝、枯死枝、生长衰弱枝、过密的轮生枝和下垂枝。常绿阔叶树保持基本冠形，收缩树冠，疏剪树冠总量 1/3～3/5，保留主骨架，截去外围枝条，疏稀树冠内膛枝，多留强壮萌生枝，摘除大部分树叶（正常季节种植取前值，非正常季节种植取后值）。花灌木修剪老枝为主，短截为辅，对上年花芽分化的花灌木不宜作修剪，对新枝当年形成花芽的应顺其树势适当强剪，促生新枝，更新老枝。攀缘和蔓生藤本植物可剪去枯死、过长藤蔓、交错枝、横向生长枝蔓，促进发新枝攀缘或缠绕上架（图 1-14、图 1-15）。

图 1-14 落叶树苗木修剪

图 1-15 常绿树苗木修剪

4．考核评价（表 1-9）

表 1-9 苗木准备考核评价表

模　块	园林植物栽植			项　目	园林植物栽培前准备	
任　务	任务 1.3 苗木准备				学　时	2
评价类别	评价项目	评价子项目		自我评价（20%）	小组评价（20%）	教师评价（60%）
过程性评价（60%）	专业能力（45%）	方案制订能力（10%）				
		方案实施能力	苗木选择（5%）			
			起苗（10%）			
			运苗（7%）			
			苗木假植（5%）			
			苗木修剪（8%）			
	社会能力（15%）	工作态度（7%）				
		团队合作（8%）				
结果评价（40%）	方案的科学性、可行性（10%）					
	苗木准备的正确性和质量（20%）					
	实训总结报告（10%）					
评分合计						
班级：		姓名：		第　组	总得分：	

◇巩固训练

1．训练要求

（1）以小组为单位开展训练，组内同学要分工合作、相互配合、团队协作。

（2）绿化种植施工苗木准备方案应具有科学性和可行性。

（3）做到安全生产，操作程序符合要求。

2．训练内容

（1）结合当地小区绿化工程的苗木准备内容，让学生以小组为单位，在咨询学习、小组讨论的基础上充分了解绿化设计意图，编制苗木准备方案。

（2）以小组为单位，依据当地小区绿化工程进行一定任务的苗木准备训练。

3．可视成果

某小区绿化种植工程苗木准备方案；据苗木准备方案完成的起苗、运苗、苗木假植和苗木修剪成果。

◇任务小结

苗木准备任务小结如图1-16所示。

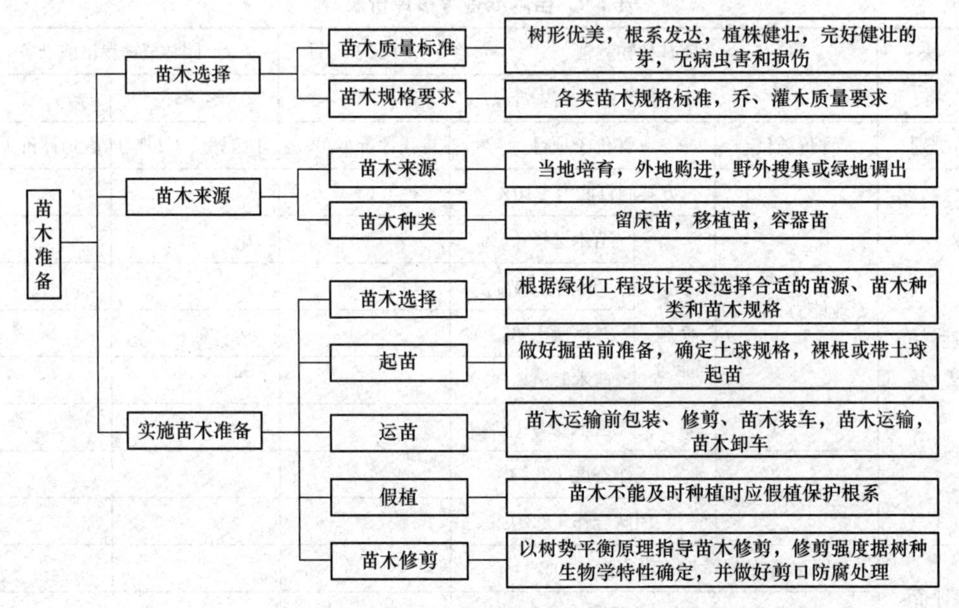

图1-16 苗木准备任务小结

◇思考与练习

1．填空题

（1）苗木质量的好坏直接影响________、________、________及________。

（2）桩景苗木要求对其________进行艺术的变形处理。假山上栽植的苗木，则大体要求________。

（3）大中型落叶乔木出圃苗最低质量标准为________、________，分枝点高度________m，胸径________cm以上。

（4）多干式灌木要求分枝处有________个以上分布均匀的主枝，大型灌木高度________cm以上，中型灌木高度________cm以上，小型灌木高度________cm以上。

（5）苗木来源有________、________、________等。

（6）乔木树种的根幅（或土球直径）一般是树木胸径的________倍，胸径________比例越小。深度（或土球高度）大约为根幅（或土球直径）的________。

（7）裸根起苗适用于绝大多数________和________的常绿树小苗；带土球起苗适用于________、名贵树木和________起苗。

（8）运苗前应对苗木________、________与________进行核对，仔细检查苗木质量，淘汰不合要求的苗木，补足所需数量，并附上________。

（9）苗木种植前修剪强度应根据树种________进行，既保持________，又不损害树木特有的________，大于2cm的剪口要做________。

（10）为防止危险性病虫害传播，运输苗木时必须办理________、________和________，要"三证"齐全，才可调运。

2．选择题

（1）常绿乔木苗木出圃最低标准要求苗高应达（　　）以上，胸径应达（　　）以上。

A．3m、5cm　　B．2.5m、5cm　　C．2.5m、4cm　　D．以上都可以

（2）绿篱苗木出圃最低标准要求生长旺盛、全株成丛，苗木高度达（　　），冠径达（　　）。

A．15cm、20cm　　B．25m、20cm　　C．20m、30cm　　D．20m、20cm

（3）绿化种植时适宜选择以下哪类苗木（　　）。

A．留床苗　　B．移植苗　　C．容器苗　　D．移植苗和容器苗

（4）乔木树种苗木的土球直径一般是树木胸径的（　　）倍，胸径越大比例越小。

A．6～12　　B．8～10　　C．6～10　　D．8～12

（5）乔木树种苗木的土球直径一般是树木胸径的6～12倍，胸径（　　）比例越小。

A．越小　　B．越大

（6）乔木树种苗木的土球高度大约为根幅（或土球直径）的（　　）。

A．1/3　　B．1/2　　C．2/3　　D．3/4

（7）高大落叶乔木应保持原有树形，适当疏枝，对保留的主侧枝应在健壮芽上短截，剪去（　　）枝条。

A．1/2～2/3　　B．1/3～2/3　　C．1/4～1/2　　D．1/5～1/3

（8）常绿阔叶树保持基本树冠形，收缩树冠，疏剪树冠总量的（　　），保留主骨架，截去外围枝条，疏稀树冠内膛枝，多留强壮萌生枝，摘除大部分树叶。

A．1/2～2/3　　B．1/3～3/5　　C．1/4～1/2　　D．1/5～1/3

3．判断题（对的在括号内填"✓"，错的在括号内填"×"）

（1）单干式灌木和小型落叶乔木苗木出圃最低标准要求树冠丰满，分枝均匀，胸径2.5cm（行道树6cm）以上。（　　）

（2）多干式大型灌木苗木出圃最低标准要求分枝处有3个以上分布均匀的主枝，高度50cm

以上。（ ）

（3）多干式小型灌木苗木出圃最低标准要求分枝处有3个以上分布均匀的主枝，高度50cm以上。（ ）

（4）行道树苗木要求主干通直、无明显弯曲，分枝点在3.2m以上；落叶树胸径在6cm以上，常绿树胸径在8cm以上。（ ）

（5）留床苗生长稳定，苗木根系发达，种植后成活率高，是绿化苗木的主要种类。（ ）

（6）分枝点低的常绿苗木，土球直径一般是树木胸径的6～12倍，胸径越大比例越小。（ ）

（7）落叶花灌木，根部直径一般为苗高的1/3左右。（ ）

（8）装运大规格带土球或根盘的大树，其根部必须放在车尾，树冠倒向车头，顺车厢整齐叠放。（ ）

4．问答题

（1）简述园林苗木出圃应达到的质量标准。

（2）以行道树苗木为例，分析怎样正确选择苗木。

（3）简述怎样正确起苗。

（4）简述苗木运输的技术要点。

（5）简述苗木修剪的技术要点。

◇自主学习资源库

1．提高远调苗木成活率的措施．赵海霞．安徽农学通报，2012，18（04）．

2．园林绿化工程施工及验收规范．DB11/T 212—2009．

3．园林树木栽培学．吴泽民．中国农业出版社，2003．

4．园林植物栽培养护．周兴元．高等教育出版社，2006．

5．园林植物栽培养护．祝遵凌，王瑞辉．中国林业出版社，2005．

6．中国园林绿化网：http://www.yllh.com.cn.

项目 2

木本园林植物栽培

木本园林植物栽培是园林绿化建设的重要组成部分。本项目依据园林绿化建设工程中园林树木栽培的实际工作任务，设置了园林树木栽培、大树移植、竹类栽培、反季节栽植4个学习任务，其中重点为园林树木栽培和园林大树移植。学习本项目要熟悉园林树木栽培技术规程，并以园林绿化建设工程中的实际施工任务为支撑，将知识点和技能点融于实际的工作任务中，使学生在“做中学、学中做”，实现“理实一体化”教学。

【知识目标】

（1）了解园林树木栽培、大树移植、竹类栽培、反季节栽植的意义及特点；

（2）理解木本园林植物生长发育规律、园林树木栽植成活原理和成活关键；

（3）掌握本地区常见树木栽培、大树移植、竹类栽培、反季节栽植的技术和基本知识。

【技能目标】

（1）会熟练编制本地区常见园林树木栽培、大树移植、竹类栽培、反季节栽植技术方案；

（2）会熟练实施本地区常见园林树木栽培、竹类栽培施工；

（3）会初步实施本地区常见大树移植、反季节栽植的施工；

（4）会独立分析和解决木本园林植物栽培的生产实际问题能力。

【素质目标】

（1）养成自主学习、表达沟通、组织协调和团队协作能力；

（2）养成独立分析、解决实际问题和创新能力；

（3）养成吃苦耐劳、敬业奉献、踏实肯干、精益求精的工匠精神；

（4）树立绿水青山就是金山银山的理念，培养学生尊重自然、顺应自然、保护自然；

（5）具有法律意识、质量意识、环保意识、安全意识和生态文明素养；

（6）具有服务乡村振兴、建设美丽中国的意识。

任务2.1 园林树木栽培

◇任务分析

【任务描述】

园林树木栽培是木本园林植物栽培的重要组成部分。本任务学习以学校或某小区新建绿地中各类园林树木栽培的施工任务为支撑，以学习小组为单位首先制订学院或某小区园林树木栽培的技术方案，再依据制订的技术方案和园林植物栽植技术规程，保质保量完成一定数量的园林树木栽培施工任务。本任务实施宜在园林植物栽培理实一体化实训室、园林绿地、校内外实训基地开展。

【任务目标】

（1）会熟练编制学校或某小区园林树木栽培技术方案；

（2）会熟练实施园林树木栽植的施工操作；

（3）会熟练并安全使用各类园林树木栽培的器具材料；

（4）能独立分析和解决实际问题，吃苦耐劳，合理分工并团结协作。

◇知识准备

2.1.1 木本园林植物生长发育规律

2.1.1.1 木本园林植物的生命周期

木本植物在个体发育过程中，从种子的形成、萌发到生长、开花、结实、衰老（无性繁殖的种类可以不经过种子时期）的整个周期叫木本植物的生命周期。各时期形态特征与生理特征变化明显，可将其整个生命周期划分为以下几个年龄时期：

（1）种子期（胚胎期）

这是指植物自卵细胞受精形成合子开始，至种子发芽为止。胚胎期主要是促进种子的形成、安全贮藏和在适宜的环境条件下播种并使其顺利发芽。

（2）幼年期

幼年期指从种子萌发到植株第一次开花止。幼年期是植物地上、地下部分进行旺盛的离心生长时期。植株在高度、冠幅、根系长度、根幅等方面生长很快，体内逐渐积累大量的营养物质，为营养生长转向生殖生长做好了形态上和内部物质上的准备。幼年期的长短，因园林树木种类、品种类型、环境条件及栽培技术而异。

这一时期的栽培措施是加强土壤管理，充分供应水肥，促进营养器官健康而均衡地生长，轻修剪多留枝，使其根深叶茂，形成良好的树体结构，制造和积累大量的营养物质，为早见成效打下良好的基础。对于观花、观果树木则应促进其生殖生长，在定植初期的一两年中，当新梢长至一定长度后，可喷洒适当的抑制剂，促进花芽的形成，达到缩短幼年期的目的。

（3）成熟期

成熟期植株从第一次开花时始到树木衰老时期止。

青年期：从植株第一次开花时始到大量开花时止。其特点是树冠和根系加速扩大，是离心生长最快的时期，能达到或接近最大营养面积。植株能年年开花和结实，但数量较少，质量不高。这一时期应给予良好的环境条件，加强肥水管理。对于以观花、观果为目的的树木，轻剪和重肥是主要措施，目标是使树冠尽快达到预定的最大营养面积；同时，要缓和树势，促进树体生长和花芽形成，如生长过旺，可少施氮肥，多施磷肥和钾肥，必要时可使用适量的化学抑制剂。

壮年期：从树木开始大量开花结实时始到结实量大幅下降，树冠外延小枝出现干枯时止。其特点是花芽发育完全，开花结果部位扩大，数量增多。叶片、芽和花等的形态都表现出定型的特征。骨干枝离心生长停止，树冠达最大限度以后，由于末端小枝的衰亡或回缩修剪而又趋于缩小。根系末端的须根也有死亡的现象，树冠的内膛开始发生少量生长旺盛的更新枝条。这一时期应加强水、肥的管理；早施基肥，分期追肥；要细致地进行更新修剪，使其继续旺盛生长，避免早衰。同时切断部分骨干根，促进根系更新。

（4）衰老期

衰老期从骨干枝、骨干根逐步衰亡，生长显著减弱到植株死亡为止。其特点是骨干枝、骨干根大量死亡，营养枝和结果母枝越来越少，枝条纤细且生长量很小，树体平衡遭到严重破坏，树冠更新复壮能力很弱，抗逆性显著降低，木质腐朽，树皮剥落，树体衰老，逐渐死亡。

这一时期的栽培技术措施应视目的的不同而异。对于一般花灌木来说，可以萌芽更新，或砍伐重新栽植；而对于古树名木来说则应采取各种复壮措施，尽可能延长生命周期，只有在无可挽救，失去任何价值时才予以伐除。

2.1.1.2 木本园林植物的年生长周期

植物的年生长周期（以下简称年周期）是指植物在一年之中随着环境，特别是气候（如水、热状况等）的季节性变化，在形态和生理上与之相适应的生长和发育的规律性变化。年周期是生命周期的组成部分。研究植物的年生长发育规律对于植物造景和防护设计、不同季节的栽培管理具有十分重要的意义。

1）落叶树的年周期

由于温带地区一年中有明显的四季，所以温带落叶树木的季相变化明显，年周期可明显地区分为生长期和休眠期。

（1）生长期

从树木萌芽生长到秋后落叶时止，为树木的生长期，包括整个生长季，是树木年周期中时间最长的一个时期。在此期间，树木随季节变化气温升高，会发生一系列极为明显的生命活动现象。如萌芽、抽枝展叶或开花、结实等，并形成许多新的器官，如叶芽、花芽等。萌芽常作为树木生长期开始的标志，其实根的生长比萌芽要早。

①根系生长期　一般情况下，根系无自然休眠现象，只要条件适宜，随时可以由停止

生长状态转入生长状态。在年周期中，根系生长高峰与地上器官生长高峰交错发生。影响根系生长的因素一是树体的营养状况，二是根际的环境条件。

②萌芽展叶期　萌芽是落叶植物由休眠转入生长的标志，萌芽的特点是芽膨大，芽鳞开裂。展叶期是指第一批从芽苞中发出卷曲的或按叶脉折叠的小叶。萌芽展叶期的早晚根据植物的种类、年龄、树体营养状况、位置及环境条件等不同。栽培上，引种时对耐寒性差的植株要延迟萌芽，避免遭受寒害和霜害。另外，在进行树木的移植、扦插、嫁接时应注意萌芽的时期，选择合适的时间进行。

③新稍生长期　叶芽萌动后，新稍开始生长。新稍不仅依靠顶端分生组织进行加长生长，也依靠形成层细胞分裂进行加粗生长。加长生长，生长前期较慢，一定时间后生长加速，然后缓慢生长。加粗生长在加长生长进入缓慢期后生长速度加快，一般也有2～3个生长高峰。

④花芽分化期　成熟期的树木，新稍生长到一定程度后，植物体内积累了大量的营养物质，一部分叶芽的生理和组织状态转化为花芽的生理和组织状态。植物的花芽分化与气候条件密不可分，不同的植物花芽分化的特点不同，可分为：夏秋分化型、冬春分化型、当年分化型、多次分化型、不定期分化型。

⑤开花期　指花蕾的花瓣松裂至花瓣脱落时止。分为初花期（5%花开放）、盛花期（50%花开放）、末花期（仅存5%花开放），大多数植物每年开一次花，也有一年内开多次花的种类。

⑥果实生长发育期　至果实生理成熟时止。满足果实生长发育的栽培措施，首先应从根本上提高树体内贮存养分的水平。花前追施磷、钾肥并灌水，花期注意防止病虫害，花后叶面喷肥，可环剥提高坐果率。

每种树木在生长期中，都按其固定的物候期通过一系列的生命活动。不同树种通过某些物候的顺序不同。生长期是各种树木根系、枝条生长及开花结实主要时期。这个时期不仅体现树木当年的生长发育、开花结实情况，也对树木体内养分的贮存和下一年的生长等各种生命活动有着重要的影响，同时也是发挥其绿化作用的重要时期。因此，在栽培上，生长期是养护管理工作的重点，应该创造良好的环境条件，满足肥水的需求，以促进生长、开花、结果。

（2）休眠期

秋季叶片自然脱落是落叶树木进入休眠的重要标志。在正常落叶前，新梢必须经过组织成熟过程，才能顺利越冬。早在新梢开始自下而上加粗生长时，就逐渐开始木质化，并在组织内贮藏营养物质。新梢停止生长后，这种积累过程继续加强，同时有利于花芽的分化和枝干的加粗。结有果实的树木，在采、落成熟果实后，养分积累更为突出，一直持续到落叶前。

秋季气温降低、日照变短是导致树木落叶，进入休眠的主要因素。树木开始进入该期后，由于形成了顶芽，结束了高生长，依靠生长期形成的大量叶片，在秋高气爽、温湿条件适宜、光照充足等环境中，进行旺盛的光合作用，合成的光合产物供给器官分化、成熟的需要，使枝条木质化，并将养分向贮藏器官或根部转移，进行养分的积累和贮藏。此时树木体内水分逐渐减少，细胞液浓度提高，提高了树木的越冬能力，为休眠和来年生长创造条件。过早落叶和延迟落叶不利于养分积累和组织成熟，对树木越冬和翌年生长都会造成不良影响。干旱、水涝、病虫害等都会造成早期落叶，甚至引起再次生长，危害很大。树叶该落不落，说明树木未做好越冬的准备，易发生冻害和枯梢，在栽培中应防止这类现象的发生。

树木的不同器官和组织进入休眠的早晚不同。地上部分主枝、主干进入休眠较晚，而以根颈最晚，故根颈最易受冻害。生产中常用根颈培土法来防止冻害。不同年龄的树木进入休眠早晚不同，幼年树比成年树进入休眠迟。

刚进入休眠的树木处于浅休眠状态，耐寒力还不强，遇初冬间断回暖会使休眠逆转，使越冬芽萌动（如月季），又遇突然降温常遭受冻害。所以这类树木不宜过早修剪，在进入休眠期前也要控制浇水。

在树木休眠期内，虽然没有明显的生长现象，但树体内仍然进行着各种生命活动，如呼吸、蒸腾、芽的分化、根的吸收、养分合成和转化等。所以休眠只是个相对概念。

落叶休眠是温带树种在进化过程中对冬季低温环境所形成的一种适应性，它能使树木安全度过低温、干旱等不良条件，以保证翌年能进行正常的生命活动，并使生命得到延续。没有这种特性，正在生长着的幼嫩组织就会受到早霜的危害，并难以越冬而死亡。

植物的休眠可根据生态表现和生理活性分为自然休眠和强迫休眠。自然休眠是由植物体内部生理过程决定的，它要求一定时期的低温条件才能顺利通过自然休眠而进入生长，此时即使给予适宜的外界条件，也不能正常萌发生长。一般植物自然休眠期从12月始至翌年2月止，植物抗寒力较强。强迫休眠是植物已经通过自然休眠期，但由于环境条件的限制，不能正常萌发，一旦条件合适，即开始进入生长期。

在生产实践中，为达到某种特殊的需要，可以通过人为的降温，促进树木转入休眠期，而后加温，提前解除休眠，促使树木提早发芽开花。如北京有将榆叶梅提前至春节开花的实例，在11月将榆叶梅挖出上盆栽植，12月中旬移至温室催花，春节即可见花。

2）常绿树的年周期

常绿树的年生长周期不像落叶树那样在外观上有明显的生长和休眠现象，因为常绿树终年有绿叶存在。但常绿树种并非不落叶，而是叶寿命较长，多在一年以上。每年仅脱落一部分老叶，同时又能增生新叶，因此，从整体上看全树终年有绿叶。

2.1.1.3 植物生长发育的整体性与相关性

植物是一个有机的整体，各个部分之间相互联系，某一部位或器官的生长发育，可能影响另一器官的形成和生长发育，这就是相关性。

（1）根系与地上部分的相关性

树的冠幅与根系的分布范围有密切关系。在青壮龄期，一般根的水平分布都超过冠幅，根的深度小于树高。树冠和根系在生长量上常持一定的比例，地上部或地下部任何一方过多受损，都会削弱另一方，从而影响整体。移植树木时，常伤根很多，一般条件下，为保证成活，要对树冠进行重剪，以求在较低水平上保持平衡。地上部与根系生长高峰错开，根通常在较低温度下先开始生长。当新梢旺盛生长时，根系生长缓慢；当新梢生长缓慢时，根的生长达到高峰；当果实生长加快，根生长变缓慢；秋后秋梢停长和采果后，根生长又常出现一个小的生长高峰。

（2）顶芽与侧芽的相关

成熟期植物通常顶芽生长较旺，侧芽生长较弱，具有明显的顶端优势。去除顶芽，可促使侧芽萌发。修剪时用短截或摘心来削弱顶端优势，以促进多分枝。

（3）顶根与侧根的相关

根的顶端生长对侧根的形成有抑制作用。去除顶根，可促进侧根的萌发。园林苗圃进行大苗的培育，可对实生苗进行多次移植，有利出圃栽植成活；对壮老龄树，切断一些一定粗度的根（因树而异），有利于促发吸收根，更新复壮。

（4）营养生长与生殖生长的相关

营养器官和生殖器官的形成都需要光合产物。而生殖器官所需要的营养物质由营养器官供给。营养器官的健壮生长，是生殖生长的前提；但营养器官的过旺生长也会消耗大量养分，因此常与生殖器官的生长发育出现养分的竞争。栽培中应很好地解决这对矛盾。

2.1.2 园林植物栽植成活原理和关键

2.1.2.1 园林植物栽植成活原理

一株正常生长的园林植物，在一定的环境条件下，其地上与地下部分保持一定比例的平衡关系，尤其是根系与土壤的密切结合，使植物体的养分和水分代谢的平衡得以维持。而栽植园林植物时，由于根系受到损伤，特别是根系先端的须根大量丧失，且（裸根苗）全部或（带土球苗）部分脱离了原有协调的土壤环境，其主动吸水能力大大降低，而地上部分仍不断地进行蒸腾，根系与地上部分以水分代谢为主的平衡关系遭到破坏，严重时会因失水而死亡。因此，园林植物栽植成活的原理是保持和恢复植物体以水分代谢为主的生理平衡，一切利于根系迅速恢复再生能力和尽早使根系与土壤建立紧密联系及抑制地上部分蒸腾的技术措施，都有利于提高园林植物栽植的成活率。

2.1.2.2 园林植物栽植成活关键

（1）防止苗木失水

园林植物从起苗至栽植全过程，应严格保湿、保鲜，防止苗木过多失水，特别是要保护好苗木根系。试验证明，一般苗木的含水量达到70%以上时，其栽植成活率随苗木失重的增加而急剧下降，苗木失重率与栽植成活率关系见表2-1。

（2）促发新根

园林植物栽植时，根系受到损伤，特别是根系先端的须根大量丧失，能否快速促发新根是提高成活率的关键。应选好栽植时期，采取各种措施使伤口尽快愈合，促发新根，尽快恢复根系吸收功能。一般发根能力和再生能力强的植物，休眠期栽植容易成活。

表2-1 苗木失重率与栽植成活率的关系 %

苗木失重率	栽植成活率
10	90
15	70
20	40
30	0

（3）根土密接

栽植时应使苗木的根系与土壤紧密接触，并在栽植后保证土壤有充足的水分供应。做到分级栽植，穴大根舒，根土密接，深浅适度，方向正确，浇足定根水，及时遮阴，减少蒸腾。

2.1.3 园林树种选择

2.1.3.1 选择原则

（1）适应性原则

这是指将园林植物栽植到最适宜生长的立地，这是园林绿化树种选择的基本原则，因此园林绿化树种应以乡土树种为主，外来树种为辅。

（2）目的性和艺术性原则

园林树种选择要符合园林绿化目的需要，如符合观赏、防风、遮阴、净化等功能，体现绿化、美化、香化、彩化等艺术美感。

（3）经济性原则

园林树种选择要具有一定的经济价值，适合于综合利用；且苗木来源较多，栽培技术可行，成本不要太高。

（4）安全性原则

园林树种选择要安全而不污染环境。

2.1.3.2 适地适树

（1）适地适树概念

适地适树是指使栽种树种（或品种）的生态学特性与栽植地的立地条件相适应，以充分发挥所选植物在相应立地上的最大生长潜力、生态效益和观赏价值。

（2）适地适树途径

有选择和改造两种主要途径，两者相辅相成，并以选择途径为主，改造途径为辅。

①选择　为特定立地条件选择与其相适应的园林植物，即选树适地，这是园林绿化工作中最常用的做法；为特定植物选择能满足其要求的立地，即选地适树，在特定情况下用，如栽植珍贵树种。

②改造　当栽植地立地条件与所选的树种生态学特性不相适应时，应采用适当的措施加以改造，有以下两种方式：

改地适树：指采取整地、换土、施基肥、灌溉排水等措施，改善栽植地立地条件中某些不适合所选树种生态学特性的方面，达到“地”与“树”的相对统一。

改树适地：指通过选种、引种、育种、嫁接等方法改变树种的某些特性，以适应特定立地的生长。

（3）适地适树方法（图 2-1）

①了解栽植地特性　适地适树是园林植物栽植的基本原则，要做到适地适树必须先了解栽植地的特性。

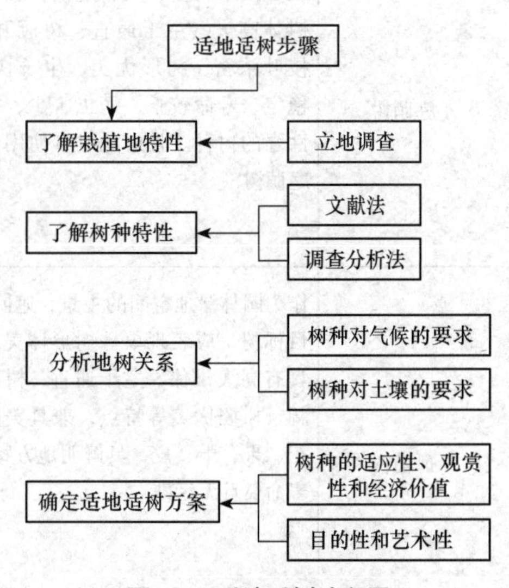

图 2-1　适地适树流程图

②了解园林树种特性　树种特性包括生物学特性和生态学特性。根据园林植物种植目的选择树种时考虑的是生物学特性，适地适树考虑的是树种的生态学特性。

③分析地树关系，确定适生树种　在深刻认识“树”和“地”特性的基础上，分析地与树之间的关系是否协调，即分析园林树种的生态特性与栽植地的立地条件是否相一致。

④确定适地适树方案　以乡土树种为主，适当引进外来树种；满足各种绿地特定功能要求；常绿树种与落叶树种、速生树种与慢长树种合理搭配；注意地区特色体现；尽力营造立体绿化景观等。

2.1.3.3　各类园林树种选择

各类园林树种选择见表 2-2。

表 2-2　各类园林树种选择一览表

种类	树种要求	应用方式	树种举例
行道树	应从实用、景观、生态效果等方面考虑，主要应具备以下条件：主干挺直、高大、枝叶浓密，树形优美、花果叶茎色彩丰富，遮阴效果好；适应气候状况及城市环境，能体现地方风格，如耐干旱、耐瘠薄、耐晒，抗病抗虫、抗污染能力强，对有害气体有抗御和净化能力；寿命长、深根性、抗台风；萌发力强、耐修剪、病虫害少；种子、果实无毒无毛无臭味，落叶整齐；观赏价值高。以阔叶树为主、针叶树为辅	在各种道路旁成列成行栽植。是城市绿化的骨干树种，起组织交通、美化街景、遮阴送凉、减轻噪声、减少烟尘等作用。一般栽植地条件较差，土层多坚硬干旱瘠薄、建筑垃圾多、架空线与地下管线纵横等	榕树、杧果、樟树、白玉兰、银杏、女贞、广玉兰、合欢、榉树、无患子、垂柳、悬铃木、山杜英、福建山樱花、天竺桂、羊蹄甲、杂交马褂木、水杉、枫香、栾树、凤凰木、木麻黄、刺槐、洋紫荆、南洋楹等
庭荫树	观赏效果为主，结合遮阴，应选择树体高大、主干通直、树冠开阔、枝叶浓密、树形优美，生长快速、稳定、寿命较长，病虫害少、抗逆性强的树种。且避免过多使用常绿庭荫树	最常用于庭院中。在园林中多植于路旁，池边、廊、亭等前后或与山石建筑相配，或在局部小景区三五成组地散植各处，形成天然成趣的景致	雪松、南洋杉、龙爪槐、枫香、五角枫、栾树、银杏、樟树、榕树、白玉兰、香椿、凤凰木、菩提树等
孤植树	作为园林绿地空间的主景，遮阴树、目标树，应表现单株树形体美。应具有高大雄伟、主干通直、树冠开阔、树姿优美等特点，兼具美丽的花、果、干、皮，具鲜明地方特色，寿命长且无污染	一般采用单独种植方式，也可用2～3株合栽成一个整体树群。种植地点应选择比较开阔的地方，最好还有如天空、水面、草地等作为背景衬托，在岛屿、桥头、园路尽头或转角处，假山悬崖、岩石洞口，建筑前广场等绿地布局中，都可以配置孤植树	雪松、白皮松、云杉、南洋杉、罗汉松、龙爪槐、枫香、五角枫、樟树、银杏、榕树、白玉兰等

（续）

种类	树种要求	应用方式	树种举例
花灌木（观花树）	凡具有美丽花朵或花序，其花形、花色有观赏价值或芳香的乔木、灌木、藤本植物均称为观花树，而花灌木是其中的主要类群。应选择喜光或稍耐阴，适应性强，能耐干旱瘠薄土壤，抗污染、抗病虫害能力强，花大色艳、花香浓郁或花虽小而密集，花期长的植物。选择时应考虑植物的开花物候期，进行花期搭配，尽量做到四季有花	可以孤植、对植、丛植、列植或修剪成棚架用树种及各种造型植物。一般植于路旁、坡面、道路转角、座椅周边、岩石旁，或与建筑相配作基础种植用，或配置湖边、岛边形成水中倒影。还可依其特色布置成各种专类花园，亦可依花色的不同配置成具有各种色调的景区，又可依开花季节的异同配置成各季花园，或可集各种香花于一堂布置成各种芳香园等	春季：桃、牡丹、含笑、海棠、月季、白玉兰、丁香、杏、金缕梅、樱花、连翘、杜鹃花、迎春花、黄花槐、紫玉兰、二乔玉兰、榆叶梅等；夏季：广玉兰、米兰、石榴、凌霄、夹竹桃、栀子花、扶桑、六月雪、月季、九里香、木芙蓉、木槿、紫薇、夏蜡梅、三角梅；秋季：桂花、月季、紫薇、米兰、凤尾兰、茉莉；冬季：茶梅、结香、山茶、梅、蜡梅等
藤本类	综合考虑功能、观赏、生态效果，合理选择。可选择枝叶茂密、喜光、耐旱或耐阴、抗性强、抗病抗污染能力强、萌芽力强、耐修剪的缠绕性、吸附性、攀缘性、钩搭性等茎枝细长的藤本类植物	用于各种形式的棚架、建筑及设施的垂直绿化，用于攀附灯杆、廊柱、经过防腐处理的高大枯树等形成景观，用于悬垂于屋顶、阳台，覆盖地面、公路边坡等作地被植物	地锦、凌霄、鸡屎藤、薜荔、五叶地锦、炮仗花、金银花、野葛藤、蟛蜞菊、五爪金龙、猫爪藤、大花老鸭嘴、迎春花、三角梅、紫藤、常春藤、茑萝、牵牛花、木香、蔓蔷薇、常绿油麻藤、藤本月季等
绿　篱	宜选择适应性强、耐寒耐旱、耐阴，生长较慢、叶片较小而密、萌芽力和成枝力强、耐修剪，易繁殖、管理方便，无毒、无臭、少病虫害，观赏价值高的种类	有花篱、果篱、彩叶篱、刺篱等；有高篱、中篱、矮篱；有整形式及自然式。在园林中主要起分隔空间、防范、保护作用，可作装饰背景，花坛镶边、绿色屏障等，有防尘、降噪声、防风、遮阴等作用	福建茶、红叶石楠、‘金叶’假连翘、‘花叶’假连翘、大叶黄杨、小叶黄杨、雀舌黄杨、侧柏、千头柏、‘金森’女贞、‘黄金’榕、红花檵木、美蕊花、木槿、九里香、雪柳、水蜡树、茶条槭、枸橘、山花椒、黄刺梅、胡颓子、火棘、地肤、瓜子黄杨、斑叶珊瑚、三角梅、冬青、非洲茉莉、海桐等
地　被	结合种植环境选择喜光或耐阴、喜湿或耐旱、抗性强、耐踩踏，繁殖容易、生长迅速，覆盖力强，耐修剪，不会泛滥成灾的种类。以草本为主，也可选木本植物中个体矮小的丛生、偃伏性或半蔓性的灌木及藤木等	铺设于大面积裸露平地或坡地，阴湿林下和林间隙地等各种环境成片状种植，起改善环境、防尘降噪声、保持水土、抑制杂草生长、增加空气湿度、减少地面辐射热、美化环境等作用	杜鹃花、栀子花、枸杞、红叶石楠、‘金叶’假连翘、‘花叶’假连翘、雀舌黄杨、‘金森’女贞、‘黄金’榕、红花檵木、地肤、红背桂、斑叶珊瑚、萼距花、美女樱、地锦、常春藤、络石等

2.1.4　栽植季节

园林树木的栽植时期，应根据树木生长发育规律，栽植地区的气候、土壤条件等综合考虑。适宜的栽植季节应该是温度适宜、土壤水分含量较高、空气湿度较大，符合树种的生物学特性，遭受自然灾害的可能性较小的时期。一般落叶树种多在秋季落叶后或春季萌芽前进行，此期树体处于休眠状态，受伤根系易恢复，栽植成活率高。常绿树种栽植，在南方冬暖地区多为春植或雨季栽植。

（1）春季栽植

在土壤化冻后树木发芽前的早春栽植，符合树木先长根、后发枝叶的物候顺序。早春地温高于气温，根系的生理活动旺盛，愈合能力较强，而苗木的地上部分尚未解除休眠，生理活动较弱，消耗水分少，栽植后容易达到地上和地下部分的生理平衡，对苗木成活有利。春季植树适于大部分地区和树种，是我国的主要植树季节。但春季工作繁忙，劳力紧张，要根据树种萌芽习性和不同地域土壤化冻时期，利用冬闲做好计划。树种萌芽习性以落叶松、银芽柳等最早，杨柳、桃、梅等次之，榆、槐、栎、枣等最迟。土壤化冻时期与气候因素、立地条件和土壤质地有关。落叶树种春植宜早，土壤一化冻即可开始。华北地区春植，多在3月上旬至4月下旬，华东地区以2月中旬至3月下旬为佳。对于春季高温、少雨、低湿、干旱多风的地区，如川滇、西北、华北的部分地区，不宜在春季栽植造林，应在冬季或雨季进行。

（2）雨季（夏季）栽植

受印度洋干湿季风影响，有明显旱、雨季之分的西南地区，以雨季栽植为好。雨季如果处在高温月份，由于短期高温、强光易使新植树木水分代谢失调，故要掌握当地的降雨规律和当年降雨情况，抓住连续阴雨有利时机，在下过一两场透雨之后，出现连阴天时栽植。江南地区，亦有利用“梅雨”期的气候特点，进行夏季栽植的经验。

（3）秋季栽植

秋季栽植是指树木落叶生至土壤封冻前进行的植树。进入秋季，气温逐渐降低，树木的地上部分生长减缓并逐步进入休眠状态，但是根系的生理活动依然旺盛，而且秋季的土壤湿润，所以，苗木的部分根系在栽植后的当年可以得到恢复，翌春发芽早，栽植成活率高。秋季栽植的时机应在落叶阔叶树种落叶后。秋季栽植一定要注意苗木在冬季不受损伤。冬季风大、风多、风蚀严重的地区和冻拔害严重的黏重土壤不宜秋植。

（4）冬季栽植

冬季栽植实质上可以视为秋季栽植的延续或春季栽植的提前。冬季土壤基本不结冻的华南、华中和华东长江流域等地区，可以冬季栽植。在北方或高海拔地区，土壤封冻，天气寒冷，一般不宜冬季栽植。但是，在冬季严寒的华北北部、东北大部，土壤冻结较深，对当地乡土树种可采用带冻土球法栽植。冬季栽植主要适合于落叶树种。

总之，各个栽植季节都有优缺点，应根据各地条件，因地、因树制宜，合理安排最佳栽植季节。

◇**任务实施**

1．器具与材料

（1）器具

挖坑机、起苗铧、锄头、铁锹、铲、盛苗器、运输工具、水桶、修枝剪、畚斗等。

（2）材料

绿化苗木、尼龙绳、肥料、生根剂、支撑杆、铁丝、记录表、纸张、笔，专业书籍，教学案例等。

2．任务流程

园林树木栽植流程如图 2-2 所示。

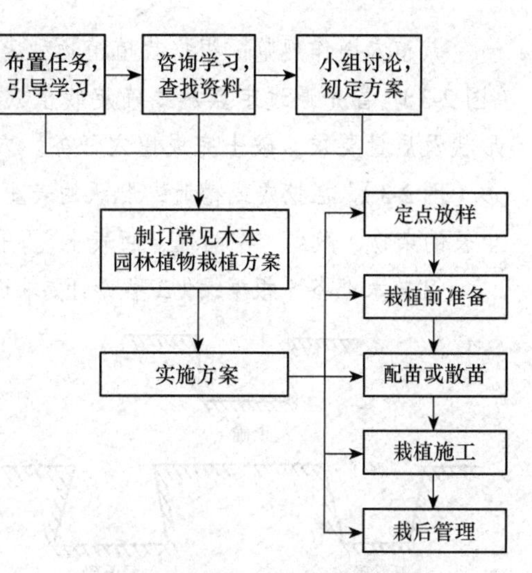

图 2-2 园林树木栽植流程图

3．操作步骤

（1）定点放样

根据绿化工程设计要求定点放样，技术方法详见本教材模块一项目 1 任务 1.1。

（2）栽植前准备

树木栽植前准备主要是栽植地准备和苗木准备。栽植地准备包括地形地势整理、土壤改良、挖栽植穴，苗木准备包括选择苗木、起苗、运苗和假植，两项准备工作应密切配合，缩短时间，做到随起、随运、随栽，流水作业。

①栽植地准备

土壤准备：含土壤整理和土壤改良。技术方法详见模块一项目 1 任务 1.2。

栽植穴的准备：栽植穴准备是改地适树，协调“地”与“树”之间相互关系，创造良好的根系生长环境，提高栽植成活率和促进树木生长的重要环节。

栽植穴规格：栽植穴的规格一般比根幅（或土球直径）和深度（或土球高度）大 20～40cm，甚至 1 倍，以利苗木生长。具体规格参照表 2-3、表 2-4。

表 2-3 乔、灌木栽植穴的规格

乔木胸径（cm）	落叶灌木高度（m）	常绿树高度（m）	穴径（cm）×穴深（cm）
		1.0～1.5	（50～60）×40
	1.2～1.5	1.5～2.0	（60～70）×（40～50）
3～5	1.5～1.8	2.0～2.5	（70～80）×（50～60）
5～7	1.8～2.0	2.5～3.0	（80～100）×（60～70）
7～10	2.0～2.5	3.0～3.5	（100～120）×（70～90）

表 2-4 栽植绿篱挖槽规格

绿篱苗高度（m）	挖槽规格（宽×深）（cm×cm）	
	单行式	双行式
0.5～1.0	40×30	60×30
1.0～1.2	50×30	80×40
1.2～1.5	60×40	100×40
1.5～2.0	100×50	120×50

栽植穴操作规范：根据栽植植物种类不同栽植穴有圆形、方形、长方形槽、几何形大块浅坑（图2-3）。首先通过定点放线确定栽植穴的位置，株位中心撒白灰作为标记，依据一定的规格、形状及质量要求，破土完成挖穴任务。穴或槽周壁上下大体垂直，而不应成为“锅底”或“V”形（图2-3）。在挖穴或槽时，肥沃的表土与贫瘠的底土应分开放置，除去所有石块、瓦砾和妨碍生长的杂物，做到“挖明穴、回表土”。土壤贫瘠的应换上肥沃的表土或掺入适量的腐熟有机肥。

②苗木准备　根据绿化工程设计要求进行栽植前苗木准备，技术方法详见模块1项目1任务1.3。

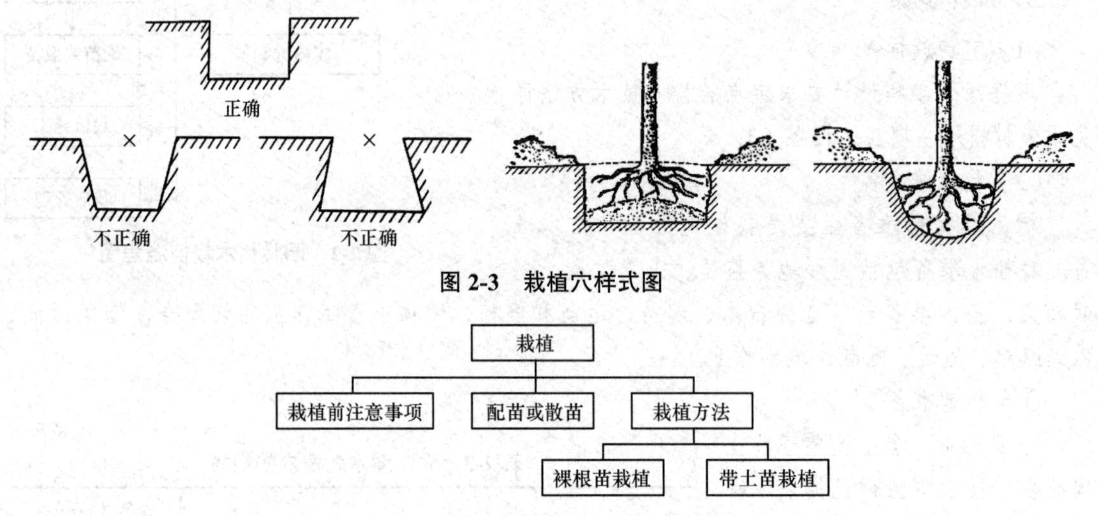

图2-3　栽植穴样式图

图2-4　栽植方法内容

（3）栽植（图2-4）

①注意事项

• 栽植前必须仔细核对设计图纸，看树种、规格是否正确，若发现问题立即调整。

• 各项种植工作应密切衔接，做到随挖、随运、随种、随养护。如遇气候骤升骤降或遇大风大雨等气象变化，应立即暂停种植，并采取临时措施保护树木土球和植穴。

• 应将树形和生长势最好的一面朝向主要观赏面；平面位置和高程必须与设计规定相符；树身上下必须与地面垂直，如有弯曲，其弯曲方向应朝向当地的主导风向。

• 种植深度应保证在土壤下沉后，根颈和地面等高或略高，乔木不得深于原土痕10cm，带土球树种不得超过5cm，灌木和丛木栽植深度不得过浅或过深；竹类宜较原来深度加深5～10cm培土捣实，勿伤鞭芽。

• 行列式栽植应每隔10～20株先栽好对齐用的标杆树。如有弯干的苗木，应弯向行内，并与标杆树对齐，相邻树相差不超过树干胸径1/2。

• 种植时需结合施用基肥。基肥应以腐熟有机肥为主，也可施用复合肥和缓释棒肥、颗粒肥，用量见商品说明。基肥可施于穴底，施后覆土，勿与根系接触。

②配苗或散苗　对行道树和绿篱苗，栽植前要再一次按大小分级，使相邻的苗大小基本一致。按穴边木桩写明的树种配苗，“对号入座”，边散边栽。配苗后还要及时核对设计图，检查调整。

③栽植方法

裸根苗栽植（图2-5）：将苗木运到栽植地，根系没入水中或埋入土中存放、边栽边取苗。

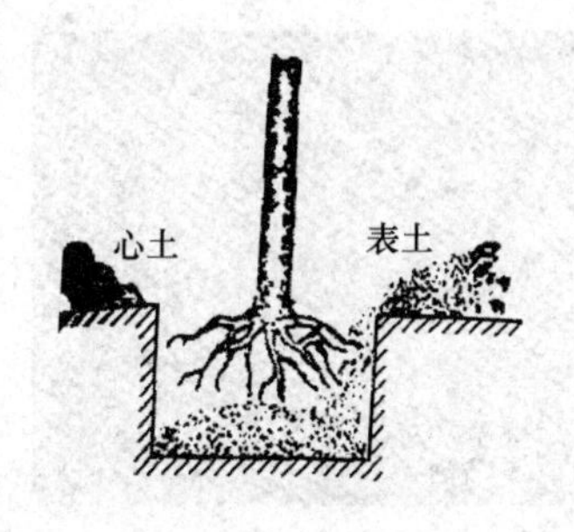

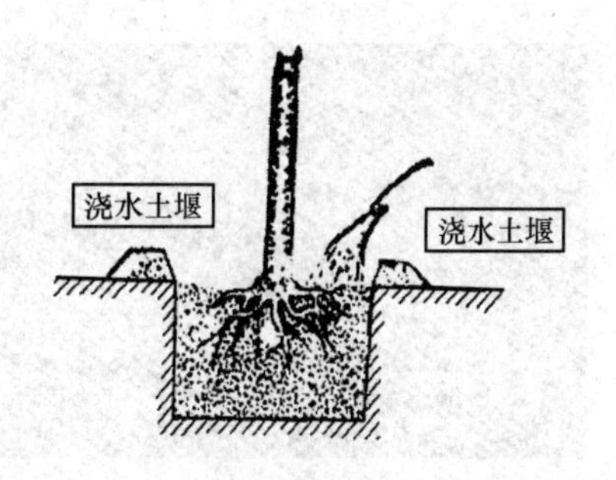

图 2-5　裸根苗栽植示意图

先比试根幅与穴的大小和深浅是否合适，并进行适当调整和修理。操作时 2～3 人一组，1 人负责扶树和掌握深浅度，1～2 人回土，按“三埋两踩一提苗”程序栽植。首先在穴底填些表土，堆成小丘状，至深浅适合时放苗入穴，使根系沿锥形土堆四周自然散开，保证根系舒展；其次填入拍碎的湿润表土，填土约达穴深的 1/2 时轻提苗，使根自然向下舒展，然后用木棍捣实或用脚踩实；继续填土至满穴，再捣实或踩实一次，确保根土密接；最后盖上一层土与地相平或略高，使填的土与原根颈痕相平或略高 3～5cm，不踩实，以利保墒。

带土苗栽植：先测量或目测已挖树穴的深度与土球高度是否一致，对树穴作适当填挖调整。填土至放土球底面的高度时土球入坑定位，在土球四周下部垫入少量土，使树直立稳定，初步覆土夯实，定好方向，然后剪开包装材料，将不易腐烂的材料一律取出。填土高度达土球深度 2/3 时，用木棍将土球四周的松土捣实，浇足第一次水，水分渗透后继续填土至地面持平时再捣实一次（注意不要将土球弄散），浇第二次水，至不再下渗为止，如土层下沉，应在 3d 内补填种植土，再浇水整平。

（4）栽植后管理

俗话说“三分种、七分管”，树木栽植后应及时做好各项养护管理，养护管理的工作内容如图 2-6 所示。

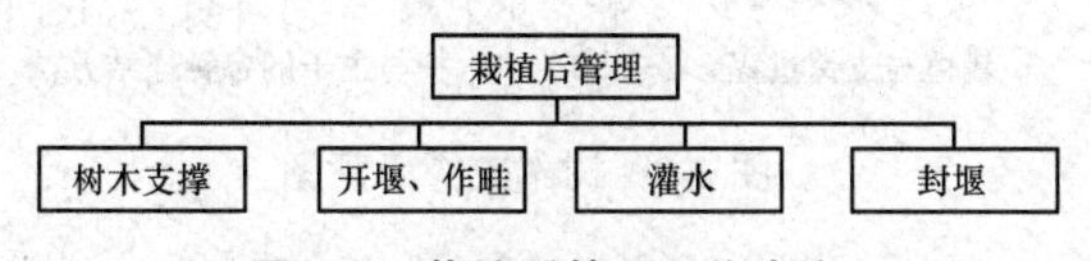

图 2-6　栽植后管理工作内容

①树木支撑　为防止大规格苗（如行道树苗）灌水后歪斜，或大风影响成活，栽后应立支柱支撑。树木支撑常用到：支撑杆——材料有木质的杉木、松木、桉木杆，竹杆，镀锌钢管，新型高脂取物材料等；锚桩——材质与支撑杆一致；绑扎材料——扎篾、12~14 号铁丝、麻绳、新型支撑配套简易绑扎带；垫衬物——麻布、无纺布、包装棉等；连接件——如镀锌钢管用的脚手架扣件、新型支撑配套材料使用的套环、套头等。视树种、树木规格、立地条件、气候条件等选择用单“n”字形、双“n”字形、三角支撑、四角支撑、井字支撑、钢/铁丝接线支撑、网状支撑（成片种植或假植较大型乔木和竹类时适用）等（图 2-7），支撑高度一般为植株高度 1/3～1/2 处，支撑与树木扎缚处可用软质物（如麻袋片）衬垫（图 2-8）。可在种植时埋入，也可在种植后再打入（入土 20～30cm），栽后打入的，要避免打在根系上和损坏土球。树体不是很高大的带土移栽树木可不立支柱。

图 2-7　立支柱示意图

（a）单“n”字形　（b）网状支撑　（c）双“n”字形　（d）井字支撑

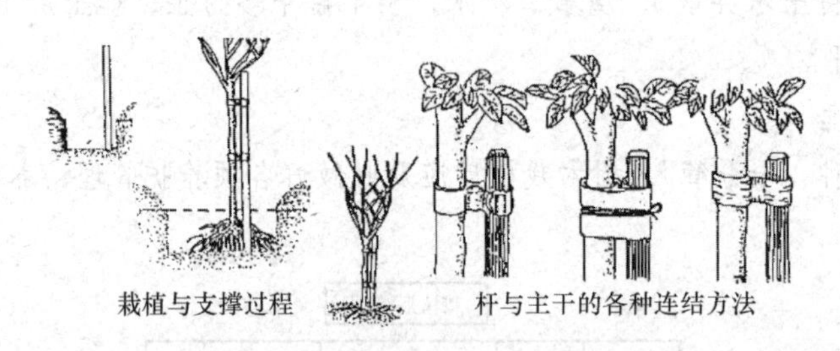

图 2-8　树木支撑示意图

②开堰、作畦　单株树木定植后，在栽植穴的外缘用细土筑起 15～20cm 高的土埂，为开堰（树盘）（图 2-9）。连片栽植的树木如绿篱、灌木丛、色块等可按片筑堰作畦。作畦时保证畦内地势水平。浇水堰应拍平、踏实，以防漏水。

③灌水　树木定植后必须连续浇灌 3 次水，以后视情况而定。第一次水应于定植后 24h 之内浇下，水量不宜过大，浸入坑土约 30cm 即可，主要目的是通过灌水使土壤缝隙填实，保证树根与土壤密切结合。然后进行第二次浇水，水量仍不宜过大，仍以压土填缝为主要目的。二水距头水时间最长不超过 3d，浇水后仍应扶直整堰。第三次水应水量大，浇足灌透，时间不得与二水相距 3d 以上，水浸透应细致扶正。浇水时应防止冲垮水堰，每次浇水渗入后，应将歪斜树苗扶正，并对塌陷处填实土壤。

④封堰　第三遍水渗入后，可将土堰铲去，用稻草、腐叶土或砂土覆盖在树干的基部，减少地表蒸发，保持土壤湿润和防止土温变化过大，称为“封堰”。

图 2-9　围堰浇水

4．考核评价（表 2-5）

表 2-5　园林树木栽培考核评价表

<table>
<tr><td>模　块</td><td colspan="3">园林植物栽植</td><td>项　目</td><td colspan="2">木本园林植物栽培</td></tr>
<tr><td>任　务</td><td colspan="4">任务 2.1　园林树木栽培</td><td>学　时</td><td>6</td></tr>
<tr><td>评价类别</td><td>评价项目</td><td colspan="2">评价子项目</td><td>自我评价（20%）</td><td>小组评价（20%）</td><td>教师评价（60%）</td></tr>
<tr><td rowspan="7">过程性评价（60%）</td><td rowspan="5">专业能力(45%)</td><td colspan="2">方案制定能力（15%）</td><td></td><td></td><td></td></tr>
<tr><td rowspan="4">方案实施能力</td><td>定点放样（5%）</td><td></td><td></td><td></td></tr>
<tr><td>栽植前准备（5%）</td><td></td><td></td><td></td></tr>
<tr><td>栽植（12%）</td><td></td><td></td><td></td></tr>
<tr><td>栽植后管理（8%）</td><td></td><td></td><td></td></tr>
<tr><td rowspan="2">社会能力(15%)</td><td colspan="2">工作态度（7%）</td><td></td><td></td><td></td></tr>
<tr><td colspan="2">团队合作（8%）</td><td></td><td></td><td></td></tr>
<tr><td rowspan="3">结果评价（40%）</td><td colspan="3">方案科学性、可行性（15%）</td><td></td><td></td><td></td></tr>
<tr><td colspan="3">栽植的树木成活率（15%）</td><td></td><td></td><td></td></tr>
<tr><td colspan="3">绿地景观效果（10%）</td><td></td><td></td><td></td></tr>
<tr><td colspan="4">评分合计</td><td></td><td></td><td></td></tr>
<tr><td colspan="2">班级：</td><td colspan="2">姓名：</td><td>第　　组</td><td colspan="2">总得分：</td></tr>
</table>

◇巩固训练

1．训练要求

（1）以小组为单位开展训练，组内同学要分工合作、相互配合、团队协作。

（2）园林树木栽植技术方案应具有科学性和可行性。

（3）做到安全生产，操作程序符合要求。

2．训练内容

（1）结合当地小区绿化工程的各类园林树木栽植任务，让学生以小组为单位，在咨询学习、小组讨论的基础上制订某小区园林树木栽植技术方案。

（2）以小组为单位，依据技术方案进行园林树木栽植施工训练。

3．可视成果

某小区园林树木栽植技术方案；栽植管护成功的绿地。

◇任务小结

园林树木栽培任务小结如图 2-10 所示。

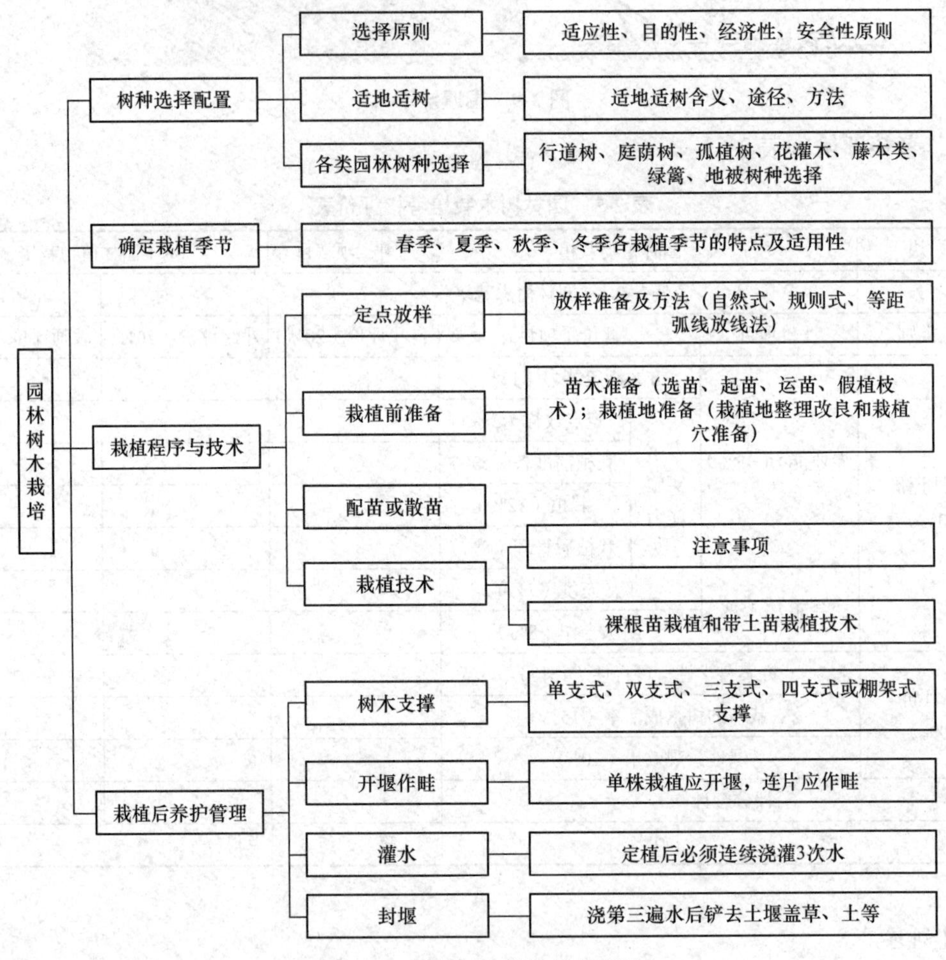

图 2-10　园林树木栽培任务小结

◇思考与练习

1．填空题

（1）乔木起苗的土球一般为地径的________倍。

（2）裸根起苗一般要在土壤________条件下进行。

（3）裸根种植是要使根系保持________。

（4）保证木本植物栽植成活的关键：________、________、________。

（5）木本植物的种植穴大小确定方法为：________。

（6）树木栽植过程要经过________、________、________、________四大环节。移栽的4个环节应密切配合，尽量缩短时间，最好是________、________、________、________，形成流水作业。

（7）落叶树移植和定植时间一般在________或________进行。常绿树种移植和定植时间为________或________。

（8）木本植物露地栽植后立支柱的方式有：________、________、________、________和________。

2．选择题

（1）木本植物栽植时，为了保证成活应该（　　）。

A．多保留根系　　B．多保留树冠

C．多保留树冠和根系　　D．适当保留叶片和根系

（2）按福建省气候特征，木本植物最常用栽植时间为（　　）。

A．春季　　B．夏季　　C．秋季　　D．冬季

（3）苗木种植穴的形状要求为（　　）。

A．平底　　B．锅底　　C．“V”形　　D．“W”形

（4）裸根苗木种植时把土踩实的主要目的是（　　）。

A．使根系与土壤紧密接触　　B．使树不倒伏

C．促进苗木根系生长　　D．促进地上部生长

（5）树木种植深度应（　　）。

A．与原来一样　　B．比原来深10～20cm

C．比原来深3～5cm　　D．无法确定

3．判断题（对的在括号内填“✓”，错的在括号内填“×”）

（1）苗木起苗应在比较干燥的条件下进行，以便减少损伤根系。（　　）

（2）木本植物种植时，应保持地下部和地上部的水分平衡，才能保证成活。（　　）

（3）植物种植时要把土壤踩实，保证根系与土壤紧密接触，提高成活率。（　　）

（4）苗木种植后立单柱应该保持斜立，并且在上风向。（　　）

（5）植物移植时，应选无风的阴天移植最为理想。（　　）

4．问答题

（1）园林树木的选择原则有哪些？

（2）分析园林植物栽植成活原理和成活关键。

（3）简述园林树木栽植程序。

（4）分析怎样做好园林树木栽植的苗木准备和栽植地准备。

（5）简述园林树木栽植技术。

（6）如何提高栽植树木的成活率？

（7）简述园林树木栽植后养护管理技术。

◇自主学习资源库

1．园林植物栽培养护．祝遵凌，王瑞辉．中国林业出版社，2005.
2．园林植物栽培与养护管理．佘远国．机械工业出版社，2019.
3．中国苗木花卉网：http://www.cnmmhh.com.
4．中国园林网：http://www.yuanlin.com.
5．中国风景园林网：http://www.chla.com.cn.
6．中国园林绿化网：http://www.yllh.com.cn.

任务2.2　园林大树移植

◇任务分析

【任务描述】

为了在短时间内改善城市园林景观，保护城市改扩建过程中的古树名木和已有的大树，需要进行大树移植。随着大树移植技术水平的不断提高，目前，大树移植工程在城市园林绿化中被越来越多地应用。由于大树移植时受损严重，成活困难，因此，掌握科学的移植方法，提高大树移植的成活率，具有重要意义。本任务学习以某种常用大树移植为例，以学习小组为单位，首先制订某种大树移植方案，再依据制订的技术方案，结合当地园林绿化大树栽植工程现场，进行现场教学。通过学习，找出方案中的不足及解决实际工作中的问题。本任务实施宜在校内园林植物栽培实训基地或当地园林绿化工程现场进行。

【任务目标】

（1）会熟练编制某绿地大树移植技术方案；
（2）会协助实施大树移植关键环节施工操作；
（3）会安全使用各类大树移植的器具和材料；
（4）能独立分析和解决实际问题，吃苦耐劳，合理分工并团结协作。

◇知识准备

2.2.1　大树概述

园林绿化中的大树通常是指胸径在15cm以上的落叶乔木及10cm以上的常绿乔木。我国园林绿化常用的大树树种有槐、悬铃木、皂荚、白蜡、七叶树、马褂木、五角枫、黄山栾树、女贞、樟树、桂花、广玉兰、玉兰、雪松、油松、华山松、樟子松等。

2.2.2 大树移植特点

（1）移植成活困难

其主要原因一是树龄大，根系恢复慢；二是根系损伤严重，移植后根系水分吸收与树冠水分消耗之间的平衡失调；三是大树在起挖、搬运、栽植过程中树体易受损。

（2）移植周期长

为有效保证大树移植的成活率，一般要求在移植前的一段时间进行断根处理。从断根缩坨到起苗、运输、栽植以及后期的养护管理，移栽周期少则几个月，多则几年。

（3）工程量大

由于树体规格大、移植的技术要求高，单纯依靠人力无法解决，需要动用多种机械。另外，为了确保移植成活率，移植后必须采用一些特殊的养护管理技术与措施。因此，大树移植在人力、物力、财力上的耗费巨大。如果大树移植失败，则会造成巨大的浪费。

（4）绿化效果快速、显著

大树移植可在较短的时间内迅速显现绿化效果，较快发挥城市绿地的景观功能，故在现阶段的城市绿地建设中呈现出较高的上升势头。

目前我国一些城市热衷进行的“大树进城”工程，虽其初衷是为了能在短期内形成景观效果，满足人们对新建景观的即时欣赏要求，但现阶段大树移植多以牺牲局部地区，特别是经济不发达地区的生态环境为代价，另外，大树移植的成本高，种植、养护的技术要求也高，故非特殊需要，不宜倡导多用，更不能成为城市绿地建设中的主要方向。通常大树移植的数量最好控制在绿地树木种植总量的5%～10%。

2.2.3 大树移植原理

2.2.3.1 树势平衡原理

（1）大树收支平衡原理

生长正常的大树，根和叶片吸收养分（收入）与树体生长和蒸腾消耗的养分（支出）基本能达到平衡。只有养分收入大于或等于养分支出时，才能维持大树生命或促进其正常生长发育。

（2）起挖移栽对大树收支平衡的影响

大树根被切断后，吸收水分和养分的能力严重减弱，甚至丧失，在移栽成活并长出大量新生根系之前，树体对养分的消耗（支出）远远大于自身对养分的吸收合成（收入）。此时，大树养分收支失衡，大树表现为叶片萎蔫，严重时枯缩，最后导致大树死亡。

（3）起挖后满足大树收支平衡的具体方法

①增加大树“收入”的措施　起挖前3～4d进行充分灌水；向树体喷水或施叶面肥，增加树体养分；运输途中或移栽后给树体挂输液吊袋。

②减少大树“支出”的措施　操作时，防止损伤树皮，避免切口撕裂，对损伤的树皮和切口进行消毒，对树皮尽快植皮和对伤口尽快涂抹伤口保护剂，以防止病菌进入，减少

水分和养分散失；除去移栽前的所有新梢嫩枝，合理修剪；树干包裹保湿垫（树干用无纺麻布垫、铺垫、草绳等包扎，对切口罩帽）；运输途中和移植后进行遮阴；起挖后喷施抑制蒸腾剂，减少水分蒸发。

2.2.3.2 近似生境原理

大树近似生境原理是指大树移植地的光、气、热等小气候条件和土壤条件（土壤酸碱度、养分状况、土壤类型、干湿度、透气性等）最好与原生长地的生态环境条件近似。如果把生长酸性土壤中的大树移植到碱性土壤，把生长在寒冷高山上的大树移入气候温和的平地，把南方生长的大树移至北方地区，其生态环境差异大，影响移植成活率。因此，移植地生境条件最好与原生长地生境条件近似。移植前，如果移植地和原生地太远、海拔差大，应对大树原植地和定植地的土壤气候条件进行测定，根据测定结果，尽量使定植地满足原生地的生境条件，以提高大树移植成活率。

2.2.4 移植季节

因大树根粗且深，树体巨大，如在生长期移植，会影响树木移植的成活，所以选择合适的移植时间非常重要。一般来说，落叶树春、秋两季都可移植，而以早春土壤解冻树木萌芽之前移植效果最好，在秋季，当树木生长速度降低即将进入休眠的时候也可移植。常绿树木在春季移植最好，成活率高，秋季也可移植，但必须要早。

◇任务实施

1．器具与材料

（1）器具

大树移植机、起重机、运输车辆、挖坑机、手持电钻等；铁锹、锄头、修枝剪、手锯、水桶等。

（2）材料

支撑杆、草绳、麻布片、吊针注射液、生根剂、保水剂、肥料、抗蒸腾剂、愈伤涂膜剂、记录表、纸张、笔，专业书籍，教学案例等。

2．任务流程

大树移植流程图如图 2-11 所示。

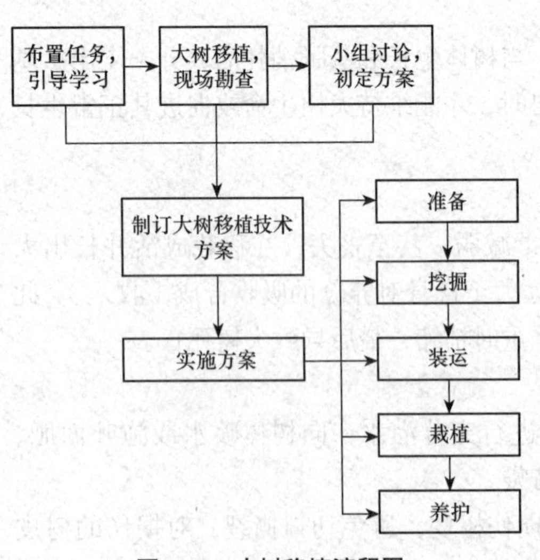

图 2-11 大树移植流程图

3．操作步骤

1）大树移植准备

（1）选择大树

按园林绿化设计要求的树种、规格及标准进行选苗。选定移植树木后，应在树干北侧用油漆做出明显的标记，以便找出树木的朝阳面，同时采取树木挂牌、编号并做好登记，以利对号入座。

建立树木卡片，内容包括树木编号、树木品种、规格（高度、分枝点干径、冠幅）、树龄、生长状况、树木所在地、拟移植的地点等。

选树标准主要有：地势好，便于起挖和操作；树体生长健壮、无病虫，特别是无蛀干害虫；浅根性，实生，再生能力强的乡土树木为佳；交通道路方便，吊运车辆能通行。

（2）移植季节

以春、秋季节移植大树成活率高，其中以春季土壤解冻之后树木萌芽之前移植最佳。以阴天无雨，晴天无风的天气为佳。

（3）断根缩坨（图 2-12）

为了适当缩小土坨，减少土坨质量，使主要的吸收根回缩到主干根基附近，促进侧根和须根的生长，提高栽后成活率，通常在 2～3 年间分段进行，每年只挖全周的 1/3～1/2，一般在春季或秋季进行。也可裸根挖掘带护心土，在苗圃中假植 2～3 年后再进行移植。

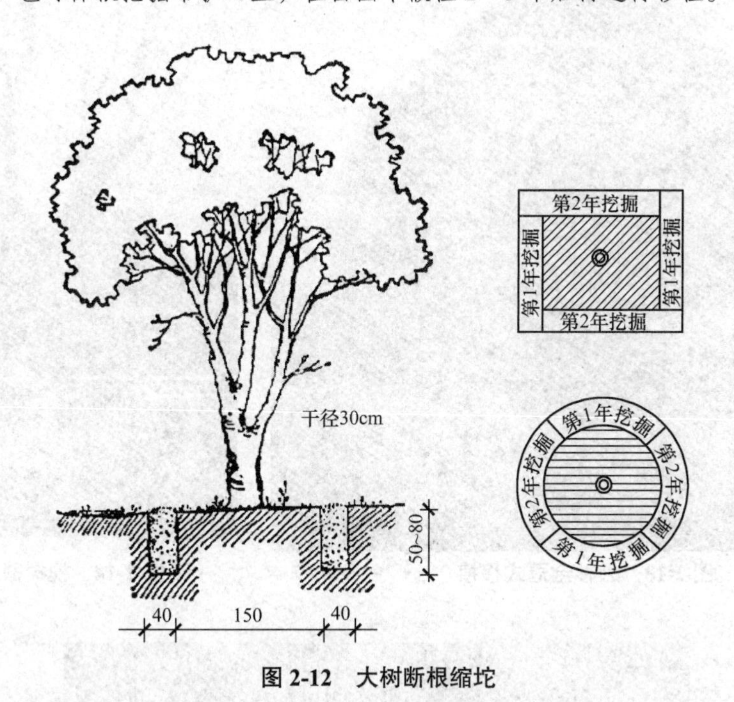

图 2-12　大树断根缩坨

操作方法：以树干胸径的 5 倍为半径向外挖圆形的沟，宽 40～60cm，深 50～70cm，将沟内的根除留 1～2 条粗根外全部切断（伤口涂防腐剂或用酒精喷灯灼烧进行炭化防腐）。将留在沟内的粗根做宽 10mm 环状剥皮，涂抹 0.001% 萘乙酸或 3 号生根粉，促生新根。填入肥沃的壤土或将挖出的土壤加入腐叶土、腐熟的有机肥或化肥混匀后回填踏实。

（4）修剪树冠

根据树种的特性、造景要求、移植季节等对树冠进行修剪。

①全冠式（图 2-13） 保留原有的枝干树冠，只将徒长枝、交叉枝、病虫枝及过密枝剪除，适用于萌芽力弱的树种，如松类、银杏、广玉兰、桂花等，栽后绿化效果好。

②截枝式（图 2-14） 只保留树冠的一级或二级分枝，将其上部截去，适用于萌芽力强、生

长较快的树种，如槐、悬铃木、樟树、女贞等。

③截干式（图2-15） 将整个树冠截去，只留一定高度的主干，只适宜生长快、萌芽力强的树种，如悬铃木、柳、白蜡等。此法成活率高，但成景慢。

（5）挖种植穴

①土壤改良 施工场地如果发现有较为严重的建筑垃圾和生活垃圾污染，应首先清除垃圾，再对土壤通透性差、瘠薄的地块进行换土。采用通透性良好、肥沃的壤土回填。

②定点放线 根据图纸上的设计，确定栽植中心点，并根据预先移植的大树规格判断其土球直径，确定栽植穴的大小。以定植点为圆心，以穴的规格1/2为半径画圆放线。

③挖穴 裸根和软材包装的土球树木种植穴为圆坑，树坑应比土球直径大60～80cm，比土球高度深20～30cm，上下口径大小一致，表土和底土分开放置。挖好后在坑底用松土垫20～30cm的土堆。

图2-13 云杉全冠式移植

图2-14 槐树截枝式移植

图2-15 悬铃木截干式移植

木箱包装的土球树木种植穴挖成方坑，四周均较木箱大出80～100cm，坑深较木箱加深20～30cm。将种植土和腐殖土置于坑的附近待用。

2）大树挖掘

（1）带土球起掘软材包装

此方法适用于干径15～30cm，土球直径1～1.5m的大树移植。

①操作程序　拢冠→放线→铲除表土→挖沟断根→支撑树干→修整土球→断根处理→软材包装。

②操作规程

A．拢冠　用树冠较低的常绿树，为了便于起挖，应先用草绳将树冠拢起，高大的乔木可在树木挖倒后进行。

B．放线　以树干为圆心，以土球直径的1/2为半径画圆放线，土球直径一般是胸径的6～8倍，断根处理的在断根沟外沿扩大10～20cm起挖。

C．铲去表土　铲去放线区内的表层土壤至侧根露出，厚5～10cm。

D．挖沟断根　沿线外垂直挖掘宽60～80cm的沟，以便利于人体操作为度，直到规定深度（土球高）为止。同时用手锯、修枝剪切断粗壮的侧根。

E．支撑树干　在切断主根之前，为了防止树体倾倒而出现土球破裂及其他安全事故，应采用木杆进行支撑。

F．修整土球　用铁锨将土球肩部修圆滑，四周土表自上而下修平至球高1/2时，逐渐向内收缩（使底径约为上径的1/3）呈上大下略小的形状。深根性树种和砂壤土球应呈苹果形，浅根性和黏性土可呈扁球形。

G．软材包装　将预先湿润过的草绳理顺，于土球中部缠腰绳，两人合作边拉缠，边用木槌（或砖、石）敲打草绳，使草绳嵌入土球为度。要使每圈草绳紧靠，总宽达土球高的1/4～1/3（20cm左右）并系牢即可。壤土和砂土可应用蒲包或无纺布先把土球盖严，并用细绳稍加捆拢，再用草绳包扎；黏性土可直接用草绳包扎。草绳包扎方式有3种：

橘子式（图2-16）：先将草绳一头系在树干（或腰绳）上，稍倾斜，经土球底沿绕过对面，向上约于球面1/2处经树干折回，顺同一方向按一定间隔缠绕至满球。然后再绕第一遍，与第一遍的每道于肩沿处的草绳整齐相压，至满球后系牢。再于内腰绳的稍下部捆十几道外腰绳，而后将内外腰绳呈锯齿状穿连绑紧。最后在计划将树推倒的方向沿土球外沿挖一道弧形沟，并将树轻轻推倒，这样树干不会碰到穴沿而损伤。壤土和砂土还需用蒲包垫于土球底部并用草绳与土球底沿纵向绳拴连系牢。

井字式（图2-16）：先将草绳一端系于腰箍上，然后按井字式包扎图（b）所示数字顺序，由1拉到2，绕过土球的下面拉至3，经4绕过土球下拉至5，再经6绕过土球下面拉至7，经8与1挨紧平行拉扎。按如此顺序包扎满6～7道井字形为止，扎成如井字式包扎图（b）的状态。

五角式（图2-16）：先将草绳的一端系在腰箍上，然后按五角式包扎图所示的数字顺序包扎，先由1拉到2，绕过土球底，经3过土球面到4，绕过土球底经5拉过土球面到6，绕过土球底，由7过土球面到8，绕过土球底，由9过土球面到10，绕过土球底回到1。按如此顺序紧挨平扎6～7道。五角井字式和五角式适用于黏性土和运距不远的落叶树或1t以下的常绿树，否则宜用橘子式或在橘子式基础上外加井字式和五角式（图2-17）。

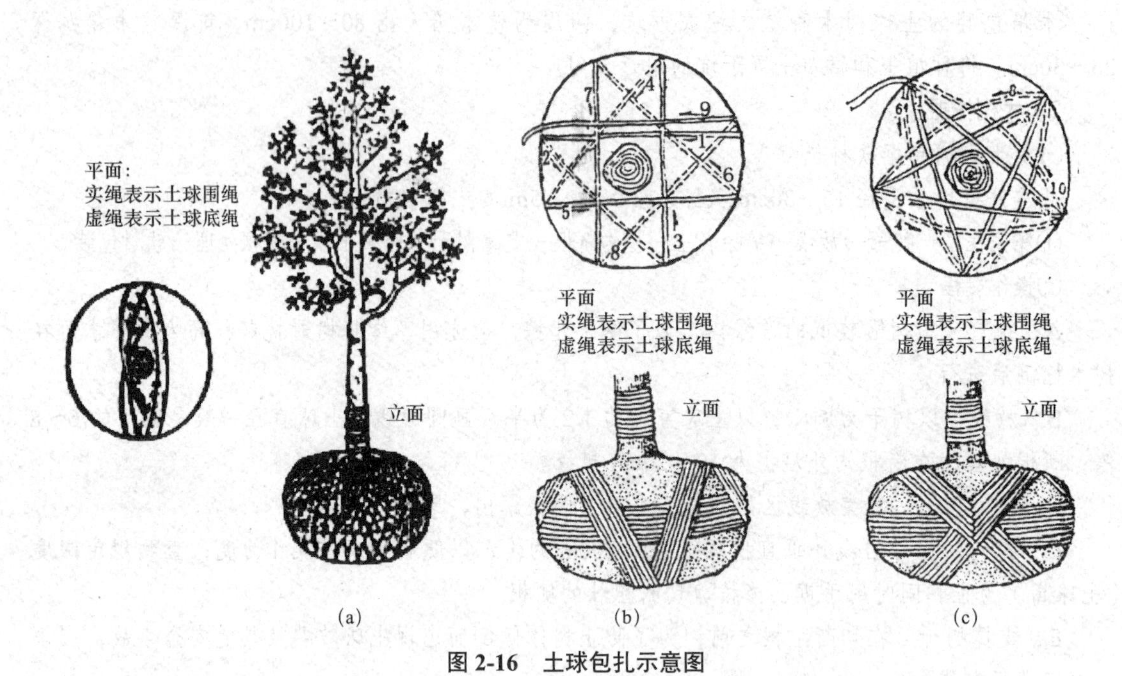

图 2-16　土球包扎示意图

（a）橘子式包扎 （b）井字式包扎 （c）五角式包扎

图 2-17　大树起吊

（a）挖沟起挖大树 （b）修整大树土球 （c）大树土球打腰箍 （d）包装好的大树

（2）带土球起掘木箱包装

此法适于胸径20～30cm或更大的树木移植。

①箱板、工具及吊运车辆的准备　应用厚5cm的坚韧木板，制备4块倒梯形壁板（常用上底边长1.85m，下底边长1.75m，高0.8m），并用3条宽10～15cm，与箱板同高的竖向木条钉牢。底板4块（宽25cm左右，长为箱板底长，加2块壁板厚度的条板）；盖板2～4块（宽25cm左右、长为箱板上边长，加2块壁板厚度的条板），以及打孔铁皮（厚0.2cm、宽3cm、长80～90cm，80～100根）和10～12cm的钉子（约800枚）。

附有4个卡子，粗0.4寸*，长10～12m的钢丝绳和紧线器各2个；小板镐及其他掘树工具；油压千斤顶1台。

起重机和卡车。土块厚1m，其中1.5m见方用5t吊车；1.8m见方用8t吊车；2m见方用15t吊车，相应卡车若干。备用作支撑比树略高的杉槁3根。

②挖土块　挖前先用3根长杉槁将树干支牢。以树干为中心，按预定扩坨尺寸外加5cm划正方形，于线外垂直下挖60～80cm的沟直至规定深度。将土块四壁修成倒梯形。遇粗根忌用锹铲，可把根周围土削去成内凹状，再将根锯断，不使与土壁平，以保证四壁板收紧后与土紧贴。

③木箱包装　上箱板箱壁中部与干中心线对准，四壁板下口要保证对齐，上口沿可比土块略低。2块箱板的端部不要顶上，以免影响收紧。四周用木条顶住。距上、下口15～20cm处各横围2条钢丝绳，注意其上卡子不要卡在壁板外的板条上。钢丝绳与壁板板条间垫圆木墩用紧绳器将壁板收紧，四角壁板间钉好铁皮。然后再将沟挖深30～40cm，并用方木将箱板与坑壁支牢，用短把小板锄向土块底掏挖，达一定宽度，上底板。一头垫短木墩，一头用千斤顶支起，钉好铁皮，四角支好方木墩，再向里掏挖，间隔10～15cm再钉第二块底板。如遇粗根，去些根周之土并锯断。发现土松散，应用蒲包托好，再上底板。最后于土块面上树干两侧钉平行或呈井字形板条。

（3）裸根起掘

凡休眠期移植落叶树均可采用裸根或裸根带少量护心土移植。一般根系直径为树木胸径的8～10倍（有特殊要求的树木除外）。

操作方法：沿所留根幅外垂直下挖操作沟，沟宽60～80cm，沟深视根系的分布而定，挖至不见主根为准，一般80～120cm。从所留根系深度1/2处以下，可逐渐向内部掏挖，切断所有主侧根后，即可打碎土台，保留护心土，清除余土，推倒树木。断根时切口要平滑，不得劈裂。

裸根大树挖掘后应保持根部湿润，方法是根系掘出后喷保湿剂或蘸泥浆，用湿草包裹等。

3）大树装卸及运输（图2-18）

大树的装卸及运输必须使用大型机械车辆，因此为确保安全顺利地进行，必须配备技术熟练的人员统一指挥。操作人员应严格按安全规定作业。

装卸和运输过程应保护好树木，尤其是根系，土球和木箱应保证其完好。树冠应围拢，树

---

* 1寸=0.33cm。

(a)　(b)　(c)　(d)

图 2-18　大树装运

(a) 大树土球打腰箍　(b) 大树起吊　(c) 大树修剪、截冠　(d) 大树起吊装车

干要包装保护。装车时根系、土球、木箱向前，树冠朝后。

装卸裸根树木，应特别注意保护好根部，减少根部劈裂、折断，装车后支稳、挤严，并盖上湿草袋或苫布遮盖加以保护。卸车时应顺序吊下。

装卸土球树木应保护好土球完整，不散坨。为此装卸时应用粗麻绳捆绑，同时在绳与土球间，垫上木板，装车后将土球放稳，用木板等物卡紧，使其不滚动。

装卸木箱树木，应确保木箱完好，关键是拴绳、起吊，首先用钢丝绳在木箱下端约 1/3 处栏腰围住，绳头套入吊钩内。再用一根钢丝绳或麻绳按合适的角度一头垫上软物拴在树干恰当的位置，另一头也套入吊钩内，使树冠缓缓向上翘起后，找好重心，保护树身，则可起吊装车。装车时，车厢上先垫较木箱长 20cm 的 10cm×10cm 的方木两根，放箱时注意不得压钢丝绳。

树冠凡翘起超高部分应尽量围拢。树冠不要拖地，为此在车厢尾部放稳支架，垫上软物（蒲包、草袋）用以支撑树干。

运输时应派专人押车。押运人员应熟悉掌握树木品种、卸车地点、运输路线、沿途障碍等情况，押运人员应在车厢上并应与司机密切配合。随时排除行车障碍。小心运输，车速应控制在 20km/h 左右，长距离运输，应不断喷水和插上树动力瓶输液，补充养分和水分。

大树在挖掘土球过程中，由于树冠较大，挖掘断根后因风力或重心偏移造成苗木倾倒，容易对人身造成威胁。另外，在锯掉苗木侧枝的过程中，以及在装、卸过程中，都存在一定的危险性，应当加以注意。

4）栽植

栽植的深度一般与原土痕平或略高于地面5cm左右。

操作过程（图2-19）：

①吊树入坑　用起重机将大树吊入栽植穴中。要选好主要观赏面的方向，并照顾朝阳面，一般树弯应尽量迎风，种植时要栽正扶植，树冠主尖与根在一垂直线上。

②拆除绑扎物　将土球外的草绳等包扎物解除或拆除，防草绳腐烂引起沤根烂根。

③生根剂处理　为了促进根系新根的发生，可采用生根剂喷施土球表面或裸根。如根动力稀释200倍喷施根部。

④填土镇压　一般用种植土加入腐植土使用，其比例为7∶3。注意肥土必须充分腐熟，混合均匀。填土时要分层进行，每隔30cm一层，然后踏实镇压，填满为止。

⑤支撑　栽后应及时立柱，一般采用品字形三杆支撑，支撑点一般应选在树体的中上部2/3处，支撑杆底部应入土40～50cm。

⑥筑堰　土堰内径与坑沿相同，堰高20～30cm，筑堰时注意不应过深，以免损伤树根或土球。

种植木箱包装的大树，先在坑内用土堆一个高20cm左右，宽30～80cm的一长方形土台。

(a)　(b)　(c)　(d)

图2-19　大树栽植

（a）吊树入坑　（b）剪除包装绳　（c）堆土高栽　（d）树木支撑

将树木直立，如土质坚硬、土台完好，可先拆去中间3块底板，用两根钢丝绳兜住底板，绳的两头扣在吊钩上，起吊入坑，置于土台上。注意树木起吊入坑时，树下、吊臂下严禁站人。木箱入坑后，为了校正位置，操作人员应在坑上部作业，不得立于坑内，以免挤伤。树木落稳后，撤出钢丝绳，拆除底板填土。将树木支稳，即可拆除木箱上板及蒲包。坑内填土约1/3处，则可拆除四边箱板，取出，分层填土夯实至地平。

5）大树移栽成活期的养护管理

通过地上部分保湿、地下部分促根的方法，保持树体水分代谢平衡，促进大树成活。

①水分管理　栽后浇水3遍，第一次在24h内，3d后浇第二次水，7～10d后浇第三次水。每次浇水后要注意整堰，填土堵漏。以后应视实际情况，不干不浇，浇则浇透。遇涝及时排水。

②树干包裹（图2-20）　可采用草绳缠干、草帘包干、塑料薄膜包干、遮阳网包干、麻袋包干、缠绳绑膜树干等方法，夏季防止树体内水分丧失，冬季防寒。草绳＋塑料薄膜适用冬季干旱寒冷的北方地区。

③树冠喷水　树木萌芽后，用高压水枪对树体地上部分及时喷水。每天2～3次，1周后每天1次，连喷15d。主要作用是缓解蒸腾，增湿降温。

④树干输液　采用吊针注射不但可以维持树体内的水分平衡，还能补充植物生长发育所需要的生理活性物质和矿质营养。

⑤树冠遮阴　夏季光照强，气温高，树体蒸腾作用强，为了减少树体水分散失，可搭建遮阴棚减弱光照，降低树木蒸腾。

⑥灌生根液　为了促进生根，利用生根粉灌根。在临近萌芽时结合灌水进行。

⑦促进土壤透气性　大树栽植后，根部良好的土壤通透条件，能够促进伤口的愈合和促生新根。可采取以下方法：

控水：在大树栽植初期，若土壤湿润，则不须浇水。

防积水：对于雨水多、雨量大、易积水的地区，可挖排水沟，沟深至土球底部以下，且沟要求排水畅通。

(a)　(b)

图2-20　树干包裹

(a) 草绳包裹　(b) 农膜包裹

松土：浇水或雨后2～3d，中耕松土。

通气：在多雨的夏秋季，可在种植穴外沿打孔3～5个。也可在大树栽植时，预埋通气管，其方法是在土球外围5cm处斜放入6～8根PVC管，管上要打无数个小孔，管内填充碎石，以利透气。

⑧叶面追肥　树木萌芽之后，采用根外追肥，一般半个月左右喷施1次叶面肥，常采用尿素和磷酸二氢钾0.5%～1%浓度，阴天7:00～9:00和17:00～19:00进行，也可选用专用叶面肥。

⑨病虫防治　春秋两季加强蚜虫的防治，夏季应注重食叶害虫及蛀干害虫的防治。

⑩冬季防寒　冬季寒冷的北方地区，在秋末冬初可采用树干基部培土、树盘覆盖、树干包裹、设风障、树干涂白、入冬前灌冻水等保护措施。

4．考核评价（表2-6）

表2-6　园林大树移植考核评价表

<table>
<tr><td>模　块</td><td colspan="3">园林植物栽植</td><td>项　目</td><td colspan="2">木本园林植物栽培</td></tr>
<tr><td>任　务</td><td colspan="4">任务2.2　园林大树移植</td><td>学　时</td><td>4</td></tr>
<tr><td>评价类别</td><td>评价项目</td><td colspan="2">评价子项目</td><td>自我评价
（20%）</td><td>小组评价
（20%）</td><td>教师评价
（60%）</td></tr>
<tr><td rowspan="9">过程性评价
（60%）</td><td rowspan="7">专业能力
（45%）</td><td colspan="2">方案制订能力
（10%）</td><td></td><td></td><td></td></tr>
<tr><td rowspan="6">方案
实施
能力</td><td>准备工作（5%）</td><td></td><td></td><td></td></tr>
<tr><td>大树挖掘（5%）</td><td></td><td></td><td></td></tr>
<tr><td>大树装运（5%）</td><td></td><td></td><td></td></tr>
<tr><td>大树栽植（8%）</td><td></td><td></td><td></td></tr>
<tr><td>栽后养护（8%）</td><td></td><td></td><td></td></tr>
<tr><td>工具使用及保养
（4%）</td><td></td><td></td><td></td></tr>
<tr><td rowspan="2">社会能力
（15%）</td><td colspan="2">工作态度（7%）</td><td></td><td></td><td></td></tr>
<tr><td colspan="2">团队合作（8%）</td><td></td><td></td><td></td></tr>
<tr><td rowspan="3">结果评价
（40%）</td><td colspan="3">方案科学性、可行性（15%）</td><td></td><td></td><td></td></tr>
<tr><td colspan="3">整形修剪的合理性（15%）</td><td></td><td></td><td></td></tr>
<tr><td colspan="3">树形景观效果（10%）</td><td></td><td></td><td></td></tr>
<tr><td colspan="4">评分合计</td><td></td><td></td><td></td></tr>
<tr><td colspan="2">班级：</td><td colspan="2">姓名：</td><td>第　　组</td><td colspan="2">总得分：</td></tr>
</table>

◇巩固训练

1．训练要求

（1）以小组为单位开展训练，组内同学要分工合作、相互配合、团队协作。

（2）大树移植要科学论证，避免盲目性。

（3）做到安全生产，操作程序符合要求。

2．训练内容

（1）结合当地园林绿化工程项目中的大树移植项目，让学生以小组为单位，在小组讨论的基础上熟悉大树移植的理论基础和基本技能，会科学论证大树移植的可行性，会正确设计大树移植施工技术方案。

（2）以小组为单位，依据当地园林绿化工程项目中的大树移植项目进行大树移植训练。

3．可视成果

提供当地某绿化工程大树移植施工技术方案；移植成功的大树。

◇任务小结

园林大树移植任务小结如图2-21所示。

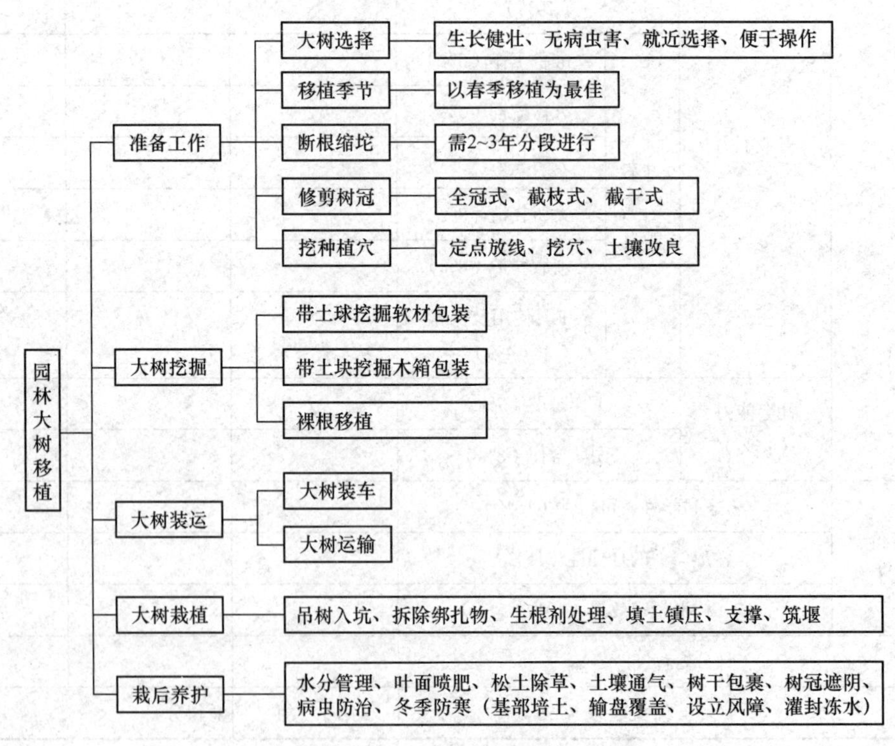

图2-21　园林大树移植任务小结

◇思考与练习

1．填空题

（1）园林绿化中的大树通常是指胸径在________cm 以上的落叶乔木及________cm 以上的常绿乔木。

（2）我国北方地区落叶大树移植的季节以________为最佳，其次是________，而常绿树最好在________移植。

（3）大树移植时对树冠的修剪方式有________、________和________。

（4）大树移栽硬包装的方法有________，软有包装的方法包括________、________、________等。

2．选择题

（1）大树移植的数量最好控制在绿地树木种植总量的（　　）。

A．5%～10%　　B．10%～20%　　C．20%～30%　　D．30%～40%

（2）（　　）大树移植时对树冠修剪宜采用全冠式。

A．黄山栾树　　B．槐　　C．七叶树　　D．雪松

（3）落叶大树裸根移植起苗时根幅直径应为大树胸径的（　　）倍。

A．4～6　　B．6～8　　C．8～10　　D．12～14

（4）大树移植前经过缩坨断根后，起挖土球直径应比原切土球大（　　）cm。

A．10～20　　B．20～30　　C．20～40　　D．30～40

（5）大树移植起苗时，起浮土的目的是（　　）。

A．提高成活率　　B．利于包扎　　C．减轻土球质量　　D．防止土球散开

（6）我国北方地区大树移植的最佳时期是（　　）。

A．春季　　B．夏季　　C．秋季　　D．冬季

3．判断题（对的在括号内填“✓”，错的在括号内填“×”）

（1）大树移植后采用吊针注射技术可补充体内的水分和营养。（　　）

（2）大树装车运输时要做到土球朝后，树梢朝前。（　　）

（3）大树入穴时应做到按原生长的南北向就位。（　　）

（4）大树缩坨时间一般在移栽前一年进行。（　　）

（5）截枝式修剪一般适用于萌芽力较强的树种，如樟树等。（　　）

（6）为了保证移栽的成活率及尽早发挥园林绿化效果，在移栽树的树龄上，应选用长势处于上升期的青壮龄树木。（　　）

（7）大树移植挖掘土球时，土球的厚度为直径的2/3。（　　）

4．问答题

（1）南方的桂花、广玉兰等大树移植到北方地区成活率低的原因主要有哪些？

（2）大树移植后的养护内容包括哪些？

（3）新栽大树，维持树体水分代谢平衡的主要措施有哪些？

（4）以移植带土球大苗为例，分析怎样科学移植大苗。

◇自主学习资源库

1．大树反季节移栽技术与应用实例．邓华平，刘庆阳，杨小民，等．中国农业科学技术出版社，2018．

2．园林树木移植与养护管理．张小红．化学工业出版社，2016.

3．园林绿化施工与养护．邹原东．化学工业出版社，2013．

4．200种常用园林植物栽培与养护技术．吕玉奎．化学工业出版社，2016．

5．中国苗木花卉网：http://www.cnmmhh.com.

6．中国园林网：http://www.yuanlin.com.

7．中国风景园林网：http://www.chla.com.cn.

8．中国园林绿化网：http://www.yllh.com.cn.

任务2.3 观赏竹栽植

◇任务分析

【任务描述】

竹是我国传统园林景观中“岁寒三友”“四君子”之一，因其具有四季常绿、挺拔清秀、婀娜多姿等特点，在现代园林中应用越来越广泛，主要用作竹林、竹径、竹篱、地被及与小品配景等。由于竹与一般树木的生长发育规律、生活习性具有较大的差异，在园林绿化中，常因栽植不当，出现栽植成活率不高、生长发育不良等现象。因此熟悉竹的生长发育规律，掌握正确的种植方法具有重要意义。

本任务学习以当地某种常用观赏竹栽植为案例，以学习小组为单位，首先制订某种竹栽植方案，再依据制订的技术方案，结合当地园林绿化工程项目，进行现场教学。通过学习，找出方案中的不足及实际工作中的问题。本任务实施宜在校内园林植物栽培实训基地或当地园林绿化工程现场进行。

【任务目标】

（1）能识别本地区常用的竹种类；

（2）能制订观赏竹的栽植技术方案；

（3）能现场指导园林绿化工程观赏竹的栽植。

◇知识准备

2.3.1 竹的形态特征

竹属禾本科竹亚科多年生木质化植物，具地上茎和地下茎。竹子的地下茎称为竹鞭

（图 2-23），竹鞭上有竹节，节处有芽（图 2-22），芽长大为笋，笋出土脱箨成地上茎，称为竹秆。秆节明显，秆内有横隔，节间中空。节部有两个环，上一环称为秆环，下一环称箨环，两环之间称为节内，其上生芽，萌发成枝。竹笋及新秆外所包的壳称为笋箨或秆箨，实际上为一巨大的芽鳞片。随着新秆的长大，逐渐脱落。

竹和一般树木有很大的差异。竹子地上部分由竹秆、竹枝和竹叶组成。竹秆的基部连接地下茎，地下茎的节上的细长的根，称为须根。

竹的生长速度快，有的一天之内能长 1m 以上，在仅仅两三个月内便可以完全发育，以

图 2-22　竹鞭及竹芽

(a)　(b)　(c)　(d)

图 2-23　常见观赏竹（1）

（a）金镶玉竹（b）紫竹（c）毛竹（d）早园竹

后便不再长高或长粗，永远保持这种大小一直到枯死。竹秆的寿命通常为5～6年，而竹子的生命周期通常为40～80年不等，等到竹子老的时候就会开花，大部分竹子在整个生长过程中只开一次花，从开花后秆叶枯黄，成片死去，地下茎也逐渐变黑，失去萌发力，结成的种子即所谓竹米，播种育苗即可长成新的竹。

2.3.2 竹分类及常用种类

竹根据地下茎的生长特性不同可分为3种类型，即单轴散生型、合轴丛生型、复轴混合型。我国有500余种竹，大多可供庭园观赏。常见的栽培观赏竹有（图2-23、图2-24）：散生型的'刚竹'、紫竹、'毛竹'、早园竹、'金镶玉'竹、斑竹、苦竹等；丛生型的孝顺竹、佛肚竹、慈竹、'凤尾'竹等；混生型的阔叶箬竹、茶秆竹、方竹等。

(a) (b) (c) (d)

图2-24 常见观赏竹（2）

（a）阔叶箬竹 （b）孝顺竹 （c）佛肚竹 （d）菲白竹

2.3.3 竹的生态习性

竹大都喜温暖湿润的气候，一般年平均气温为12～22℃，年降水量1000～2000mm。要求土壤肥沃、湿润、深厚和排水良好、微酸性至中性，土层厚度在50cm以上，砂质土或砂质壤土为宜。散生竹类主要分布在甘肃东南部、四川北部、陕西南部、河南、湖北、安徽、江苏及山东南部、河北西南部等地区。通常在春季出笋，入冬前新竹已充分木质化，所以对干旱和寒冷等不良气候条件有较强的适应能力，对土壤的要求也低于丛生竹和混生竹，因此，能适应我国北方地区栽植应用。丛生、混生竹类地下茎入土较浅，出笋期在夏、秋，新竹当年不能充分木质化，经不起寒冷和干旱，不适宜在北方地区露地栽植。

2.3.4 栽植季节

散生竹通常在3～5月发笋，6月基本完成高，并抽枝长叶，8～9月大量长鞭，进入11月以后，随着气温的降低，生理活动逐渐缓慢并进入休眠期，至翌年2月，伴随气温的回升，逐渐恢复生理活动。根据其生长规律，理想的栽植期在10月至翌年2月。3～5月出笋期不宜栽竹。

丛生竹一般3～5月竹秆发芽，6～8月发笋，且不甚耐寒，故最佳栽植期在2月，竹子芽眼尚未萌发、竹液开始流动前进行为好。

混生竹生长发育规律介于上述二者之间，5～7月发笋长竹，所以栽植季节以秋冬季10～12月和春季2～3月栽植为好。

如果采用容器竹苗，则南北地区均可四季种竹，保证成活。

◇任务实施

1．器具与材料

（1）器具

起苗铧、锄头、铁锹、铲、修枝剪、盛苗器、运输工具、皮尺、水桶等。

（2）材料

观赏竹竹苗，尼龙绳、肥料等各类栽植工具材料。

2．任务流程

竹子移植流程图如图2-25所示。

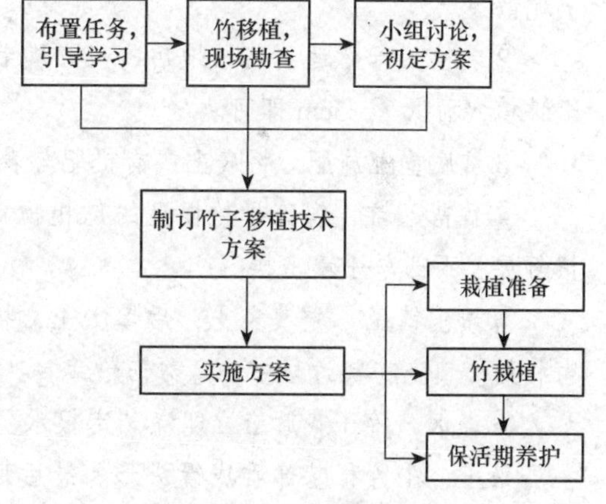

图2-25 竹移植流程图

3．操作步骤

（1）栽植准备

①土壤准备 全面深翻30～40cm，清除建筑垃圾和杂草草根，每667m^{2}施磷肥100kg，腐熟有机肥5000kg。若土壤过于黏重、盐碱土或建筑垃圾过多，则采取应增施有机肥或换土等方法进行改良。

②挖种植穴 品字形配置坑位，其密度和规格应根据不同的竹种、竹苗规格和工程要求具体而定。一般中小径竹3～4株/m^2，株行距50～60cm，种植穴的长、宽、深为40cm、40cm、30cm。

③竹苗准备

A．选好母株　选当年至2年生竹子作为母竹，因为当年至2年生母竹所连的竹鞭，一般处于壮龄阶段，鞭芽饱满，鞭根健全，因而容易栽活和长出新竹、新鞭，成林较快。老龄竹（7年以上）不宜作母竹。母竹粗度：小径竹（如紫竹、金镶玉竹、斑竹等）以胸径1～2cm为宜，中径竹（如哺鸡竹类、早园竹等）以胸径2～3cm为宜。母竹要求生长健壮、分枝较低、枝叶繁茂、无病虫害及开花迹象为宜。

B．挖掘母竹　竹鞭主要分布在地下15～20cm深处，挖掘时应注意不要伤鞭。根据竹秆上最下一盘枝的方向，挖开土壤，找到去鞭，按"来鞭短，去鞭长"的原则挖竹坨，来鞭（北面）留20cm，去鞭（南面）留30cm，土坨宽25～30cm，厚20～25cm，长40cm。在有条件的情况下坨还可以再适当增大。

中小型观赏竹，通常生长较密，因此，可将几枝一同挖起作为一"株"母竹。具体要求为：散生竹1～2枝/株，混生竹2～4枝/株，丛生竹可挖起后分成3～5枝/丛。

母竹挖起后，一般应砍去竹梢，保留4～5盘分枝，修剪过密枝叶，以减少水分蒸发，提高种植成活率。

C．竹苗装运　母竹远距离运输时，如果土球松散，则必须进行包扎，用稻草、编织袋等将土球包扎好。装上车后，先在竹叶上喷上少量水，再用篷布将竹子全面覆好，防止风吹，减少水分散失。

（2）竹子栽植

①竹坨搬运　运坨时应抱住土坨搬运，一人搬不动时要两人抬土坨，禁用手提竹秆，防止土坨散裂。

②栽植　母竹运到栽植地后，应立即栽植。竹宜浅栽不可深栽，栽植深度为母竹根盘表面比种植穴面低3～5cm即可。

③坑底垫土施肥　将表土或有机肥与表土拌匀后回填种植穴内，一般厚10cm。

④竹苗入坑　解除母竹根盘的包扎物，将母竹放入穴内，根盘面与地表面保持平行，使鞭根舒展，下部与土壤密接。

⑤填土镇压　先填表土，后填心土，捡去石块、树根等杂物，分层踏实，使根系与土壤紧密相接。填土踏实过程中注意勿伤鞭芽。

⑥浇水　竹子栽后应立即浇"定根水"。为了进一步使根土密接，待水全部渗入土中后再覆一层松土，在竹秆基部堆成馒头形。最后可在馒头形土堆上加盖一层稻草，以防止种植穴水分蒸发。

⑦设立支架　如果母竹高大或在风大的地方需设立支架，以防风吹竹秆摇晃，根土不能密接，降低成活率。通常采用网格支架。

（3）保活期养护

初栽竹类，遇旱浇水，涝时排水，使竹林地保持湿润为宜。松土除草，做到夏秋浅而冬季深，竹周围浅，空地要深，勿伤竹鞭和芽。

4．考核评价（表 2-7）

表 2-7　观赏竹移植考核评价表

<table>
<tr><td>模　块</td><td colspan="4">园林植物栽植</td><td>项　目</td><td colspan="2">木本园林植物栽培</td></tr>
<tr><td>任　务</td><td colspan="5">任务 2.3　观赏竹移植</td><td>学　时</td><td>2</td></tr>
<tr><td>评价类别</td><td>评价项目</td><td colspan="2">评价子项目</td><td>自我评价
（20%）</td><td colspan="2">小组评价
（20%）</td><td>教师评价
（60%）</td></tr>
<tr><td rowspan="8">过程性评价
（60%）</td><td rowspan="6">专业能力（45%）</td><td colspan="2">方案制订能力（10%）</td><td></td><td colspan="2"></td><td></td></tr>
<tr><td rowspan="5">方案
实施
能力</td><td>栽植准备（10%）</td><td></td><td colspan="2"></td><td></td></tr>
<tr><td>观赏竹栽植（15%）</td><td></td><td colspan="2"></td><td></td></tr>
<tr><td>保活期养护（5%）</td><td></td><td colspan="2"></td><td></td></tr>
<tr><td>工具使用及保养（5%）</td><td></td><td colspan="2"></td><td></td></tr>
<tr style="display:none"></tr>
<tr><td rowspan="2">社会能力（15%）</td><td colspan="2">工作态度（7%）</td><td></td><td colspan="2"></td><td></td></tr>
<tr><td colspan="2">团队合作（8%）</td><td></td><td colspan="2"></td><td></td></tr>
<tr><td rowspan="3">结果评价
（40%）</td><td colspan="3">方案科学性、可行性（15%）</td><td></td><td colspan="2"></td><td></td></tr>
<tr><td colspan="3">整形修剪的合理性（15%）</td><td></td><td colspan="2"></td><td></td></tr>
<tr><td colspan="3">树形景观效果（10%）</td><td></td><td colspan="2"></td><td></td></tr>
<tr><td colspan="4">评分合计</td><td></td><td colspan="2"></td><td></td></tr>
<tr><td colspan="2">班级：</td><td colspan="2">姓名：</td><td>第　　组</td><td colspan="3">总得分：</td></tr>
</table>

◇巩固训练

1．训练要求

（1）以小组为单位开展训练，组内同学要分工合作、相互配合、团队协作。

（2）做到安全生产，操作程序符合要求。

2．训练内容

（1）结合当地园林绿化工程项目中的观赏竹栽植项目，让学生以小组为单位，在小组讨论的基础上熟悉观赏竹栽植的理论基础和基本技能，会正确设计观赏竹栽植施工技术方案。

（2）以小组为单位，依据当地园林绿化工程项目中的观赏竹栽植项目进行观赏竹栽植训练。

3．可视成果

制定当地某绿化工程观赏竹栽植施工技术方案；移植成功的观赏竹可视成果。

◇任务小结

观赏竹移植任务小结如图2-26所示。

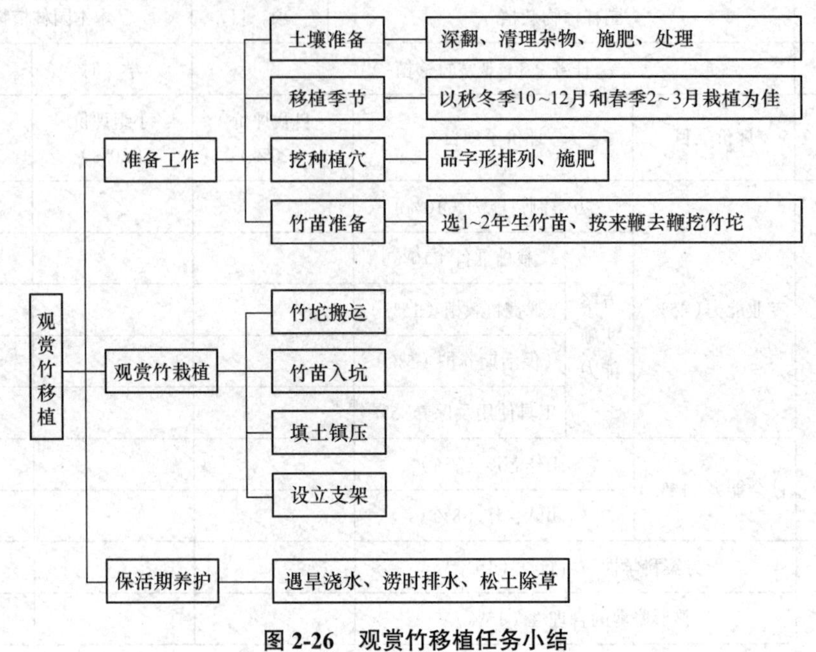

图2-26 观赏竹移植任务小结

◇思考与练习

1. 填空题

（1）竹子的地上部分是由________、________、________组成。

（2）竹子依据地下茎的生长特性不同可分为________、________、________。

（3）北方地区常见的散生型观赏竹种类有________、________、________、________等。

（4）南方地区常见的丛生型观赏竹种类有________、________、________、________等。

2. 选择题

（1）竹子的地下根状茎通常称为（　　）。

A. 竹芽　B. 竹鞭　C. 竹笋　D. 竹根

（2）阔叶箬竹属于（　　）。

A. 单轴散生型　B. 合轴丛生型　C. 复轴混合型

3. 判断题（对的在括号内填“✓”，错的在括号内填“×”）

（1）竹性喜弱酸性及中性的土壤，不耐盐碱。（　　）

（2）单轴散生型竹通常抗寒性弱，合轴丛生型竹抗寒性强。（　　）

（3）竹秆能逐年增粗生长。（　　）

（4）竹一生只开一次花。（　　）

（5）丛生竹宜在秋季栽植。（　　）

4．问答题

（1）竹子挖掘时应注意什么问题？

（2）如何提高北方地区竹子栽植的成活率？

◇自主学习资源库

1．观赏竹与景观．陈其兵．中国林业出版社，2016.
2．观赏竹栽培新技术．朱春生．内蒙古人民出版社，2012.
3．200种常用园林植物栽培与养护技术．吕玉奎．化学工业出版社，2016.
4．观赏竹与造景．王裕霞．广东科技出版社，2006.
5．中国风景园林网：http://www.chla.com.cn.
6．中国园林绿化网：http://www.yllh.com.cn.

任务2.4　反季节栽植

◇任务分析

【任务描述】

园林绿化工程通常是在春、秋两季进行的，但是，现代城市建设高速发展，对园林绿化也提出了新的要求。尤其是在目前很多重大市政建设项目、房地产开发项目等的配套绿化工程，出于特殊时限的需要，绿化要打破季节的限制，克服高温、干旱、湿热等不利条件，进行非正常季节施工。为了有效提高非正常季节绿化施工的成活率，确保经济效益和社会效益，就需要在施工中不断研究和总结非正常季节施工工艺。

本任务学习以当地常用园林植物夏季栽植为案例，以学习小组为单位，首先制订反季节栽植方案，再依据制订的技术方案，结合当地园林绿化工程现场，进行现场教学。通过学习，找出方案中的不足及实际工作中的问题。本任务实施宜在校内园林植物栽培实训基地或当地园林绿化工程现场进行。

【任务目标】

（1）会熟练编制反季节植物移植技术方案；

（2）会熟练实施园林植物反季节栽植的施工操作；

（3）能独立分析和解决实际问题，吃苦耐劳，合理分工并团结协作。

◇知识准备

2.4.1　反季节栽植概述

反季节栽植是指在植物生长旺盛的夏季或寒冷的冬季进行的栽植工程，一般情况下指夏季栽植。

2.4.2　反季节栽植成活的理论依据

植物移植成活的内部条件主要是树势平衡，即在正常温度、湿度和光照下植株根部吸收供应水、肥能力和地上部分叶面光合作用、呼吸和蒸腾消耗相平衡。在夏季生长季节进行移栽时，由于切断了大量的吸收水分和养分的毛细根，仅保留了主根和一部分侧根。这与夏季高温，植物体庞大的冠部剧烈的蒸腾作用对水分的需求相矛盾，即根部不能充分吸收水分，茎叶蒸腾量大，水分收支失衡所致。因此平衡树势是保证反季节栽植树木成活的关键。

2.4.3　影响反季节植物栽植成活的因素

（1）气象条件

强光、高温、大风等气象条件，能加剧植物体的蒸腾作用。一般可选择在无风的阴天或晴天的傍晚、夜间挖苗、运苗和栽植。

（2）苗木的根系和树冠叶面积大小

裸根苗木或带土球较小的苗木，以及树冠过大未修剪的苗木，根系损伤严重，树冠蒸腾剧烈，造成树体水分失去平衡。

（3）土壤条件

土壤黏重、生活垃圾过多、施用未腐熟的有机肥等，导致根系呼吸困难，杂菌滋生，造成根系腐烂。

（4）苗木断根与否

经过断根的苗木，增加断根处须根数量，减少枝叶数量，促进成活。

◇任务实施

1．器具与材料

（1）器具

手持电钻、修枝剪、高枝剪、喷雾器等。

（2）材料

遮阳网、吊针注射液原液、输液吊袋、支杆、铁丝、草绳、蒸腾抑制剂、国光树动力、国光大树施它活、国光根动力2号等。

2．任务流程

反季节栽植任务流程图如图2-27所示。

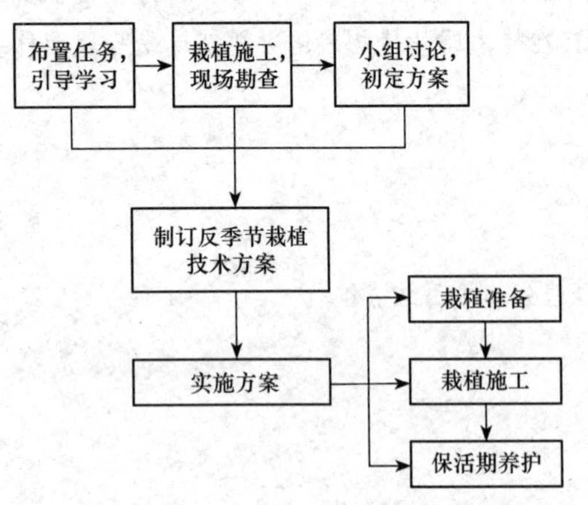

图2-27　反季节栽植任务流程图

3．操作步骤

（1）栽植准备

①种植材料的选择　由于非种植季节气候条件

相对恶劣，因此，对种植材料本身的要求更高，在选材上要尽可能地挑选根系发达、生长健壮、无病虫害的苗木。

应优先选用容器苗和假植苗（图 2-28）。苗木规格在满足设计要求的前提下，尽量选用小苗、扦插苗或经多次移植过的苗木。常规地栽苗应带土球起苗，土球直径应比常规大，一般为树木胸径的 8～10 倍。

草块土层厚度宜为 3～5cm，草卷土层厚度宜为 1～3cm；植生带厚度不宜超过 1mm，种子分布应均匀，种子饱满，发芽率应大于 95%。

钵栽草花株高应为 15～25cm，冠径应为 15～25cm。分枝不应少于 3～4 个，叶簇健壮，色泽明亮。

(a) (b) (c) (d)

图 2-28　容器苗和假植苗

(a) 控根容器苗　(b) 钵栽花　(c) 假植大苗　(d) 钵栽苗

②种植前土壤处理　必须保证足够的厚度，大规格乔木（胸径 10cm 以上）土层厚度大于 80cm，一般应不低于 60cm，花灌木应不低于 50cm，草坪及地被植物应不低于 30cm。保证土质肥沃、疏松、透气性和排水性好，种植或播种前应对该地区的土壤理化性质进行化验分析，采取相应的消毒、施肥和客土等措施。

③苗木准备

A．起苗　选择无风阴天及晴天的傍晚起苗，土球直径应比常规大，一般为树木胸径的 8～10 倍。起苗后，树冠立即喷施蒸腾抑制剂。

B．苗木运输前修剪　反季节常规苗木种植前修剪应加大修剪量，减少叶面，降低蒸腾作用。修剪方法及修剪量如下：

落叶树先疏除树冠内的过密枝，多留生长枝和萌生的强枝，再对树冠进行回缩，修剪量可达6/10～9/10。常绿阔叶树对树冠进行回缩，截去外围的枝条，适当疏稀树冠内部不必要的弱枝，多留强的萌生枝，修剪量可达1/3～3/5。针叶树以疏枝为主，修剪量1/5～2/5。

对易挥发芳香油和树脂的针叶树、樟树等应在移植前一周进行修剪，凡10cm以上的大伤口应光滑平整，经2%硫酸铜溶液消毒，并涂保护剂。

珍贵树种的树冠宜作少量疏剪。

容器苗因具有完整的根系，可以不剪或轻剪。

C．苗木装运　苗木在装车前，应先用草绳、麻布或草包将树干、树枝包好，同时对树身进行喷水，保持草绳、草包的湿润，这样可以减少在运输途中苗木自身水分的蒸腾量。苗木运输宜在晚上进行，白天运输车厢要遮阴，避免强光直射。

苗木在装卸车时应轻吊轻放，不得损伤苗木和造成散球。起吊带土球小型苗木时应用绳网兜土球吊起，不得用绳索缚捆根颈起吊。质量超过1t的大型土球应在土球外部套钢丝缆起吊。土球苗木装车时，应按车辆行驶方向，将土球向前，树冠向后码放整齐。

裸根乔木长途运输时，应覆盖并保持根系湿润。装车时应顺序码放整齐；装车后应将树干捆牢，并应加垫层防止磨损树干。花灌木运输时可直立装车。装运竹类时，不得损伤竹秆与竹鞭之间的着生点和鞭芽。

（2）栽植施工

通常在晴天的9:00以前、17:00以后直至晚上以及阴天时进行栽植。苗木运到之前，应提前整好地挖好坑，随到随栽，来不及栽种的苗，应及时假植，并做好遮阴处理。种植坑应比常规大，在坑底先回填加有基肥的好土，将苗在坑中扶直，回填好土并捣实，再在树苗周围做出水堰。栽好后再对苗木做精剪整形。要随栽随浇，并浇透水。

（3）保活期养护管理

①搭建荫棚　苗木栽植后，用70%遮阳度的遮阳网遮蔽，直至秋季雨季来临以后。

②水分管理　栽后浇“三水”，即栽后随即浇第一水，3～5d后浇第二水，再过7～10d浇第三水。在晴天的中午每间隔2h用喷雾器喷水雾2～3次。栽后如果发生强降雨，土壤严重积水，应及时排水，避免根系因水涝而腐烂。

③树干保湿　用草绳、草帘、麻布片、保湿保暖带等包裹树干，结合树冠喷雾喷湿树干，可保水、防日灼和防寒。

④补充营养　对一般植物可采用速效叶面肥喷施，7～10d喷一次，连喷3次。对大树可采用吊针输液法，补充营养和水分。

⑤灌生根液　对移植的大树可将国光根动力2号稀释100～200倍浇灌根部，通常胸径10cm的树木一次性用原液100mL，胸径每增加5cm，原液增加50mL，连灌两次，间隔期为15～20d。具体方法是在土球外围5cm处开一条深约20cm的环状沟，并疏松土壤，采用漫灌法将生根液浇入沟内，浇后回填。

⑥大树支撑　用竹竿或木杆设立支架，防止风吹树身摇晃、倾斜或倾倒。低矮树可用扁担

桩，高大树木可用三角撑，也可用井字塔形架来支撑。扁担桩的竖桩不得小于2.3m，桩位应在根系和土球范围外，水平桩离地1m以上，两水平桩十字交叉位置应在树干的上风方向，扎缚处应垫软物。三角撑宜在树干高2/3处结扎，用毛竹片或钢丝绳固定，三角撑的一根撑干（绳）必须在主风向上位，其他两根可均匀分布。发现土面下沉时，必须及时升高扎缚部位，以免吊桩。

⑦喷施蒸腾抑制剂　采用国光抑制蒸腾剂500～600倍液，喷全株及树干，以喷湿不滴水为度，间隔5～7d喷一次，连喷2～3次。

⑧土壤管理　浇水之后应及时松土，以增强土壤的通透性，促进根系的发育。夏季暴雨及秋季连阴雨，若出现栽植穴积水现象，应及时排水，并打孔通气，以避免因土壤水分过多而出现的根系腐烂现象发生。

⑨病虫防治　防治重点是叶部的病虫害，主要有蚜虫、红蜘蛛、刺蛾、白粉病、叶斑病等。

⑩冬季防寒　在北方地区，若在初冬进行树木栽植，应重点做好冬季防寒工作。通常在树木栽植后需要采用草帘、农膜进行根盘覆盖，树干1.5m以下用草绳、保暖带、农膜等包裹，常绿树树冠宜用农膜包裹。在冬季严寒、风大的西北、华北地区，应在树体的迎风面设立风障。

4．考核评价（表2-8）

表2-8　反季节栽植考核评价表

模　块	园林植物栽植			项　目	木本园林植物栽培	
任　务	任务2.4　反季节栽植				学　时	2
评价类别	评价项目	评价子项目		自我评价（20%）	小组评价（20%）	教师评价（60%）
过程性评价（60%）	专业能力（45%）	方案制订能力（10%）				
		方案实施能力	栽植准备（10%）			
			反季节栽植（15%）			
			保活期养护（5%）			
			工具使用及保养（5%）			
	社会能力（15%）	工作态度（7%）				
		团队合作（8%）				
结果评价（40%）	方案科学性、可行性（15%）					
	栽植后景观效果（10%）					
	栽植成活率（15%）					
评分合计						
班级：		姓名：		第　　组	总得分：	

◇巩固训练

1．训练要求

（1）以小组为单位开展训练，组内学生要分工合作、相互配合、团队协作。

（2）做到安全生产，操作程序符合要求。

2．训练内容

（1）结合当地园林绿化工程项目中的反季节栽植项目，让学生以小组为单位，在小组讨论的基础上熟悉反季节栽植的理论基础和基本技能，会科学论证反季节栽植的可行性，会正确制订反季节栽植施工技术方案。

（2）以小组为单位，依据当地园林绿化工程项目中的反季节栽植项目进行反季节栽植训练。

3．可视成果

当地某绿化工程反季节栽植施工技术方案；反季节栽植成功的绿地。

◇任务小结

反季节栽植任务小结如图 2-29 所示。

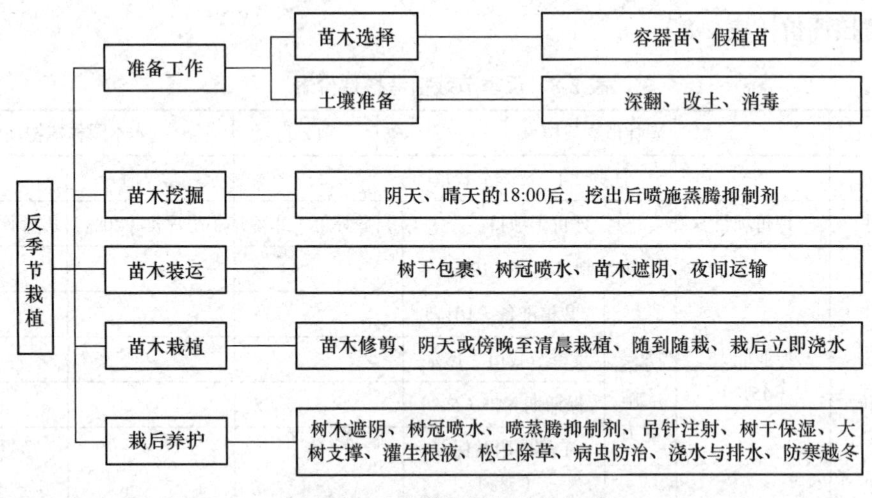

图 2-29　反季节栽植任务小结

◇思考与练习

1．填空题

（1）反季节栽植是指在植物生长旺盛的________或寒冷的________进行的栽植工程，一般情况下主要指________栽植。

（2）反季节栽植宜选择在________或________起苗，________进行运输。

2．单项选择题

（1）反季节栽植应优先选用（　　）和假植苗。

A．实生苗　　B．容器苗　　C．嫁接苗　　D．移植苗

（2）在树木挖掘之后至栽植初期，为了平衡树体内的水分代谢，可喷施（　　）。

A．叶面复合肥　　B．磷酸二氢钾　　C．生根剂　　D．蒸腾抑制剂

3．判断题（对的在括号内填“✓”，错的在括号内填“×”）

（1）平衡树势是保证反季节栽植树木成活的关键。 （　　）

（2）反季节栽植树木，对植物材料的选择要求与正常栽植季节的一样。 （　　）

4．问答题

（1）影响反季节栽植成活的主要因素有哪些?

（2）反季节栽植后的养护管理主要包括哪些方面?

◇自主学习资源库

1．园林绿化施工与养护．邹原东．化学工业出版社，2013．

2．大树反季节移栽技术与应用实例．邓华平，刘庆阳，杨小民，等．中国农业科学技术出版社，2018．

3．园林植物栽培与养护．罗镪，黄红艳．重庆大学出版社，2019．

4．中国风景园林网：http://www.chla.com.cn.

5．中国园林绿化网：http://www.yllh.com.cn.

项目 3

草本园林植物栽培

草本园林植物栽培是园林绿化建设的重要组成部分。本项目以园林绿化建设工程中草本花卉栽培的实际工作任务为载体，设置了一、二年生花卉栽培，宿根花卉栽培，球根花卉栽培，水生花卉栽培，草坪建植 5 个学习任务，其中重点为一、二年生花卉栽培，宿根花卉栽培和球根花卉栽培。

【知识目标】

（1）理解各类草本园林植物生长发育规律和栽植成活原理；

（2）掌握本地区常见一、二年生花卉，宿根花卉，球根花卉，水生花卉等各类草本园林植物栽培技术和基本知识；

（3）理解草坪建植基本知识，掌握草坪建植常用技术方法。

【技能目标】

（1）会熟练编制一、二年生花卉栽植，宿根花卉栽植，球根花卉栽植，水生花卉栽植技术方案；

（2）会熟练实施常见花坛图案放样和花坛植物栽植施工；

（3）会熟练实施常见草坪建植施工。

【素质目标】

（1）养成自主学习、表达沟通、组织协调和团队协作能力；

（2）养成独立分析、解决实际问题和创新能力；

（3）养成吃苦耐劳、敬业奉献、踏实肯干、精益求精的工匠精神；

（4）养成山水林田湖草沙一体化保护和系统治理意识；

（5）养成法律意识、质量意识、环保意识、安全意识。

任务3.1　一、二年生花卉栽培

◇任务分析

【任务描述】

一、二年生花卉栽培是园林地被植物栽培的重要组成部分。本任务学习以校内实训基地或各类绿地中园林植物栽植施工任务为载体，以学习小组为单位，根据某绿地种植设计图和施工图编制一、二年生花卉栽培的技术方案，各小组完成一定数量的一、二年生花卉栽植施工任务。本任务实施宜在园林植物栽培理实一体化实训室或各类绿地中进行。

【任务目标】

（1）会识读园林绿化设计图和施工图；

（2）会编制一、二年生花卉栽植技术方案；

（3）会熟练进行一、二年生花卉栽植的施工；

（4）能吃苦耐劳，合理分工并团结协作。

◇知识准备

3.1.1　一、二年花卉生长发育规律

3.1.1.1　草本园林植物概述

草本园林植物植株的茎为草质，即没有或极少有木质化的草质茎。草本园林植物根据其生命周期长短，又可以分为一、二年生草本植物和多年生草本植物。

一、二年生草本植物生命周期很短，终生只开一次花，在1～2年中完成其生命周期。

多年生草本植物个体寿命较木本植物短，一般在10年左右。多年生草本植物又可分为宿根花卉、球根花卉等。

3.1.1.2　一、二年生花卉生长发育规律

一、二生年草本植物在其生命周期内要经历胚胎期、幼苗期、成熟期和衰老期4个阶段。

（1）胚胎期

胚胎期指从卵细胞受精发育成合子起至种子发芽止。该阶段要求较高的温度和湿度。大部分一、二年生花卉在胚胎期的适宜温度为20～25℃，花毛莨、飞燕草等少数喜冷凉的花卉要求15～18℃，持续恒定的温度可以促进种子对水分的吸收，打破休眠，促进种子萌发。大部分一、二年生花卉在该阶段要求基质和空气湿度为90%左右，以满足种子吸胀吸

水的需要，促进种子内的生物化学反应。本阶段对光照的要求，因花卉种类不同而有所区别，喜光的类型在光照强度为100～1000 lx的条件下就可以萌发，像长春花等种子发芽需要黑暗的光照条件。若有发芽室，该阶段一般在发芽室中进行，一旦露出胚根应当移至温室中进行养护，否则会造成下胚轴徒长。

（2）幼苗期

幼苗期指从种子发芽起至第一次开花止。一般需要2～4个月，二年生花卉多要经过冬季低温，到次年春天才能进入开花期。从胚根出现到子叶展开为幼苗期的第一阶段。该阶段的特点是植物体的根系、茎干、子叶都开始生长发育。与胚胎期相比较，土壤湿度和空气湿度略有下降，但光照强度应逐渐加强。不同的一、二年生花卉对环境条件的要求不一样，控制好温度、湿度和光照，促进下胚轴的矮化及粗壮是该阶段提高苗木质量的关键。从第一片真叶的出现到第一次开花为第二阶段，该阶段环境的温度、湿度都应逐渐降低，但光照应逐渐加强，同时该阶段苗木生长迅速，对养分的需求逐渐增加，施肥浓度需随苗木逐渐加大，也可以适当控制水分，促进苗木根系更快地生长。

（3）成熟期

成熟期指从植株大量开花起至开花减少止。这一阶段植株大量开花，花色、花形最稳定，是最具有观赏价值的阶段，一般要持续1～3个月。该阶段苗木对环境的适应能力逐渐增强，但是随着开花量的逐渐增加，苗木对水肥的亏缺表现很敏感，过分干燥会影响苗木的观赏价值。

（4）衰老期

衰老期指从开花大量减少，种子逐渐成熟起至植株枯萎死亡，是种子收获期。此期应及时采收种子，以免种子散落。

3.1.2 一、二年生花卉的园林应用

（1）一、二年生花卉园林应用的主要特点

①花色艳丽，种类丰富　园林上常用的一、二年生花卉有近百种。花色艳丽夺目，既能展示个体美又能表现群体美。一、二年生花卉的颜色有红色系、黄色系、橙色系、蓝色系、白色系等，还有杂色系列。有些种类又有不同的栽培品种和变种，如矮牵牛的栽培品种有矮生种、大花种和杂交种，花色有白、红、粉、紫及各种条纹或镶边品种等。

②花期季相变化明显　一、二年生花卉的自然花期从春季到秋季都不少种类，可以很好地丰富园林景观的季变相化。早春开花的有二月蓝、紫花地丁、雏菊、三色堇和金盏菊等；春夏开花的有金鱼草、石竹、福禄考、紫罗兰等；盛夏开花的有凤仙花、百日草、翠菊和鸡冠花等；夏秋开花的有一串红、万寿菊、孔雀草和美女樱等。此外，对于每一种一、二年生花而言，其栽培技术都已成熟，花期容易控制，基本上能够满足三季有花的要求。

③株形紧凑，栽植后景观效果明显　一、二年生花卉大多选用株形低矮，开花繁密，容易形成流畅的线条或色块，且栽植后无需缓苗，很容易在短期内达到繁花似锦的景观效果，因此在园林景观中应用比较广泛。

④观赏期相对较短，维护费用较高　一、二年生花卉的花期比较集中，但观赏期相对较短，要维持繁花似锦的景观效果需要及时更换花材。因此维护费用比较高，一般适用重点区域。

（2）一、二年生花卉在园林中应用方式

一、二年生花卉因色彩、株形等方面的优势，在园林植物造景中起着重要的渲染和装饰作用。其应用方式灵活多样。

①花坛　有随着城市绿化的发展，花坛已经成为园林绿化中一种重要的景观形式出现在各个公园、街道广场的中。花坛的形式也由平面的、低矮的发展到斜面的、大体积以及活动式等多种类型。构成花坛的植物材料也丰富多样，一、二年生花卉是构成花坛的常用材料之一，尤其是构成盛花花坛的主要植物材料。

②花境　在花境的植物材料选择上，常以少量的一、二年生花卉作为季相点缀及前缘。也有用一、二年生花卉组成花境，其特点是应用范围广泛，色彩艳丽、种类丰富，从春到秋均有丰富的材料可以选择，但花期相对比较集中。一般为了保持最佳观赏效果，全年需要更换几次，要耗费一定的人力和物力。

③专类园及其他应用形式　在各种专类园、花钵、花箱、花台中也常用到一、二年生花卉，通常数量不是很大，主要起装饰和点缀作用。此外，还有一些一、二年生花卉也用作切花。

一、二年生花卉的园林应用见图3-1和表3-1。

（a）

（b）

图3-1　一、二年生花卉的园林应用

（a）矮牵牛　（b）羽衣甘蓝

◇**任务实施**

1．器具与材料

（1）器具

经纬仪、皮尺、铁锹、铲子、盛苗筐、运输工具、水桶等各类栽培工具。

表 3-1 常见的一、二年生花卉

中文名	学名	科名	株高（cm）	花期	花色	主要形态特征	主要习性	繁殖	应用
金盏菊	*Calendula officinalis*	菊科	10～20	4～6 月	黄、橙、橙红	全株具毛；叶互生，长圆形或长匙状，被白粉，灰绿色	喜光，忌光	播种	花坛、盆栽
三色堇	*Viola tricolor*	堇菜科	15～25	3～6 月	蓝紫、黄、白	茎多分枝；单叶互生，基生叶卵形，茎生叶阔披针形	喜凉爽，较耐寒和半阴	播种	花坛或庭院布置宜群植
羽衣甘蓝	*Brassica oleracea* var. *acphala* f. *tricdor*	十字花科	30～40	4 月	紫红、雪青、乳白、淡黄	茎生叶倒卵形，宽大，边缘稍带波浪或有皱褶	喜光，耐寒	播种	盆栽、花境
金鱼草	*Antirrhinum majus*	玄参科	20～50	5～7 月	白、粉红、深红	叶对生或互生，长圆形披针形，全缘，光滑	喜光，耐寒，不耐积水	播种、扦插	花坛、花境
含羞草	*Mimosa pudica*	豆科	30～60	7～8 月	淡粉	茎蔓生；羽状叶片，触之即闭合下垂	喜光、喜温暖湿润，耐半阴	播种	盆栽或地被栽培
勿忘草	*Myosotis sylvatica*	紫草科	25～60	春夏	蓝色	叶互生，有或无柄，叶长披针形或倒披针形；总状花序	耐寒，喜凉爽和半阴	播种、分株、扦插	篱垣、棚架、地被
夏　堇	*Torenia fournieri*	玄参科	20～30	6～9 月	蓝紫、粉红	叶对生，长心形；总状花序	喜高温、喜光，耐炎热、耐阴，不耐寒	播种、分株、扦插	花坛、花境、林缘、岩石园、盆栽、切花等
蛇目菊	*Coreopsis tinctoria*	菊科	60～80	6～8 月	舌状花黄色或红褐色，管状花紫褐色	茎多分枝；叶对生，无柄或有柄	喜光、喜凉爽环境，耐寒、耐旱、耐贫瘠	播种、扦插	花境、地被、切花等
天人菊	*Gaillardia pulchella*	菊科	30～50	7～10 月	舌状花黄、褐色，管状花紫色	茎多分枝；叶互生，披针形或匙形	喜光，耐热、耐旱、耐半阴	播种	花坛、花境、花丛、切花等
红叶甜菜	*Beta vulgaris* var. *cicla*	藜科	30～40	5～7 月	红	叶丛生于根颈部，卵圆形，肥沃具光泽，深红或红褐色	喜光、喜肥，耐热、耐旱	播种	花坛、花境、切花等

（续）

中文名	学名	科名	株高（cm）	花期	花色	主要形态特征	主要习性	繁殖	应用
黄　葵	*Abelmoschus moschatus*	锦葵科	100～200	7～8月	黄	茎多分枝，被硬毛；叶具钝锯齿	喜光，不耐寒，喜排水良好土壤	播种	园林背景材料
风铃草	*Campanula medium*	桔梗科	20～50	4～6月	白、蓝、紫及淡桃红	莲座叶卵形，叶柄具翅，茎生叶小而无柄	夏喜凉爽、冬喜温暖	播种	花坛、花境、盆栽等
长春花	*Catharanthus roseus*	夹竹桃科	40～60	7～11月	玫瑰红、黄及白等	茎直立，多分枝；叶对生，长椭圆形至倒卵形	喜光、喜温暖干燥，耐贫瘠，忌偏碱	播种、扦插	花坛、花境、盆栽等
飞燕草	*Delphinium ajacis*	毛茛科	50～90	5～6月	蓝、白、粉红等	叶片掌状深裂或全裂	喜光、喜凉爽，耐寒、耐旱，忌积水	播种	盆栽、切花等
桂竹香	*Cheiranthus cheiri*	十字花科	35～50	4～6月	橙黄、黄褐或两色混杂	茎基部半木质化；叶互生，披针形；有香气	耐寒，畏涝忌热，喜阳光照和排水良好环境	播种、扦插	花坛、花境，也可做盆花
锦　葵	*Malva sylvestris*	锦葵科	60～90	5～6月	淡紫红色，有紫色条纹	叶互生，心状圆形或肾形，缘有钝齿，脉掌状	耐寒，适应性强，不择土壤	能自播	庭院隙地、花境、背景材料
五色椒	*Capsicum frutescens*	茄科	30～50	6～7月	白	老茎木质化，多分枝；叶卵形至长椭圆	喜光，耐热，不耐寒	播种	多盆栽
高雪轮	*Silene armeria*	石竹科	30～60	5～6月	白、粉红	叶对生，卵状披针形；复聚伞房花序，花小而多	喜温暖，忌高温高湿，耐寒、耐旱	播种	花坛、花境、岩石园、地被、盆栽、切花
月见草	*Oenothera erythrosepala*	柳叶菜科	100～150	6～8月	淡黄	叶互生，倒披针形至卵圆形	喜光照，耐寒、耐旱、耐贫瘠，忌积涝	播种	丛植或花境，假山石隙点缀或小路边缘栽培

（2）材料

设计图和施工图，工程线、白灰、一、二年生花材，教学案例等。

2．任务流程

一、二年生花卉栽培流程如图3-2所示。

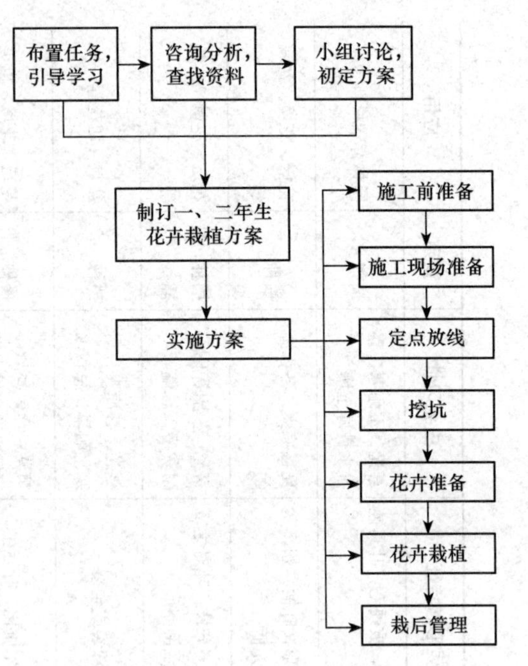

图3-2　一、二年生花卉栽培流程图

3．操作步骤

（1）一、二年生花卉花坛放样

①图纸网格定位　在图纸上对图案进行网格定位，先找一个固定的点作为网格的0.00点，然后绘制网格，网格的距离可根据图案的大小和复杂程度确定，一般为1m×1m、2m×2m。

②确定实地零点　根据图纸上所绘制的网格，先在实地找到图纸上的0.00这个点，然后按照图纸上网格的距离进行放线。

③确定种植图案轮廓线　根据图纸上网格与图案轮廓的交点，在实际地形上找到图案轮廓与网格线的交点，确定实地当中图案的轮廓。调整图案轮廓至合适的形状，确定图案的轮廓，然后用白灰或工程线描出图案。

④确定种植点　种植密度和株行距需根据花苗冠幅的大小确定，保证苗木之间冠幅能相互衔接又不拥挤，在样线内定好种植点。

（2）一、二年生花卉花坛种植施工

①选苗和起苗　为了保证苗木成活，提高绿化效果，必须严格挑选所用苗木，即选苗。根据设计说明，从株高、冠径、花蕾、花色方面选择健壮、株形饱满、花蕾繁茂的合格苗。

挖苗时切忌伤根，一般需带护根土。一、二年生花卉尽可能具备完整根系。现在大多一、二年生花卉是采用营养袋（盒）育苗，因此，育好苗后，直接将盒苗装到苗筐内，装车即可。

②包装、运输及假植　一般提倡就近起运苗木。随起、随运、随栽效果最佳。一、二年生花卉以当地苗为主，将圃地盆苗运至施工现场磕盆栽培。若长途运输，需用草苫和苫布覆盖，保持湿度。

苗木运到现场不能及时种植的，要立即假植于事先开好的沟内。将根部用潮土盖严。必要时浇水以保护根系。

③挖穴　确定种植范围以后，在样线范围内翻挖，松土，深度为15～30cm，然后平整，开穴。一、二年生花卉，根系分布浅，定植时开穴，穴的大小根据待种苗木根系或土球的大小而定。“一”字形栽培时，挖浅沟；成片种植时，多以“品”字形浅穴为主。在轮廓外侧预留宽和深为3～5cm的保水沟，以利于灌水。

④花卉定植　将圃地培育的容器苗等按照设计图纸种植于绿地的过程，称为定植。定植花苗坑穴要略大于根系或土球，将苗茎基提近地面，扶正入穴，将穴周围土壤铲入穴内约2/3时，

抖动苗株使土粒与根系密接，再在根系外围压紧土壤，最后填平土穴使其与地面相平而略凹。

⑤灌溉　栽植花苗后需立即浇水。定植后第一次灌水称为头水，头水一定要浇透，其目的是通过灌水使花根系与土壤紧密结合。因此头水后应检查是否在栽培时未踩实土壤而导致土层塌陷或植株倒歪，若有这种问题须及时扶正植株并修补塌陷之处。

草本花卉定植后，通常在次日重复浇水。

4．考核评价（表3-2）

表3-2　一、二年生花卉栽培考核评价表

<table>
<tr><td>模　块</td><td colspan="3">园林植物栽培</td><td>项　目</td><td colspan="2">草本园林植物栽培</td></tr>
<tr><td>任　务</td><td colspan="4">任务3.1　一、二年生花卉栽培</td><td>学　时</td><td>4</td></tr>
<tr><td>评价类别</td><td>评价项目</td><td colspan="2">评价子项目</td><td>自我评价
（20%）</td><td>小组评价
（20%）</td><td>教师评价
（60%）</td></tr>
<tr><td rowspan="7">过程性评价
（60%）</td><td rowspan="5">专业能力
（45%）</td><td colspan="2">方案制订能力（15%）</td><td></td><td></td><td></td></tr>
<tr><td rowspan="4">方案
实施
能力</td><td>定点放样（5%）</td><td></td><td></td><td></td></tr>
<tr><td>栽培前准备（7%）</td><td></td><td></td><td></td></tr>
<tr><td>栽培（10%）</td><td></td><td></td><td></td></tr>
<tr><td>栽培后管理（8%）</td><td></td><td></td><td></td></tr>
<tr><td rowspan="2">社会能力
（15%）</td><td colspan="2">工作态度（7%）</td><td></td><td></td><td></td></tr>
<tr><td colspan="2">团队合作（8%）</td><td></td><td></td><td></td></tr>
<tr><td rowspan="3">结果评价（40%）</td><td colspan="3">方案科学性、可行性（15%）</td><td></td><td></td><td></td></tr>
<tr><td colspan="3">栽培的花卉成活率（15%）</td><td></td><td></td><td></td></tr>
<tr><td colspan="3">绿地景观效果（10%）</td><td></td><td></td><td></td></tr>
<tr><td colspan="4">评分合计</td><td></td><td></td><td></td></tr>
<tr><td colspan="2">班级：</td><td colspan="2">姓名：</td><td>第　　组</td><td colspan="2">总得分：</td></tr>
</table>

◇巩固训练

1．训练要求

（1）以小组为单位开展训练，组内学生要分工合作、相互配合、团队协作。

（2）技术方案应具有科学性和可行性。

（3）做到安全生产，操作程序符合要求。

2．训练内容

（1）以校园绿化美化等绿化工程中一、二年生花卉栽培为任务，让学生以小组为单位，在咨询学习、小组讨论的基础上编制一、二年生花卉的栽培技术方案。

（2）以小组为单位，依据技术方案进行一、二年生花卉的栽培施工训练。

3．可视成果

（1）编制一、二年生花卉的栽培技术方案。

（2）栽培后的花坛或绿地成活率、景观效果等。

◇**任务小结**

一、二年生花卉栽培任务小结如图3-3所示。

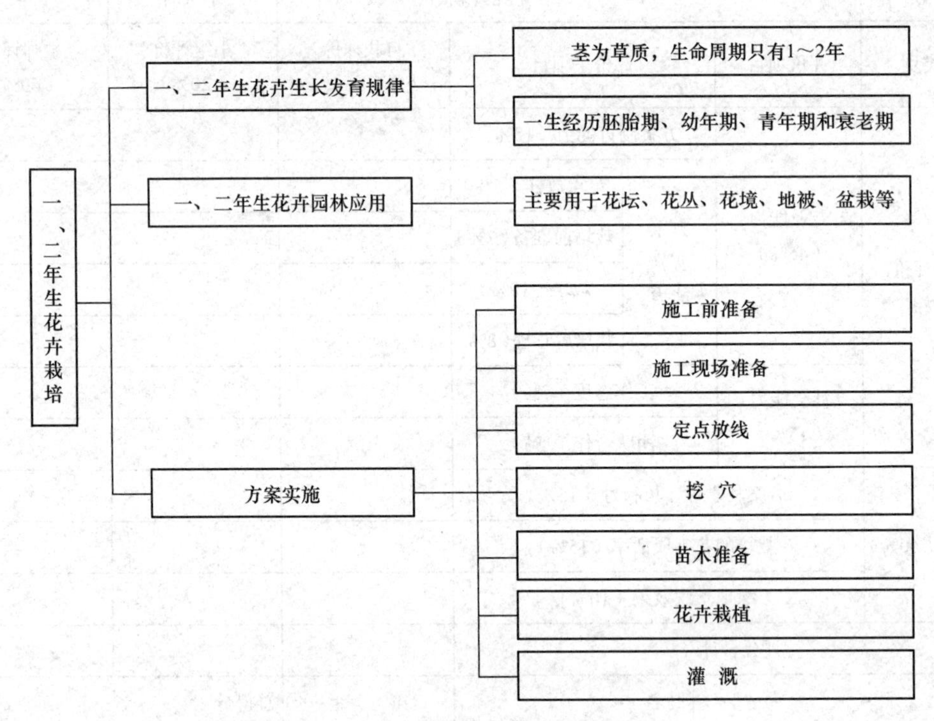

图3-3　一、二年生花卉栽培任务小结

◇**思考与练习**

1．填空题

（1）一、二年生花卉________很短，终生只开________次花，在________年内完成其生命周期。

（2）一、二年生花卉在其生命周期内要经历________、________、________和________4个阶段。

（3）一、二年生花卉根系________，整地深度一般控制在________。

（4）种植一、二年生花卉时，先根据________确定定植点，种植密度和株行距需根据一、二年生花卉的________大小来确定，保证苗木之间的________能相互衔接又不拥挤。

（5）栽植一、二年生花卉时，在样线范围内翻挖，松土，深度为________，然后平整，开穴。“一”字形栽植时，挖________；成片种植时，多以________为主。在轮廓外侧预留宽和深为________的保水沟，以利于灌水。

（6）一、二年生花卉选苗时，通常选择________健壮、________饱满、________繁茂的合格苗。

2．判断题（对的在括号内填“√”，错的在括号内填“×”）

（1）由于现代花卉育苗技术的成熟，许多花卉种类完全可以根据设计用花的时间而确定育苗时间。（　）

（2）将圃地培育的容器苗、大苗等按照设计图纸种植于绿地的过程，称为移植。（　）

（3）定植苗木坑穴要略小于根系或土球直径。（　）

（4）草本花卉定植后，通常不需要在次日重复浇水。（　）

（5）一、二年生花卉育苗过程中提高苗木质量的关键是促进下胚轴的矮化及粗壮。（　）

3．选择题

（1）一、二年生花卉的园林应用形式有（　）。

A．花坛　B．花境　C．花箱　D．花钵

（2）模纹花坛的理想植物材料有（　）。

A．五色草　B．花期长的四季秋海棠

C．矮牵牛　D．一串红

（3）花坛的设计图通常包括（　）。

A．总平面图　B．花坛平面图

C．花坛立面图　D．设计说明及植物材料统计表

（4）适合作花坛中心的植物材料为（　）。

A．棕榈　B．苏铁　C．叶子花　D．石榴

（5）盛花花坛通常要求具有以下特点（　）。

A．大小要适度，一般观赏轴以8～10m为度

B．以色彩设计为主题，图案设计处于从属地位

C．图案简洁，轮廓鲜明，体现整体色块效果

D．以暖色调为主渲染节日气氛

4．简答题

（1）一、二年生花卉生长发育分几个阶段，各有何特点？

（2）一、二年生花卉栽植的主要步骤包括哪些？

（3）现代花坛与传统花坛相比在形式上发生了哪些变化？

◇自主学习资源库

1．中国花卉网：http://www.china-flower.com.

2．中国花木网：https://www.huamu.com.

任务3.2　宿根花卉栽培

◇任务分析

【任务描述】

宿根花卉栽培是园林地被植物栽培的重要组成部分。本任务学习以校内实训基地或各类绿地中宿根花卉栽培的施工任务为载体，以学习小组为单位，首先编制宿根花卉栽培的技术方案，依据制订的技术方案，各小组认真完成一定数量的宿根花卉栽培的施工任务。本任务实施宜在园林植物栽培理实一体化实训室或各类绿地中进行。

【任务目标】

（1）会制订宿根花卉栽培的技术方案；

（2）会熟练进行宿根花卉栽培施工；

（3）会熟练并安全使用各类栽培的器具材料；

（4）能独立分析和解决实际问题，吃苦耐劳，合理分工并团结协作。

◇知识准备

3.2.1　宿根花卉生长发育规律

3.2.1.1　宿根花卉概述

宿根花卉是指形态正常、不发生变态的多年生草本花卉。个体寿命在2年以上，能够连续多年生长、多次开花。宿根花卉根据其原产地可分为落叶宿根花卉和常绿宿根花卉。

落叶宿根花卉原产于温带地区，如菊花、桔梗。这类花卉在冬季有完全休眠状态。大多数耐寒性强，可以露地越冬，到次年春天，地上部分萌发继续开花，再经历幼苗期、成熟期。常绿宿根花卉大多原产于暖温带地区，如沿阶草等。这类花卉冬季保持常绿，停滞生长，呈半休眠状态，耐寒性较弱。次年春天恢复生长，并开花结实。

3.2.1.2　宿根花卉的生长发育规律

1）宿根花卉的生命周期

宿根花卉的寿命较长，且以分株繁殖为主，也可以播种、扦插和嫁接。通常宿根花卉在生命周期内要经历胚胎期、幼苗期、成熟期和衰老期4个阶段。营养繁殖的宿根花卉不经过胚胎期，从繁殖开始进入幼苗期，然后经历成熟期和衰老期。

（1）胚胎期

胚胎期从卵细胞受精形成合子开始到胚具有发芽能力时止。胚胎期主要是促进种子形成、安全贮藏和在适宜的环境条件下播种并使其顺利发芽；而有的种子成熟后，需要经过一段时间的休眠后才能发芽。

（2）幼年期

幼年期从种子萌发（分株繁殖）到植株第一次开花止。幼年期是植物地上、地下部分旺盛生长时期。植株在高度、冠幅、根系等方面生长很快，光合作用与吸收作用迅速扩大，同化产物积累增多，为营养生长向生殖生长奠定了物质基础。幼年期的特点是可塑性大，对外界环境条件适应能力强，是定向培育的有利时期。不同种类宿根花卉幼年期的长短不一样，如荷包牡丹实生苗需要培育3年才能开花，芍药秋季分株繁殖后需培育2～5年才能开花，大花金鸡菊、黑心菊等播种苗或八宝景天扦插苗当年就可以开花。幼年期的栽培措施主要是加强水肥管理，施足基肥，促进各器官健壮生长。

（3）成熟期

成熟期从植株第二次开花到大量开花，花果性状稳定为止。这一阶段是宿根花卉最具观赏价值的时期。此期的特点是根系和冠幅达到最大，分枝增多，花芽发育完全，开花数量增多，开花结果趋于平稳。由于开花营养消耗加大，需要加强栽培管理，才能延长期宿根花卉的成熟期，发挥其观赏价值。因此在栽培中，一要提供充足的水肥，早施基肥，分期追肥，施肥量随开花结果量逐年增加；二要合理进行株形管理，及时疏除病虫枝、枯枝，加强土壤管理，加大肥水供应，保证植株健壮，防止早衰，延长成熟期。

（4）衰老期

植株冠幅逐渐缩小，开花量开始下降，出现枯萎至死亡。这一阶段的特点是根系和叶片的吸收能力及合成能力下降，且开花和结实消耗了大量营养物质，致使植物体内贮藏营养物质越来越少，开花数量减少，花径变小，整体长势变弱，抗逆性显著降低，直至最后死亡。宿根花卉在这一阶段主要是采取措施，促进其更新复壮。如荷苞牡丹3年左右分株一次，鸢尾2～4年分株一次，大花萱草3～5年分株一次。

2）宿根花卉的年周期

无论是落叶宿根花卉还是常绿宿根花卉，在一年内随着季节的变化，有明显的物候变化，可以分为萌芽期、生长期和休眠期。

（1）萌芽期

萌芽期从日平均温度稳定在5℃以上，宿根花卉芽开始萌动膨大到展叶为止。宿根花卉休眠的解除，通常以芽的萌发、芽鳞的绽开作为解除休眠的形态标志，而生理活动则更早。这一阶段要求有适宜的温度和水分。

（2）生长期

生长期从宿根花卉萌芽生长开始到秋季叶子枯黄为止，这一时期包括整个生长季，是宿根花卉年生长周期中最长的一段。在这一阶段，宿根花卉会随着季节和温度的变化发生一系列明显的物候变化，如萌芽、抽枝、展叶、花芽分化、开花、结实及落叶。这一阶段的前期和中期要加强水肥的管理和株形管理，是提高宿根花卉观赏价值的重要措施之一。

（3）落叶期

宿根花卉的休眠期指从秋季落叶开始到春天芽开始膨大为止的时期。宿根花卉的休眠是对外界不良环境的一种适应，这一阶段的管理措施主要是剪去地上部分、适时分株及防寒越冬。

3.2.2 宿根花卉的园林应用

1）宿根花卉园林应用的主要特点

（1）种类繁多，花色丰富

宿根花卉种类繁多，以菊花为例，目前菊花的栽培品种有上万种，花色有白、黄、淡黄、淡红、红、紫、橙红、混金、乔色和奇色（嫩绿或近墨色等）10个色系。以自然花期可以分为夏菊、秋菊和寒菊。以花径大小来分类，可以分为大菊、中菊和小菊。以花型类别分类，可以分为平瓣类、匙瓣类、管瓣类、桂瓣类和畸瓣类5个瓣类，30个花型，13个亚型。以栽培形式可以分为盆菊、标本菊、大立菊、悬崖菊、塔菊、扎菊、花坛菊和盆景菊。

（2）一次栽植，多年使用

宿根花卉生命力强，一次栽植以后，可多年观赏，有利于大面积种植，能呈现植物群落的群体美。

（3）适应性强，管理简便

宿根花卉对环境要求不严，能适应不同的生态环境。适应干燥向阳环境的有：鸢尾、丝兰、宿根亚麻、茼蒿菊、蛇目菊、萱草；耐阴的有：沿阶草、麦冬、玉簪、紫萼、铃兰等。管理简便也是宿根花卉的一大优点，如沿阶草、麦冬等栽植以后基本不需管理，节省人工，有利于大面积种植，形成地被景观。

（4）以播种或分株繁殖为主

大多数宿根花卉可以用播种繁殖，分株繁殖也是宿根花卉常用的繁殖方法，如菊花、玉簪、芍药。分株繁殖时，春季开花的宿根花卉须在秋季分株，即地上部分进入休眠，而根系仍未停止活动时期进行。秋季开花者须在春季分株，须在发芽前进行为好。

2）宿根花卉的园林应用方式（图3-4）

宿根花卉种类、色彩丰富，在园林绿化中是花境的主要材料，也可用于花坛、地被以及专类园等不同场景中的植物配置。常见的宿根花卉种类见表3-3。

图3-4 宿根花卉的园林应用

表 3-3 常见宿根花卉

中文名	学名	科名	株高（cm）	花期	花色	主要形态特征	主要习性	繁殖	应用
菊　花	*Dendranthema morifolium*	菊　科	20～200	夏、秋季	红、黄、白、紫、粉等	茎直立；基部半木质化，单叶互生，卵圆形至长圆形	喜凉爽，耐寒、耐旱，忌积涝	扦插、分株、嫁接	广泛应用花坛、地被、盆花和切花
芍　药	*Paeonia lactiflora*	芍药科	60～100	4～6 月	白色系、黄色系、粉色系	肉质根；茎丛生；2 回三出羽状复叶，椭圆状披针形	喜阳光充足、稍耐阴，不耐积水和盐碱	分株	专类花坛或花境
长夏石竹	*Dianthus piumarius*	石竹科	20～40	5～10 月	紫、粉红、白等	茎蔓状簇生；叶灰绿色，长线形	喜光、喜通风，耐半阴、耐寒	播种、分株、扦插	丛植、花坛、地被
鸢　尾	*Iris tectorum*	鸢尾科	30～40	4～5 月	蓝紫	叶剑形，淡绿色，全缘，交互排列成两行，基部抱茎，侧扁，中肋明显，叶脉明显	喜温暖、湿润、阳光充足、通风良好的环境	播种、扦插、分株	花坛、花境
火炬花	*Kniphofia uvaria*	百合科	80～120	6～7 月	橘红	茎直立；叶线形；总状花序	喜光，喜温暖湿润，耐半阴	播种、分株	丛植、花境、切花
玉　簪	*Hosta plantaginea*	百合科	20～40	6～8 月	白	叶基生成丛，卵形至心状卵形，弧形脉平行	喜阴，耐寒，忌强光直射	分株	林下荫蔽处
桔　梗	*Platycodon grandiflorum*	桔梗科	30～80	5～10 月	淡紫	叶卵形，边缘具锯齿	喜光，喜凉爽湿润；耐半阴	播种、分株	花境、岩石园
大花萱草	*Hemerocallis middendorffii*	百合科	20～50	6～7 月	黄、橙	叶基生，宽线形，拱形弯曲	喜阳光充足、湿润的环境	分株、播种	花坛、花境
东方罂粟	*Papaver orientai*	罂粟科	60～100	5～6 月	深红、橙红、灰等	基生叶羽裂，密被白色柔毛	喜阳，耐寒，忌炎热和水涝	播种	花境、丛植
八宝景天	*Sedum spectabile*	景天科	30～50	7～9 月	粉、白、紫红、玫瑰红	叶倒卵形，肉质	喜光，耐旱、耐寒	扦插、分株	花坛、花境
射　干	*Belamcanda chinensis*	鸢尾科	60～130	7～9 月	红	叶剑形，排列在一个平面上	喜光和温暖，耐旱、耐寒	播种、分株	花坛、花境、切花
草芙蓉	*Hibiscus moscheutos*	锦葵科	60～200	6～9 月	白、粉、红、紫等	叶广卵形，叶柄、叶背密生灰色星状毛	喜温暖湿润，略耐阴，忌干旱	播种、扦插、分株	花坛、花境、丛植
宿根福禄考	*Phlox paniculata*	花荵科	60～120	6～9 月	白、粉红、深红、蓝或复色	叶长椭圆形、十字形，对生或轮生	喜阳光充足、排水良好的石灰质壤土	分株、扦插、播种	花坛、花境

（1）花境

宿根花卉在花期上具有明显的季节性，且种类繁多，姿态各异，自然感强，是构成花境的良好材料。一次栽植可多年观赏，应在生长季节进行必要的修剪、去杂草等基本养护。比起需要大规模更换的其他植物材料，管理方便，且可以节约大量成本。

（2）花坛

宿根花卉也常用作花坛的主体材料，由于一次栽植，可数年观赏，管理较简便，常用于远景或非主要区域。

（3）地被植物

宿根花卉是各类地被植物的首选材料，如黑心菊、金鸡菊、花菱草、硫华菊、常夏石竹等常用作观花地被植物；蕨类、沿阶草、麦冬、玉带草等常用作观叶地被；萱草、玉簪、鸢尾、落新妇等适合大面积种植，既可以观花，也可以观叶。

（4）专类园

常见可用作专类园的宿根花卉有：菊花、芍药、萱草、鸢尾等；可用作水景园材料的有：落新妇、玉簪、湿生鸢尾、千屈菜、驴蹄草、蕨类等；可用作岩石园的有：老鹳草属、景天属、石竹属、萱草属、桔梗属等。

◇任务实施

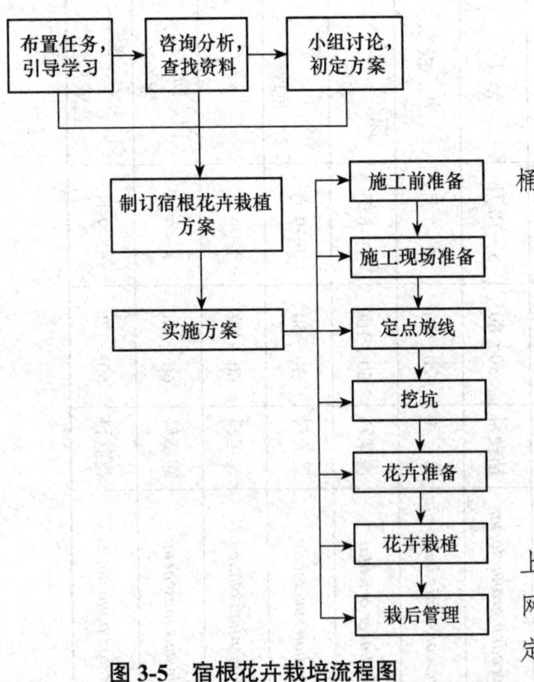

图3-5 宿根花卉栽培流程图

1. 器具与材料

（1）器具

设计图纸、皮尺、铁锹、花铲、松土耙子、水桶等栽培工具等。

（2）材料

工程线、白灰、盛苗筐、宿根花卉种苗等。

2. 任务流程

宿根花卉栽培流程图如图3-5所示。

3. 操作步骤

（1）宿根花卉花坛放样

①对图纸上的图案进行网格定位　在施工图纸上先找一个固定的点作为网格的0.00点，然后绘制网格，网格的距离可根据图案的大小和复杂程度确定，一般为1m×1m、2m×2m。

②实地确定0.00点　根据图纸上所绘制的网格，先在实地找到图纸上的0.00点，用小木棍固定，然后按照图纸上网格的距离用工程线进行放线。

③确定花境图案的轮廓线　根据施工图上图案的轮廓与网格线的交叉点，在实地找到图案轮廓与网格线的交点，确定实地当中图案的轮廓。调整图案轮廓至合适的形状，然后用白灰或工程线描出图案。

④确定种植穴　在样线内确定种植穴，株行距以花苗冠幅刚好衔接为宜，定好种植穴，做好标记。因为宿根花卉为多年生，栽植密度不宜过大。

（2）宿根花卉花坛种植施工

①整地施肥　宿根花卉为多年生，为保证观赏期长、花色艳丽，需施足基肥。结合整地需要施一定的有机肥，用量为 1.5～2.5kg/ ㎡，整地深度 30～40cm，整平整细。

②开穴　根据确定的种植点，从图案中心样线开 10～20cm 的穴，样线内每一色块以“品”字形浅穴为主。定植时开穴，穴的大小根据待种苗木根系或土球的大小而定。通常在轮廓外侧预留宽和深为 3～5cm 的保水沟，以利于灌水。

③花卉定植　定植花苗坑穴要略大于根系或土球，将苗茎基提近地面，扶正入穴，然后在将穴周围土壤铲入穴内约 2/3 时，抖动苗株使土粒与根系密接，再在根系外围压紧土壤，最后填平土穴使其与地面相平而略凹。

④灌溉　栽植花苗后需立即浇水。定植后头水一定要浇透，其目的是通过灌水使花的根系与土壤紧密结合。因此头水后应检查是否在栽培时未踩实土壤而导致土层塌陷或植株倒歪，若有这种问题须及时扶正植株并修补塌陷之处。

⑤定植后管理　草本花卉定植后，通常在次日重复浇水。定植初期加强灌溉，定植后的其他管理比较简单。为使其生长茂盛、花多、花大，最好在春季新芽抽出时追施肥料，花前和花后再各追肥一次。秋季叶枯时，可在植株四周施腐熟的厩肥或堆肥。由于栽种后生长年限较长，要根据花卉的生长特点，设计合理的密度。

此外，大部分宿根花卉栽植时间以早春为宜，尤其是春季开花的植物要尽量在萌芽前移植。

4．考核评价（表 3-4）

表 3-4　宿根花卉栽培考核评价表

<table>
<tr><td>模　块</td><td colspan="3">园林植物栽培</td><td>项　目</td><td colspan="2">草本园林植物栽培</td></tr>
<tr><td>任　务</td><td colspan="4">任务 3.2　宿根花卉栽培</td><td>学　时</td><td>2</td></tr>
<tr><td>评价类别</td><td>评价项目</td><td colspan="2">评价子项目</td><td>自我评价（20%）</td><td>小组评价（20%）</td><td>教师评价（60%）</td></tr>
<tr><td rowspan="7">过程性评价（60%）</td><td rowspan="5">专业能力(45%)</td><td colspan="2">方案制订能力（15%）</td><td></td><td></td><td></td></tr>
<tr><td rowspan="4">方案实施能力</td><td>定点放样（5%）</td><td></td><td></td><td></td></tr>
<tr><td>栽培前准备(7%)</td><td></td><td></td><td></td></tr>
<tr><td>栽培（10%）</td><td></td><td></td><td></td></tr>
<tr><td>栽培后管理(8%)</td><td></td><td></td><td></td></tr>
<tr><td rowspan="2">社会能力(15%)</td><td colspan="2">工作态度（7%）</td><td></td><td></td><td></td></tr>
<tr><td colspan="2">团队合作（8%）</td><td></td><td></td><td></td></tr>
<tr><td rowspan="3">结果评价（40%）</td><td colspan="3">方案科学性、可行性（15%）</td><td></td><td></td><td></td></tr>
<tr><td colspan="3">栽培的花卉成活率（15%）</td><td></td><td></td><td></td></tr>
<tr><td colspan="3">绿地景观效果（10%）</td><td></td><td></td><td></td></tr>
<tr><td colspan="4">评分合计</td><td></td><td></td><td></td></tr>
<tr><td colspan="2">班级：</td><td colspan="2">姓名：</td><td>第　组</td><td colspan="2">总得分：</td></tr>
</table>

◇巩固训练

1．训练要求

（1）以小组为单位开展训练，组内同学要分工合作、相互配合、团队协作。

（2）技术方案应具有科学性和可行性。

（3）做到安全生产，操作程序符合要求。

2．训练内容

（1）以校园绿化美化等绿化工程中宿根花卉栽培为任务，学生以小组为单位，在咨询学习、小组讨论的基础上编制宿根花卉的栽培技术方案。

（2）以小组为单位，依据技术方案进行宿根花卉的栽培施工训练。

3．可视成果

（1）编制宿根花卉的栽培技术方案。

（2）栽培后的花境或绿地成活率、景观效果等。

◇任务小结

宿根花卉栽培任务小结如图3-6所示。

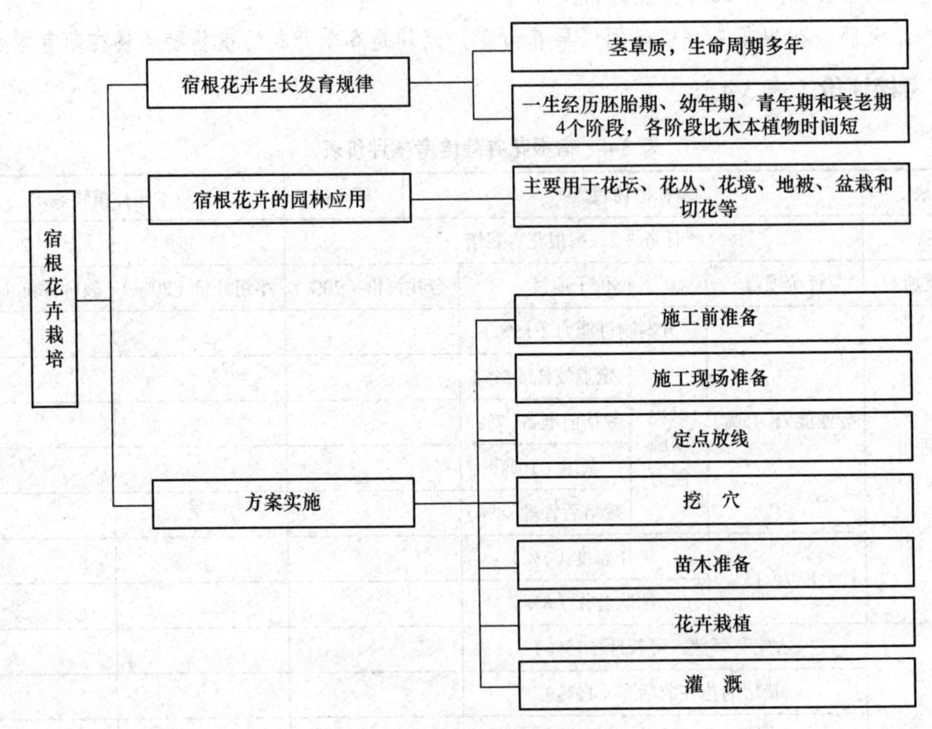

图3-6　宿根花卉栽培任务小结

◇思考与练习

1．填空题

（1）宿根花卉是指形态正常、不发生变态的________草本花卉。个体寿命在________以上，能够连续多年生长、多次开花。宿根花卉根据其原产地可分为________宿根花卉和________宿根花卉。

（2）宿根花卉的寿命较长，繁殖通常以________为主，也可以________、________、________和组培。

（3）通常宿根花卉在生命周期内要经历________期、________期、成熟期和________期4个阶段。

（4）宿根花卉种类繁多、色彩丰富，在园林绿化中是________的主要材料，也可用于________、地被以及________等不同场景中的植物配置。

（5）宿根花卉一次栽植，多年使用，根系分布________，应以富含有机质的壤土为宜。整地深度应达________cm，并应施入大量________肥，以长时期维持良好的土壤结构。

2．判断题（对的在括号内填“✓”，错的在括号内填“×”）

（1）营养繁殖的宿根花卉也要经过胚胎期。（　　）

（2）宿根花卉生命力强，一次栽植以后，可多年观赏，对环境要求不严。（　　）

（3）宿根花卉的栽植技术同一、二年生花卉完全相同。（　　）

（4）春季开花的植物应在萌芽后定植。（　　）

（5）早春开花的宿根花卉有马蔺、荷包牡丹、石竹、萱草等。（　　）

3．选择题

（1）宿根花卉常见的园林应用形式有（　　）。

A．花坛　　B．花境　　C．水景园　　D．岩石园

（2）可用作水景园材料的有（　　）。

A．芍药　　B．千屈菜　　C．驴蹄草　　D．紫茉莉

（3）可用作岩石园的植物材料有（　　）。

A．玉簪　　B．景天　　C．铺地柏　　D．蕨类

（4）菊花按以自然花期可以分为（　　）。

A．夏菊　　B．秋菊　　C．寒菊　　D．早菊

（5）依据设计形式花境可以分为（　　）。

A．单面观赏花境　　B．宿根花卉花境

C．对应式花境　　D．双面观赏花境

4．简答题

（1）宿根花卉生长发育规律分几个阶段，各有何特点？

（2）宿根花卉栽植的主要步骤包括哪些？

（3）列举校园及周边春天、夏天、秋天开花的宿根花卉各5种。

（4）花境的特点是什么？

◇自主学习资源库

1．中国花卉网：http://www.china-flower.com.

2．中国花木网：https://www.huamu.com.

任务3.3 球根花卉栽培

◇任务分析

【任务描述】

球根花卉（bulbs）是多年生花卉中的一大类，在不良环境条件下，于地上部茎叶枯死之前，植株地下部的茎或根发生变态，膨大形成球状或块状的贮藏器官，并以地下球根的形式渡过其休眠期（寒冷的冬季或干旱炎热的夏季），至环境条件适宜时，再生长并开花。本任务学习依托本地常见露地球根花卉的种植过程，以小组为单位，首先按任务要求编制种植技术方案，再依据技术方案和球根花卉种植技术规程，完成种植任务。本任务实施可在学院园林植物栽培实训基地开展。

【任务目标】

（1）会熟练编制学院或某小区常见球根花卉种植技术方案；

（2）会熟练实施常见球根花卉的种植施工；

（3）能熟练并安全使用球根花卉种植用器具材料；

（4）能分析和解决实际问题，吃苦耐劳，有团结协作精神。

◇知识准备

3.3.1 球根花卉的生长发育规律

球根花卉的生命周期有一个共同的特点，即植株先依赖贮藏的营养物质发芽、抽枝、发根，乃至开花。与此同时，植株吸收外界的营养物质继续生长，把叶片制造的光合作用产物贮藏于地下的各种贮藏器官，形成新的球根供翌年生长，并产生大量的子球，子球经过培养，可长成能开花的球茎。

3.3.1.1 球根花卉的花芽分化

1）花芽分化的阶段

球根花卉从花芽分化到开花包括5个连续的阶段：诱导阶段、开始分化阶段、器官发生（花器各部分分化）阶段、花器官成熟和生长阶段、开花阶段。要控制花期，了解和掌握影响及决定这5个阶段发生的因素是极为重要的。

2）影响花芽分化和发育的因素

（1）内因

①童期长短　像其他植物一样，球根花卉在获得开花能力之前，必须达到一定的生理阶段，即经过一段营养生长结束童期后，在适宜的环境条件下，才有可能开始花芽分化和开花，然而童期的长短依球根花卉种类不同存在很大差异，少则1年，多则长达6年之久（表3-5）。而且童期的长短与叶片数相关。如郁金香不能开花的鳞茎只形成1枚叶片和垂下球，开花的鳞茎则形成3～5枚叶片；荷兰鸢尾处于童期的植株只形成3枚叶片等。所以，球根花卉结束童期时的最少叶片数是判断其能否开始生殖生长的重要信息。

表3-5　部分球根花卉的生长特性和童期

属或种	童期（年）	开花球的最低标准（最小圆周长，cm）	属或种	童期（年）	开花球的最低标准（最小圆周长，cm）
葱　属	2～3	3～18（因种和品种而异）	鸢尾属	3～4	4～6
番红花属	3～4	4～5	百　合	2～3	5～12
大丽花	1	3.2～6	水　仙	4～6	5～12
小苍兰属	1	2～3	观音兰（鸢尾兰）	1	2～3
唐菖蒲属	1～2	3～6	郁金香	4～7	6～10
风信子属	3～5	8～10			

②球根的大小　是又一个确定能否获得开花能力的主要因素，即球根必须长到一定大小，在适宜的环境条件下才能开始花芽分化和开花，但同样因种类而存在较大差异（表3-6）。

（2）外因

自然环境影响着球根花卉的花芽分化和发育，其中主要的因素是温度、光照和水分。

表3-6　部分球根花卉花芽分化的温度范围　℃

种　类	最适温度	温度变幅	抑制温度
喇叭水仙	17～20	13～25	
郁金香	17～20	9～25	＞35
风信子	25.5	20～28	
球根鸢尾	13	5～20	＞25
百　合	20～23	13～23	
小苍兰	10		
唐菖蒲	15～25		

①温度　各类球根花卉有其适宜的花芽分化温度，过低或过高都将延迟或抑制花芽分化，甚至导致花的败育（表3-7）。

表3-7　球根花卉的生长周期性

类　型	属或种
常绿球根花卉（非休眠）	百子莲属中4个种、君子兰属、文殊兰属中3个种、珊瑚花属中11个种、漏斗花属、网球花属中虎耳兰等2个种、朱顶红属、水鬼蕉属中蜘蛛水鬼蕉等3个种、绵枣儿属中1个种
夏季休眠球根花卉	孤挺花、罂粟牡丹、克美莲属、雪光花属、番红花属、仙客来属、菟葵属、猪牙花属、小苍兰属、贝母属、雪花莲属、唐菖蒲属中原产地中海地区的种、网球花属中9个种、风信子属、鸢尾属、鸢尾蒜属、立金花属、葡萄风信子（蓝壶花）属、水仙属、虎眼万年青属、酢浆草属、毛茛属、绵枣儿属、魔杖花属、郁金香属
冬季休眠球根花卉	唐菖蒲属、鸢尾属、葱属、银莲花属、秋海棠属、美人蕉属、铃兰属、大丽花属、夏风信子属、唐菖蒲属、网球花属中2个种、萱草属、水鬼蕉属中4个种、蛇鞭菊属、百合属、石蒜属、晚香玉属、虎皮兰属、马蹄莲属、菖蒲莲属

②光照　其对球根花卉花芽分化的影响因种类而异。对郁金香、水仙、风信子属的球根花卉无明显的影响，因为这些属植物的花芽分化都是在鳞茎中于黑暗条件下完成的，它们甚至可在黑暗条件下完成生长发育周期，当然有光照植株的质量会更好。

对另一些属的球根花卉，如葱、大丽花、唐菖蒲、鸢尾、百合等，光照极大地影响着它们的花芽分化和开花，因为这些属植物的花芽分化是经过一段营养生长之后，在茎生长点上形成，因此，光照不足必然导致营养不良而孕花较少，或导致花败育及“盲花”的产生。这些球根花卉的花芽分化和开花对光周期长短也有特定要求，如唐菖蒲在长日照下进行花芽分化和花序发育，在短日照下开花和长球。

③水分　球根中的含水量也影响着花芽分化。一般来说，含水量少有利于花芽分化或提早孕花。因此，球根花卉应种植在砂壤土中，球根收获前2周控水，且充分成熟后再采收。若进行促成栽培，可用短时30～35℃的高温处理，起到脱水作用而提早孕花，如郁金香、风信子等。

3.3.1.2　球根花卉的休眠

由于球根花卉在地球上广泛分布，它们的生态习性明显地受到气候变化如温度、降雨、日照、光周期等因素的影响。原产于气候变化明显地区的球根花卉，为了能够在不良条件如低温、高温或干旱下生存，它们形成一种适应机制，即休眠，如唐菖蒲属、郁金香属、风信子属、水仙属等。而在赤道附近和热带地区，全年的气候条件基本一致，因此，原产于该地区的球根花卉没有明显的休眠期，它们可常年生长（常绿），如朱顶红属、君子兰属等。

球根的休眠期为园艺生产带来方便，利于球根采收后的处理、贮藏和运输，因此，也经常将常绿的球根花卉种植到非产地气候型的地区，迫使其休眠，以便进行球根的处理和改变花期。但是在休眠期间，不同类型球根花卉内部的变化或生理活动存在很大差异，如番红花、朱顶红、郁金香等进行器官的发生（花芽、叶芽、根的分化），而唐菖蒲、百合等器官的发生被减弱或暂时被抑制。

3.3.1.3 球根花卉的栽培习性

球根花卉的种类和园艺栽培品种极其繁多，原产地涉及温带、亚热带和部分热带地区，因此，生长习性各不相同。球根花卉根据栽培习性可分为两类：

（1）春植球根

春植球根多原产于中南非洲、中南美洲的热带、亚热带地区和墨西哥高原等地区，如唐菖蒲、朱顶红、美人蕉、大岩桐、球根秋海棠、大丽花、晚香玉等。这些地区往往气候温暖，周年温差较小，夏季雨量充足，因此春植球根的生育适温普遍较高，不耐寒。这类球根花卉通常春季栽培，夏秋季开花，冬季休眠。进行花期调控时，通常采用低温贮球，先打破球根休眠再抑制花芽的萌动，来延迟花期。

（2）秋植球根

秋植球根多原产于地中海沿岸、小亚细亚、南非开普敦地区和大洋的西南、北美洲西南部等地，如郁金香、风信子、水仙、球根鸢尾、番红花、仙客来、花毛茛、小苍兰、马蹄莲等。这些地区冬季温和多雨，夏季炎热干旱，为抵御夏季的干旱，植株的地下茎变态肥大成球状并贮藏大量水分和养分，因此秋植球根较耐寒而不耐夏季炎热。

秋植球根类花卉往往在秋冬季种植后进行营养生长，翌年春季开花，夏季进入休眠期。其花期调控通常可利用球根花芽分化与休眠的关系，采用种球冷藏，即人工给以自然低温过程，再移入温室进行催化。这种促成栽培的方法对那些在球根休眠期已完成花芽分化的种类效果最好，如郁金香、水仙、风信子等。

3.3.2 球根花卉的园林应用

3.3.2.1 球根花卉的园林应用特点

（1）种类繁多

球根花卉种类繁多。目前园林中常见的有100多种。在这些球根花卉中，有以观花为主的，如百合类等；有以观叶为主的，如一叶兰等；有生于水中的，如荷花、睡莲、再力花等；有适合作切花的，如唐菖蒲、郁金香、小苍兰、百合、晚香玉等；有适合作盆栽的，如仙客来、大岩桐、水仙、大丽花、朱顶红、球根秋海棠等。

（2）色彩丰富

球根花卉具有鲜艳明亮的色彩，分为红色系、黄色系、白色系、橙色系、紫色系、蓝色系等，如果在种植设计时配合得当，将会形成丰富多彩、色彩斑斓、绚丽多姿的优美景色。如黄色的菊花、中国石蒜等，紫色的蛇鞭菊、再力花等，白色的铃兰、晚香玉等，红色的红花酢浆草、射干等，蓝色的百子莲、鸢尾等以及具有多种色彩的百合类、郁金香、风信子等。

（3）适应性强

在球根花卉中，许多种类具备耐旱、耐寒、耐水湿、耐盐碱、耐瘠薄的能力，可以适用于多种用途。

（4）管理方便

球根花卉的繁殖、栽培大多没有特殊要求。一般采用播种繁殖，也可采用分球、扦插繁殖。掌握好栽培季节和方法，均能成活。其对环境条件适应性极强，病虫害也较少，只要依季节变化和天气的变化，对其进行必要水肥管理即可正常生长和开花结果。

（5）经济适用

球根花卉的球根与种子不同的是，球根种植后100d左右能开花，并能一次种植，多年开花，减少了培育时间，节省栽培养护费用。同时，球根便于运输和贮藏，节省人力、物力和财力。

3.3.2.2 球根花卉在园林中的应用方式（图3-7）

球根花卉栽培应遵循“适地适花”的原则。由于不同类型绿地的性质和功能不同，对球根花卉的要求也不一样。因此，要根据球根花卉的生态习性合理配置以展示最佳的景观效果。

图3-7 球根花卉园林应用

（1）花坛

花坛要求经常保持鲜艳的色彩和整齐的轮廓，植物选择要求植株低矮、生长整齐、花期集中、株丛紧密而花色或叶色艳丽，多年生球根花卉则是优良的花坛材料，如韭莲、沿阶草、郁金香、风信子、美人蕉、大丽花的小花品种等。

（2）花境

花境的各种花卉配置应是自然斑状混交，还要考虑到同一季节中彼此的色彩、姿态体型及数量的调和与对比。花境的设计要巧妙利用色彩来创造空间或景观效果。花境常用的球根花卉有鸢尾、白及、姜花、中国石蒜、美人蕉、洋水仙、郁金香、蛇鞭菊、大丽花等。

（3）草坪和地被

球根花卉中的一些种类，如白及、鸢尾、火星花、石蒜类等，可与草坪草混合使用，用作草坪周围镶边，或按花期在草坪中点缀球根花卉等。以观叶为主的球根花卉还可以独自构成草坪，如细叶麦冬、沿阶草等。地被植物要求植株低矮，能覆盖地面且养护简单，还要求有观赏性强的叶、花、果等。球根花卉中有很多种类能满足此要求，因此能作为地被植物广泛地应用，如红花酢浆草、铃兰、球根鸢尾、石蒜、葱兰、白及等。

（4）水体绿化

水生类球根花卉常植于水边湖畔，点缀风景，使园林景色生动起来，也常作为水景园或沼泽园的主景植物材料，如常见的挺水、浮水植物荷花、芦苇、睡莲等。有些适应于沼泽或低湿环境的球根花卉，如泽泻、慈姑、洋水仙、马蹄莲等也开始在园林湿地或水景中应用。

（5）岩石园

岩石园的植物主要以多浆类、苔藓类为主，植株矮小，仅需少量土壤即可生长。球根花卉中一些低矮、耐旱、耐热、耐寒的种类，如石蒜类、红花酢浆草、白及、大花美人蕉、蜘蛛兰等都可以用作岩石园的材料。

（6）基础栽培

在建筑物周围与道路之间形成的狭长地带上栽培球根花卉，可以美化周围环境，调节室内外视线。墙基处栽培球根花卉，可以缓冲墙基、墙角与地面之间生硬的颜色。

随着我国城市化建设进程的加快，球根花卉作为城市景观花卉的重要组成部分，也越来越受到人们的重视。在城市改造、绿地建设、居住区绿化等方面，球根花卉都得到了大量的应用，如石蒜、红花酢浆草、美人蕉等。

◇任务实施

1．器具与材料

（1）器具

皮尺、修枝剪、锄头、耙、铁锹、铲、盛苗器、运输工具、施肥用具、水桶等各类栽培工具。

（2）材料

各类春植球根或秋植球根、肥料、记录表、纸张、笔、专业书籍，教学案例等。

2．任务流程

球根花卉栽培流程图如图3-8所示。

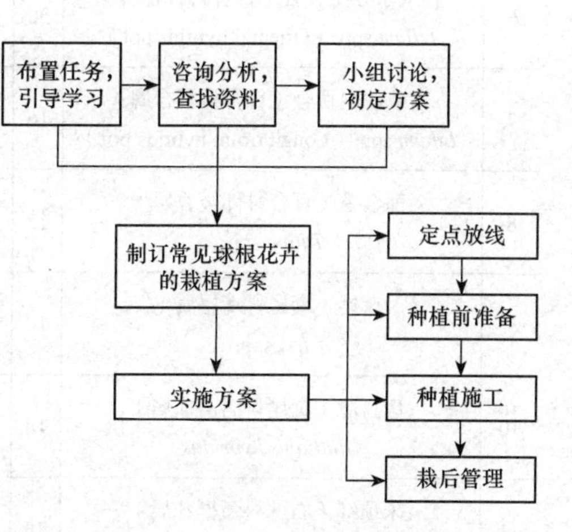

图3-8　球根花卉栽培流程图

3．操作步骤

（1）种植时间

球根花卉的种植时间集中在2个季节，一部分球根在春季3～5月种植，另一部分在秋季9～11月初种植。

（2）种植前准备

球根花卉种植前准备主要是球根准备和土壤准备。球根准备包括球根选择与质量标准、球根消毒；土壤准备包括整地、土壤消毒、施基肥等。

①球根准备　根据栽培目的，选择粒大饱满、种性纯正、无病虫害的优良品种的种球。

球根质量标准:《中华人民共和国国家标准主要花卉产品等级　第6部分：花卉种球》（GB/T 18247.6—2000）中规定，种球质量分为3级。以围径、饱满度、病虫害的指标划分等级（表3-8）。

表3-8　花卉种球质量等级　　cm

序号	种名	一级			二级			三级			四级			五级		
		围径	饱满度	病虫害	围径	饱满度	病虫害	围径	饱满度	病虫害	围径	饱满度	病虫害	围径	饱满度	病虫害
1	亚洲型百合（百合科百合属） *Lilium* spp.（Asiatic hybrids）	16	优	无	14	优	无	12	优	无	10	优	无	9	优	无
2	东方型百合（百合科百合属） *Lilium* spp.（Oriental hybrids）	20	优	无	18	优	无	16	优	无	14	优	无	12	优	无
3	铁炮百合（百合科百合属） *Lilium* spp.（Longiflorum hybrids）	16	优	无	14	优	无	12	优	无	10	优	无			
4	L-A百合（百合科百合属） *Lilium* spp.（L/A hybrids）	18	优	无	16	优	无	14	优	无	12	优	无	10	优	无
5	盆栽亚洲型百合（百合科百合属） *Lilium* spp.（Asiatic hybrids pot）	16	优	无	14	优	无	12	优	无	10	优	无	9	优	无
6	盆栽东方型百合（百合科百合属） *Lilium* spp.（Oriental hybrids pot）	20	优	无	18	优	无	16	优	无	14	优	无	12	优	无
7	盆栽铁炮百合（百合科百合属） *Lilium* spp.（Longiflorum hybrids pot）	16	优	无	14	优	无	12	优	无	10	优	无			
8	郁金香（百合科郁金香属） *Tulipa* spp.	12	优	无	11	优	无	10	优	无						
9	鸢尾（鸢尾科鸢尾属） *Iris* spp.	10	优	无	9	优	无	8	优	无	7	优	无	6	优	无
10	唐菖蒲（鸢尾科唐菖蒲属） *Gladiolus hybridus*	14	优	无	12	优	无	10	优	无	8	优	无	6	优	无
11	朱顶红（石蒜科弧挺花属） *Amaryllis vittata*	36	优	无	34	优	无	32	优	无	30	优	无	28	优	无

（续）

序号	种名	一级			二级			三级			四级			五级		
		围径	饱满度	病虫害	围径	饱满度	病虫害	围径	饱满度	病虫害	围径	饱满度	病虫害	围径	饱满度	病虫害
12	马蹄莲（天南星科马蹄莲属）*Zantedeschia aethiopica*	18	优	无	15	优	无	14	优	无	12	优	无			
13	小苍兰（鸢尾科香雪兰属）*Freesia refracta*	5	优	无	4	优	无	3.5	优	无						
14	花叶芋（天南星科花叶芋属）*Caladium bicolor*	5	优	无	3	优	无	2.5	优	无						
15	喇叭水仙（石蒜科水仙属）*Narcissus pseudo-narcissus*	14	优	无	12	优	无	10	优	无	8	优	无			
16	风信子 *Hyacinthus orientalis*	19	优	无	18	优	无	17	优	无	16	优	无	15	优	无
17	番红花（鸢尾科番红花属）*Crous satiuus*	10	优	无	9	优	无	8	优	无	7	优	无			
18	银莲花（毛茛科银莲花属）*Anemone cathayensis*	8	优	无	7	优	无	6	优	无	5	优	无	4	优	无
19	虎眼万年青（百合科虎眼万年青属）*Qrnithogalum caudatum*	6	优	无	5	优	无	4	优	无	3	优	无			
20	雄黄兰（鸢尾科雄黄兰属）*Crocosmia crocosmi flora*	12	优	无	10	优	无	8	优	无	6	优	无	4	优	无
21	立金花（百合科立金花属）*Lachenalia aloides*	8	优	无	6	优	无	4	优	无						
22	蛇鞭菊（菊科蛇鞭菊属）*Liatris spicata*	10	优	无	8	优	无	6	优	无	4	优	无			
23	观音兰（鸢尾科观音属）*Triteleia crocata*	8	优	无	6	优	无	4	优	无						
24	细茎葱（石蒜科葱属）*Allium aflatuemse*	10	优	无	9	优	无									
25	花毛茛（毛茛科毛茛属）*Ranunculus asiaticus*	10	优	无	9	优	无	8	优	无	7	优	无	6	优	无
26	夏雪滴花（石蒜科雪滴花属）*Leucojum aestivum*	16	优	无	15	优	无	14	优	无	13	优	无	12	优	无

（续）

序号	种名	一级			二级			三级			四级			五级		
		围径	饱满度	病虫害	围径	饱满度	病虫害	围径	饱满度	病虫害	围径	饱满度	病虫害	围径	饱满度	病虫害
27	全能花（石蒜科全能花属） *Pancratiam biflorum*	18	优	无	17	优	无	16	优	无	15	优	无	14	优	无
28	中国水仙（石蒜科水仙属） *Narcissus tazetta* var. *chinenses*	28	优	无	23	优	无	21	优	无	19	优	无			

注：围径大小系指经由子球栽培生长形成（一般1～3年）的不同种球的围径，而不是开花过的种球的围径。

球根消毒：为了保证花卉生长健壮及提高开花质量，种球在种植前最好进行消毒，一般将球根放在杀菌剂溶液中浸泡，浸泡时间长短依种类及品种、球根大小而异。消毒杀菌剂的配制是在100L水中加100g苯菌灵及180g克菌丹，也可用200倍苯雷特溶液。

②土壤准备

整地作床：整地的目的在于改良土壤的物理结构，使其具有良好的通气和透水条件，便于根系伸展。整地还能促进土壤分化，有利于微生物活动，从而加速有机肥分解，便于花卉的吸收利用。同时，还可将土壤中的病菌及害虫等翻于地表，经日晒及严寒而杀灭之，可有效预防病虫害发生。整地的同时应清除杂草、宿根、砖头、石头等杂物。球根花卉由于地下部分肥大，对土壤的要求较严格，需深耕30cm左右或40～50cm。整地深度也因土壤质地不同而有差异，一般砂土宜浅耕，黏土宜深耕。花坛栽培花卉常常要做种植床。根据设计图纸在放线范围内做出种植床，球根花卉需要生长在排水良好的环境，土壤条件较差或低洼地段则在种植床栽培基质下层铺设砾石等排水层。

土壤消毒：依据条件及土壤特点，可选用蒸汽消毒、土壤浸泡（淹水消毒）或药剂消毒（详见球根花卉养护管理部分3.3.1.2内容）。

施基肥：在球根种植前需施足基肥，一般用腐熟的有机肥料加一些骨粉（磷肥），以促进根系的健壮生长。

（3）种植施工

根据设计要求定点放线后进行种植。种植深度因种类和品种、种球大小、种植季节、土壤结构、栽培系统（地栽或盆栽）及生产目的的不同而有差异。大多数球根花卉覆土深度为球根最大直径的3倍（测量方法是从球根的肩部到土壤表面，不是球顶到土表），如唐菖蒲属、百合属、美人蕉属、大丽花属、虎皮兰属、马蹄莲属等；覆土到球根顶部的有晚香玉属、百子莲属、球根秋海棠、石蒜等；将球根的1/3露出土面的有朱顶红、仙客来。种球大种植得深，相反则浅。夏季种得较深，冬季较浅。在黏重的土壤中球根比通常土壤要浅栽2.5～5.1cm，反之，在砂性土中要深栽2.5～5.1cm。以种球生产为目的的应深栽，以切花生产为主的可适当浅栽。盆栽球根花卉只为观花，应浅栽。

球根花卉种植初期一般不需浇水，如果过于干旱，则浇一次透水。

4．考核评价（表 3-9）

表 3-9　球根花卉栽培考核评价表

<table>
<tr><td>模　块</td><td colspan="3">园林植物栽培</td><td>项　目</td><td colspan="2">草本园林植物栽培</td></tr>
<tr><td>任　务</td><td colspan="4">任务 3.3　球根花卉栽培</td><td>学　时</td><td>4</td></tr>
<tr><td>评价类别</td><td>评价项目</td><td colspan="2">评价子项目</td><td>自我评价
（20%）</td><td>小组评价
（20%）</td><td>教师评价
（60%）</td></tr>
<tr><td rowspan="6">过程性评价
（60%）</td><td rowspan="4">专业能力
（45%）</td><td colspan="2">方案制订能力（15%）</td><td></td><td></td><td></td></tr>
<tr><td rowspan="3">方案
实施
能力</td><td>种植时期（5%）</td><td></td><td></td><td></td></tr>
<tr><td>种植准备（10%）</td><td></td><td></td><td></td></tr>
<tr><td>种植（15%）</td><td></td><td></td><td></td></tr>
<tr><td rowspan="2">社会能力
（15%）</td><td colspan="2">工作态度（7%）</td><td></td><td></td><td></td></tr>
<tr><td colspan="2">团队合作（8%）</td><td></td><td></td><td></td></tr>
<tr><td rowspan="3">结果评价
（40%）</td><td colspan="3">方案科学性、可行性（15%）</td><td></td><td></td><td></td></tr>
<tr><td colspan="3">种植成活率（15%）</td><td></td><td></td><td></td></tr>
<tr><td colspan="3">园林景观效果（10%）</td><td></td><td></td><td></td></tr>
<tr><td colspan="4">评分合计</td><td></td><td></td><td></td></tr>
<tr><td colspan="2">班级：</td><td colspan="2">姓名：</td><td>第　　组</td><td colspan="2">总得分：</td></tr>
</table>

◇**巩固训练**

1．训练要求

以小组为单位开展训练，组内同学要分工合作、相互配合、团队协作。

2．训练内容

（1）结合当地各类园林绿地中球根花卉应用情况，让学生在走访、咨询学习、熟悉并研究其种植技术方案的基础上，以小组为单位讨论并重新制订适宜该地生长的球根花卉的种植技术方案，分析技术方案的科学性和可行性。

（2）根据季节，在校内外实训区或结合校园绿化工程依据制订的技术方案进行球根花卉栽培施工训练。

3．可视成果

（1）编制球根花卉栽培技术方案。

（2）养护的花坛或绿地景观效果等。

◇任务小结

球根花卉栽培任务小结如图3-9所示。

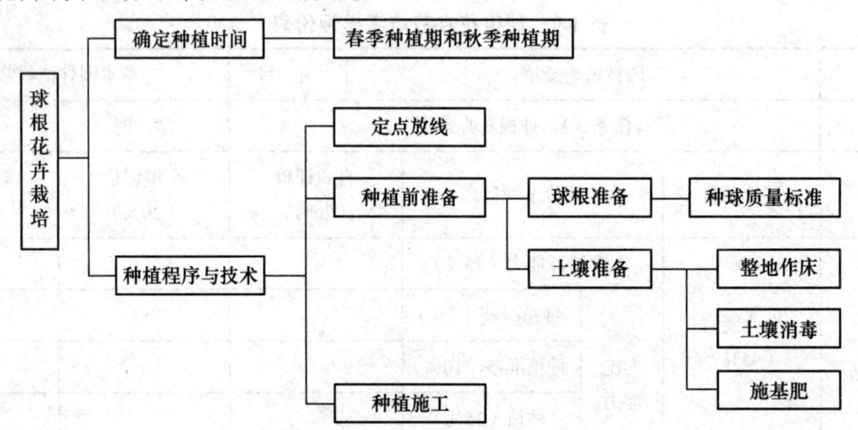

图3-9　球根花卉栽培任务小结

◇思考与练习

1．选择题

（1）下列属于鳞茎类花卉的是（　　）。

A．百合　　B．大丽花　　C．仙客来　　D．美人蕉

（2）大丽花具有粗大纺锤状肉质根，地上茎中空直立，节明显，叶对生。（　　）繁殖方法不适合大丽花。

A．播种　　B．分球　　C．播种和分球　　D．压条

（3）球根花卉中的生长习性不同，对栽培时间也有区别，一般分为（　　）两种类型。

A．春植球根、秋植球根　　B．耐寒性球根、不耐寒性球根

C．春花类球根、秋花类球根　　D．花坛类球根、盆栽类球根

（4）水仙、百合的茎属于（　　）。

A．根状茎　　B．块茎　　C．球茎　　D．鳞茎

（5）上海地区2～3月催芽，一般放在温室内保持白天18～25℃，夜间15～18℃，埋藏沙中喷水催芽。催芽后，可以看出芽萌动，进行分割块根，注意每一块根必须带2～3芽。这是在繁殖（　　）。

A．大丽花　　B．唐菖蒲　　C．球根秋海棠　　D．菊花

（6）百合花是一种用途很广的球根花卉，下列（　　）组说法不符合百合。

A．地下部分具有无皮鳞茎　　B．有些品种有珠芽可以用来繁殖

C．有短日照习性　　D．有低温春化习性

（7）唐菖蒲、香雪兰的茎属于（　　）。

A．根状茎　　B．块茎　　C．球茎　　D．鳞茎

2．判断题（对的在括号内填“√”，错的在括号内填“×”）

（1）球根花卉是指具有变态的储藏根的栽培植物。（　　）

（2）花卉的地下部分具有鳞茎、块茎、块根的都属于球根花卉。（ ）

（3）大丽花不耐霜冻，地下部分为块根而不能繁殖，主要靠播种繁殖。（ ）

（4）大丽花不耐霜冻，地下部分为块根，分根时宜早春先催芽。（ ）

（5）多年生草本植物地下部分具有膨大的变态茎或变态根的称为球茎花卉。（ ）

（6）美人蕉是芭蕉科的南方观赏花卉，其地下部分具有根茎。（ ）

（7）唐菖蒲的叶片着生方式与鸢尾类相似，但唐菖蒲地下部分为球茎。（ ）

（8）东方型百合、亚洲型百合、麝香百合是目前最常用的观赏百合种类。（ ）

3．问答题

（1）简述球根花卉的生长发育规律。

（2）简述各类球根花卉种植过程及要点。

◇自主学习资源库

1．花卉学．北京林业大学园林学院花卉教研室．中国林业出版社，1990.

2．仙客来．郑志兴，文艺．中国林业出版社，2004.

3．郁金香养花专家解惑答疑．王凤祥．中国林业出版社，2011.

4．风信子养花专家解惑答疑．王凤祥．中国林业出版社，2011.

5．新图解——球根花卉栽培指南．王意成．江苏科学技术出版社，2007.

6．朱顶红．品英民，王有江．中国林业出版社，2004.

7．郁金香．刘云峰，刘青林．中国农业出版社，2011.

任务3.4　水生花卉栽培

◇任务分析

【任务描述】

水生花卉是布置水景园的重要材料。本次任务的学习以某公园或新建小区水景园中水生花卉栽培的施工任务为支撑，以学习小组为单位，制订出公园或新建小区水景园中水生花卉栽培技术方案，依据所制定的栽培技术方案及园林植物栽培技术规程，按设计要求保质保量完成水生花卉栽培的施工任务。本任务的实施应在园林植物栽培养护理实一体化实训室、某公园或新建小区的水景园进行。

【任务目标】

（1）会编制某公园或新建小区水景园水生花卉栽培的技术方案；

（2）会实施水生花卉栽培的施工操作；

（3）会熟练并安全使用各类水生花卉栽培的器具材料；

（4）能独立分析和解决实际问题，吃苦耐劳，合理分工并团结协作。

◇知识准备

水生花卉除了具有处理污水的能力，它的景观效果也不容忽视。如何将它的净化作用与水景设计相结合，是当今景观生态设计研究中的一个着眼点。一般进行水景设计，都离不了水生花卉的运用。水生花卉已被广泛应用于专类水景园、野趣园的营造，随着人工湿地污水处理系统应用研究的深入，人工湿地景观也应运而生，成为极富自然情趣的景观。而容器栽培的迷你水景花园的出现更是让都市居民的阳台或平台也成为轻松有趣、令人赏心悦目的好地方。

3.4.1 水生花卉概述

3.4.1.1 水生花卉的概念及分类

水生花卉是指植物体全部或部分常年生长在水中的多年生观赏植物。广义的水生花卉还包括适用于沼泽地中或低湿环境中的一切可观赏植物。按其生态习性可分为：

①挺水型水生花卉　植株高大，花色艳丽，大多数有茎、叶之分；直立挺拔，下部或基部沉入水中，根或地茎扎入泥中生长，上部植株挺出水面。如荷花、香蒲、芦苇、水葱、菖蒲、慈姑、黄花鸢尾等。

②浮叶型水生花卉　根状茎发达，花大、色艳，无明显的地上茎或茎细弱不能直立，叶片漂浮于水面上。常见种类有王莲、睡莲、萍蓬草、芡实、荇菜等，种类较多。

③沉水型水生花卉　根茎生于泥中，整个植株沉入水中，具有发达的通气组织，利于进行气体交换。叶多为狭长或丝状，能吸收水中部分养分，在水下弱光的条件下也能正常生长发育，对水质有一定的要求。主要是水草类，常见的有苦藻、黑藻、虾藻、金鱼藻、狐尾藻等。

④漂浮型水生花卉　种类较少，这类植物的根不生于泥中，植株体漂浮于水面之上，随水流、风浪四处漂泊，多数以观叶为主。浮叶植物的生长速度很快，能更快地提供水面的遮盖装饰。但有些品种生长、繁衍得特别迅速，会导致生物入侵，如浮萍、凤眼莲等。

⑤水缘及喜湿型水生花卉　生长在水池边，从水深 2~3cm 处到水池边的泥里都可以生长。如花菖蒲、红蓼、千屈菜、水芹、水生美人蕉等。

3.4.1.2 水生花卉的特点

水生花卉依赖水而生存，其在形态特征、生长习性及生理机能等方面与陆生植物有明显的差异。主要表现在以下方面：

（1）通气组织发达

除少数湿生花卉外，水生花卉体内都具有发达的通气系统，可以使进入水生花卉体内的空气顺利地到达植株的各个部分，尤其是处于生长阶段的荷花、睡莲等。从叶脉、叶柄到膨大的地下茎，都有大小不一的气腔相通，保证进入到植株体内的空气散布到各个器官和组织，以满足位于水下器官各部分呼吸和生理活动的需要。

（2）机械组织退化

通常有些水生花卉的叶及叶柄有部分生长在水中，不需要有坚硬的机械组织来支撑个体，所以水生花卉不如陆生植物坚硬；又因其器官和组织的含水量较高，从而叶柄的木质化程度较低，植株体比较柔软，而水上部分的抗风力也差。

（3）根系不发达

一般情况下，水生花卉的根系不如陆生植物发达。因为水生花卉的根系，在生长发育过程中直接与水接触或在湿土中生活，吸收矿物质营养及水分比较省力，导致其根系缺乏根毛，并逐渐退化。

（4）排水系统发达

正常情况下，水生花卉体内水分过多，也不利于植物的正常生长发育。水生花卉在雨季，或气压低时，或植物的蒸腾作用较微弱时，能依靠体内的管道细胞、空腔及叶缘水孔所组成的分泌系统，把多余的水分排出，以维持正常的生理活动。

（5）营养器官差异表现明显

有些水生花卉为了适应不同的生态环境，其根系、叶柄和叶片等营养器官，在形态结构上表现出不同的差异。如荷花的浮叶和立叶，菱的水中根和泥中根等，它们的形态结构均产生了明显的差异。

（6）花粉传授有变异

由于水体的特殊环境，为了满足花粉传授的需要，某些水生花卉如沉水型水生花卉就产生了特有的适应性变异，如苦草为雌雄异株，雄花的佛焰苞长 6mm，而雌花的佛焰苞长 12mm；金鱼藻等沉水型水生花卉，具有特殊的有性生殖器官，能适应以水为传粉媒介的环境。

（7）营养繁殖能力强

营养繁殖能力强是水生花卉的共同特点，如荷花、睡莲、鸢尾、水葱、芦苇等利用地下茎、根茎、球茎等进行繁殖；金鱼藻等可进行分枝繁殖，当分枝断掉后，每个断掉的小分枝，又可长出新的个体；黄花蔺、荇菜、泽苔草等除根茎繁殖外，还能利用茎节长出的新根进行繁殖；苦草、菹草等在沉入水底越冬时就形成了冬芽，翌年春季，冬芽萌发成新的植株。水生花卉这种繁殖快且多的特点，对保持其种质特性，防止品种退化以及杂种分离都是有利的。

（8）种子幼苗始终保持湿润

因水生花卉长期生活在水环境中，与陆生植物种子相比，其繁殖材料如种子（除莲子）及幼苗，无论是处于休眠阶段（特别是睡莲、王莲），还是萌芽生长期，都不耐干燥，必须始终保持湿润，若受干则会失去发芽力。

3.4.1.3 水生花卉的分布

水生花卉种类繁多，分布广泛，可利用空间大，不同的叶色、形状、果色等为园林绿化提供了多种选择，水生花卉在我国各地均有分布。

3.4.2 水生花卉的基本功能

（1）增加生物多样性

水生植物资源十分丰富，品种繁多，从陆生逐渐过渡到沉水，层次丰富。此外水生植物的株形、叶形、花形也各具特色，具有较高的观赏性，不但能够使城市生物多样性大为增加，而且能够创造丰富的景观。

水生植物群落的形成为野生动物、水鸟和昆虫提供栖居地，正是由于这些水生动植物的不断繁衍和相互作用，使水体成为具有生命活力的水生生态环境。

（2）提高城市绿地率

水生植物将水陆两大生态系统有机地连接起来，使绿化由陆地向水面及水中延伸，大大提高了绿地率。

（3）增强水体景观的亲水性

水生植物的栽植应用，将原来的水泥硬驳岸变成生态软驳岸，在发挥护岸作用的同时，增强了水体景观的亲水性。

（4）保持生态平衡

水生植物对水质有较强的净化功能，可以有效降低水体富营养化，抑制浮游植物，保持水景的生态平衡。

（5）保护河岸、涵养水源

岸边种植水生植物既能保持水土，起到固土护岸作用，又能提高河岸土壤肥力，改善生态环境。

3.4.3 水生花卉的园林应用

3.4.3.1 水生花卉在自然景观中的应用

（1）城市自然河湖水体的应用

城市河道、公园水面、湖泊水体经常会受到各种各样的污染，对被污染的水体，应选择栽培抗污染和具有净化污水的水生花卉。如芦苇、香蒲、千屈菜、豆瓣菜、金鱼藻、浮萍等植物可以主动吸收水体中的养分，净化水体，降低污染，同时丰富水体景观。

（2）湿地的应用

可以应用湿生花卉和挺水花卉如水葱、香蒲、芦苇、慈姑、泽泻、千屈菜、菖蒲等使绿地与水体自然衔接，创造野趣及休闲的景观。

3.4.3.2 水生花卉在各类人工景观中的应用

园林绿地中，水体是构成景观的重要因素，在各种风格的园林中，水体具有不可替代的作用，园林中各类水体，无论其在园林中是主景、配景或小景，无一不是借助水生花卉来丰富水体的景观。

（1）湖泊

湖泊是园林中最常见的园林水体景观，湖面辽阔，视野宽广，可在湖中种植沉水型水生花卉，如金鱼藻、黑藻等；湖面点缀浮叶型水生花卉，如睡莲、荇蓬草等。湖边大面积种植挺水型水生花卉，如荷花、芦苇、菖蒲、香蒲、水葱、千屈菜等可形成疏影横斜、暗香浮动、静雅的景观。

（2）水池

在较小的园林中，水体常以池为主。水生花卉可分割水面空间、增加层次，以获得小中见大的效果，同时也可创造宁静优雅的景观。

（3）喷泉

由于泉水喷吐跳跃，能吸引人们的视线，是景点的主题，常选用挺水型水生花卉。

（4）驳岸

驳岸的水生花卉配置，可以使陆地和水面融为一体，对水面的空间景观起主导作用。可使用宿根植物和湿生植物，如菖蒲、水莎草、芦苇、香蒲、水葱、泽泻、千屈菜等。可加固驳岸、净化水体。

（5）沼泽园

沼泽园常和水景结合，为水池延伸部分，湿生、挺水型水生花卉是沼泽园的最佳选择，如泽泻、慈姑、菖蒲、千屈菜等。

（6）盆栽

随着人们生活水平的提高，室内绿化应运而生，在室内摆放一盆水生花卉，会给生活带来更多的温馨和浪漫，如碗莲、睡莲、小香蒲等都是理想的盆栽植物。

3.4.3.3 水生花卉在园林中的配置形式

（1）水域宽阔处的水生植物配置应用

此处配置应以营造水生植物群落景观为主，主要考虑远观效果。植物配置注重整体上大而连续的效果，主要以量取胜，给人一种壮观的视觉感受，如黄菖蒲片植、荷花片植、睡莲片植、千屈菜片植或多种水生植物群落组合等。

（2）水域面积较小处的水生植物配置应用

此处配置主要考虑近观效果，注重水面的镜面作用；配置时不宜过于拥挤，以免影响水中倒影及景观透视线，如黄菖蒲、水葱等以多丛小片植栽于池岸，疏落有致，倒影入水，自然野趣，水面上再适当点植睡莲，可丰富景观效果；一般水生植物占水体面积的比例不宜超过 1/3，否则易产生水体面积缩小的不良视觉效果；水缘植物应间断种植，留出大小不同的缺口，供游人亲水以及隔岸观景。

（3）自然河流的水生植物配置应用

河流两岸带状的水生植物景观要求所用植物材料要高低错落，疏密有致，能充分体现节奏与韵律，切忌所有植物处于同一水平线上。

河道两岸的水生植物可用黄菖蒲、菖蒲、再力花组团，黄菖蒲、花叶芦竹、芦苇、蒲苇组团，慈姑、黄菖蒲、美人蕉组团，芦竹、水葱、黄菖蒲、花叶芦竹、美人蕉、千屈菜、再力花、睡莲、野菱组团，水葱、黄菖蒲、海寿花、千屈菜组团，黄菖蒲、菖蒲、水烛、水葱、睡莲组团，水葱、海寿花、睡莲、再力花、野菱组团等。

（4）人工溪流的水生植物配置应用

在硬质池底上常铺设卵石或少量种植土，以供种植水生植物绿化水体；一般应选择株高较低的水生植物来与池的大小深浅相协调；量不宜过大，种植不宜过多，只起点缀作用。一般以水蜡烛、菖蒲、石菖蒲、海寿花等几株一丛点植于水缘石旁，清新秀气；对于完全硬质池底的人工溪流，水生植物的种植一般采用盆栽形式，将盆嵌入河床中，尽可能减少人工痕迹，体现水生植物的自然之美。

◇任务实施

1．器具与材料

（1）器具

皮尺、修枝剪、锄头、铁锹、铲、盛苗容器、运输工具、水桶等各类栽培工具等。

（2）材料

水生花卉苗木、尼龙绳、肥料等各类材料等。

2．任务流程

水生花卉栽培流程如图3-10所示。

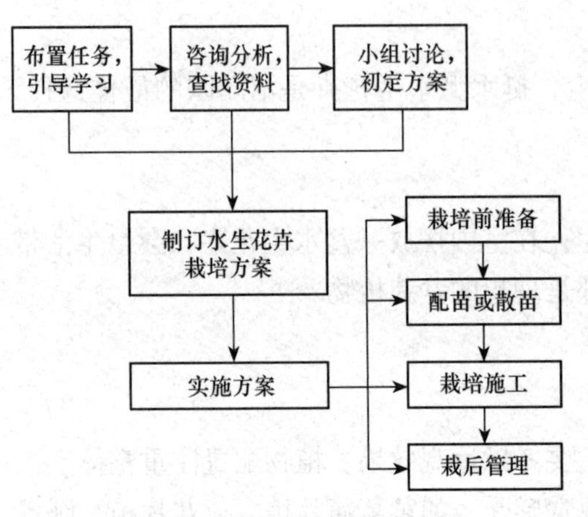

图3-10　水生花卉栽培流程图

3．操作步骤

（1）栽培时间

春季栽培和秋季栽培。

（2）栽培前准备（图3-11）

栽培水生花卉（如荷花、睡莲等）的容器，常有缸、盆、碗等。选择哪种容器，应视植株的大小而定（表3-10）。

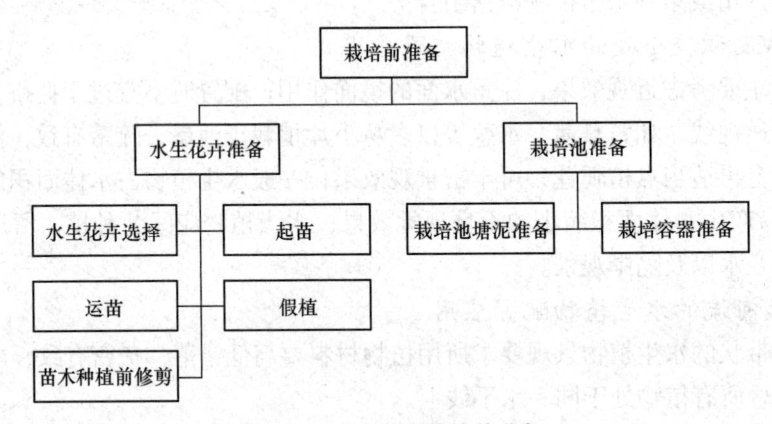

图3-11　水生花卉栽培前准备

表3-10　不同容器规格

容器种类	规格（cm）	植株大小	适用的水生花卉
缸或大盆	高60～65 口径60～70	植株大	荷花、纸莎草、水竹芋、香蒲等
中　盆	高25～30 口径30～35	植株较小	睡莲、埃及莎草、千屈菜、荷花中型品种等
碗或小盆	高15～18 口径25～28	一些较小或微型的植株	碗莲、小睡莲等

（3）栽培环境要求

栽培水生花卉的环境应具备丰富、肥沃的塘泥，并且要求土质黏重。盆栽水生花卉的土壤也必须是富含腐殖质的黏土。由于水生花卉一旦定植，追肥比较困难，因此需要在栽植前施足基肥。已栽过水生花卉的池塘一般已有腐殖质的沉积，视其肥沃程度确定施肥与否，新开挖的池塘必须在栽植前加入塘泥并施入大量的有机肥料。

（4）栽培方法

①面积较小的水池中水生花卉栽培技术　先将池内多余水分排出，使水位降至15cm左右，再按规划设计要求，用铲子在种植点挖穴，将选好的水生花卉苗直立放入穴中，用土盖好。

②较高水位湖塘中水生花卉的栽培技术

围堰填土法：冬末春初期间，大多数水生花卉尚处于休眠状态，雨水也少，此时可放干池水，按绿化设计要求，事先按种植水生花卉的种类及面积进行设计，再用砖砌起抬高种植穴后进行栽培，适用于栽培王莲、荷花、纸莎草、美人蕉等畏水深的水生花卉种类及品种。

抛植法：此法只适合于荷花的种植，当不具备围堰条件时，用编织袋将荷花数株秧苗装在一起，扎好后，加上镇压物（如砖、石等），抛入湖中。

③容器中水生花卉栽培技术　先将容器内盛泥土，至容器的3/5即可，要使土质疏松，可在泥中掺一些泥炭土，将水生花卉的秧苗植入容器中，再掩土灌水。有一些种类的水生花卉（如荷藕等）栽种时，要将其顶芽朝下成20°～25° 的斜角，放入靠容器的内壁，埋入泥中，并让藕秧的尾部露出泥外。像王莲、纸莎草、美人蕉等可用大缸、塑料筐填土种植。

4．考核评价（表3-11）

表3-11　水生花卉栽培考核评价表

<table>
<tr><td>模　块</td><td colspan="3">园林植物栽培</td><td>项　目</td><td colspan="2">草本园林植物栽培</td></tr>
<tr><td>任　务</td><td colspan="4">任务3.4　水生花卉栽培</td><td>学　时</td><td>2</td></tr>
<tr><td>评价类别</td><td>评价项目</td><td colspan="2">评价子项目</td><td>自我评价（20%）</td><td>小组评价（20%）</td><td>教师评价（60%）</td></tr>
<tr><td rowspan="8">过程性评价（60%）</td><td rowspan="6">专业能力（45%）</td><td colspan="2">方案制订能力（15%）</td><td></td><td></td><td></td></tr>
<tr><td rowspan="4">方案实施能力</td><td>定点放样（5%）</td><td></td><td></td><td></td></tr>
<tr><td>栽培前准备（7%）</td><td></td><td></td><td></td></tr>
<tr><td>栽培（10%）</td><td></td><td></td><td></td></tr>
<tr><td>栽培后管理（8%）</td><td></td><td></td><td></td></tr>
<tr><td colspan="2"></td><td></td><td></td><td></td></tr>
<tr><td rowspan="2">社会能力（15%）</td><td colspan="2">工作态度（7%）</td><td></td><td></td><td></td></tr>
<tr><td colspan="2">团队合作（8%）</td><td></td><td></td><td></td></tr>
<tr><td rowspan="3">结果评价（40%）</td><td colspan="3">方案科学性、可行性（15%）</td><td></td><td></td><td></td></tr>
<tr><td colspan="3">栽培的水生花卉的成活率（15%）</td><td></td><td></td><td></td></tr>
<tr><td colspan="3">水景景观效果（10%）</td><td></td><td></td><td></td></tr>
<tr><td colspan="4">评分合计</td><td></td><td></td><td></td></tr>
<tr><td colspan="2">班级：</td><td colspan="2">姓名：</td><td>第　　组</td><td colspan="2">总得分：</td></tr>
</table>

◇巩固训练

1．训练要求

（1）以小组为单位开展训练，组内同学要分工合作、相互配合、团队协作。

（2）技术方案应具有科学性和可行性。

（3）做到安全生产，操作程序符合要求。

2．训练内容

（1）结合当地小区绿化工程中水生花卉栽培任务，让学生以小组为单位，在咨询学习、小组讨论的基础上制订某公园水生花卉栽培技术方案。

（2）以小组为单位，依据技术方案进行水生花卉栽培施工训练。

3．可视成果

提供某公园水生花卉栽培技术方案；栽培成功的绿地。

◇任务小结

水生花卉栽培任务小结如图 3-12 所示。

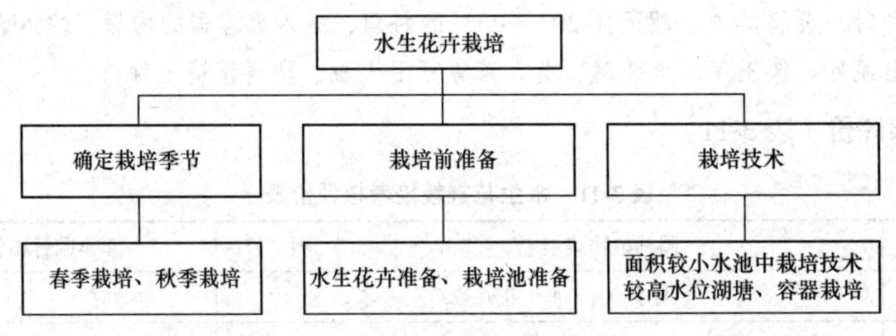

图 3-12 水生花卉栽培任务小结

◇思考与练习

1．填空题

（1）水生植物按其生态习性可分为________、________、________、________、________。

（2）水生花卉的基本功能为________、________、________、________、________。

（3）水生花卉的特点为________、________、________、排水系统发达、________、花粉传授有变异、________、________。

2．选择题

（1）挺水植物是指生于泥中，茎叶挺出水面，如（　　）。

A．荷花　　B．睡莲　　C．王莲　　D．浮萍

（2）沉水型植物指根茎生于泥中，整个植株沉入水中，具有发达的通气组织的植物如（　　）。

A．苦藻　　B．荇菜　　C．虾藻　　D．芡实

（3）水生美人蕉按生长习性划分，属于（　　）。

A．挺水型水生花卉　　B．沉水型水生花卉

C．水缘及喜湿型水生花卉　　D．漂浮型水生花卉

3．判断题（对的在括号内填“√”，错的在括号内填“×”）

（1）大多数水生花卉的种子干燥后即丧失发芽力，需在种子成熟后立即播种或贮于水中或湿处。（　　）

（2）浮水植物指根生于泥中，茎叶挺出水面，如荷花、千屈菜、水葱、香蒲等。（　　）

（3）沉水植物指根生于泥水中，茎叶全部沉于水中，仅在水浅时偶有露出水面，如莼菜、狸藻。（　　）

4．问答题

（1）水生花卉的栽培方法有哪些？

（2）简述容器栽培及湖塘栽培水生花卉的技术措施。

（3）你知道的水生花卉有哪些？哪些是适合本地区栽植的？

◇**自主学习资源库**

1．花卉生产技术．吴志华．中国林业出版社，2002．

2．球根花卉．义鸣放．中国农业大学出版社，2000．

3．园林植物栽培与养护管理．佘远国．机械工业出版社，2007．

4．中国花卉网：http://www.china-flower.com.

5．中国园林绿化网：http://www.yllh.com.cn.

任务3.5　草坪建植

◇**任务分析**

【任务描述】

草坪建植是园林植物地被栽植的重要组成部分。本任务学习以校内或校外实训基地及各类绿地中需要进行草坪建植的施工任务为载体，以学习小组为单位，先编制草坪建植技术方案，再完成一定面积的草坪建植施工任务。本任务宜在校内外实训基地或各类绿地中实施。

【任务目标】

（1）会熟练编制草坪建植的技术方案；

（2）会依据草坪建植技术方案完成草坪建植任务；

（3）能熟练并安全使用草坪建植用工具材料；

（4）能独立分析和解决实际问题，能吃苦耐劳、团结协作。

◇知识准备

3.5.1 草坪概述

3.5.1.1 草坪、草坪草的概念

①草坪　是指多年生低矮草本植物由天然形成或人工建植后经养护管理而形成的相对均匀、平整的草地植被。它包括草坪植物的地上部分以及根系和表土层构成的整体。它由人工建植并定期养护管理或由天然草地人工改造而成，以此区别于纯天然草地；它以低矮的多年生草本植物为主体相对均匀地覆盖地面，以此区别于其他园林地被植物；它为保护和美化环境或为人类提供休憩娱乐和体育活动等场地，以此区别于为动物提供饲料的牧草地。

②草坪草　凡是适于建植草坪的草本植物都可称为草坪草。一般认为草坪草起源于天然牧草，是经自然选择和人工筛选驯化而成的具有表面平整、矮生密集的植物景观特征的草本植物。目前国内自行生产与引进的草坪草种绝大部分是具有扩散生长特性的根茎型或匍匐型禾本科植物，其次是苔草，还有部分豆科植物，如白三叶或其他少部分草，如百里香等。

3.5.1.2 草坪分类

（1）按草本植物的组合分类

①单纯草坪　由一种草坪草种或品种建植的草坪。特点是高度均一，景观效果好。

②混和草坪　由多种草坪草种或品种建成的草坪。特点是成坪快、绿期长、寿命长。

③缀花草坪　在草坪上栽植少量草本花卉的草坪。花卉为多年生草本植物如萱草、鸢尾、石蒜等。

（2）按草坪的用途分类

①游憩草坪　可开放供人入内休息、散步、游戏等户外活动之用。一般选用叶细、韧性较大、较耐踩踏的草种。

②观赏草坪　不开放，不能入内游憩。一般选用颜色碧绿均一，绿色期较长，能耐炎热又能抗寒的草种。

③运动场草坪　根据不同体育项目的要求选用不同草种，有的要选用草叶细软的草种，有的要选用草叶坚韧的草种，有的要选用地下茎发达的草种。

④防护草坪　指坡地、水岸、公路等位置的草坪，起到固土护坡、防治水土流失的作用。

⑤环保草坪　选择具有抗污染、吸附净化能力的草种，缀以对污染物敏感具有指示性能的草种建植草坪，有监测和净化环境的作用。

⑥其他用途草坪　如飞机场、停车场的草坪。具有吸尘、吸收尾气、弱化噪音等作用。

（3）按与树木的组合分类

①空旷草坪　草坪上不栽植任何乔灌木。草坪一般地形平坦、开阔，主要用于体育活

动、游戏等场所，在空旷的草坪边缘布置高大树丛、树群或山体及建筑物等来突出草坪的开阔。多用于大型公园或风景区。

②稀树草坪　草坪上布置一些间距较大的单株乔木，树木的覆盖面积要达到草坪总面积的20%～30%，主要供游憩或观赏草坪。

③疏林草坪　草坪上布置一些孤植或丛植的乔木，树木覆盖面积为草坪总面积的30%～60%，适宜夏季供游赏休憩，也作观赏草坪。草坪草要选择耐阴性强的品种。

④林下草坪　草坪上栽植的树木覆盖面积在70%以上，用以观赏和防治水土流失，一般不允许游人进入，草坪草要选择极耐阴品种。

（4）按规划形式分类

①自然式草坪　自然式配置的绿地草坪为自然式草坪，多数游憩草坪、缀花草坪、疏林草坪、林下草坪等都采用自然式草坪。

②规则式草坪　规则式配置的绿地草坪为规则式草坪，一般足球场、飞机场、规则式公园、路边草坪多为规则式草坪。

3.5.1.3　常见草坪草种类

（1）常见禾本科草坪草（表3-12）

表3-12　常见禾本科草坪草

图示与名称	形态特点	适用性	繁殖方法	用途
狗牙根（狗牙根属）*Cynodon dactylon*	多年生草本，具根茎和匍匐茎。叶片线条形，长1～12cm，宽1～3mm，先端渐尖，通常两面无毛。穗状花序，小穗灰绿色或带紫色	适于世界各温暖潮湿和温暖半干旱地区，极耐热抗旱，但不抗寒也不耐阴。适于生长在排水较好、肥沃、较细的土壤上，要求土壤pH为5.5～7.5。狗牙根较耐淹，水淹下生长变慢；耐盐性也较好	主要通过短枝、草皮来建坪。是唯一的可用种子来建坪的狗牙根	适宜建植运动场草坪
日本结缕草（结缕草属）*Zoysia japonica*	多年生草坪草，具横走根茎和匍匐枝，须根细弱。叶片扁平或稍内卷，长2.5～5.0cm，宽2～4mm，表面疏生白色柔毛，背面近无毛。总状花序呈穗状，小穗柄通常弯曲；小穗卵形黄绿色或带紫褐色	结缕草比其他暖季型草坪草耐寒。它最适合于温暖潮湿地区，耐阴性很好。适应的土壤范围很广，耐盐。最适于生长在排水好、较细、肥沃、pH为6～7的土壤上	可靠短枝、草皮建坪。种子外具蜡质层，播种前需对种子进行处理	广泛用于庭园草坪、操场、运动场和高尔夫球场、发球台、球道及机场等使用强度大的地方

（续）

图示与名称	形态特点	适用性	繁殖方法	用途
草地早熟禾（早熟禾属）*Poa pratensis*	多年生草本，具细长根状茎，多分枝。叶片V形偏扁平，宽2～4mm，柔软。圆锥花序开展，长13～20cm，分枝下部裸露	抗寒性、秋季保绿性和春季返青性能较好，在遮阴程度较强时会生长不良。喜潮湿、排水良好、肥沃、pH为6～7中等质地的土壤。不耐酸碱，但能忍受潮湿、中等水淹的土壤条件和含磷很高的土壤	可以通过根茎来繁殖，但主要还是种子直播建坪	可用作绿地、公园、墓地、公共场所、高尔夫球场等
高羊茅（羊茅属）*Festuca elata*	多年生丛生型草本。叶片扁平，坚硬，宽5～10mm，叶脉不鲜明，但光滑，有小突起，中脉明显，顶端渐尖，边缘粗糙透明。花序为圆锥花序，披针形至卵圆形；花序轴和分枝粗糙	适宜于寒冷潮湿和温暖潮湿的过渡地带生长。对高温有一定的抵抗能力，是最耐旱和最耐践踏的冷季型草坪草之一。在土壤肥沃、潮湿、富含有机质的细壤中生长最好。pH的适应范围是4.7～8.5，高羊茅更耐盐碱，可忍受较长时间的水淹	一般采用种子直播建坪，建坪速度较快，对于冬季有冻害的地区，春播比秋播好	一般用作运动场、路旁、机场以及其他中、低质量的草坪
紫羊茅（羊茅属）*Festuca rubra*	多年生草本，具横走根茎。茎秆基部斜升或膝曲，红色或紫色。分蘖的叶鞘闭合；叶片光滑柔软，对折或内卷，宽1.5～2.0mm；圆锥花序，紧缩，成熟时紫红色	抗低温的能力较强，耐阴性比大多数冷季型草坪草强。紫羊茅需水量要比其他草少，耐践踏性中等。它能很好地适应于干旱、pH为5.5～6.5的沙壤，不能在水渍地或盐碱地上生长	种子直播建坪，再生性较强	它广泛用于公园、墓地、广场、高尔夫球道、高草区、路旁、机场和其他一般用途的草坪
多年生黑麦草（黑麦草属）*Lolium perenne*	多年生丛生型草本。叶片质软，扁平，长9～20cm，宽3～6mm，上表面被微毛，下表面平滑，边缘粗糙。扁穗状花序直立，微弯曲，小穗无芒	抗寒性不及草地早熟禾，抗热性不及结缕草。它最适生长于冬季温和，夏季凉爽潮湿的寒冷潮湿地区，耐部分遮阴，较耐践踏。适合中性偏酸、含肥较多的土壤	种子直播建坪，发芽率高，建坪快	可用于庭院、公园、墓地、高尔夫场球道、高草区、公路旁、机场和其他公用草坪。还可用作快速建坪及暖季型草坪冬季覆播的材料

（续）

图示与名称	形态特点	适用性	繁殖方法	用途
匍匐剪股颖（剪股颖属）*Agrostis stolonifera*	多年生草本，具长的匍匐枝，直立茎基部膝曲或平卧。叶片线形，扁平，长7～9cm，宽达5mm，干后边缘内卷，边缘和脉上微粗糙。圆锥花序开展，小穗暗紫色	是最抗寒的冷地型草坪草之一。能够忍受部分遮阴，但在光照充足时生长最好。耐践踏性中等。最适宜于肥沃、中等酸度、保水力好的细壤中生长，最适的土壤pH为5.5～6.5。抗盐性和耐淹性比一般冷季型草坪草好	可以通过匍匐茎繁殖建坪，也可用种子直播建坪	低修剪时，匍匐剪股颖能产生最美丽、细致的草坪，可用于高尔夫球道、发球区和果领等高质量、高强度管理的的草坪，也可作为观赏草坪
无芒雀麦（雀麦属）*Bromus inermis*	多年生，具短横走根状茎。秆直立，高50～100cm。叶片披针形，向上渐尖，质地较硬，长5～25cm，宽5～10mm，通常无毛。圆锥花序开展，长10～20cm。花期7～8月，果期8～9月	喜冷凉干燥的气候，适应性强，耐干旱，耐寒冷能力很强，在 -30℃低温下仍能顺利越冬。耐贫瘠，耐高温能力稍差。耐碱能力强，在pH7.5~8.2的碱性土壤上仍能生长。它的耐践踏能力强，也较耐潮湿	一般为种子繁殖，有时也用根茎繁殖	无芒雀麦由于粗质、植株密度小，可作为绿化和水土保持和管理粗放的草坪

（2）常见非禾本科草坪草（表3-13）

表3-13　常见非禾本科草坪草

图示与名称	形态特点	适用性	繁殖要点	用途
白三叶（豆科车轴草属）*Trifolium repens*	多年生草本，茎匍匐。掌状复叶，叶互生，三出复叶，小叶宽椭圆形至近倒心脏形，边缘具钢锯齿；小叶无柄或极短；叶面具“V”字形斑纹或无。头状花序，白色。荚果长圆形，种子肾形，黄色或棕色	喜温暖湿润的气候，不耐干旱和长期积水，耐热、耐寒性强。在部分遮阴的条件下生长良好，对土壤要求不严，耐贫瘠，耐酸，最适排水良好、富含钙质及腐殖质的黏质土壤，不耐盐碱	主要为种子繁殖，春秋均可播种	管理简便粗放，繁殖快，造价低，可栽种在公园、道路两侧、机关单位、居住区等地的林荫下
马蹄金（旋花科马蹄金属）*Dichondra repens*	多年生草本。植株低矮，茎纤细，匍匐，被白色柔毛，节上生不定根。单叶互生，叶小，全缘，圆形或肾形，形似马蹄；叶柄细长，被白毛。花单生于叶腋，黄色，花冠钟状。蒴果近球形	喜温暖潮湿的气候环境，不耐寒，抗旱性一般，耐阴性强，不耐紧实潮湿的土壤，不耐碱；具有匍匐茎，可形成致密的草皮，生长有侵占性，具一定的耐践踏性；耐潮湿土壤	主要采用匍匐茎繁殖	适宜作多种草坪

（续）

图示与名称	形态特点	适用性	繁殖要点	用途
垂盆草（景天科景天属）*Sedum sarmentosum*	多年生肉质草本。不育枝细弱，匍匐，节上生根；茎平卧或上部直立，匍匐状延伸。叶为三叶轮生，倒披针形至长圆形，长15～25cm，宽3～6mm。花序聚伞状，顶生，花瓣5，淡黄色或黄色。花期5～6月，果期7～8月	喜温暖湿润的气候条件，耐干旱，耐高温，抗寒性强，耐湿、耐阴，更耐瘠薄，能生长在山坡岩石缝隙之间，绿期长。无病虫害，可粗放管理	可采用种子繁殖，也可采用枝条扦插、分株或压条法，极易成活	适用于环境条件相对恶劣且粗放型管理的屋顶绿化，是一种价值很高的植物材料
小冠花（豆科小冠花属）*Coronilla varia*	多年生草本，茎柔软，中空，外有棱条，半匍匐生长，自然株丛高60～70cm。奇数羽状复叶，小叶长圆形或倒卵状长圆形，全缘，光滑无毛。伞形花序，腋生，花冠蝶形，初为粉红色，以后变为紫色	抗旱、耐寒，不适宜潮湿水渍土壤。抗寒性强，较耐热，但耐湿性差，在排水不良的水渍地，根系容易腐烂死亡。对土壤要求不严，土壤含盐量不超过0.5%，幼苗均能生长	可用种子繁殖，也可用根蘖和茎插法繁殖	可作水土保持植物，又可作美化庭院净化环境的观赏植物
紫苜蓿（豆科苜蓿属）*Medicago sativa*	多年生草本，高30～100cm。茎四棱形，无毛或微被柔毛。羽状三出复叶；托叶大，卵状披针形，小叶长卵形，倒长卵形至线状卵形，仅上部叶缘有锯齿，中下部全缘，下面有白色柔毛。总状或头状花序，腋生，花冠蓝紫色或紫色。荚果螺旋形，有疏毛	耐寒性强，抗旱力很强。对土壤要求不严格，砂土、黏土均可生长，但以深厚疏松、富含钙质的土壤最为适宜。喜中性或微碱性土壤，在含盐量0.3%的土壤上能良好生长。不耐积水	种子繁殖	可作为水土保持植物，也可作观赏植物

3.5.2 草坪生长发育规律

（1）幼苗期（从播种到幼草坪的形成）

①播种建植的草坪　种子播种入土，萌发，扎根长叶，形成幼苗。此时，每株幼苗各不相干。当幼苗开始伸展第三片绿叶时，第一个分枝于第一片绿叶之叶鞘内同伸。当幼苗伸展第四片绿叶时，第二个分枝于第二片绿叶之叶鞘内同伸；已伸展的第一分枝的第一片绿叶也同伸。随着分枝的伸展，各节不定根相继发生，节上的芽也相继萌发成再次的分枝。于是分枝、生根、再分枝、再生根，经过相当时间的生长发育，枝枝根根相交，错综复杂。可以用俯视法确定：人立于草坪之上，低头俯视，株与株的界限依稀可辨或不可辨，草坪的盖度约为2/3时，已经成为有待剪压成形的幼草坪。

②营养繁殖建植的草坪　例如，以茎、枝切段为“种子”播种，在播种之后，切段的

节上首先长出“种根”。之后休眠芽萌发或活动芽继续生长，成为一株“苗”。由于“切段”的存在，往往已是二三株、三四株苗联成一气。待到这些“苗”的“苗根”扎入土壤，进而幼苗生长，叶、枝同伸，枝根相继不断地生长发育，终于形成了幼草坪。一般说来，与播种相比，两者播种密度相仿，用营养繁殖建植的草坪甚至略低，但形成幼草坪的时间可以提前。提前的程度，视草种与播种的季节和播种地的条件而异。

（2）过渡期（经剪、压成型，过渡至成熟草坪）

从幼草坪过渡到成熟草坪，关键在于相当时间内，持续而大量地发生分枝和不定根，使幼草坪在形态和结构上发生质的变化，成为草坪。

“网络层”的形成与生长发育：枝与不定根持续大量发生，自地表至表土层内枝、根经过反复交织，终于形成网络状结构，特称“网络层”。网络层形成后，枝、根继续反复交织，使其交织的密度和厚度逐渐加大，强度与日俱增。

“植绒层”的形成与生长发育：在网络层形成与发育的同时，随着分蘖、直立枝、生殖枝的不断发生、生育，在草坪的地表上，单位面积内枝/蘖、叶的数量不断增加；伴随密度增加，株与株的界限日趋模糊直至无法分辨。叶密生于枝，枝簇生于构成网络层的茎、枝节上，仿佛是网络层上植入的绒毛一样，故称这一层为植绒层。

草坪草的不定根主要发生于枝的节上，所以在生长正常的草坪上，只要能调控好营养生长与生殖生长之间的关系，就能促进分枝、分蘖和不定根在相当长时间内，持续而大量地发生。当幼草坪形成后，滚压和修剪会促进草坪草不定根的萌发生长及茎节的分枝分蘖，可加速草坪成形，由幼草坪过渡为成熟草坪。

草坪盖度达到95%以上即为成熟草坪。达到成熟草坪后作为草皮移栽时就能起切成块不散开。

（3）成熟期（旺盛生长，自然更新）

成熟草坪也称“定植草坪”。草坪一旦成熟，交付使用，既受自然规律的影响，又受人们使用和管理的影响，事实上成熟草坪总是在双重影响下生长发育。

成熟草坪的生育特点可归纳为，一是在人为影响下，有规律地通过修剪对高度部分更新；二是在自然规律支配下的部分更新；三是无规律的部分更新，其强度需视自然灾害与人为损害的程度而定，一般处于从属地位，也可能占据主要地位，甚至具有毁灭性。在草坪年复一年的部分更新过程中，若新生部分与衰亡部分持平，则草坪能维持现状；若新生部分略优于衰亡部分，则草坪将优于现状；若新生部分过分优于衰亡部分，则草坪疯长；若新生部分弱于衰亡部分，则草坪将步入衰退。因此，为了维持和提高草坪的质量和寿命，在栽培养护中，应使该衰亡的部分衰亡，该新生的部分新生，新生的部分略优于衰亡的部分，整个更新的过程呈现一种平稳向上的态势，草坪应是稳中求荣，避免大起大落。

（4）衰退期（草坪衰退与退化草坪）

经过一定使用年限的草坪，尤其是主要建坪草种长势下降，新生部分少于衰亡部分，盖度降低，竞争力衰退，杂草滋生，也就是说草坪草栽培群落已进入恶性演替，草坪的组分草种已明显处于改变过程即草坪进入衰退期。草坪衰退的结果为形成一块不利于使用的退化草坪。

退化草坪也可以用俯视法确定。当建坪草种的盖度接近或下降到80%，株与株间界限又再次出现时，已不利于使用，可以视为退化草坪。

草坪衰退的原因是多种多样的，天灾人祸属于外在因素，建坪草种的寿命限制是内在因素。若草种寿限尚有，在使用中，养护管理尚属正常，则逐年积累，也会出现草坪衰退。导致草坪衰退的起因多为土壤日益板实，土壤肥力不足等诸因素，首先是水、气，由协调转为矛盾，土壤肥力下降，进而使得草坪草根系更新能力衰退，吸收、固着、合成等机能相伴下降。一旦根尖数目和长势已不能维持原有水平，地上部分也会反映出长势下降的趋势。如果这种情况得不到改善，每况愈下，草坪就衰退下去，终于成为退化草坪。因而，需要加强预防衰退的意识，将其贯彻于日常的养护管理之中。已退化的草坪，则需复壮，否则退化草坪终将衰亡，需要更新。

3.5.3 草坪在园林绿化中的应用

草坪具有美化环境、净化空气、保持水土、提供户外活动和体育运动场所等功能，尤其是它的覆盖功能，草坪草种根系发达，分布在0~30cm的土壤中，对固着土壤，防止风蚀、水蚀效果十分明显，所以草坪在园林绿化中应用广泛。

（1）公园

作为城市绿地系统中集中面积最大、功能设施最全、游人容量最多、服务半径最大的综合性绿地，人们对其景观要求也是最高的。创造优美环境、开辟多种类型景观是公园的突出特点。在公园建设中，无论是从功能分区上，还是从景观构成上来看，都适宜建植一定面积的草坪，但一定要掌握好度，勿使公园只有一块单调的草坪。

（2）广场绿地

一般位于道路交叉口处，主要起扩展城市空间、完善城市形象的作用。所以在环境设计时，应以开旷、简洁、明快的景观为主，采用"乔木+矮生灌木/草花+草坪"的植物组合。乔木在遮阴和绿色空间的形成上起骨架作用；矮生灌木和草花姿态优美、颜色鲜艳、季相变化丰富，是绿地的点睛之笔。草坪位于绿地平面有利于保持视线的通透和景观的统一。

（3）居住区绿地

居住区绿地是城市绿地的重要组成部分，因其与居民日常生活联系密切而越来越受到人们的关注。居住区绿地多由楼间绿地和中心花园绿地组成，绿地的分散与独立为居住区创造风格多样、类型丰富的绿色景观创造了有利条件。根据居民区内居民楼外型统一、数量众多的特点，利用植物材料的不同组合形成不同的景观来辨别方向更是对绿地功能的拓展。草坪既可为独立景观，也与其他植物配置造景。

（4）道路绿地

作为贯穿城市的绿色生命线和市民日常生活、学习、工作的必经之路，道路绿化无论是在城市形象的塑造上，还是在保持城市绿地系统的完整性上都有着不可替代的重要作用。在路网密度日渐增加的趋势下，如何充分利用好道路绿化，提高城市绿地率值得我们重视。在道路绿化中，应根据每条道路的性质、方位、街区特点等方面的差异，尽力做到"一路一树，一街一景”，不可将所有道路都建成“行道树＋草坪”的绿化模式，否则既浪费了宝贵的城市土地资源，又不利于城市形象的完善和环境质量的提高。

◇任务实施

1．器具与材料

（1）器具

播种机、台秤、铁锹、耙子、滚筒、锄头、刮板、水管、喷头等。

（2）材料

各种草坪草种子、草皮、无纺布、肥料、消毒剂、除草剂等。

2．任务流程

草坪建植任务流程如图3-13所示。

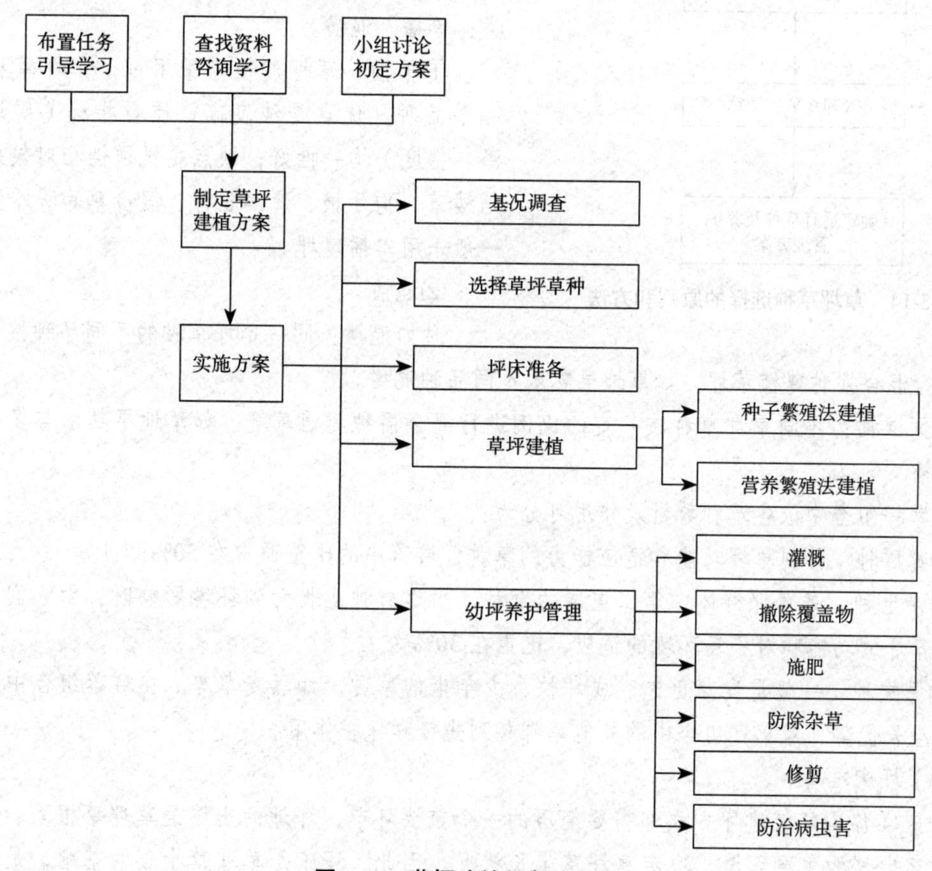

图3-13 草坪建植任务流程图

3．操作步骤

（1）基况调查

主要内容包括地形、土壤、水源、交通、能源、原有植被、景观；当地气候、周边环境、社会环境和环境保护。调查方法主要采用现场实地观察记录，必要的测定和历史资料的收集等。

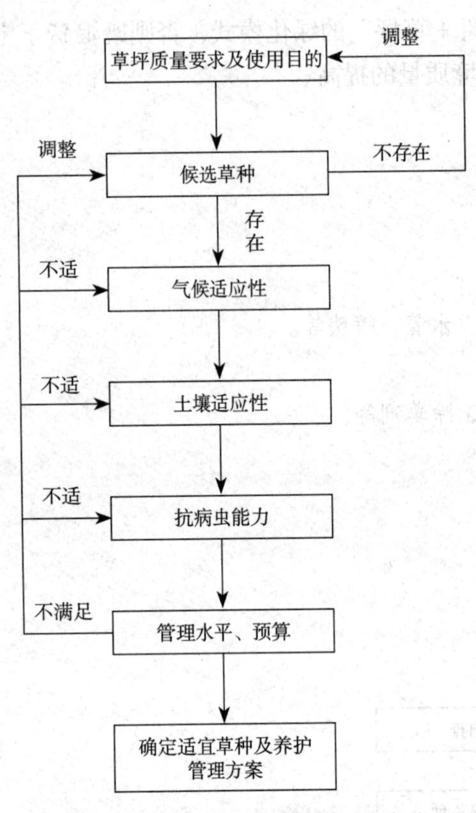

图 3-14　草坪草种选择的原则和方法

（2）选择草坪草种

草坪草种选择的依据：选择草种应考虑对草坪质量的要求和可提供的养护水平，密度、质地、色泽是审美考虑的基本项目，但重要的是要考虑所选择的草种是否适应当地的环境条件，要根据所处的地理环境、土壤条件、使用目的、草坪草的特性及资金等条件来选择。

草坪草种的选择原则：抗病虫害性能强，抗逆性强，耐践踏，再生性强，对当地的气候、土壤等条件适应性强，易于养护管理。草坪草种选择的原则和方法如图 3-14 所示。

草坪草种的组合：建植草坪的草种组合分为两类：单播、混播。

①单播　草坪建植只采用一个草坪草种中的一个品种。优点是纯度高，质量指标（质地、色泽、密度）均一性好；缺点是抗逆性相对较差。如结缕草、狗牙根、海滨雀稗、假俭草等暖季型草坪一般采用单播建坪。

②混播

种内混播：同一草坪草种的不同品种按一定的比例进行混合播种建植草坪。如草地早熟禾不同品种混播。

种间混播：不同草坪草种按一定的比例进行混合播种建植草坪。如草地早熟禾与多年生黑麦草混播。

在草坪组合中依各草种数量及作用可分为：

①建群种　体现草坪功能和适应能力的草种，群落中的比重通常在 50% 以上。

②伴生种　是草坪群体中第二重要的草种，当建群种生长受到环境影响时，由它们来维持和体现草坪的功能和对不良环境的适应，比重在 30% 左右。

③保护种　一般是发芽迅速、成坪快、少年生的草种，如黑麦草等。在群落组合中充分发挥先期生长优势，对草坪组合中的其他草种起到先锋和保护作用。

（3）坪床准备

坪床准备是任何建坪方式都需要经历的一个重要环节，坪地的土壤是草坪草根系、根状茎和匍匐茎生长的主要环境，决定草坪草生长状况。因此，坪床是草坪草生长的基础，是成功建植草坪的前提条件，坪床准备的情况将直接影响草坪建植质量。

①坪床的清理　是指在建坪场地内有计划地清除和减少障碍物的作业。例如，在长满树木的场所，应完全或选择性地伐去树木或灌木；清除不利于操作及草坪草生长的石头、瓦砾；杀灭和清除杂草；进行必要的挖方和填方等。

②翻耕、耙地

翻耕：是指利用人力或犁将土壤进行翻转的作业，它包括在大面积的坪床上进行犁地、圆盘耙耕作和耙地等连续操作，翻耕的深度一般不少于15～30cm。耕地的目的在于改善土壤的通透性，提高持水能力，减少根系扎入土壤的阻力，增强土壤抗侵蚀、耐践踏的表面稳定性。土壤耕作应在适当的土壤湿度下进行，即在用手可把土握成团，抛到地面可散开时进行。翻耕作业最好是在秋季进行，因为这样可使翻转的土壤在较长的冷冻作用下碎裂，同时还有利于有机质的分解。耕作时必须有目的地破除紧实的土层，在小面积坪床上可进行多次翻耕以松土，大面积坪床则可使用特殊的松土机进行松土。

耙地：是指使表土形成颗粒和平滑床面，为种植作准备的作业。对坪床进行粗整平及进一步清除坪床中杂物，十字交叉进行耙耱，但最终的落点都要落到排水的地方。耙耱工具主要有圆盘耙、钉齿耙等。耙地作业的质量高低，将影响草坪的质量与管理。

③安装排灌系统　灌溉与排水，对任何一块草坪，任何一种草坪草都是重要的。它们是维持土壤肥力，调节小气候的关键，而且是环境保护和改良的重要一环。灌溉和排水，贯穿于草坪建植和养护管理的全过程。灌、排系统的配置应在地形整理结束之后、坪床整平之前进行，一个良好的灌、排系统是合理应用和保护水资源的基础。对配置灌溉、排水系统作定量计算时，可以当地8～10年降水资料与水文资料为依据。

④土壤改良与消毒　理想的草坪土壤应是土层深厚、排水良好、pH在6～8之间、结构适中的土壤。但是，建坪的土壤并非完全具有这些特性，因此必须对土壤进行改良。土壤改良具体包括土壤质地改良、土壤酸碱的调节、土壤通透性的改善等内容。土壤改良的程度将随建植草坪场地的基础条件不同而异，但是总目标是使土壤形成团粒结构，并在长时间内仍然保持其良好性能。

坪床土壤改良分为完全改良和部分改良两种方法。完全改良是将耕层内的原土用客土全部更换，换土厚度不少于20～30cm，为保证回填土的有效厚度，通常应增加20%的沉降余量；部分改良是在原有土壤内掺入改良材料，以改善床土结构，例如，把沙子掺入黏土中以改善通气排水性，掺入富含有机质的土壤以改善黏土和砂土的结构和肥力等。因此，可以通过在土壤中加入改良剂，来调节土壤的通透性及保水、保肥的能力。大部分的草坪草在偏酸（pH＜5.5）或偏碱（pH＞8.0）的土壤环境中会生长不良，因此，必须对偏酸或偏碱的土壤进行改良。

土壤消毒就是将农药施入土中，杀灭土壤中病菌、害虫、杂草种子、线虫等的过程。主要采用熏蒸法，即利用土壤消毒机将熏蒸剂施入土壤中，土壤表面盖上薄膜等覆盖物，在密闭或半密闭中使有毒气体在土壤中扩散，杀死病菌和虫卵。土壤熏蒸后，待药剂充分散发后才能播种，否则会产生药害。通常使用的熏蒸剂有溴甲烷、棉隆、威百亩等。此外，也可将多菌灵、呋喃丹等药剂施入土壤中与坪床整地结合起来，起到杀菌、杀虫作用。

⑤施基肥　要想得到高质量的草坪，通常需覆20cm左右厚的富含腐殖质的土，基肥应该以有机肥为主。草坪草从土壤中吸收的三大营养元素N、P、K分别来自磷酸盐、钾盐、硝酸盐等。三大营养元素是草坪植物生长良好的重要保证，其中缺乏任何一种元素，草坪草的正常

生长都会受阻。通过土壤肥力的测定，可确定土壤中所缺的营养元素。在肥料中，磷肥有助于草坪草根系的生长发育；钾肥有助草坪草越冬；氮肥能促进草坪草生长，叶色浓绿，生长茂盛。这 3 种元素可做成混合肥或复合肥，高磷、高钾、低氮的复合肥可作基肥使用，例如，每平方米草坪在建坪前可施含 5～10g 硫酸铵、30g 过磷酸钙、15g 硫酸钾的混合肥作基肥；若是在春季播种建坪可加大氮肥量。

⑥平整坪地　在建坪之初，应按草坪对地形的要求进行整理，若为自然式草坪则应有适度的起伏，规则式草坪则要求平整。平整坪地是平滑地表、提供理想苗床的作业。平整时有的地方要挖方，有的地方要填方，因此在作业前应对需平整的地块进行必要的测量和筹划，确保熟土布于床面。坪床的平整通常分粗平整和细平整两类。

粗平整：是床面的等高处理，通常是挖掉突起部分和填平低洼部分。作业时应把标桩固定于相同的坡度水平之间，整个坪床应设一个理想的水平面。填方应考虑填土的沉降问题，细质土沉降系数在 15％左右（每米下降 12～15cm），填方较深的地方除加大填土量外，还需要采取镇压、灌溉措施加速沉降。草坪表面排水适宜的坡度一般为 5％～2％，在建筑物附近，坡向是离开房屋的方向；运动场则应是隆起的，呈龟背式，排水坡度一般控制在 1.5% 左右，以便从场地中心向四周排水；高尔夫球场草坪，发球台和球道则应在一个或多个方向上向障碍区倾斜；在坡度较大而又无法改变的地段，还应在适当的部位建造挡水墙。

细平整：是平滑地表，为种植做准备的操作。对于小面积坪床，人工平整是理想的方法，用绳子拉一个钢垫也是细平整的方法之一；大面积平整则需借助专用设备。细平整应在播种前进行，以防止表土的板结，同时应注意土壤的湿度。

坪床镇压：是坚实床土表层的作业。平地时除应检查坡度是否符合要求，坪面是否平整外，还需要进行适度镇压，通常可用磙（重 100～150kg）或耕作镇压器镇压坪床。镇压应在土湿度适宜（土在手中可捏成团，落地散开）的条件下进行。镇压应以垂直方向交叉进行，直到床面几乎看不见脚印或脚印深度小于 0.5m 为止。翻松的坪床上压实 2.5～5.0cm 属正常现象。

（4）草坪建植

草坪建植方式分为两大类：种子繁殖法建植草坪、营养繁殖法建植草坪。种子繁殖法建植草坪又分种子直播法建植草坪、喷播法建植草坪、植生带法建植草坪、无土建植草坪。营养繁殖法建植又分为铺植、草塞植、蔓植（播茎法）、点植（分株法）。

①种子直播法建植草坪　种子直播法建植草坪采用单播和混播两种方式。

播种时间：确定播种日期主要考虑当地播种时的温度和播后 2～3 个月内的温度状况和天气情况。冷季型草坪草发芽的适宜温度为 15～26℃，暖季型草坪草的发芽适宜温度为 20～35℃，所以北方冷季型草适宜的播种时间是初春和夏末初秋，暖季型草最好是在春末和夏初之间播种。南方草坪进行覆播都在冬季进行。

播种量的确定：以足够数量的活种子确保单位面积幼苗的额定株数为原则，理论上每平方厘米有 1～2 株存活苗，即每平方米出苗应在 1～2 万株。播种前应对种子作一个发芽试验以检验种子的优劣和发芽率。一般在草坪建植的立地条件较差，或者播种时气温不太合适，或者种子的发芽率偏低，或者要求成坪时间加快，或者水分管理条件差时可以适当加大播种量。

$$播种量（g/m^2）= \frac{每平方米留苗数 \times 千粒重（g）}{1000 \times 种子纯度 \times 发芽率}$$

以上是理论播种量，实际操作中，要加大约 20% 的耗损。

混播播种量的计算方法为：先计算出混播品种各自单播的播种量，然后按混播种子各自的混播比例，计算出各草种的需播量。

适当的播种量可确保在单位面积上保存有适合的幼苗数。播种量低，会降低成坪速度，造成杂草侵袭，严重影响成坪，或增加苗期管理费用。播种量过大会增加成本并因单位面积植株过多而造成病害蔓延。

常用草坪草种的千粒重、播种时间及播种量等应符合表 3-14 至表 3-16 的规定。

表 3-14 常见草种千粒重

草 种	千粒重	草 种	千粒重
匍匐剪股颖	0.07～0.10	草地早熟禾	0.30～0.40
高羊茅	2.20～3.00	多年生黑麦草	1.90～2.50
紫羊茅	1.00～1.20	结缕草	0.50～0.70

表 3-15 草坪草及其播种时间

种 类		生长适温（℃）	适用区域	生长高峰期	休眠期	绿 期	耐寒性	耐热性	长江流域适宜播种时间
冷季型草坪草	高羊茅								
	黑麦草		东北						
	早熟禾	15～25	华北	春、秋两季	夏季	长	好	差	3～5 月、9～11 月
	剪股颖		西北						
	白三叶		云贵高原						
暖季型草坪草	结缕草								
	狗牙根								
	百喜草	26～35	长江以南的广大地区	夏季	冬季	短	差	好	4～9 月
	画眉草								
	马蹄金								

表 3-16　建议播种量表

种　类		正常播种量（g/m^2）	密度加大（g/m^2）	发芽天数（d）	发芽适温（℃）
暖季型	脱壳狗牙根	5～8	10	5～10	20～35
	未脱壳狗牙根	9～12	15	7～12	
	结缕草	10～15	20	10～15	
	百喜草	5	8～10	8～21	
	马蹄金	8	15	10～15	
	画眉草	7	11	5～8	
冷季型	剪股颖	5～7	10	4～7	15～26
	高羊茅	25～35	40	4～7	
	多年生黑麦草	25～35	40	3～5	
	一年生黑麦草	25～35	40	3～5	
	白三叶	5～8	10	3～5	
	红三叶	7～10	12	4～6	
	早熟禾	7～10	15	6～16	
	紫苜蓿	3～5	8	4～7	

播种深度：播种深度取决于种子大小。草坪草种子细小，萌发的幼苗也较纤细，为了保证出苗的整齐应当浅播。

播种方法：交叉播种。即将地块分成若干小区，按每部分的面积称出所需的种子重量，在每个小区中，从上到下播一半种子，再从左到右播另一半种子，保证播种均匀。如果混播的种子大小不一致，则分开种类进行播种。

播种方式：播种机撒播、人工撒播。

覆土：播后覆浅土，以刚好不露出种子为宜。可用人工撒土或用平耙将种子混入表层土壤。

滚压：覆土后要用磙子等进行滚压使种子与土壤紧密接触以利于种子萌发。

覆盖：用无纺布、泥炭或稻草秸秆覆盖保湿。覆盖是为了减少土壤和种子冲蚀，保持土壤水分，为种子发芽和幼苗生长提供一个良好的微环境条件，采用覆盖会加快出苗和提高出苗的整齐度。

浇水：覆盖以后每天以喷雾状浇水保湿一直到出苗，在气温较高、蒸发量较大的季节，要保证水分的供应，大雨来临需防积水。如果没有覆盖无纺布导致大雨将种子冲走，应及时补种。

②草皮铺植法建植草坪

铺植前：在铺植前 2~3d，坪床应先浇足底水，待坪床可以踩踏且不会陷入时将草皮卷运进坪床。

铺植：采用密铺法，铺植需借用硬质铺装的排版工序（铺植规则型区域应从中轴线向两侧铺植；铺植不规则区域应选择由内向主入口方向铺植，便于草坪运送和及时浇水）。草皮接缝处必须密实，相邻草块间应尽量错开，铺后草坪用 200～300kg 的滚筒压平，小面积草坪宜采用“T”字形镇板拍平，使草皮与面层土壤紧密接触；压平后建议在草坪表层增覆种植砂（2～3mm）并浇透水。坡地铺装草皮应用桩钉加以固定。

注意事项：草皮卷应尽早起运及早铺植；远距离采购草皮卷应下午 4 点或傍晚起装，夜间运输，清晨铺植效果最好；铺植时，相邻草坪间留 1~2cm 间隙，便于水分下渗；铺植后要立即浇水，待稍干后用滚筒反复重压。

③分株栽植法建植草坪　将圃地草坪铲起后，将草块根部切、撕成 2～3cm² 大小的草块，按一定的距离，如株距 10cm、行距 12cm、或株距 10cm、行距 15cm，均匀条栽或穴栽于场地。要求整地深度 35cm，开沟深度 5～10cm。路旁绿化开沟方向应与主道平行，排水不畅时可与主道垂直。一般 1m² 母草可栽植 4m²。栽后应踏实，浇透水。

草种匍匐性强，分蘖好，场地土质好，管理水平高的场地，1m² 可分栽成 6～8m²。

营养繁殖要注意随起、随运、随栽，根带的土越多成活率越高，但运距长时会增加运费，应综合考虑。

（5）幼坪的养护管理

①灌溉　新建植的草坪应马上浇水，特别是营养繁殖的草坪必须在 12h 内浇一遍透水，以后保持土壤湿润，直到种子建植的草坪草萌芽，营养繁殖建植的草坪草成活为止，之后逐渐减少灌水次数。

种子建植的草坪一般采用喷灌强度较小的喷灌系统，以雾状喷灌为好，避免大水灌溉。灌水时灌水速度不应超过土壤有效的吸水速度，播种子建植的草坪灌水应浸润到土壤 2.5～5 cm 深度为宜，营养繁殖的草坪灌水到土壤 10～15cm 深度的草坪根系分布层为宜，避免土壤过涝，特别是种子建植的草坪床面不可产生积水。种子建植的草坪在炎热干旱期每天灌溉 3～4 次，至少三周内要经常浇水，大雨来临需防积水，如果没有覆盖物导致大雨将种子冲走，应及时补种。

②撤除覆盖物　在种子萌发出苗后应拿掉覆盖物，以防止遮阴，一般在晴天的傍晚进行。

无纺布：幼苗即将冲出无纺布时撤除。如草地早熟禾播种后 20d，多年生黑麦草 7～10d，高羊茅 15d。

草帘：50% 种子出苗时开始撤除，幼苗长到 2cm 时全部撤除。

秸秆：一点一点撤除，50%～60% 出苗时开始撤除，每次撤除 1/3。

③施肥　在土壤改良过程中若施足基肥，则幼坪一般不必再施肥；若基肥不足，当幼苗长至 2～3 片小叶时，叶色表现为淡绿色或黄绿色，应少量追肥。

施肥总原则：均匀、少量、多次。施肥不均易造成草坪草生长不均匀，叶色深浅不一，影响美观。为保证施肥均匀，可采用横向施一半、纵向施一半的方法。

新建草坪最易缺 N，出苗期草坪草可施用 10∶6∶4 的复合肥、或 50% 的 N 缓效化肥或尿素等。施用量以 N 素计算为 2.4g/m²。

④防除杂草　刚播种后，立即使用萌前除莠剂，可有效地防治大部分一年生禾草和部分阔叶杂草。常用药物有氟草胺、地散磷、恶草灵、环草隆、西玛津。草坪定植后（3 片小叶后），使用萌后除莠剂，可有效地减少杂草与幼坪的竞争力。常用药物有黄草灵、溴苯腈、2,4-D、茅草枯、麦草畏、草多索、有机砷化合物、使它隆、2 甲 4 氯钠等。第一次使用浓度减半。少量杂草可人工拔出。人工拔除杂草后形成的局部斑块，要尽快用种子或其他方式补植。

⑤修剪　新建草坪，当新苗长到 8～10cm 高时进行初次修剪，球场草坪达到 6～8m 时就可修剪，修剪时注意坪床要干燥，刀片要锋利，同时遵循 1/3 原则（每次修剪应减去草坪草自然高

度的三分之一），直到全部覆盖为止。

⑥病虫害防治　控制灌溉次数和控制草坪群体密度可避免大部分苗期病虫害。幼坪需特别注意地下害虫如蝼蛄的危害，以免受破坏的草坪草因与土壤分离而枯死。幼坪病害主要是防治苗期猝倒病，发现草坪感病后及时喷施杀菌剂，但药量不宜过高。

4. 考核评价（表3-17）

表3-17　草坪建植考核评价表

<table>
<tr><td>模　块</td><td colspan="3">园林植物栽培</td><td>项目</td><td colspan="2">草本园林植物栽植</td></tr>
<tr><td>任务</td><td colspan="4">任务3.5　草坪建植</td><td>学时</td><td>4</td></tr>
<tr><td>评价类别</td><td>评价项目</td><td colspan="2">评价子项目</td><td>自我评价（20%）</td><td>小组评价（20%）</td><td>教师评价（60%）</td></tr>
<tr><td rowspan="6">过程性评价（60%）</td><td rowspan="4">专业能力（45%）</td><td colspan="2">草坪建植方案制定能力（10%）</td><td></td><td></td><td></td></tr>
<tr><td rowspan="3">方案实施能力</td><td>工具材料准备（5%）</td><td></td><td></td><td></td></tr>
<tr><td>草坪建植的施工过程（25%）</td><td></td><td></td><td></td></tr>
<tr><td>检查验收（5%）</td><td></td><td></td><td></td></tr>
<tr><td rowspan="2">社会能力（15%）</td><td colspan="2">工作态度（7%）</td><td></td><td></td><td></td></tr>
<tr><td colspan="2">团队合作（8%）</td><td></td><td></td><td></td></tr>
<tr><td rowspan="3">结果评价（40%）</td><td colspan="3">方案的可行性、科学性（15%）</td><td></td><td></td><td></td></tr>
<tr><td colspan="3">草坪盖度（15%）</td><td></td><td></td><td></td></tr>
<tr><td colspan="3">草坪景观效果（10%）</td><td></td><td></td><td></td></tr>
<tr><td colspan="4">评分合计</td><td></td><td></td><td></td></tr>
<tr><td colspan="2">班级：</td><td colspan="2">姓名：</td><td>第　　组</td><td colspan="2">总得分：</td></tr>
</table>

◇巩固训练

1．训练要求

（1）以小组为单位开展训练，组内同学要分工合作、相互配合、团队协作。

（2）草坪建植应因地制宜，具有实用性科学性和准确性。

（3）做到安全生产，操作程序符合要求。

2．训练内容

（1）结合当地小区草坪建植计划，让学生以小组为单位，在咨询学习、小组讨论的基础上制订草坪建植技术方案。

（2）以小组为单位，依据当地小区草坪建植任务，完成草坪建植训练。

3．可视成果

某小区草坪建植技术方案；建植后的草坪景观效果。

◇**任务小结**

草坪建植任务小结如图 3-15 所示。

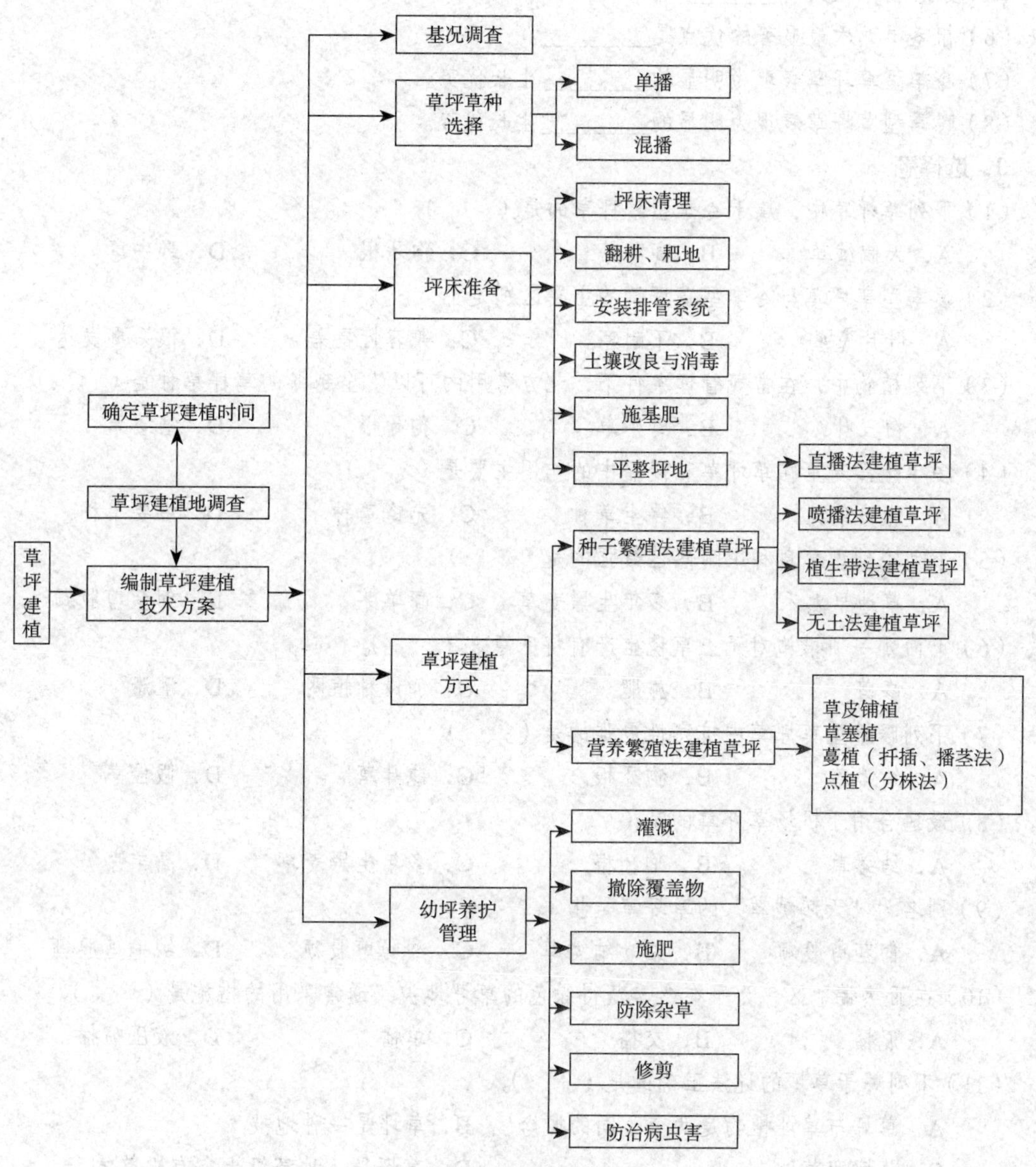

图 3-15　草坪建植任务小结

◇**思考与练习**

1．名词解释

草坪，草坪草，无土草皮，匍匐茎，交播，草种混合，混播。

2．填空题

（1）按照气候类型分类可将草坪草分为________和________。

（2）冷地型草坪草的最适生长温度为________。

（3）暖地型草坪草的最适生长温度为________。

（4）草坪草的分枝方式主要有两种：________、________。

（5）杂交狗牙根又叫________。

（6）粗茎早熟禾最显著的优点是________。

（7）冷季型草坪草表现为明显的________生长优势。

（8）暖季型草坪草表现为明显的________生长优势。

3．选择题

（1）下列草坪草中，属于冷季型草坪草的是（　　）。

A．天鹅绒草　　B．高羊茅　　C．狗牙根　　D．野牛草

（2）暖季型草坪草与冷季型草坪草的主要区别是（　　）。

A．叶片宽些　　B．不耐寒　　C．兼容性更差　　D．根系更发达

（3）下列植物中，在常规管理条件下，北方常用的可以安全越冬的草坪草种是（　　）。

A．白三叶　　B．野牛草　　C．狗牙根　　D．结缕草

（4）多年生黑麦草在草坪草种混播中的作用主要是（　　）。

A．优势草种　　B．伴生草种　　C．先锋草种　　D．主要草种

（5）下列冷地型草草种中耐热性最强的是（　　）。

A．草地早熟禾　　B．多年生黑麦草　　C．高羊茅　　D．匍茎剪股颖

（6）下面哪一项措施对无土草毯生产有特殊意义（　　）。

A．修剪　　B．施肥　　C．加设种植网　　D．灌溉

（7）下列暖地型草坪草中抗寒性最强的是（　　）。

A．结缕草　　B．狗牙根　　C．钝叶草　　D．假俭草

（8）最适合用于机场草坪草的是（　　）。

A．结缕草　　B．狗牙根　　C．多年生黑麦草　　D．高羊茅

（9）别名为“天鹅绒草”的草坪草是指（　　）。

A．匍茎剪股颖　　B．细叶结缕草　　C．细弱剪股颖　　D．绒毛剪股颖

（10）在亚热带地区，为了在冬季获得绿色的草坪地被，通常采用的措施是（　　）。

A．混播　　B．交播　　C．单播　　D．液压喷播

（11）下列关于草坪的说法正确的是（　　）。

A．草坪与草坪植物是两个不同的概念　　B．草坪是一种地被

C．草坪即草地　　D．草坪是一种高级生态有机整体

（12）下列草坪植物中耐旱性最强的草种是（　　）。

A．高羊茅　　B．匍匐剪股颖

C．草地早熟禾　　D．多年生黑麦草

（13）坪床镇压用的碳子的重量是（　　）kg。

A．50　　B．100　　C．200～300　　D．300～400

（14）暖季型草坪草发芽温度范围为（　　）。

A．5～10℃　　B．10～20℃　　C．20～35℃　　D．35℃以上

（15）（　　）常用于促进草坪生长。

A．多效唑　　B．多菌灵　　C．赤霉素　　D．代森锌

（16）下列草种适合单播的是（　　）。

A．紫羊茅　　B．黑麦草　　C．高羊茅　　D．匍匐剪股颖

（17）下列草种适合混播的是（　　）。

A．白三叶　　B．结缕草　　C．高羊茅　　D．匍匐剪股颖

4．判断题（对的在括号内填“√”，错的在括号内填“×”）

（1）草地早熟禾是喜光的草坪草，紫羊茅是耐阴的草坪草，因此二者混合播种后，前者将在阳光充足处、后者将在遮阴较多的地方形成优势种群。（　　）

（2）因为所有的暖季型草坪草都不耐低温，因此在东北地区只能应用冷季型草坪草建植各类草坪。（　　）

（3）在单一草坪中，紫花地丁、白三叶是杂草，但在混合草坪中则不是。（　　）

（4）混播是指两种或两种以上草坪草混合一起进行播种。（　　）

（5）坪床清理时应保证10cm内无小石块，35cm内无大石块。（　　）

（6）先锋草种一般占30％以上，如一年生黑麦草。（　　）

（7）草地早熟禾是耐阴的草坪草，紫羊茅是喜光的草坪草。（　　）

（8）匍匐剪股颖、细羊茅和狗牙根都有很强的耐淹性。（　　）

（9）“午夜”为观赏草坪的优良品种之一。（　　）

（10）无芒雀麦为护土固坡的优良草种。（　　）

（11）播种草坪最好的季节为秋季。（　　）

（12）种植草坪整地深度一般为30cm。（　　）

（13）对碱性土壤增施生石灰粉可以改良土壤，有利于草坪草生长。（　　）

（14）冷季型禾草最适宜的播种时间是春初和夏末。（　　）

（15）从理论上讲，草坪草的最佳密度为每1cm^2有2株成活苗即可。（　　）

5．问答题

（1）为提高草坪的耐践踏性，可以从哪些方面着手？

（2）什么是混合草坪，它有什么特点？

（3）在建植草坪前，应该了解哪些情况？

（4）简述无土草皮的优点。

（5）简述混播的概念及意义。

（6）播种法建植草坪的程序有哪些？

（7）冷季型草坪有哪些特点？

（8）暖季型草坪有哪些特点？

（9）对新建草坪施肥应注意哪些问题？

（10）确定混播草种时应考虑哪些因素？

◇自主学习资源库

1．园林绿地施工与养护．付海英．中国建材工业出版社，2014.

2．草坪建植与养护．孙廷．中国农业出版社，2013.

3．草坪技术手册——草坪工程．孙吉雄．化学工业出版社，2006.

4．草坪建植与养护彩色图说．英国皇家园艺学会．王彩云，姚崇怀，译．中国农业出版社，2002.

项目 4

屋顶及垂直绿化植物栽植

屋顶及垂直绿化植物栽植是园林植物栽培新形式，是绿色建筑、建筑节能的重要举措，是治理 PM2.5 的重要手段，是大力推进生态文明，建设美丽中国的重要途径。本项目以园林绿化建设工程中屋顶绿化和垂直绿化的实际工作任务为载体，设置了屋顶绿化植物栽植和垂直绿化植物栽植 2 个学习任务。学习本项目要熟悉屋顶及垂直绿化植物栽植技术规程的国家标准或地方标准，并以园林绿化建设工程中的实际施工任务为支撑，将知识点和技能点融于实际的工作任务中，使学生在“做中学、学中做”，实现“理实一体化”教学。

【知识目标】

（1）了解屋顶与垂直绿化栽植的概念、功能和意义；
（2）理解屋顶与垂直绿化植物的选择配置原则和技术方法；
（3）初步掌握屋顶及垂直绿化栽植的技术规程。

【技能目标】

（1）会编制学校或某小区屋顶及垂直绿化栽植技术方案；
（2）会模拟实施屋顶和垂直绿化施工；
（3）培养学生自主学习、团队协作，独立分析和解决屋顶绿化和垂直绿化栽植生产实际问题的能力。

【素质目标】

（1）养成自主学习、表达沟通、组织协调和团队协作能力；
（2）养成独立分析、解决实际问题和创新能力；
（3）养成吃苦耐劳、敬业奉献、踏实肯干、精益求精的工匠精神；
（4）养成法律意识、质量意识、环保意识、安全意识和生态意识；
（5）培养服务“两碳”战略理念。

任务4.1 屋顶绿化植物栽植

◇任务分析

【任务描述】

屋顶绿化植物栽植是园林植物栽植的重要组成部分。本任务学习以学校或某小区绿化工程中屋顶绿化植物栽植的施工任务为支撑，以学习小组为单位，首先制订学校或某小区屋顶绿化植物栽植技术方案，再依据制订的技术方案和屋顶绿化技术规范，完成一定数量的屋顶绿化植物栽植模拟施工任务。本任务实施宜在园林植物栽培理实一体化实训室、学校或某小区屋顶开展。

【任务目标】

（1）会编制学校或某小区屋顶绿化植物栽植的技术方案；

（2）会模拟实施屋顶绿化植物栽植施工；

（3）会熟练并安全使用各类屋顶绿化植物栽植的工具材料；

（4）能独立分析和解决实际问题，吃苦耐劳，合理分工并团结协作。

◇知识准备

4.1.1 屋顶绿化概述

4.1.1.1 屋顶绿化的含义和类型

（1）屋顶绿化的含义

在不与自然土壤接壤的建筑物、构筑物顶部以及天台、露台上，以植物为主体进行景观配置的一种绿化方式称为屋顶绿化。在世界七大奇观中就有古代巴比伦王朝的“空中花园”，至今影响深远。近年来屋顶绿化在国内外得到迅速发展，是绿色建筑、建筑节能的重要举措，是治理PM2.5的重要手段，是大力推进生态文明，建设美丽中国的重要途径。

（2）屋顶绿化的类型

屋顶绿化的类型多种多样，根据不同的性质，其分类也不同，目前国内外通常根据其荷载的大小将屋顶绿化分为两类：简单式屋顶绿化和花园式屋顶绿化（图4-1、图4-2）。

①简单式屋顶绿化　又称轻型屋顶绿化，是利用低矮灌木或草坪、地被植物进行屋顶绿化，不设置园林小品等设施，一般不允许非维修人员活动的简单绿化形式。具有荷载轻，施工简单，建造和维护成本低等特点。其绿化形式有：覆盖式绿化、固定种植池绿化、可移动容器绿化。

②花园式屋顶绿化　是根据屋顶具体条件，选择小型乔木、低矮灌木和草坪、地被植物进行屋顶绿化植物配置，并设置园路、座椅、亭榭花架、体育设施等园林小品，提供一

图 4-1　简单式屋顶绿化

图 4-2　花园式屋顶绿化

定的游览和休憩活动空间的复杂绿化。其对屋顶的荷载及种植基质要求严格，成本高，施工管理难，很难大面积营建。以突出生态效益和景观效益为原则，根据不同植物对基质厚度的要求，通过适当的微地形处理或种植池栽植形式进行绿化。

4.1.1.2　屋顶绿化的作用

①改善城市生态环境，丰富城市绿化景观，提高市民生活和工作环境质量。

②减少“热岛效应”，降低室内温度，吸尘、降噪声、吸收有毒气体，净化空气。

③保护建筑物顶部，延长屋顶建材使用寿命。

④提高国土资源利用率。

4.1.2　屋顶绿化植物选择

4.1.2.1　屋顶绿化植物选择原则

屋顶绿化环境特点主要表现在土层薄、营养物质少、缺少水分；屋顶风大，阳光直射强烈，夏季温度较高，冬季寒冷，昼夜温差变化大。因此屋顶绿化植物选择应遵行以下原则：

①遵循植物多样性和共生性原则，以生长特性和观赏价值相对稳定、滞尘控温能力较

强的本地常用和引种成功的植物为主。

②以低矮灌木、草坪、地被植物和攀缘植物等为主，原则上不用大乔木，有条件时可少量种植耐旱小乔木。

③应选择须根发达的植物，不宜选用根系穿透性较强的植物，防止植物根系穿透建筑防水层。

④选择易移植、耐修剪、耐粗放管理、生长缓慢的植物。

⑤选择抗风、抗倒伏、耐旱、耐瘠薄、耐极端温度、抗辐射能力强的植物。

⑥选择抗污性强，可耐受、吸收、滞留有害气体或污染物质的植物。

4.1.2.2 屋顶绿化常用植物种类

参考名录详见表 4-1。

表 4-1 屋顶绿化部分植物一览表

序号	植物名称	主要特性	序号	植物名称	主要特性
小型乔木					
1	樱花（控高）	喜光，较耐寒；观花	8	二乔玉兰	喜光，较耐寒；观花、树形
2	紫叶李	喜光，稍耐阴；观花、叶	9	苏 铁	中性，喜温暖气候；观形、观叶
3	白玉兰（控高）	喜光，稍耐阴；观花、树形	10	垂枝榆	喜光，极耐旱；观树形
4	红 枫	喜光；观叶、树形	11	丁 香	喜光，也耐半阴，耐寒、耐旱、耐瘠薄；观花、树形
5	龙爪槐	喜光，稍耐阴；观树形	12	紫 薇	喜光，耐旱，喜肥；观花、观形
6	银杏（控高）	喜光，耐旱；观树形、叶	13	紫 荆	喜光，较耐寒；观花、观形
7	栾树（控高）	喜光，稍耐阴；观枝、叶、果	14	海棠类	喜光，稍耐阴；观花、果
灌 木					
1	三角梅	喜光，耐贫瘠、耐碱、耐干旱、耐修剪，忌积水；观花、观形	12	红瑞木	喜光；观花、果、枝
2	小叶黄杨	喜光，稍耐阴；观叶	13	月季类	喜光；观花
3	珍珠梅	喜阴；观花	14	碧桃类	喜光；观花
4	凤尾丝兰	喜光；观花、叶	15	迎 春	喜光，稍耐阴；观花、叶、枝
5	金叶女贞	喜光，稍耐阴；观叶	16	果石榴	喜光，耐半阴；观花、果、枝
6	紫叶小檗	喜光，稍耐阴；观叶	17	火 棘	喜光，喜高温，耐寒；观果、观形
7	连 翘	喜光，耐半阴；观花、叶	18	黄 栌	喜光，耐半阴，耐旱；观花、叶
8	榆叶梅	喜光，耐寒，耐旱；观花	19	锦带花类	喜光；观花
9	紫叶矮樱	喜光；观花、叶	20	木 槿	喜光，耐半阴；观花
10	寿星桃	喜光，稍耐阴；观花、叶	21	黄刺玫	喜光，耐寒，耐旱；观花
11	米 兰	喜光，较耐寒；观花、观形	22	扶 桑	喜光，耐旱；观花

（续）

序号	植物名称	主要特性	序号	植物名称	主要特性
地被植物（花卉、草坪草、藤本类）					
1	景天类	喜光，耐半阴，耐旱；观花、叶	12	彩叶草	喜光，忌烈日暴晒，较耐寒；观叶
2	小菊类	喜光；观花	13	萱草类	喜光，耐半阴；观花、叶
3	马　蔺	喜光；观花、叶	14	鸢尾类	喜光，耐半阴；观花、叶
4	石竹类	喜光，耐寒，耐旱；观花	15	芍　药	喜光，耐半阴；观花、叶
5	铃　兰	喜光，耐半阴；观花、叶	16	白三叶	喜光，耐半阴；观叶
6	葱　兰	喜光，耐半阴，较耐寒；观花	17	结缕草	喜光，耐高温，抗干旱；观叶
7	一串红	喜光，耐半阴；观花	18	早熟禾	喜光也耐阴，耐旱、极耐寒、耐瘠薄；观叶
8	百日草	喜光，耐干旱，喜肥，忌酷暑；观花	19	狗牙根	喜光，耐热，不耐寒；观叶
9	凤仙花	喜光，怕湿，耐热，不耐寒，较耐瘠薄；观花	20	紫　藤	喜光，较耐阴、较耐寒，能耐水湿及瘠薄土壤；观花、观形
10	万寿菊	喜光，喜湿又耐干，较耐瘠薄；观花	21	五叶地锦	喜阴湿；观叶；可匍匐栽植
11	羽衣甘蓝	喜光，耐热且极耐寒，耐盐碱；观叶	22	小叶扶芳藤	喜光，耐半阴；观叶；可匍匐栽植

4.1.3　屋顶荷载的调查与计算

屋顶荷载是计量屋顶承受能力，评价是否具有安全性能的主要指标。屋顶荷载分析对于评价屋顶绿化是否安全具有重要意义。要根据具体季节和时间开展调查，要求屋顶绿化的实际荷载小于设计的安全荷载，保证屋顶安全，这是一项基础工作。

4.1.3.1　屋顶荷载组成

屋顶荷载是指屋顶的楼盖梁板传递到墙、柱及基础上的荷载（包括活荷载和静荷载）。

活荷载（临时荷载）是由积雪和雨水回流，以及建筑物修缮、维护等工作产生的屋面荷载。

静荷载（有效荷载）是由屋面构造层、屋顶绿化构造层和植被层等产生的屋面荷载。

4.1.3.2　屋顶荷载计算

屋顶绿化设计须充分考虑绿化的荷载。花园式和组合式屋顶绿化设计，其屋面荷载应不小于 500kg/m^2（营业性屋顶花园不小于 600kg/m^2）；简单式屋顶绿化设计，其屋面荷载应达到 100～250kg/m^2。屋顶绿化设计时应由屋面荷载验算资质的相关单位进行复验，并出具证明。

已建屋面的绿化设计荷载应满足建筑屋顶承重安全要求，荷载必须在屋面结构承载力允许的范围内。屋顶绿化荷载应包括植物材料、种植土、园林小品建筑、设备和人流量等静荷载，以及由雨水、风、雪、树木生长等所产生的活荷载。植物材料平均荷载参考值见表 4-2；屋顶绿化相关材料密度参考值见表 4-3；种植层土壤基质的荷载可根据土壤基质的容重和不同植物类型基质厚度（表 4-4）加以计算。

表 4-2 植物材料平均重量和种植荷重参考值

植物类型	规格（m）	植物平均质量（kg）	种植荷载（kg/m²）
乔木（带土球）	$H=2.0\sim2.5$	80～120	250～300
大灌木	$H=1.5\sim2.0$	60～80	150～250
小灌木	$H=1.0\sim1.5$	30～60	100～150
地被植物	$H=0.2\sim1.0$	15～30	50～100
草　坪	$1m^2$	10～15	50～100

注：选择植物应考虑植物生长产生的活荷载变化。种植荷载包括种植区构造层自然状态下的整体荷载。

表 4-3 屋顶绿化相关材料密度参考值 kg/m³

材料	混凝土	水泥、砂浆	河卵石	豆石	青石板	木质材料	钢质材料
密度	2500	2350	1700	1800	2500	1200	7800

4.1.3.3 屋顶荷载安全分析

通过计算荷载实际质量与屋顶安全设计荷载比较，要求实际荷载小于安全荷载。超过安全荷载则需要调整各个部分质量，尤其是绿化附属设施数量。种植土层厚度一般不做调整，树木地上部分调整较少，建筑、园路的调整需要及时处理。

◇任务实施

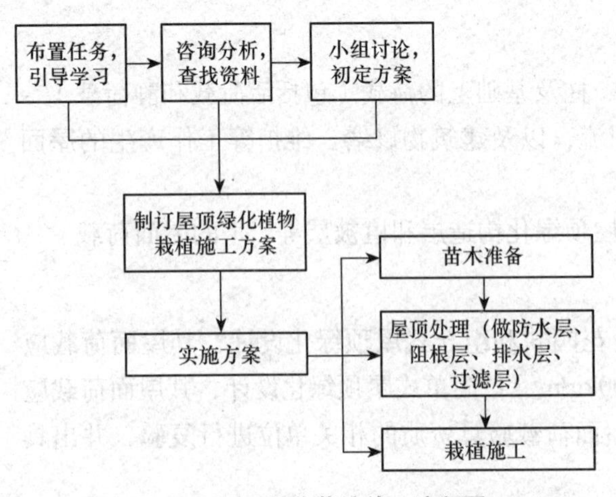

图 4-3 屋顶绿化栽植施工流程图

1．器具与材料

（1）器具

运输工具、铁锹、铲、小锄头、修枝剪、畚斗、皮尺、盛苗器、水桶等。

（2）材料

尼龙绳、塑料薄膜、无纺布、聚乙烯塑料、油毛毡、绿化苗木、肥料、生根剂、支撑杆、铁丝、记录表、纸张、笔、专业书籍，教学案例等。

2．任务流程

屋顶绿化的施工任务根据图 4-3 所示的

流程进行操作。

3．操作步骤

（1）苗木准备

根据屋顶绿化工程设计要求进行栽植前苗木准备，技术方法详见项目1任务1.3内容。

首先根据屋顶绿化设计方案，选择合适的植物种类，并做好苗木准备。苗木准备包括选择苗木、起苗、运苗、假植（针对当天或较长时间未能栽植完毕的树木）和苗木修剪。栽植前应进行苗木修剪造型，围绕根系修剪，苗冠也进行修剪，要求树木具有较好的观赏形态，分枝合理，苗木地上地下部分形态合理。

（2）屋顶处理

屋顶处理主要包括防水层、排水层、过滤层、阻根层等处理（图4-4、图4-5）。

图4-4　屋顶绿化排水板

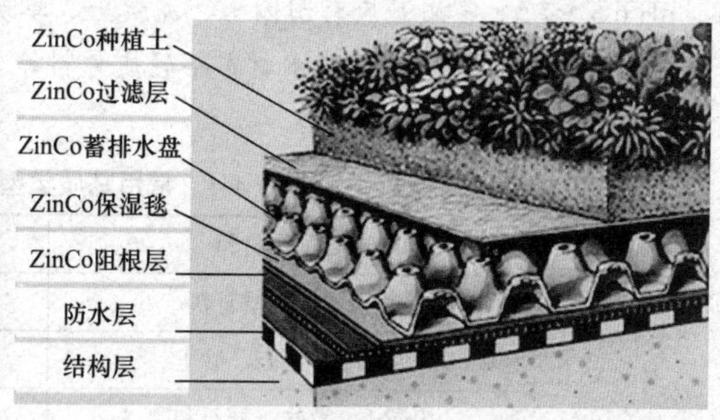

图4-5　屋顶绿化层次图

①防水层　屋顶绿化防水做法应达到二级建筑防水标准。绿化施工前应进行防水检测并及时补漏，必要时做二次防水处理。宜优先选择耐植物根系穿透的防水材料。

刚性防水层：在钢筋混凝土结构层上用普通硅酸盐水泥砂浆掺5%防水剂抹面。造价低，但怕震动；耐水、耐热性差，暴晒后易开裂。

柔性防水层：用油、毡等防水材料分层粘贴而成，通常为三油二毡或二油一毡。使用寿命短、耐热性差。

涂膜防水层：用聚氨酯等油性化工涂料涂刷成一定厚度的防水膜，高温下易老化。

②阻根层　一般有合金、橡胶、PE（聚乙烯）和HDPE（高密度聚乙烯）等材料类型，用于防止植物根系穿透防水层。隔根层铺设在排（蓄）水层下，搭接宽度不小于100cm，并向建筑侧墙面延伸15～20cm。

③排水层　一般包括排（蓄）水板、陶砾（荷载允许时使用）和排水管（屋顶排水坡度较大时使用）等不同的排（蓄）水形式，用于改善基质的通气状况，迅速排出多余水分，有效缓解瞬时压力，并可蓄存少量水分。

排（蓄）水层铺设在过滤层下。应向建筑侧墙面延伸至基质表层下方5cm处。施工时应根据排水口设置排水观察井，并定期检查屋顶排水系统的通畅情况。及时清理枯枝落叶，防止排水口堵塞造成壅水倒流。

④过滤层　一般采用既能透水又能过滤的聚酯纤维无纺布等材料，用于阻止基质进入排水层。隔离过滤层铺设在基质层下，搭接缝的有效宽度应达到10～20cm，并向建筑侧墙面延伸至基质表层下方5cm处。

（3）栽植施工

①砌种植槽、搭建棚架　花台、种植槽、棚架应搭建在承重墙上，尽量选轻质材料；确定合理的花台、种植槽、棚架规格（宽度、深度、高度）：满足植物生长需要，又减轻荷重；直接安放多功能轻型人工种植盘。

②种植土层铺设　一般的泥土荷载较大，同时在土壤的营养和保水性方面也不能满足屋顶绿化的需求。因此在屋顶绿化种植时一般均采用专门配制的轻质土壤。

基质要求：屋顶绿化树木栽植的基质除了要满足提供水分、养分的一般要求外，应尽量采用轻质材料，以减少屋面载荷。基质应质量轻，排水好，通透性好，保水保肥能力强，清洁无毒，pH 6.5～7.5。常用基质有田园土、泥炭土、草炭、木屑、河沙、轻质骨料、腐殖土等。

基质配制：肥沃土壤＋排水材料＋轻质骨料等（表4-4）。

种植土层厚度要求见表4-5。

表4-4　常用基质类型和配制比例

基质类型	主要配比材料	配制比例	湿容重（kg/m^3）
改良土	田园土、轻质骨料	1∶1	1200
	腐叶土、蛭石、砂土	7∶2∶1	780～1000
	田园土、草炭、蛭石和肥	4∶3∶1	1100～1300
	田园土、草炭、松针土、珍珠岩	1∶1∶1∶1	780～1100
	田园土、草炭、松针土	3∶4∶3	780～950
	轻砂壤土、腐殖土、蛭石、珍珠岩	2.5∶5∶2∶0.5	1100
	轻砂壤土、腐殖土、蛭石	5∶3∶2	1100～1300
超轻量基质	无机介质（如陶粒、硅质火山岩等）		450～650

表4-5　不同植物类型基质厚度参考值

植物类型	规格（m）	植物生存所需基质厚度（cm）	植物发育所需基质厚度（cm）
乔　木	$H=3.0$～10.0	60～120	90～150
大灌木	$H=1.2$～3.0	45～60	60～90
小灌木	$H=0.5$～1.2	30～45	45～60
草本、地被植物	$H=0.2$～0.5	15～30	30～45

③栽植技术　应明确屋顶结构、种植环境、屋顶平面布局等，放置种植土壤，确定园林、建筑小品的空间位置，用石灰放线，在特定种植位置完成散苗、配苗，要求苗木定点放样位置准确，能根据设计图纸要求完成对应放样，检查各个部分是否符合种植设计要求，位置是否正

确，要求种植规范符合屋顶施工标准。

- 严格遵循园林树木栽植技术规程，依设计方案实施；
- 绿化植物应以小乔木和灌木、草本为主，选用容器苗；
- 树木种植穴或栽植容器等应放在承重墙或柱上；
- 树木种植应由大到小、由里到外逐步进行；
- 种植高于 2m 的植物应设防风设施；
- 容器种植有固定式和移动式，应注意安全，减轻荷重；
- 乔灌木主干距屋面边界的距离应大于乔灌木本身的高度；
- 尽量利用多种植物色彩、花果丰富屋顶绿化景观效果；
- 苗木种植搭配合理、规格统一、种植整齐，种植完毕后应清理现场。

4．考核评价（表 4-6）

表 4-6　屋顶绿化植物栽植考核评价表

<table>
<tr><td>模　块</td><td colspan="4">园林植物栽植</td><td>项　目</td><td colspan="2">屋顶及垂直绿化植物的栽植</td></tr>
<tr><td>任　务</td><td colspan="5">任务 4.1　屋顶绿化植物栽植</td><td>学　时</td><td>2</td></tr>
<tr><td>评价类别</td><td>评价项目</td><td colspan="2">评价子项目</td><td colspan="2">自我评价（20%）</td><td>小组评价（20%）</td><td>教师评价（60%）</td></tr>
<tr><td rowspan="7">过程性评价
（65%）</td><td rowspan="4">专业能力
（45%）</td><td colspan="2">方案制订能力（15%）</td><td colspan="2"></td><td></td><td></td></tr>
<tr><td rowspan="3">方案
实施
能力</td><td>苗木准备（5%）</td><td colspan="2"></td><td></td><td></td></tr>
<tr><td>屋顶处理（12%）</td><td colspan="2"></td><td></td><td></td></tr>
<tr><td>栽植施工（13%）</td><td colspan="2"></td><td></td><td></td></tr>
<tr><td rowspan="3">社会能力
（20%）</td><td colspan="2">主动参与实践（7%）</td><td colspan="2"></td><td></td><td></td></tr>
<tr><td colspan="2">工作态度（5%）</td><td colspan="2"></td><td></td><td></td></tr>
<tr><td colspan="2">团队合作（8%）</td><td colspan="2"></td><td></td><td></td></tr>
<tr><td rowspan="3">结果评价
（35%）</td><td colspan="3">方案完整性、可行性（15%）</td><td colspan="2"></td><td></td><td></td></tr>
<tr><td colspan="3">栽植的植物成活率（10%）</td><td colspan="2"></td><td></td><td></td></tr>
<tr><td colspan="3">屋顶绿化景观效果（10%）</td><td colspan="2"></td><td></td><td></td></tr>
<tr><td colspan="4">评分合计</td><td colspan="2"></td><td></td><td></td></tr>
<tr><td colspan="3">班级：</td><td>姓名：</td><td colspan="2">第　　组</td><td colspan="2">总得分：</td></tr>
</table>

◇巩固训练

1．训练要求

（1）以小组为单位开展训练，组内同学要分工合作、相互配合、团队协作。

（2）屋顶绿化设计和施工技术方案应具有科学性和可行性。

（3）做到安全生产，操作程序符合要求。

2．训练内容

（1）结合当地小区绿化工程的屋顶绿化植物栽植任务，以学生小组为单位，在咨询学习、小组讨论的基础上制订某小区或学院屋顶绿化植物栽植技术方案。

（2）以小组为单位，依据技术方案进行屋顶绿化植物栽植施工训练。

3．可视成果

某小区或学校屋顶绿化植物栽植技术方案；栽植管护成功的屋顶绿地。

◇**任务小结**

屋顶绿化植物栽植任务小结如图4-6所示。

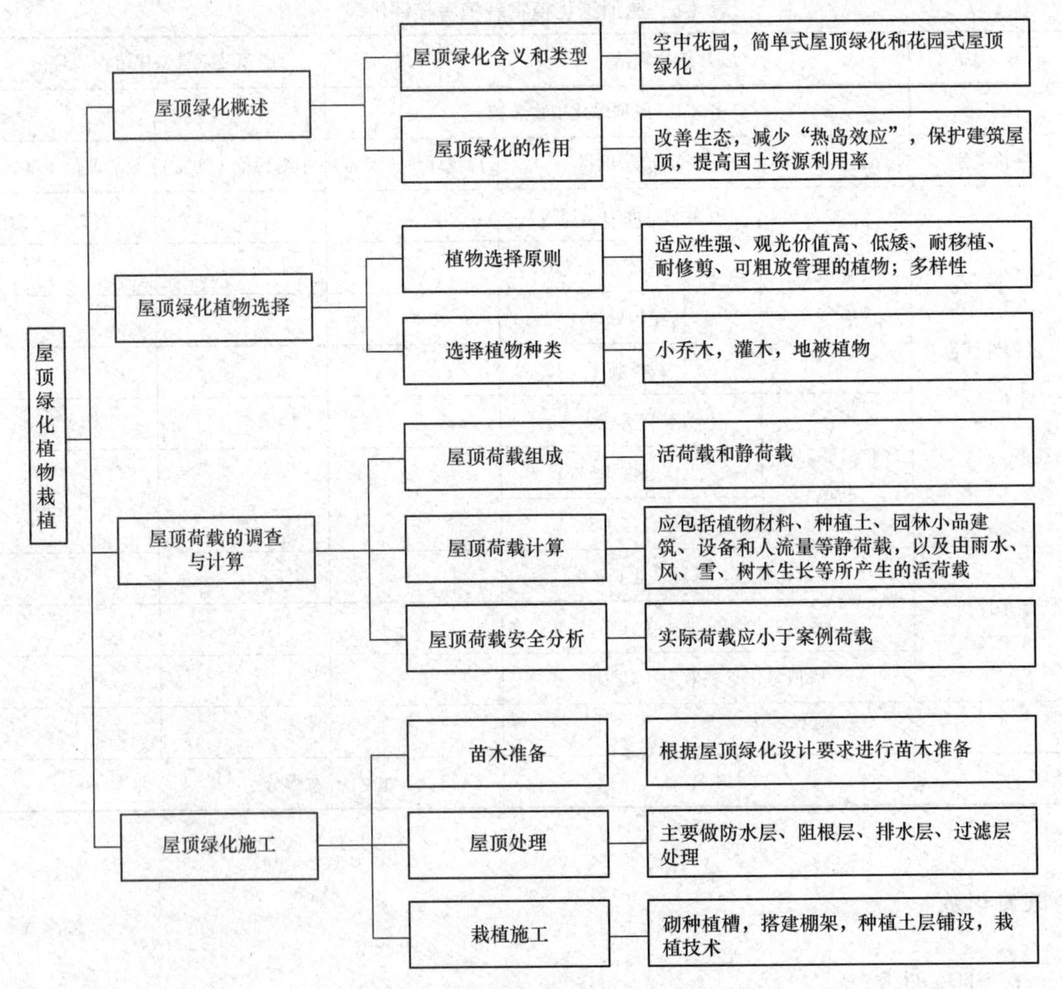

图4-6 屋顶绿化植物栽植任务小结

◇思考与练习

1．名词解释

屋顶绿化，简单式屋顶绿化，花园式屋顶绿化，屋顶荷载，活荷载，静荷载。

2．填空题

（1）屋顶绿化的类型多种多样，目前国内外通常根据其荷载的大小将屋顶绿化分为两类：________、________。

（2）简单式屋顶绿化具有荷载轻、________、________的特点。其绿化形式主要有________、________、________。

（3）花园式屋顶绿化对屋顶的________和________要求严格，________、________，很难大面积营建。

（4）屋顶绿化种植由于受到荷载的限制，不可能有很深的土壤，因此屋顶绿化的环境特点主要表现在________、________、________；同时________、________，夏季温度较高，冬季寒冷，昼夜温差________。

（5）屋顶绿化树木栽植的基质除了要满足提供水分、养分的一般要求外，应尽量采用________，以减少屋面载荷。基质应________，________，________，________，清洁无毒，pH 6.5～7.5。

（6）屋顶绿化常用基质有________、________、________、________、________、________、河沙等。

（7）屋顶绿化的屋顶处理主要包括________、________、________、________等处理。

3．选择题

（1）屋顶绿化的种植土是（　　）。

A．人工合成土　　B．自然土
C．自然土和无土基质　　D．轻型土壤

（2）屋顶结构可以承受的最大荷载计算内容包括（　　）。

A．排水层材料　　B．人造土
C．植物　　D．各种材料和降水（雪）、降尘等

（3）屋顶绿化的大灌木存活种植土最小厚度是（　　）cm。

A．15　　B．30　　C．45　　D．50

（4）花园式和组合式屋顶绿化设计，其屋面荷载应不小于（　　）kg/m^2。

A．200　　B．300　　C．500　　D．600

（5）简单式屋顶绿化设计，其屋面荷载应达到（　　）kg/m^2。

A．100～200　　B．200～300　　C．300～500　　D．100～ 250

（6）屋顶绿化的排水层设在防水层（　　）面，过滤层的（　　）面。

A．上、下　　B．下、上　　C．上、上　　D．下、上

（7）屋顶绿化 $H=2.0\sim2.5$m 的乔木（带土球）种植荷载应达到（　　）kg/m²。

A．150～250　　B．100～150　　C．50～100　　D．250～300

（8）屋顶绿化 $H=1.5\sim2.0$m 的大灌木种植荷载应达到（　　）kg/m²。

A．150～250　　B．100～150　　C．50～100　　D．250～300

（9）屋顶绿化 $H=0.2\sim1.0$m 的地被植物种植荷载应达到（　　）kg/m²。

A．150～250　　B．100～150　　C．50～100　　D．250～300

（10）屋顶绿化 1m² 的草坪种植荷载应达到（　　）kg/m²。

A．150～250　　B．100～150　　C．50～100　　D．250～300

4．问答题

（1）简述屋顶绿化的作用。

（2）分析屋顶绿化的环境特点。

（3）屋顶绿化植物选择的原则有哪些？举例说明本地区屋顶绿化怎样正确选择植物种类。

（4）分析屋顶荷载的组成，举例说明怎样正确计算屋顶荷载。

（5）举例说明屋顶绿化栽植施工的流程及操作技术要点。

（6）分析屋顶绿化的屋顶处理程序和技术。

◇自主学习资源库

1．高级园林绿化与育苗工培训考试教程．张东林．中国林业出版社，2006．

2．屋顶绿化规范 DB 11/T 281—2005．北京市质量技术监督局，2005．

3．世界屋顶绿化协会网：http://www.greenrooftops.cn.

4．屋顶绿化网站：http://www.thegardenroofcoop.com.

任务4.2　垂直绿化植物栽植

◇任务分析

【任务描述】

垂直绿化是园林绿化的重要组成部分，是园林绿化向空间的延伸。本任务学习以学校或某小区绿化工程中垂直绿化植物栽植的施工任务为支撑，以学习小组为单位首先制订学校或某小区垂直绿化植物栽植技术方案，再依据制订的技术方案和垂直绿化技术规范，完成一定数量的垂直绿化植物栽植模拟施工任务。本任务实施宜在园林植物栽培理实一体化实训室、学校或某小区绿地开展。

【任务目标】

（1）会编制学校或某小区垂直绿化植物栽植的技术方案；

（2）会模拟实施垂直绿化植物栽植施工；

（3）能熟练并安全使用各类垂直绿化植物栽植的器具材料；

（4）能独立分析和解决实际问题，吃苦耐劳，合理分工并团结协作。

◇知识准备

4.2.1 垂直绿化概述

4.2.1.1 垂直绿化的含义

利用植物材料沿建筑物立面或其他构筑物表面攀附、固定、贴植、垂吊形成垂直面的绿化。它主要包括：墙面绿化；阳台、窗台绿化；花架、棚架绿化；裸露山体、护坡绿化；栏杆、桥柱、灯柱及屋顶绿化等绿化形式。

4.2.1.2 垂直绿化的作用

①有效利用土地资源，增加城市绿地率和绿化覆盖率，扩大城市绿量，提高城市绿化水平；

②减少城市热辐射、阻滞尘埃、涵养雨水、增加空气湿度，有效改善城市生态环境；

③形成城市垂直立面优美景观，绿化美化环境，是建设美丽中国的重要途径。

4.2.2 垂直绿化的植物选择

4.2.2.1 垂直绿化植物选择条件

①具有浅根性，耐贫瘠、耐旱、耐寒、耐水湿，对阳光有高度适应性，易栽培，管理方便者；

②具有卷须、吸盘、吸附根，可攀缘、匍匐、悬垂生长，对建筑物无损坏的蔓生植物；

③姿态优美，或花果艳丽，或叶形奇特、叶色秀丽，观赏价值高。

4.2.2.2 垂直绿化植物种类

（1）缠绕类

缠绕类指依靠自己的主茎或叶轴缠绕他物向上生长的一类藤本，适用于栏杆、棚架等。如紫藤、金银花、菜豆、牵牛花、木通、南蛇藤、扶桑、猕猴桃等。

（2）攀缘类

攀缘类指由枝、叶、托叶的先端变态特化而成的卷须攀缘生长的一类藤本，适用于篱墙、棚架和垂挂等。如葡萄、铁线莲、丝瓜、葫芦、飘香藤等。

（3）蔓生类

蔓生类指不具有缠绕特性，也无卷须、吸盘、吸附根等特化器官，茎长而细软，披散下垂的一类藤本，适用于栏杆、篱墙和棚架等，如迎春、迎夏、枸杞、藤本月季、木香等。

（4）攀附类

攀附类指依靠茎上的不定根或吸盘吸附它物攀缘生长的一类藤本，适用于墙面等。如地锦、扶芳藤、常春藤、凌霄、薜荔等。

4.2.3 垂直绿化植物配置

（1）应用垂直绿化植物造景，要根据周围的建筑形式和植物环境进行合理配置，在色彩和空间大小、形式上协调一致。

（2）在配置立体绿化植物时应注意观赏效果，季相变化及叶、花、果、植株形态等合理搭配、远近结合。尽量选用常绿攀缘植物，如选用落叶植物要考虑落叶期景观并注意与常绿植物的搭配。

（3）依照植物种类、形式多样的原则配置，结合植物生长习性、观赏特征、与环境及与攀附构筑物关系采用点缀式、花境式、整齐式、悬挂式、垂吊式不同设计形式。

①点缀式　以观叶植物为主，点缀观花植物，实现色彩丰富。如地锦中点缀凌霄、紫藤中点缀牵牛花等。

②花境式　几种植物错落配置，观花植物中穿插观叶植物，呈现植物株形、姿态、叶色、花期各异的观赏景致。如大片地锦中有几块爬蔓月季。

③整齐式　体现有规则的重复韵律和同一的整体美。成线成片，但花期和花色不同。如红色与白色的爬蔓月季、铁线莲与蔷薇等。力求在花色的布局上达到艺术化，创造美的效果。

④悬挂式　在攀缘植物覆盖的墙体上悬挂应季花木，丰富色彩，增加立体美的效果。悬挂时需用钢筋焊铸花盆套架，用螺栓固定，托架形式讲究艺术构图，花盆套圈负荷不宜过重，应选择适应性强、管理粗放、见效快、浅根性的观花、观叶品种。布置要简洁、灵活、多样，富有特色。如紫叶草、石竹等。

⑤垂吊式　自立交桥顶、墙顶或平屋檐口处，放置种植槽，种植花色艳丽或叶色多彩、飘逸的下垂植物，让枝蔓垂吊于外，既充分利用了空间，又美化了环境。材料可用单一品种，也可用季相不同的多种植物混栽。如凌霄、木香、蔷薇、紫藤、地锦、牵牛花等。容器底部应有排水孔，式样轻巧，牢固，不怕风雨侵袭。

4.2.4 垂直绿化的形式

4.2.4.1 墙面绿化

墙面绿化指各类建筑物墙面表面的垂直绿化。可极大地丰富墙面景观，增加墙面的自然气息，对建筑外表具有良好的装饰作用。在炎热的夏季，墙体垂直绿化，更可有效阻止太阳辐射、降低居室内的空气温度，具有良好的生态效益。据报道，有“绿墙”的室内温度能比无“绿墙”的室内温度降低3～4℃，而湿度相应地增加20%～30%，还能隔离噪声、吸收灰尘、降低污染。据测定，五爪金龙垂直绿化的地方，空气中含尘量可以降低22%。

（1）直接吸附攀缘绿化墙面（图4-7）

用吸附类的攀缘植物直接攀附墙面，是常见、经济、实用的墙面绿化方式，在城市垂直绿化面积中占有很大的比例。在植物的选择上一般要求生命力强、茎节有气生根或吸盘的攀缘植物。在较粗糙的表面可选择枝叶较粗大的种类如有吸盘的地锦、异叶地锦等，有气生根的薜荔、美国凌霄等；在表面光滑、细密的墙面如马赛克贴面则宜选用枝叶细小、吸附能力强的种类如络石、洋常春藤等；在阴湿环境还可选用春羽、绿萝等。

（2）墙面安装条状或网状支架绿化墙面（图4-8）

通过安装条状或网状支架，使卷须类、悬垂类、缠绕类的垂直绿化植物借支架绿化墙面。支架安装可采用在墙面钻孔后用膨胀螺旋栓固定，或者预埋于墙内，或者用凿砖打、木楔、钉钉、拉铅丝等方式进行。支架形式要考虑有利于植物的攀缘、人工缚扎

图4-7　墙面绿化（直接吸附攀缘）

图4-8　墙面绿化（有支架）

牵引和养护管理。用钩钉、骑马钉等人工辅助方式也可使无吸附能力的植物茎蔓，甚至是乔、灌木枝条直接附壁，但此方式只适用于小面积的垂直绿化，用于局部墙面的植物装饰。

（3）墙体的顶部设花槽、花斗绿化墙面（图4-9、图4-10）

栽植枝蔓细长的悬垂类植物或攀缘植物（但并不利用其攀缘性）可在墙体顶部设花槽、花斗再栽植植物，并使其藤蔓悬垂而下，如常春藤、洋常春藤、金银花、红花忍冬、木香、迎夏、迎春、云南黄馨、三角梅等，尤其是开花、彩叶类型装饰效果更好。

图4-9　墙面绿化顶部（花槽）

图4-10　墙面绿化顶部（花槽、花斗）

（4）女儿墙、檐口和雨篷边缘墙外管道栽植绿化墙面

可选用适宜攀缘的常春藤、凌霄、地锦等进行垂直绿化。也可以选择一些悬垂类植物如云南黄馨、十姐妹等盆栽，置于屋顶，长长的藤蔓如绿色锦面。

4.2.4.2　棚架、廊道绿化（图4-11、图4-12）

这是园林中应用最早也是最为广泛的一种垂直绿化形式。棚架、廊道绿化是指攀缘植

图4-11　经济型棚架绿化

图4-12　观赏型棚架绿化

物在一定空间范围内，借助于各种形式、各种构件进行的垂直绿化形式。

（1）经济效益为主

主要是选用经济价值高的藤本植物攀附在棚架上，如葡萄、猕猴桃、五味子、金银花、丝瓜、黄瓜等。既可遮阴纳凉、美化环境，同时也兼顾了经济效益。

（2）美化环境为主

以园林构筑物形式出现的廊架绿化，形式极为丰富，有花架、花廊、亭架、墙架、门廊、廊架组合体等，其中以廊架形式为主要对象之一。利用观赏价值较高的垂直绿化植物在廊架上形成的绿色空间，或枝繁叶茂，或花果艳丽，或芳香宜人，既为游人提供了遮阴纳凉的场所，又为城市园林中独特的景点。常用于廊架绿化的藤木主要有紫藤、木香、金银花、藤本月季、凌霄、铁线莲、大花老鸦嘴、观赏南瓜、三角梅、炮仗花等。

4.2.4.3 人行天桥、立交桥垂直绿化

由于所处的位置大多交通繁忙，汽车废气、粉尘污染严重，土壤条件差，桥柱还存在着光照不足的缺点，因此，在选择植物材料时应当充分考虑这些因素，选用那些适应性强、抗污染并抗逆性强的种类，如异叶地锦、洋常春藤等。

（1）桥体绿化（图 4-13）

应根据桥体两侧的栽植槽或栽植带的宽度选择植物，桥体两侧无栽植地时，可在桥体两侧架设辅助设施如栽植槽等实施绿化。栽植槽或栽植带宽度小于 60cm 时，栽植抗旱性强的攀缘或悬垂植物，如三角梅、云南黄素馨、紫芸藤等；栽植槽或栽植带宽度大于 60cm 时，还可栽植常绿灌木，如枸骨、假连翘、鹅掌藤等。

一些具吸盘或吸附根的攀缘植物如地锦、络石、常春藤、凌霄等尚可用于小型拱桥、石墩桥的桥墩和桥侧面的绿化，涵盖于桥洞上方，绿叶相掩，倒影成景；也可用于高架、立交桥立柱的绿化。

（2）桥柱绿化（图 4-14）

应选择栽植抗旱性强、攀爬能力强的攀缘植物，如地锦、洋常春藤、络石等；也可通过牵引措施，栽植五叶地锦、常春油麻藤等。

图 4-13 桥体绿化图

图 4-14 桥柱绿化

4.2.4.4 围栏、栅栏绿化（图4-15、图4-16）

藤本植物在栅栏、铁丝网、花格围墙上缠绕攀附，或繁花满篱，或枝繁叶茂、叶色秀丽。可使篱垣因植物的覆盖而显得亲切、和谐。栅栏、花格围墙上多应用带刺的藤木攀附其上，既美化了环境，又具有很好的防护功能。常用的有藤本月季、云实、金银花、扶芳藤、凌霄等，缠绕、吸附或人工辅助攀缘在篱垣上。

图4-15 栅栏绿化

图4-16 围栏绿化

4.2.4.5 护坡（堤岸）绿化（图4-17）

护坡绿化是用各种植物材料，对具有一定落差坡面起到保护作用的一种绿化形式，包括山体悬崖峭壁、土坡岩面、山石以及城市道路两旁的坡地、堤岸和道路护坡等。可选择两种形式进行，绿化材料既可在岸脚种植带吸盘或气生根的地锦、常春藤、络石等，亦可在岸顶种植垂悬类的紫藤、蔷薇类、迎春、迎夏、花叶蔓等。

（1）河、湖护坡绿化

河、湖护坡绿化应选择耐涝、抗风的植物，如洋常春藤、巴西花生藤、马尼拉草等。

（2）海岸护坡绿化

海岸护坡绿化应选择耐盐碱、抗海风的植物，如沿阶草、三裂蟛蜞菊、百喜草等。

（3）道路护坡绿化

道路汽车废气、粉尘污染严重，应选择吸尘、防噪、抗污染的植物，并且不得影响行人及车辆安全。常用植物有云南黄素馨、木豆、天门冬等。

（4）山体陡坡绿化

采用藤本植物覆盖，一方面既遮盖裸露地表，美化坡地，起到绿化、美化的作用；另一方面可防止水土流失，又具有固土之功效。一般选用地锦、葛藤、常春藤、藤本月季、薜荔、扶芳藤、迎春、迎夏、络石等。

（5）花坛台壁、台阶绿化

花坛台壁、台阶两侧可吸附地锦、常春藤等，其叶幕浓密，使台壁绿意盎然，自然生动；在花台上种植迎春、枸杞等蔓生类藤本，其绿枝婆娑潇洒，犹如美妙的挂帘。

图 4-17 护坡（堤岸）绿化

（a）施工前 （b）施工中 （c）绿化后 （d）两年后

（6）山石绿化

山石绿化是现代园林中最富野趣的点景材料，藤本植物的攀附可使之与周围环境很好地协调过渡，但在种植时要注意不能覆盖过多，以若隐若现为佳。常用覆盖山石的藤木有地锦、常春藤、扶芳藤、络石、薜荔等。

4.2.4.6 园门造景

城市园林和庭院中各式各样的园门，如果利用藤木攀缘绿化，则别具情趣，可明显增加园门的观赏效果。适于园门造景的藤木有三角梅、木香、紫藤、木通、凌霄、金银花、金樱子、藤本月季、炮仗花等，利用其缠绕性、吸附性或人工辅助攀附在门廊上；也可进行人工造型，或让其枝条自然悬垂。观花藤本，盛花期繁花似锦，则园门自然情趣更为浓厚；地锦、络石等观叶藤本，则可使门廊浓荫匝顶。

4.2.4.7 柱体绿化

树干、电杆、灯柱等柱体进行垂直绿化，可攀缘具有吸附根、吸盘或缠绕茎的藤木，形成绿柱、花柱。金银花缠绕柱干，扶摇而上；地锦、络石、常春藤、薜荔等攀附干体，颇富林中野趣。但在电杆、灯柱上应用时要注意控制植株长势、适时修剪，避免影响供电、通信等设施的功能。

4.2.4.8 室内垂直绿化（图4-18）

宾馆、公寓、商用楼、购物中心和住宅等室内的垂直绿化，可使人们工作、休息、娱乐的室内空间环境更加赏心悦目，达到调节紧张、消除疲劳的目的，有利于增进人体健康。垂直绿化植物经叶片蒸腾作用，向室内空气中散发水分，可保持室内空气湿度；可以增加室内负离子，使人感到空气清新愉悦。有些垂直绿化植物可以分泌杀菌素，使室内有害细菌死亡。可通过绿色植物吸收二氧化碳、放出氧气的光合作用，清新空气；绿色植物还可净化空气中的一氧化碳等有毒气体。垂直绿化可有效分隔空间，美化建筑物内部的庭柱等构件，使室内空间由于绿化而充满生气和活力。室内的植物生长环境与室外相比有较大的差异，如光照强度明显低于室外、昼夜温差亦较室外要小、空气湿度较小等，因此在室内垂直绿化时必须首先了解室内环境条件及特点，掌握其变化规律，根据垂直绿化植物的特性加以选择，以求在室内保持其正常的生长和达到满意的观赏效果。室内垂直绿化的基本形式有攀缘和吊挂，可应用推广的种类有常春藤（包括其观叶品种）、络石、花叶蔓、热带观叶类型的绿蔓和红宝石等。

图4-18 室内垂直绿化

◇任务实施

1. 器具与材料

（1）器具

锄头、铁锹、铲、盛苗器、栽植槽、盆器、运输工具、水桶、修枝剪、畚斗、皮尺、花杆等。

（2）材料

垂直绿化栽植技术方案、绿化苗木、尼龙绳、绑扎带、肥料、生根剂、铁丝、记录表、纸张、笔、专业书籍，教学案例等。

2．任务流程

垂直绿化栽植施工流程如图4-19所示。

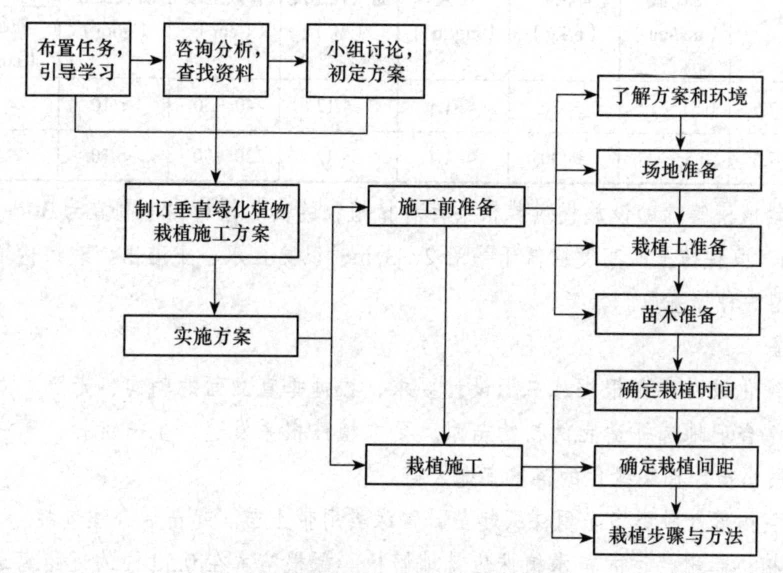

图4-19　垂直绿化栽植施工流程图

3．操作步骤

（1）施工前准备

①了解栽植方案和环境　施工前，应仔细核对设计图纸，掌握设计意图和施工技术要求，进行现场对图，如有不合适应做好相应调整；应实地调查了解栽植地给水、排水、土质、场地周围环境等情况。

②场地准备

• 墙面或围墙绿化时，需沿墙边带状整地；也可采用沿墙砌花槽填土种植。对墙面光滑植物难以攀附的，应事先采取安装条状或网状支架的辅助措施，促进植物攀附固定。

• 阳台、窗台绿化时，除场地允许用花盆种植外，还可采用支架外挂栽植槽供绿化，但必须考虑最大承重及支架挂件安全牢固、耐腐蚀，防止物件坠落。

• 棚架、桥柱绿化时，围绕棚架或桥柱的四周应进行整地，整地的宽度视现场条件情况一般以40～60cm为宜，对植物不易攀附的应采取牵引固定的措施。

• 裸露山体、护坡绿化时，应沿山边或坡边整地，宽度一般以50～80cm为宜；坡长度超过10m的，可采用其他工程措施在半坡处增设种植场地。

③种植土准备　栽植前应对土壤基质理化性质进行测定，要求符合表4-7的规定。

直接下地种植的在栽植前应整地，翻地深度不得少于40cm；对含石块、砖头、瓦片等杂物较多的土壤，必须更换栽植土。栽植地点有效土层下方如有不透气层的，应用机械打碎，不能打碎的应钻穿，使土层上下贯通。

栽植前结合整地，应向土壤中施基肥，肥料应选择腐熟的有机肥，将肥料与基质拌匀，施入坑或槽内。

表 4-7 垂直绿化栽植基质重要理化性状要求

栽植形式	pH	EC值（ms/cm）	有机质（g/kg）	容重（mg/m^3）	通气孔隙度（%）	有效土层（cm）	石灰反应（g/kg）	石砾	
								粒径（cm）	含量（%）
地 栽	6.0～7.5	0.51～1.5	≥30	≤1.1	≥12	40～50	＜10	≥3	≤10
栽植槽	6.0～7.5	0.5～1.5	≥30	≤1.1	≥12	20～30	＜10	≥2	≤5

需要设置栽植槽等辅助设施提供栽植条件种植植物的其栽植槽内净高宜为30～50cm；净宽宜为20～40cm，填种植土的高度应低于槽沿2～3cm，以防止水、土溢出。栽植槽填土应使用富含腐殖质且轻型的种植基质。

④苗木准备

选苗：在绿化设计中应根据施工图设计要求，根据垂直立面的朝向、光照、立地条件和成景的速度，科学合理地选择适宜的植物苗木。要求植株根系发达、生长茁壮、无病虫害，大部分垂直绿化可用小苗，棚架绿化的苗木宜选大苗。

起苗与包装：落叶种类多采用裸根起苗，常绿类用带土苗。起苗后合理包装。

运输与假植：起出待运的苗木植株应就地假植。裸根苗木在0.5d内的近距离运输，只需盖上帆布即可；运程超过0.5d的，装车后应先盖湿草帘再盖帆布；运程为1～7d的，根系应先蘸泥浆，用草袋包装装运，有条件时可加入适量湿苔等。途中最好能经常给苗株喷水，运抵后若发现根系较干，应先浸水，但以不超过24h为宜；未能及时种植的，应用湿土假植，假植时间超过2d应浇水管护。

（2）栽植施工

①栽植季节 华南地区，春、秋、冬均可栽植；华中、华东长江流域，春、秋季栽植；华北、西北南部，3～4月栽植；东北、西北、华北地区，4月栽植；西南地区，2～3月、6～9月栽植。非季节性栽植应采用容器苗。

②栽植间距

• 植物的栽植间距按设计施工图要求，应考虑苗木品种、大小及要求绿化见效的时间长短合理确定，通常应为40～50cm；

• 垂直绿化材料宜靠近建筑物和构筑物的基部栽植；

• 墙面贴植，栽植间距为80～100cm。

③栽植步骤与方法

挖穴：垂直绿化植物多为深根性植物，穴应该略深些，穴径一般应比根幅或土球大20～30cm，深与穴径相等或略深。蔓生性垂直绿化植物为45～60cm；一般垂直绿化植物为50～70cm。穴下部填土，加肥料层，若水位高还应添加沙层排水。

栽植苗修剪：垂直绿化植物的特点是根系发达，枝蔓覆盖面积大而茎蔓较细，起苗时容易损伤较多根系，为了确保栽植后水分平衡，对栽植苗留适当的芽后对主蔓和侧蔓适当重剪和疏剪；常绿类型以疏剪为主，适当短截，栽植时视根系损伤情况再行复剪。

定植：栽植工序应紧密衔接，做到苗木随挖、随运、随种、随灌，裸根苗不得长时间暴晒和脱水；除吸附类作垂直立面或作地被的垂直绿化植物外，其他类型的栽植方法和一般的园林树木一样，即要做到“三埋二踩一提苗”，做到“穴大根舒、深浅适度、根土密接、定根水浇足”。裸露山体的垂直绿化宜在山体下面和上部栽植攀缘植物，有条件的可结合喷播、挂网、格栅等技术措施实施绿化。

围堰浇水：栽植后应坚固树堰，用脚踏实土埂，以防跑水。苗木栽好后应立即浇第一遍水，过2～3d再浇第二遍水，两次水均应浇透。浇水时如遇跑水、下沉等情况，应随时填土补浇。第二次浇水后应进行根际培土，做到土面平整、疏松。

牵引和固定：建筑物及构筑物的外立面用攀缘或藤本植物绿化时应根据植物生长需要进行牵引和固定，苗木种植时应将较多的分枝均匀地与墙面平行放置；护坡绿化应根据护坡的性质、质地、坡度的大小采用金属护网、砌条状护坝等措施固定栽植植物。

4．考核评价（表4-8）

表4-8　垂直绿化植物栽植考核评价表

模　块	园林植物栽培			项　目	屋顶及垂直绿化植物的栽植	
任　务	任务4.2　垂直绿化植物栽植				学　时	2
评价类别	评价项目	评价子项目		自我评价（20%）	小组评价（20%）	教师评价（60%）
过程性评价（65%）	专业能力（45%）	方案制订能力（15%）				
		方案实施能力	施工前准备（15%）			
			栽植施工（15%）			
	职业素养能力（20%）	主动参与实践（7%）				
		工作态度（5%）				
		团队合作（8%）				
结果评价（35%）	方案完整性、可行性（15%）					
	栽植的植物成活率（10%）					
	垂直绿化景观效果（10%）					
评分合计						
班级：		姓名：		第　　组	总得分：	

◇巩固训练

1．训练要求

（1）以小组为单位开展垂直绿化训练，组内同学要分工合作、相互配合、团队协作。

（2）垂直绿化设计和施工技术方案应具有科学性和可行性。

（3）做到安全生产，操作程序符合要求。

2．训练内容

（1）结合当地小区绿化工程的垂直绿化植物栽植任务，让学生以小组为单位，在咨询学习、小组讨论的基础上制订某小区或学校垂直绿化植物栽植技术方案。

（2）以小组为单位，依据技术方案进行垂直绿化植物栽植施工训练。

3．可视成果

需提供某小区或学校垂直绿化植物栽植技术方案；栽植管护成功的垂直绿化景观。

◇任务小结

垂直绿化植物栽植任务小结如图4-20所示。

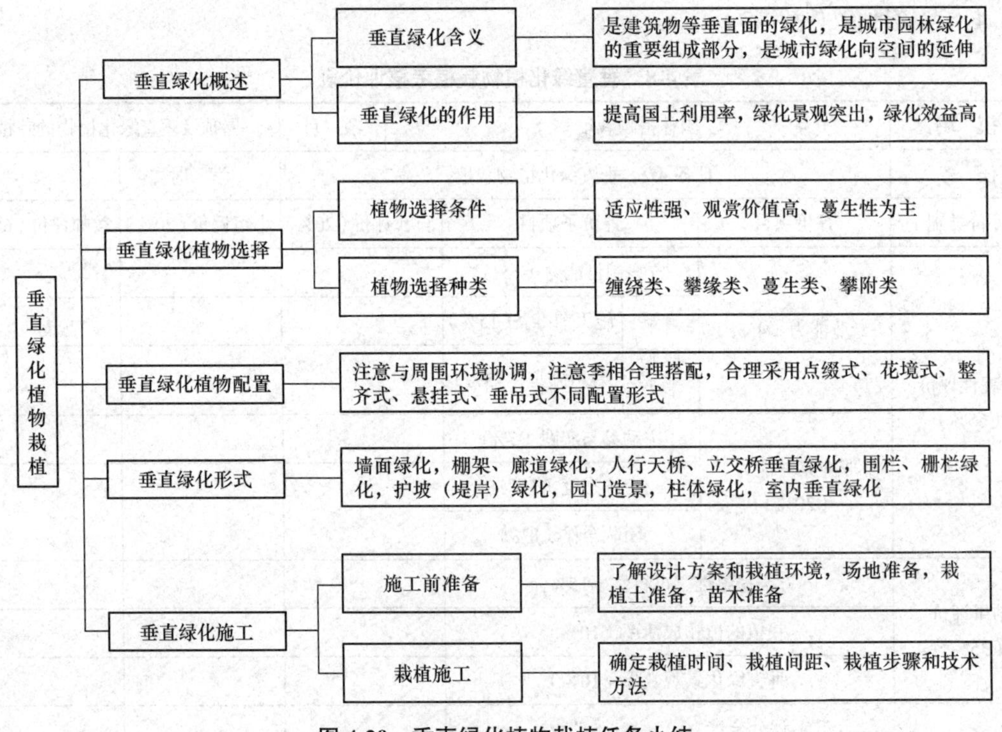

图4-20　垂直绿化植物栽植任务小结

◇思考与练习

1．名词解释

垂直绿化，墙面绿化，立体绿化。

2．填空题

（1）利用植物材料沿建筑物立面或其他构筑物表面________、________、________、垂吊形成垂直面的绿化称为垂直绿化。

（2）垂直绿化主要包括墙面绿化，________、________，花架、________，________、护坡绿化，栏杆、桥柱、灯柱及屋顶绿化等绿化形式。

（3）垂直绿化植物种类有________、________、________、蔓生类、________等。

（4）依照________、________的原则配置，结合植物________、________，与环境及与攀附构筑物关系采用________、________、整齐式、________、________不同垂直绿化植物配置形式。

（5）墙面垂直绿化有________、________、________、________等形式。

（6）护坡（堤岸）垂直绿化包括________、________、________、________、花坛台壁、台阶绿化和山石绿化等形式。

（7）垂直绿化施工前准备包括________、________、________、________等工作。

3．选择题

（1）以下属于缠绕类的垂直绿化植物组合是（　　）。

A．紫藤、金银花、牵牛花　　B．南蛇藤、铁线莲、葡萄

C．地锦、金银花、常春藤　　D．迎春、枸杞、藤本月季

（2）以下属于蔓生类的垂直绿化植物组合是（　　）。

A．紫藤、金银花、牵牛花　　B．南蛇藤、铁线莲、葡萄

C．地锦、金银花、常春藤　　D．迎春、枸杞、藤本月季

（3）以下属于攀缘类的垂直绿化植物组合是（　　）。

A．紫藤、金银花、牵牛花　　B．丝瓜、铁线莲、葡萄

C．地锦、金银花、常春藤　　D．迎春、枸杞、藤本月季

（4）以下属于攀附类的垂直绿化植物组合是（　　）。

A．紫藤、金银花、牵牛花　　B．凌霄、铁线莲、葡萄

C．地锦、薜荔、常春藤　　D．迎春、枸杞、藤本月季

（5）下列植物组合适用于直接吸附攀缘绿化墙面的是（　　）。

A．地锦、薜荔、常春藤　　B．络石、三角梅、藤本月季

C．紫藤、牵牛花、薜荔　　D．绿萝、地锦、迎春

（6）下列植物组合适用于经济型棚架垂直绿化的是（　　）。

A．葡萄、薜荔、炮仗花　　B．观赏南瓜、凌霄、铁线莲

C．葡萄、猕猴桃、金银花　　D．丝瓜、紫藤、藤本月季

（7）下列植物组合适用于观赏型棚架垂直绿化的是（　　）。

A．葡萄、薜荔、炮仗花　　B．紫藤、凌霄、铁线莲

C．葡萄、猕猴桃、金银花　　D．丝瓜、紫藤、藤本月季

（8）下列植物组合适用于桥柱垂直绿化的是（　　）。

A．葡萄、薜荔、炮仗花　　B．地锦、洋常春藤、络石

C．牵牛花、猕猴桃、三角梅　　D．丝瓜、紫藤、藤本月季

（9）垂直绿化植物的栽植间距按设计施工图要求，应考虑苗木品种、大小及要求绿化见效的时间长短合理确定，通常应为（　　）cm。

A．100～150　　B．80～100　　C．50～100　　D．40～50

（10）垂直绿化墙面贴植的栽植间距通常应为（　　）cm。

A．100～150　　B．80～100　　C．50～100　　D．40～50

4．问答题

（1）简述垂直绿化的作用。

（2）以本地区为例，分析怎样正确选择垂直绿化植物。

（3）举例分析怎样合理配置垂直绿化植物。

（4）简述墙面垂直绿化形式。

（5）简述护坡（堤岸）垂直绿化形式。

（6）举例说明垂直绿化栽植施工的流程及操作技术要点。

◇自主学习资源库

1．北京市垂直绿化技术规范．2007．

2．中国立体绿化网：http://www.3d-green.com.

模块2

园林植物养护管理

项目 5

园林绿地养护招投标及合同制定

本项目以园林绿化建设工程中各类园林植物养护招投标及签订合同的实际工作任务为载体，设置了养护招投标书制定、养护合同制定2个学习任务。学习本项目要熟悉园林植物养护管理技术规程和园林工程招投标及合同制定的行业企业规范等，并以园林绿化建设工程中的养护管理工作任务为支撑，将知识点和技能点融于实际的工作任务中，使学生在"做中学、学中做"，实现"理实一体化"教学。

【知识目标】

（1）理解园林植物养护投标书和养护合同编制的基本知识和流程；

（2）理解园林植物养护管理技术规程，园林养护工程招投标和合同签订的行业企业规范等。

【技能目标】

会编制园林绿化养护工程投标书和养护合同。

【素质目标】

（1）养成自主学习、表达沟通、组织协调和团队协作能力；

（2）养成独立分析、解决实际问题和创新能力；

（3）培养知法守法、清正廉洁、正当竞争的意识；

（4）养成法律意识、质量意识、环保意识、安全意识。

任务5.1 养护投标书制定

◇任务分析

【任务描述】

随着我国园林建设的快速发展，城市园林绿地的规模不断扩大，绿地的养护管理也逐渐走向市场化。通过招投标过程，园林绿化养护企业才能获得绿地的认养资格。园林绿地养护投标书是招投标过程中的重要文件。

本任务学习以当地某一城市绿地认养为案例，以学习小组为单位，教师设计招标文件，学生认领招标书，通过实地现场勘查，依据招标文件要求、现场勘查结果、相关的技术资料等编制投标书，最后通过模拟投标、开标、评标过程进行项目化教学。通过学习，熟悉绿化养护招投标过程，找出方案中的不足。本任务实施宜在校园绿地或当地城市公共绿地及多媒体教室进行。

【任务目标】

（1）掌握园林绿地养护招投标基本知识和流程；

（2）会编制园林绿地养护招投标文件；

（3）能独立分析和解决实际问题，合理分工并团结协作。

◇知识准备

5.1.1 养护投标书的组成

（1）投标书一（商务标）

①投标函；

②授权委托书；

③开标一览表；

④投标报价表；

⑤公平竞争承诺书。

（2）投标书二（技术标）

①企业绿地养护管理制度　制度需完善，程序规范，责任明确，具有可操作性。包括养护档案管理制度、安全文明措施等。

②绿化养护技术方案　园林植物养护管理技术方案，园林设施维护管理技术措施。

③绿地保洁和保安工作方案　方案需完整，措施有效扎实，管理责任清晰。包括卫生保洁责任落实、24h 保安计划等。

④绿化养护项目工作人员安排　安排需计划合理，组织管理体系科学，能够有效实施

养护管理工作。包括各专业工种人员的配备以及劳动力安排等。

（3）投标书三（资格证明文件部分）

①关于资格文件的声明函（招标函）；

②投标单位情况表；

③投标人的资格及资信证明文件（单位负责人授权书、营业执照等证明文件、财务状况报告、依法缴纳税收证明材料、依法缴纳社会保障资金证明材料、参加采购活动前三年内在经营活动中没有重大违法记录书面声明、信用记录查询结果）；

④投标人法定代表人身份证复印件；

⑤投标人授权委托人身份证复印件（如有授权）；

⑥园林绿化企业资质证书复印件；

⑦公司专业职称人员和各类专业技术工种人员一览表　投标人须附相关职称证书复印件、上岗证复印件；

⑧其他资格证明文件：专用设施设备一览表，投标人近3年绿地养护项目一览表，企业办公场所的证明材料，企业及项目组成员取得各级表彰证书等证明材料复印件。

5.1.2 养护投标书制作范本

5.1.2.1 投标函

投标函

我们收到贵公司________招标文件，经仔细阅读和研究，我们决定参加投标，按照贵公司招标文件的要求制作投标文件，提供投标文件正本一份，副本四份。据此函，签字人兹宣布同意如下：

（1）我们愿意按照招标文件的一切要求，提供包括完成该项目全部内容的服务，所报投标价格包括完成该项工作所需的人工、材料、机械、管理、维护、保险、利润、税金、政策性文件规定及合同包含的所有风险、责任等一切费用，即为合同价一次性包干。

（2）如果我们的投标书被接受，我们将严格履行招标文件中规定的每一项要求，按期、按质、按量履行合同的义务，完成绿化养护的全部工作。

（3）我们愿意提供招标方在招标文件中要求的所有资料。

（4）我们认为你们有权决定中标者，还认为你们有权接受或拒绝所有的投标者。

（5）我们愿意遵守招标通告及招标文件中所列的各项收费标准。

（6）我们承诺该项投标在开标后的全过程中保持有效，不作任何更改和变动。

（7）我们愿意按招标文件的规定交纳________元的投标保证金。

（8）我们愿意按照贵公司招标文件的要求提供一正四副全部投标文件，并保证全部投标文件内容真实有效，若有虚假，我公司愿意承担与此相关的一切责任。

（9）我们承诺：

①我们愿意按照《绿化养护保洁管理考核办法》规定的全部条款接受考核。

②我们愿意配置满足绿化养护标准的人力、物力、工具，我们的绿化养护人员将统一着装上岗。

③我们愿意做好绿化养护人员的安全工作并承担他们的安全责任。

（10）我们愿意按照《中华人民共和国合同法》履行自己应该承担的全部责任。

投标单位：　　　　（盖章）

单位地址：

法定代表人或委托代理人：　　　　　（签字）

邮政编码：

电话：

传真：

开户银行名称：

银行账号：

开户行地址：

日期：　　年　　月　　日

5.1.2.2　法定代表人授权委托书

授权委托书

本授权委托书声明：________（姓名）系________（投标人名称）的法定代表人，现授权委托________（单位名称）的________（姓名）为我公司代理人，以本公司的名义参加________的投标活动。代理人在开标、评标、合同谈判过程中所签署的一切文件和处理与之有关的一切事务，我均予以承认。代理人无权委托。特此委托。

代理人：________性别：____年龄：____

单位：__________部门：________职务：________

投标人：（盖章）

法定代表人：（签字或盖章）

日期：　　年　　月　　日

5.1.2.3　开标一览表（表5-1）

表5-1　开标一览表

项目名称：
投资保证金：
投标报价（大写金额）：
管理期限：
投标人：（单位全称并加盖公章）
法定代表人或授权委托人：（签字或盖章）
日期：　　年　　月　　日

注：本表中的报价为综合报价，应包括在承包期内绿化养护的需要的人工、材料、机械、管理、维护、保险、利润、税金、政策性文件规定及合同包含的所有风险、责任等一切费用。

“大写金额”指“投资报价”应用“壹、贰、叁、肆、伍、陆、柒、捌、玫、拾、佰、仟、万、亿、元、角、分、零”等进行填写。

附：详细投标报价清单。

5.1.2.4　项目负责人情况表（表 5-2）

表 5-2　项目负责人情况一览表

姓名：　　　　　　　　　　　　性别：
身份证号码：　　　　　　　　　出生年月：　　年　　月
联系电话：　　　　　　　　　　传真：　　　　　　　　电子邮箱：
从事绿化养护工作时间：
拥有关于绿化的职称等：
曾获得的关于绿化方面的奖励情况：
关于绿化养护的经验：（须写明项目甲方名称、项目名称等）
（1）________________
（2）________________
（3）________________
（本页不够填写，可另附纸说明）
其他需要说明的情况
投标单位：（公章）
法定代表人或授权委托人：（签字或盖章）
日期：　　年　　月　　日

5.1.2.5　养护人员情况表（表 5-3）

表 5-3　养护人员情况表

（投标单位拥有工程类初级以上职称、技工专业技术人员一览表）

序号	姓名	学历	专业	职称 / 工种	备注

投标方：（公章）
法定代表人或授权委托人：（签字或盖章）
日期：　　年　　月　　日

附：个人专业职称、技工资格证书复印件（表 5-4）。

表 5-4　项目配备管理人员和养护人员一览表

序号	姓名	学历	专业	职称 / 工种	在本项目中的岗位

5.1.2.6 专用设施设备一览表（表5-5）

表5-5 公司拥有专用设施设备一览表

序号	设备机具名称	型号（汽车行驶证号等）	单位（台/辆/个）	数量	设备性质（自有/租赁）	拟配备于本项目设备（是打√）

投标方：（公章）

法定代表人或授权委托人：（签字或盖章）

日期：　年　月　日

注：权属证明复印件（如购置发票、车辆行驶 证、租赁协议和租赁设备的购置发票或车辆行驶证等权属证明复印件等）。

5.1.2.7 近3年绿地养护项目一览表（表5-6）

表5-6 近3年绿地养护项目一览表

序号	项目名称	总面积（m^2）	合同金额（万元）	结算金额（万元）	竣工日期	备注

投标方：（公章）

法定代表人或授权委托人：（签字或盖章）

日期：　年　月　日

注：无论项目是否完工，投标人都应提供收到的中标通知书或双方签订的承包合同复印件。

5.1.2.8 项目负责人独立负责绿化养护证明

证　明

兹有________公司（投标单位名称）________（专职项目负责人姓名）同志在我单位________（项目名称）的绿化养护工作中为主要负责人。本项目绿化养护总面积为________万平方米，合同总金额为人民币________万元。特此证明。

招标方：（公章）

法定代表人或授权委托人：（签字或盖章）

日期：　年　月　日

5.1.2.9 投标单位情况表（表5-7）

表5-7 投标单位情况表

投标单位名称（盖章）： 法定代表人：________ 联系电话：________ 企业注册年份：________ 成立日期：________ 企业注册地：________ 企业注册资本（万元）：________ 企业联系人：________ 企业传真：________ 电子邮箱：________ 联系人电话：________ 企业地址：________ 企业经营范围：________ ________ 公司园林绿化资质等级及证书号：________ 企业职工人数：________，其中：有中高级以上职称的人数：________ 2012年总营业收入________万元，2012年实现利润________万元 企业办公场所及堆放场所的面积：________平方米，其中：自有面积________平方米，承租面积________平方米 单位优势及特长：________ ________

5.1.2.10 开户银行资信证明

银行资信证明

鉴于________（单位名称）将于____年____月____日参加________公司组织实施的________项目的招标活动，本银行提供以下证明：

________（单位名称）在本银行开设基本结算账户，开户许可证号码为________，账户号码为________，开设此账号的时间为____年____月____日，开具本证明日该账户的余额为________元。本银行对本证明的真实性承担责任。

银行名称：（盖章）

法定代表人：（签字或盖章）

银行地址：

邮政编码：

联系电话：

日期：　　年　　月　　日

5.1.2.11 公平竞争承诺书

公平竞争承诺书

致：________

本公司愿接受贵公司邀请，积极参加________项目的投标。为杜绝商业贿赂现象，维护良好管理秩序，共同营造公平、公正的竞争环境，我司郑重承诺：

（1）遵守贵司就前述项目招投标所制订的所有相关流程及要求，并保证所提交《投标文件》中相关资料与描述真实有效。

（2）坚持投标独立性，保证不以任何手段了解或意图了解其他投标参与人情况及其报价信息。

（3）保证不私下接触贵司负责招投标组织工作的人员及相关领导。

（4）保证不对贵司负责招投标组织工作的人员及相关领导进行宴请、招待，或赠送及承诺赠送礼金、礼品、礼券、其他利益。

（5）除自贵司公开渠道获取相关信息外，保证不以其他方式刺探或意图刺探贵司评标、议标信息及其进展。

（6）保证采取内部约束措施，禁止具体经办人或其他相关人员私自实施前述各项禁止性行为，并对其违规后果承担连带责任。

（7）如出现违反上述各项承诺情况，自愿接受贵司取消投标资格、没收投标保证金、解除合同等处罚措施，并对贵司因此所受损失进行全额赔偿。

（8）如贵司负责招投标组织工作的人员及相关领导，明示或暗示要求宴请、招待，或索取礼金、礼品、礼券、其他利益，或故意刁难、显失公平，保证立即向贵司监察部门进行举报。

特此承诺。

承诺单位：

法定代表人：

年　　月　　日

5.1.2.12　绿化养护施工组织设计

（1）投标书综合说明

（2）绿地养护管理相关的制度及规范

①养护档案管理制度；

②安全文明措施。

（3）绿化养护技术方案

①园林树木养护管理；

②草坪养护管理；

③草花养护管理；

④绿化养护工作月历。

（4）绿地设施维护管理方案

①园路管理；

②照明设施的使用与维护；

③绿化设施的维护；

④休闲娱乐设施维护；

⑤喷灌设施与排水设施的维护使用。

（5）绿地保洁和保安工作方案

①卫生保洁；

②绿地安保。

（6）绿化养护项目人员安排计划

①管理服务机构；

②人员编制及分工。

（7）绿化养护设备配置

◇任务实施

1．器具与材料

（1）器具

卷尺、树木测径尺、数码相机等。

（2）材料

招标文件等。各类投标文件和表格；卷尺、树木测径尺、数码相机等。

2．任务流程

园林植物养护招投标流程如图 5-1 所示。

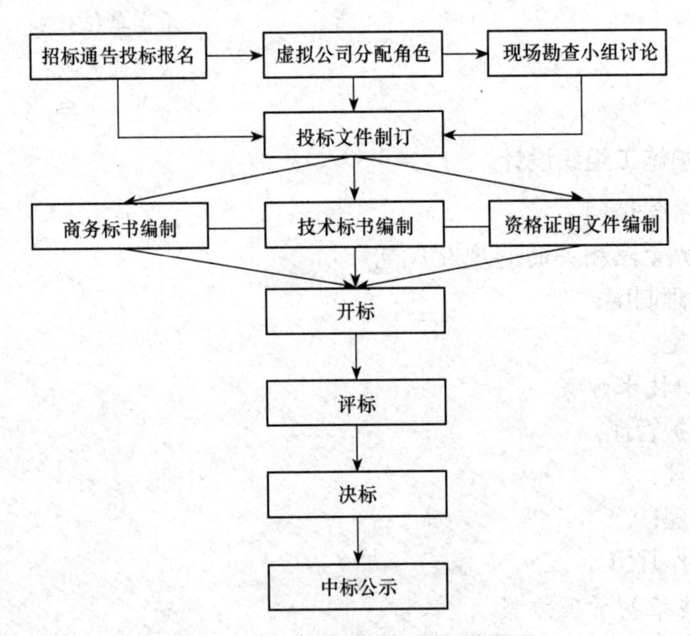

图 5-1　园林植物养护招投标流程图

3．操作步骤

本项任务宜采用任务驱动、仿真模拟的项目教学法进行，其工作步骤如下：

（1）招标通告

教师以业主的身份，以本地某一园林绿地养护管理认养为案例，发布绿地养护管理招标通告。

（2）投标报名

学生以小组为单位，以绿化养护公司身份，报名参加绿地养护招投标，按招标文件要求填写投标申报表，如实登记本单位的有关证件，包括主管部门核发的法人证书、资质等级、单位简历和技术装备情况等。

（3）资格预审

招标单位通过资格审查，选定投标单位，准备相应份额的招标文件，发给投标的养管单位，收取押金，并领取绿地养护招标文件。

（4）现场勘查

招标单位向投标单位介绍任务概况，提供图纸、管理资料等材料，共同勘查现场，并进行答疑，确定开标时间、地点。

（5）编制投标书

投标单位根据招标文件，编制投标书。

（6）递交投标书

投标单位将投标书按时密封报送招标单位。

（7）开标

组织相关的专业教师作为评标人，每个团队对自己制订的投标文件进行汇报。

（8）评标与决标

评标人按照评标标准对每个投标单位进行现场打分，经综合评判决定中标单位。

（9）中标公示

招标单位将评标结果通过媒体向外公开，自本中标结果公示之日起5d内，对中标结果没有异议的，招标人将办理中标通知书。

4．考核评价（表5-8）

表5-8　养护投标书制定考核评价表

<table>
<tr><td>模　块</td><td colspan="3">园林植物养护管理</td><td>项　目</td><td colspan="2">园林绿地养护招投标及合同制定</td></tr>
<tr><td>任　务</td><td colspan="4">任务5.1　养护投标书制定</td><td>学　时</td><td>2</td></tr>
<tr><td>评价类别</td><td>评价项目</td><td colspan="2">评价子项目</td><td>自我评价（20%）</td><td>小组评价（20%）</td><td>教师评价（60%）</td></tr>
<tr><td rowspan="6">过程性评价（60%）</td><td rowspan="4">专业能力（45%）</td><td rowspan="4">方案实施能力</td><td>现场勘查（10%）</td><td></td><td></td><td></td></tr>
<tr><td>标书制定（20%）</td><td></td><td></td><td></td></tr>
<tr><td>标书递交（5%）</td><td></td><td></td><td></td></tr>
<tr><td>开标汇报（10%）</td><td></td><td></td><td></td></tr>
<tr><td rowspan="2">社会能力（15%）</td><td colspan="2">工作态度（7%）</td><td></td><td></td><td></td></tr>
<tr><td colspan="2">团队合作（8%）</td><td></td><td></td><td></td></tr>
<tr><td rowspan="3">结果评价（40%）</td><td colspan="3">投标文件的完整性（15%）</td><td></td><td></td><td></td></tr>
<tr><td colspan="3">投标文件的科学性（10%）</td><td></td><td></td><td></td></tr>
<tr><td colspan="3">投标文件的可行性（15%）</td><td></td><td></td><td></td></tr>
<tr><td colspan="4">评分合计</td><td></td><td></td><td></td></tr>
<tr><td colspan="2">班级：</td><td colspan="2">姓名：</td><td>第　　组</td><td colspan="2">总得分：</td></tr>
</table>

◇巩固训练

1．训练要求

（1）以小组为单位开展训练，组内同学要分工合作、相互配合、团队协作。

（2）园林植物养护投标书应具有可行性和科学性。

2．训练内容

（1）结合当地小区园林绿化工程养护管理内容，让学生以小组为单位，在小组讨论的基础上，熟悉园林绿化养护工程管理项目招投标基本流程。

（2）以小组为单位，依据当地小区园林绿化工程养护管理项目进行投标书的编制。

3．可视成果

某小区园林绿化养护工程投标书。

◇任务小结

养护招投标任务小结如图5-2所示。

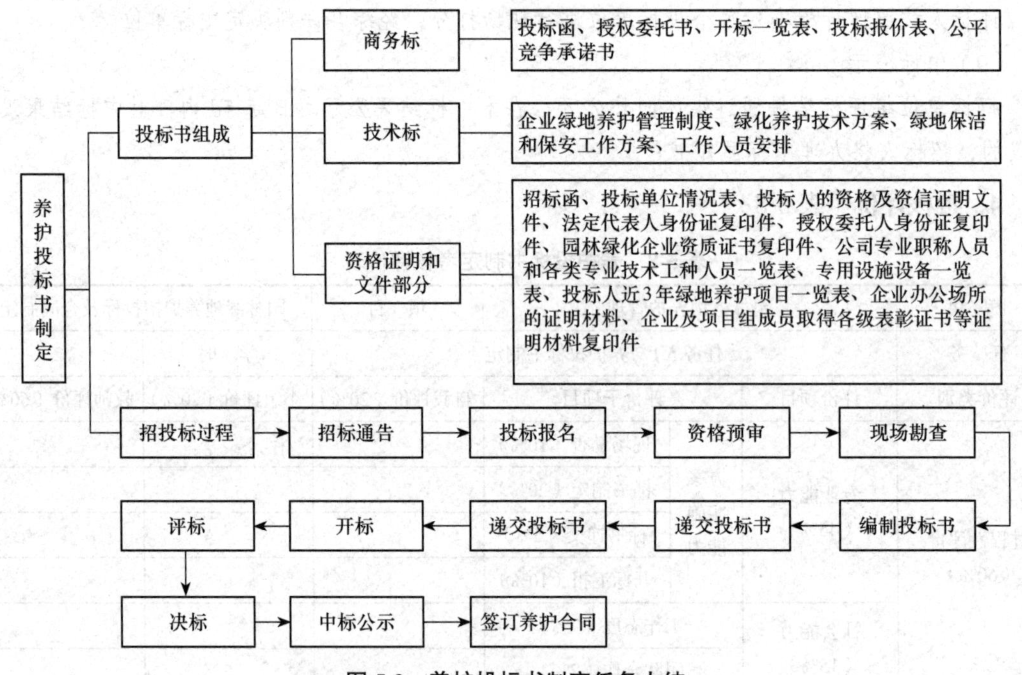

图5-2 养护投标书制定任务小结

◇思考与练习

1．填空题

（1）养护投标书是由＿＿＿＿＿、＿＿＿＿＿、＿＿＿＿＿等几部分组成的。

（2）商务标是由＿＿＿＿＿、＿＿＿＿＿、＿＿＿＿＿、＿＿＿＿＿、＿＿＿＿＿等几部分组成。

（3）技术标是由＿＿＿＿＿、＿＿＿＿＿、＿＿＿＿＿、＿＿＿＿＿等几部分组成。

2．选择题

（1）园林养护工程项目实施的年限一般为（　　）年。

A．1　　B．2　　C．3　　D．4

（2）投标单位要参加园林绿化养护工程项目的招投标，应按照招标公司的招标文件要求制作投标文件，提供投标文件（　　）。

A．正本1份、副本1份　　B．正本2份、副本4份

C．正本1份、副本4份　　D．正本1份、副本2份

3．判断题（对的在括号内填“√”，错的在括号内填“×”）

（1）授权委托书是招标单位的法人代表委托他人进行项目招投标过程的文件。（　　）

（2）绿化养护工程费用的报价为所有费用的综合报价。（　　）

4．问答题

简述园林绿化养护工程招投标的工作过程。

任务5.2　养护合同制定

◇任务分析

【任务描述】

园林绿化养护合同是园林绿化养护招投标工作完成之后，招标单位和中标单位签订的重要合同文件。本合同的签订，确定了双方的责任、权利和义务。

学习本任务，宜结合当地某一园林绿地养护的认养为案例进行，以学习小组为单位，结合仿真模拟园林绿地养护招投标工作过程，以小组为单位，制订园林绿地养护合同。通过学习，熟悉园林绿地养护合同的基本内容，掌握园林绿地养护合同书的编写方法。

【任务目标】

（1）熟悉园林绿地养护合同的基本内容；

（2）能独立编制园林绿化养护合同。

◇知识准备

5.2.1　合同基本结构

合同由标题、约首、正文、约尾四部分组成。

（1）标题

标题通常为（项目名称）合同书。

（2）约首

约首位于标题之下，通常指签订合同双方当事人的名称。为了便于正文叙述，当事人

名称分别用“甲方”“乙方”代称。在约首中必须将当事人名称的全称写在代称的后面。

当事人名称可以左右并列，也可以上下分列。

通常为：甲方：______________（发包方单位名称）

乙方：______________（承包方单位名称）

（3）正文

正文由开头和主体两部分组成。

①开头　也叫签约的原由、引言。写签订合同的目的、依据和立约过程，通常采用的写法是“为了 ×××××，根据《中华人民共和国合同法》及有关政策规定，经双方共同协商签订本合同，以资共同恪守”。引入主题，开头部分力求简明扼要。

②主体　也叫具体内容部分，是基本条款部分。另起一行，空两格将当事人协商一致的内容写清、写具体即可。格式条款合同，事先印好，条款项目比较固定，往里填充内容即可。非格式条款合同，内容可多可少，根据需要而定。

（4）约尾

约尾一般包括以下几条：

①合同的附件　如表格、图纸、资料、实样等，它们与合同具有同等法律效力，写在正文后面标注“附件”字样，然后使用序码依次写清附件的名称和份数。

②合同的有效期　可以列在条文中，也可以放在合同末尾落款下面。

③合同的份数和保存方法。

④条款未尽事宜的处理办法。

⑤署名　注明签约当事人各自单位的全称，法定代表人姓名（签字），并加盖单位印章或合同专用章。用印要端正清晰。如果需要主管机关或签（公）证机关审批，需写上主管机关、签（公）证机关名称、意见、日期，经办人签名并加盖印章。此外，如有必要，还要写上各签约单位详细地址、电话、电传、开户银行、账号，以便于联系。

⑥日期　以签订合同的日期为准，签订日期是合同生效的标志，必须写清楚。

5.2.2　养护合同的具体内容

（1）项目概况

项目概况包括养护工程项目的名称、位置、面积、承包方式等。

（2）养护范围及内容

养护范围包括园林植物、建筑小品、环境管理等。园林植物养护的内容主要有浇水排水、松土除草、施肥、病虫防治、整形修剪、保护及灾害预防、补植等；建筑及小品养护主要包括栏杆、园路、桌椅、路灯、井盖和标牌、驳岸等园林设施的保洁维修等；环境管理的内容主要有绿地保洁、垃圾收集、垃圾清运、水体保洁、治安巡逻等。

（3）养护工程量

养护工程量包括绿地总面积、园林植物数量（包括乔木、灌木、木质藤本、竹子、草坪及地被植物、水生植物、草本花卉的数量）、建筑及小品数量（包括园路面积，园桌、园椅、园凳、垃圾箱、园灯、标牌、雕塑、假山及水景数量等）。

（4）养护质量及考核

参照相关的园林绿化养护质量标准，结合当地的实际情况，制定出适宜本项目使用的养护质量标准及考核办法。

（5）安全防护及事故处理

①一般要求

• 乙方在养护期间，应当严格遵守安全生产作业的有关管理制度，并随时接受行业安全检查人员依法实施的监督检查，采取必要的安全防护措施，消除事故隐患。由于乙方安全措施不力造成事故的责任和因此发生的费用，由乙方承担。

• 乙方应对其在养护场地的工作人员进行安全教育，并对他们的安全负责。

• 甲方不得要求乙方违反安全管理的规定进行养护工作。因甲方原因导致的安全事故，由甲方承担相应责任及发生的费用。

②安全防范

• 乙方在从事喷洒农药、控制有害生物、修剪树木、修理设施、清理道路或水体、防台防汛等工作时应自行采取相应的安全防护措施。除双方另有约定外，安全防护费用由乙方自行承担。

• 乙方应保证养护范围内的各项设施能够安全使用，对于存在安全隐患的设施、物品，应及时提请甲方予以修理或更换。对养护范围内的树林、水体或其他可能造成人员伤亡的场所，乙方应提请甲方设置禁止吸烟、禁止火种、禁止游泳等安全警告铭牌。

• 乙方对土壤进行消毒或防治病虫害时，应使用符合环保要求的药剂，不得使用国家禁止使用的剧毒、高残留或可能造成其他公害的药剂。乙方喷洒药物之前，须将喷洒时间、药物种类提前报甲方批准，按甲方批准的时间和路线进行喷洒。瓜果类植物在挂果期间不得喷洒药剂，以防发生意外。残留药剂和容器，乙方应按规定妥善收集和处理。乙方未按规定使用药剂，造成的责任由乙方自行承担。

③环境保护

• 养护期间，乙方应遵守国家有关环境保护的政策、法规。养护范围内的垃圾应按规定清理、外运。污水、废水未处理达标前，不得直接排入河道或其他公共设施，以免造成污染。

• 乙方应按合同约定进行施肥、沤肥。施肥、沤肥不得造成绿化景观和周边环境污染。

• 养护期间，在枯水季节，乙方应按合同约定的范围和内容，清理水体淤泥，挖出的淤泥应堆放于甲方指定位置。

• 养护期间，乙方应按合同约定修整水体堤岸，防止坍塌；但不能擅自挖掘堤岸以扩大水面，亦不能擅自改变堤岸形状、走向。

④事故处理

• 养护期间，若发生重大伤亡及其他安全事故，乙方应按有关规定立即上报有关部门并通知甲方代表，同时按政府有关部门要求处理，由事故责任方承担发生的费用。

• 甲方、乙方对事故责任有争议时，应按政府有关部门的认定处理。

（6）价款及支付方式

价款通常由价格、总额和支付方式三部分组成。支付方式通常为每季末付总价格的

1/5，年底扣除相关的违约责任后，余款全部付清。

（7）履行期限

绿化养护期限通常为1年。

（8）权利及义务

①甲方的权利及义务　通常包括以下内容：

• 将养护工程区域内的树木、草坪、花卉、绿篱、水体、园林设施及其他需要养护的设施，列明范围或清单，双方进行现场确认。

• 提供养护范围内的园林景观设计图纸，以及养护场地内的工程地质和地下管线资料，并对资料的真实准确性负责。

• 提供养护所需用水、用电的接驳点，保证养护期间的需要。除双方另有约定外，购买及安装计量表具的费用由甲方承担，养护期间的水、电使用费用由乙方承担（景观水体养护所发生的水电费用，由双方另行协商确定）。

• 组织召开养护作业要求交底会。

• 在乙方开展养护工作时，协调乙方与政府部门、相关单位和人员（包括养护范围内的游客）的关系。

• 在养护期间，若主管单位通知停电、停水，甲方应及时将停电、停水通知送交乙方，乙方应自行采取停电、停水期间的养护措施。甲方收悉停电、停水通知后未及时通知乙方的，由此造成养护范围内的植物或养殖物死亡，其损失由甲方承担。除此之外的停电、停水或其他异常事件，造成损失由责任方承担；不能确定责任的，由乙方承担。

• 按照本合同约定，检查、考核乙方的工作。

• 按合同约定向乙方支付养护费用。

②乙方的权利及义务　通常包括以下内容：

• 根据本合同约定，在合同签订后________d内，制定养护期内相应的总体绿化养护管理方案，报请甲方代表审核批准，作为实施依据。甲方代表收到乙方方案后，应于________d内予以确认或提出修改意见，逾期不确认也不提出修改意见的，视为同意。

• 建立完善的养护班组，制定养护岗位职责以及各岗位规范、操作规程、养护制度（包括节假日值班制度、防汛防台期间的值班制度和应急抢险工作制度）。根据合同约定，配备技术管理人员和养护操作人员，并将岗位规范、操作规程、管理制度及工作人员的名单交甲方审批备案。

• 根据季节、气候、土壤、植物的生长习性和生长阶段及养护场地的具体情况合理安排、开展养护工作，根据甲方要求及时做好养护区域的局部调整，保证绿化观赏的整体性，并向甲方提供年、季、月度养护管理方案及相应进度统计表。

• 负责区域内各类植物养护及日常巡视检查，如发现各类苗木、设施有被损、被盗等情况，应及时向甲方汇报并立即进行补缺、恢复。

• 开展养护工作时，严格遵守政府和有关主管部门对噪声污染、环境保护和安全生产等的管理规定，文明施工；对外开放的养护区域，处理好养护工作与游客的关系。绿化垃圾须堆放于甲方指定位置，除双方另有约定外，垃圾由乙方负责清理外运。

• 养护期间，做好养护范围内的地下管线和现有建筑物、构筑物的保护工作；但甲方须在乙方进场前，将养护范围内的地下管线、地下构筑物的情况向乙方进行交底。

• 接受甲方的管理、监督、检查和考核，对甲方发出的整改通知，应及时按甲方的要求进行整改。乙方无正当理由拒绝整改时，甲方可以另行委托他人予以整改，所发生的费用由乙方承担。

• 负责养护工作人员的劳动保护和人身安全。除双方另有约定外，养护工作人员的餐饮、住宿由乙方自行承担。

• 建立和健全养护管理档案，对养护管理工作中采集的各种信息、资料及时做好分析整理和归档保存工作，并报送甲方备案。养护管理期满，将养护管理的所有档案资料及养护范围内的各类植物、设施完好地移交给甲方。

（9）养护所需机械、材料、器具设备

通常由乙方自理，需要列出清单。

（10）违约责任

①甲方违约责任　通常包括以下内容：

• 甲方未按合同约定，逾期支付养护款，应每天按照逾期付款金额的_______%向乙方支付违约金。甲方逾期付款超过_________d后，乙方可停止养护工作，造成的损失由甲方承担。

• 甲方未按合同约定提供相关图纸、资料及养护所需用水、电的接驳点，应承担以下违约责任：____。

• 因甲方原因，造成养护范围内的植物或养殖物死亡，其损失由甲方承担。

• 甲方应承担的其他违约责任：____。

②乙方违约责任

• 因乙方原因，养护质量未达到合同约定的养护标准，乙方应采取补救措施，并赔偿甲方损失。

• 未经甲方同意，乙方擅自更改、调整养护方案，给甲方造成损失的，应承担赔偿责任。

• 未经甲方同意，乙方擅自将承包的养护项目进行分包或转包给他人，给甲方造成损失的，应承担赔偿责任。

• 乙方应承担的其他违约责任：____。

（11）解决争议的方法

解决争议的途径主要有双方协商和解，第三人进行调解，通过仲裁解决，通过诉讼解决。当事人约定解决争议的方法，必须在签订合同时商定清楚，明确写入条款中。

（12）其他约定

合同履行过程中，双方可根据有关法律、行政法规规定，结合养护项目的实际情况，经协商一致后订立补充协议。补充协议视为本合同的组成部分。

（13）附则

本合同一式四份，具有同等效力，由甲方、乙方分别保存两份。

5.2.3 养护合同的写作要求

①撰写人必须熟悉与合同有关的专业知识、法律知识；
②必须坚持平等、自愿、公平和诚实信用的原则；
③合同的内容条款要明确具体、完备、全面；
④注意合同的形式；
⑤合同的语言要求准确、严谨、周密。

◇任务实施

1．器具与材料

（1）器具

计算器、电脑等器具。

（2）材料

招标文件、当地园林绿化养护质量等级标准等相关资料。

2．任务流程

园林植物养护合同制定流程如图 5-3 所示。

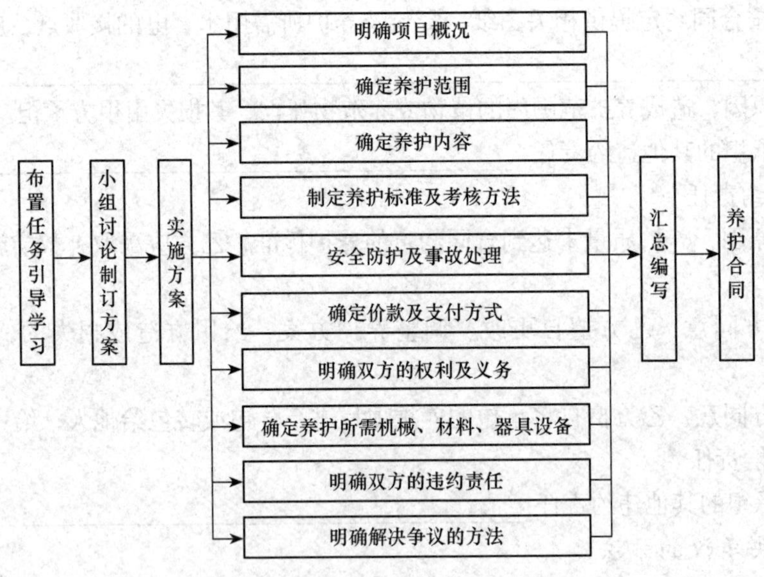

图 5-3 园林植物养护合同制定流程图

3．操作步骤

本项任务是招投标工作的后续环节，是投标方获得了绿地认养资格后与招标方签订合同文件的一项工作。宜采用任务驱动、仿真模拟的项目教学法进行，其工作步骤如下：

（1）任务安排

以本地某一园林绿地养护管理认养为例，教师以业主的身份，学生小组以中标单位的身份参与本项教学。以业主委托中标单位起草养护合同的形式布置工作任务。

（2）小组讨论及任务分工

认真阅读、讨论招标文件中对养护合同的具体要求，制订合同编写方案，并对养护合同中的主要编写内容进行分工。

（3）分块编写

每个人按照分配的工作任务，参考相关的资料，根据当地的实际情况，进行独立编写。

（4）小组讨论

在分块编写任务完成之后，各小组召开研讨会，对每个成员编写的内容进行认真的讨论，提出意见及建议，并进行修改完善。

（5）统稿定稿

由本组项目负责人将每个成员编写的合同任务进行汇总、统稿。

（6）合同递交

各小组将制定好的养护合同交给指导教师，教师以作业展评的形式，与学生共同对养护合同进行评价。

4．考核评价（表5-19）

表5-19　养护合同制定考核评价表

模　块	园林植物养护管理			项　目	园林绿地养护招投标及合同制定	
任　务	任务1.2　养护合同制定				学　时	2
评价类别	评价项目	评价子项目		自我评价（20%）	小组评价（20%）	教师评价（60%）
过程性评价（30%）	专业能力（15%）	方案实施能力	小组讨论（10%）			
			分块实施（20%）			
			按时递交（5%）			
	社会能力（15%）	工作态度（7%）				
		团队合作（8%）				
结果评价（70%）	养护合同的规范性（30%）					
	养护合同的科学性（20%）					
	养护合同的可行性（20%）					
评分合计						
班级：		姓名：		第　组	总得分：	

◇**巩固训练**

1．训练要求

（1）以小组为单位开展训练，组内同学要分工合作、相互配合、团队协作。

（2）园林植物养护合同应具有可行性和科学性。

2．训练内容

（1）结合当地小区园林绿化工程养护管理内容，让学生以小组为单位，在小组讨论的基础上，熟悉园林绿化养护管理工程项目养护合同编制流程。

（2）以小组为单位，依据当地小区园林绿化工程养护管理项目进行养护合同编制。

3．可视成果

提供某小区园林绿化养护管理工程养护合同书。

◇任务小结

养护合同制定任务小结如图5-4所示。

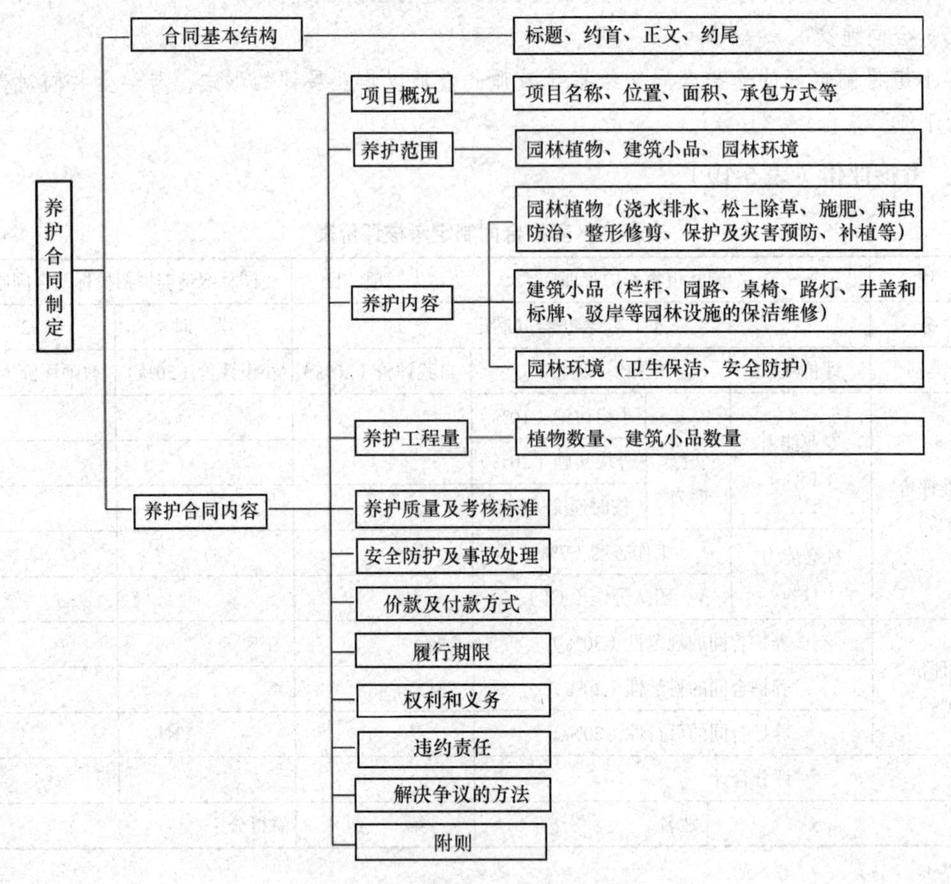

图5-4　养护合同制定任务小结

◇思考与练习

1．填空题

（1）养护合同通常是由________、________、________、________4部分组成。

（2）在养护合同正文中，项目概况通常包括养护工程项目的________、________、

________、________等。

（3）养护合同正文中，开头也叫签约的________、________。写明签订合同的目的、________和________。

（4）园林绿化养护工程项目的约尾一般包括________、________、________、________、署名等。

（5）园林绿化养护的范围通常包括________、________、________，其中以________养护为主。

2．选择题

（1）园林绿化养护履行期限一般为（　　）年。

A．1　　B．2　　C．3　　D．4

（2）园林绿化养护工程费用的支付一般每（　　）支付一次。

A．月　　B．季度　　C．年

3．判断题（对的在括号内填“√”，错的在括号内填“×”）

（1）园林绿化养护工程一般采用包工包料的承包形式。（　　）

（2）园林绿化养护工程全年承包费用通常按中标价结算，不再追加。（　　）

（3）绿化养护工程可以自主分包和转包。（　　）

◇自主学习资源库

1．北京市园林绿化养护管理标准．

2．上海市园林绿化养护合同示范文本（2008版）．

3．北京市园林绿化局关于城市绿地养护管理投资标准的意见．

4．重庆市园林绿化养护管理标准定额（试行）．

5．全国园林绿化养护概算定额（2018版）．

项目 6

园林树木养护管理

园林树木养护管理是园林植物养护管理的重点内容。本项目以园林绿化工程养护管理项目的实际工作任务为载体，设置了园林树木土、肥、水管理，园林树木整形修剪，园林树木树体保护及灾害预防，古树名木养护管理 4 个学习任务。学习本项目要熟悉园林植物养护管理技术规程，并以园林绿化工程养护管理项目的实际任务为支撑，将知识点和技能点融于实际的工作任务中，使学生在“做中学、学中做”，实现“理实一体化”教学。

【知识目标】

（1）了解园林树木土、肥、水管理的意义和原则，掌握园林树木土、肥、水管理的基本内容和技术方法；

（2）掌握本地区园林植物养护管理工作月历编制方法；

（3）理解园林树木修剪整形的基本知识，掌握本地区常见园林树木整形修剪技术方法；

（4）熟悉古树名木衰老原因，掌握古树名木资源调查和养护管理技术方法；

（5）掌握园林树木伤口处理与树洞修补的技术方法；

（6）理解园林树木常见灾害的成因，掌握本地区园林树木常见灾害的预测预报和防治方法；

（7）熟悉常用灌溉机具、整形修剪机具、病虫害防治机具种类及使用维修技术方法。

【技能目标】

（1）会编制园林植物养护管理工作月历和园林树木养护管理技术方案；

（2）会依据园林树木养护管理合同、养护管理技术方案实施各类园林树木的养护管理；

（3）能进行古树名木资源调查并编制调查报告；

（4）会制订古树名木养护技术方案并实施古树名木的养护管理；

（5）能进行本地区园林树木常见灾害的预测预报并实施防治；

（6）会使用和维修常用灌溉机具、整形修剪机具、病虫害防治机具。

【素质目标】

（1）养成自主学习、表达沟通、组织协调和团队协作能力；

（2）养成独立分析、解决实际问题和创新能力；

（3）养吃苦耐劳、敬业奉献、踏实肯干、精益求精的工匠精神；

（4）养成全方位、全地域、全过程加强生态环境保护意识，做到尊重自然、顺应自然、保护自然；

（5）养成法律意识、质量意识、安全意识、低碳意识。

任务 6.1　园林树木土、肥、水管理

◇任务分析

【任务描述】

园林树木土、肥、水管理是园林植物养护管理的重要组成部分。本任务学习以学校或某小区绿地中各类园林树木土、肥、水管理的养护任务为支撑，以学习小组为单位，首先制订学校或某小区园林树木土、肥、水管理的技术方案，再依据制订的技术方案和园林植物养护技术规程地标，保质保量完成一定数量的园林树木土、肥、水管理养护任务。本任务实施宜在学校绿地、小区绿地、公园等地开展。

【任务目标】

（1）会熟练编制学校或某小区园林树木土、肥、水管理技术方案；

（2）会熟练实施园林树木土、肥、水管理操作；

（3）会熟练并安全使用各类园林树木土、肥、水管理的设备、工具和材料；

（4）能独立分析和解决实际问题，吃苦耐劳，合理分工并团结协作。

◇知识准备

6.1.1　园林植物养护管理工作月历编制

要对园林植物进行科学的年复一年的有效养护管理，必须在植物的不同生长时期、季节采取不同的养护管理措施。我国土地辽阔，南北气候相差甚大，北国千里冰封，南国已是春意正浓，各地的养护管理措施的实施时间相差大，因此各地养护管理措施会有所不同。

所谓工作月历是当地园林绿化养护每月工作的主要内容，它对于不熟悉园林植物养护的人员来说有指导作用，也是管理部门的年工作计划之一。但是，各类植物的养护管理内容很多，尤其是花卉草本植物，种类多、栽培方式各异，难以统一栽培措施。下面以哈尔滨、北京、南京、广州每月的树木养护管理措施为例，说明一年中园林植物养护管理的作业重点和技术要求（表 6-1）。

6.1.2　园林树木的土、肥、水管理基本知识

6.1.2.1　园林树木种植土壤类型和特点

土壤是园林树木生长的基础，它不仅支持、固定树木，而且还是园林树木生长发育所需水分和养分的供应库和储存库。园林树木土壤管理的任务就在于，通过多种综合措施来提高土壤肥力，改善土壤结构和理化性质，保证园林树木健康生长所需养分、水分、空气

表 6-1　园林植物养护管理工作月历（成海钟，2005）

月　份	哈尔滨	北　京	南　京	广　州
1月 （小寒、大寒）	◆ 平均气温 −19.7℃，平均降水量 4.3mm ◆ 积肥和贮备草炭等 ◆ 进行园林树木防寒设施的检查	◆ 平均气温 −4.7℃，平均降水量 2.6mm ◆ 进行冬剪，将病虫枝、伤残枝、干枯枝等枝条剪除。对于有伤流和易枯梢的树种，推迟到萌芽前进行 ◆ 检查防寒设施，发现破损应立即补修 ◆ 在树木根部堆集不含杂质的雪 ◆ 利用冬闲时节进行积肥 ◆ 防治病虫害，在树根下挖越冬的虫蛹、虫茧，剪除树上虫包并集中销毁处理	◆ 平均气温 1.9℃，平均降水量 31.8mm ◆ 冬植抗寒性强的树木，如遇冰冻天气立即停止，对樟树、石楠等喜温树种可先打穴 ◆ 冬季整形修剪，剪除病虫枝、伤残枝等，挖掘枯死树 ◆ 大量积肥和沤制堆肥 ◆ 深施基肥，冬耕 ◆ 做好防寒工作，遇有大雪，对常绿树、古树名木、竹类要组织打雪 ◆ 防治越冬虫害 ◆ 检查防寒措施的完好程度	◆ 平均气温 13.3℃，平均降水量 36.9mm ◆ 打穴，整理地形，为下月进行种植作准备 ◆ 对树木进行常规修剪 ◆ 进行积肥堆肥，深施基肥 ◆ 对耐寒性较差的树种采取适当的防寒措施 ◆ 清除杂草和枯萎的乔灌木 ◆ 防治病虫害，消灭越冬虫卵
2月 （立春、雨水）	◆ 平均气温 −15.4℃，平均降水量 3.9mm ◆ 进行松类冻坨移植 ◆ 利用冬剪进行树冠的更新 ◆ 继续进行积肥	◆ 平均气温 −1.9℃，平均降水量 7.7mm ◆ 继续进行冬剪，月底结束 ◆ 检查防寒设施的情况 ◆ 堆雪，利于防寒、防旱 ◆ 积肥与沤制堆肥 ◆ 防治病虫害 ◆ 进行春季绿化的准备工作	◆ 平均气温 3.8℃，平均降水量 53mm ◆ 进行一般树木的栽植，本月上旬开始竹类的移植 ◆ 继续做好积肥工作 ◆ 继续冬施基肥和冬耕，并对春花植物施花前肥 ◆ 继续防寒工作和防治越冬害虫	◆ 平均气温 14.6℃，平均降水量 80.7mm ◆ 个别树木开始萌芽抽叶，开始绿化种植、补植等 ◆ 撤防寒设施 ◆ 继续进行积肥堆肥 ◆ 继续进行树木的修剪 ◆ 对抽梢的树木施追肥、花前肥并及时松土
3月 （惊蛰、春分）	◆ 平均气温 −5.1℃，平均降水量 12.5mm ◆ 做好春季植树的准备工作 ◆ 继续进行树木的冬剪 ◆ 继续积肥	◆ 平均气温 4.8℃，平均降水量 9.1mm，树木结束休眠，开始萌芽展叶 ◆ 春季植树，应做到随挖、随运、随栽、随养护 ◆ 春灌，以补充土壤水分，缓和春旱 ◆ 开始进行追肥 ◆ 根据树木的耐寒能力分批拆除防寒设施 ◆ 防治病虫害	◆ 平均气温 8.3℃，平均降水量 73.6mm ◆ 做好植树工作，及时完成并保证成活率 ◆ 对原有的树木进行浇水和施肥 ◆ 清除树下杂物、废土等 ◆ 撤防寒设施	◆ 平均气温 18.0℃，平均降水量 80.7mm ◆ 绝大多数树木抽梢长叶。绿化种植的主要季节，并进行补植、移植；对新植树木立支撑柱 ◆ 开始对树木进行造型或继续整形，对树冠过密的树木疏枝 ◆ 继续施追肥、除草松土 ◆ 防治病虫害

（续）

月份	哈尔滨	北京	南京	广州
4月 （清明、谷雨）	◆ 平均气温 6.1℃，平均降水量 25.3mm；树木萌芽，连翘类开花 ◆ 土壤解冻到 40～50cm 时，进行春季植树，并做到“挖、运、栽、浇、管”五及时 ◆ 撤防寒设施 ◆ 进行春灌和施肥 ◆ 对新植树木立支撑柱	◆ 平均气温 13.7℃，平均降水量 22.4mm ◆ 继续进行植树，在树木萌芽前完成种植任务 ◆ 继续进行春灌、施肥 ◆ 剪除冬春枯梢，开始修剪绿篱 ◆ 维护开花的花灌木 ◆ 防治病虫害	◆ 平均气温 14.7℃，平均降水量 98.3mm ◆ 本月上旬完成落叶树的栽植工作，对樟树、石楠等喜温树种宜此时栽植 ◆ 对新植树木立支撑柱 ◆ 对各类树木进行灌溉抗旱并除草、松土 ◆ 修剪绿篱，做好剥芽和除萌蘖工作 ◆ 防治病虫害，对易感染病害的雪松、月季、海棠等每 10d 喷一次波尔多液	◆ 平均气温 22.1℃，平均降水量 175.0mm ◆ 继续进行绿化种植、补植、改植等 ◆ 修剪绿篱，疏除过密枝，剪去枯死枝和残花 ◆ 继续对新植的树木立支柱、淋水养护 ◆ 除草松土，施肥 ◆ 防治病虫害
5月 （立夏、小满）	◆ 平均气温 14.3℃，平均降水量 33.8mm ◆ 对新植或冬剪的树木进行及时的抹芽和除萌蘖 ◆ 继续灌溉与追肥 ◆ 中耕除草 ◆ 防治病虫害	◆ 平均气温 20.1℃，平均降水量 36.1mm ◆ 树木旺盛生长需大量灌水 ◆ 结合灌水施速效肥或进行叶面喷肥 ◆ 除草松土 ◆ 剪残花，除萌蘖和抹芽 ◆ 防治病虫害	◆ 平均气温 20℃，平均降水量 97.3mm ◆ 对春季开花的灌木进行花后修剪，并追施氮肥和中耕除草 ◆ 新植树木夯实、填土，剥芽去蘖 ◆ 继续灌水抗旱 ◆ 及时采收成熟的种子 ◆ 防治病虫害	◆ 平均气温 25.6℃，平均降水量 293.8mm ◆ 继续看管新植的树木 ◆ 修剪绿篱及花后树木 ◆ 继续绿化施工种植 ◆ 加强除草松土、施肥工作 ◆ 防治病虫害
6月 （芒种、夏至）	◆ 平均气温 20℃，平均降水量 77.7mm ◆ 进行树木夏季的常规修剪 ◆ 继续灌溉与追肥 ◆ 继续松土除草 ◆ 防治病虫害	◆ 平均气温 24.8℃，平均降水量 70.4mm ◆ 继续进行灌水和施肥，保证其充足供应 ◆ 雨季即将来临，剪除与架空线有矛盾的枝条，特别是行道树 ◆ 中耕除草 ◆ 防治病虫害 ◆ 做好雨季排水工作	◆ 平均气温 24.5℃，平均降水量 145.2mm ◆ 加强行道树的修剪，解决树木与架空线路及建筑物间的矛盾 ◆ 做好防暴风暴雨的工作，及时处理危险树木 ◆ 做好抗旱、排涝工作，确保树木花草的成活率和保存率 ◆ 抓紧晴天进行中耕除草和大量追肥，保证树木迅速生长 ◆ 及时对花灌木进行花后修剪 ◆ 防治病虫害	◆ 平均气温 27.4℃，平均降水量 287.8mm ◆ 继续绿化种植 ◆ 对新植的树木加强水分管理 ◆ 对过密树冠进行疏枝，对花后树木进行修剪以及整形 ◆ 继续进行除草松土、施肥工作 ◆ 防治病虫害

（续）

月　份	哈尔滨	北　京	南　京	广　州
7月 （小暑、大暑）	◆ 平均气温 22.7℃，平均降水量176.5mm，雨季来临，气温最高 ◆ 对某些树木进行造型 ◆ 继续中耕除草 ◆ 防治病虫害，尤其是杨树腐烂病 ◆ 调查春植树木的成活率	◆ 平均气温 26.1℃，平均降水量 196.6mm ◆ 雨季来临，排水防涝 ◆ 增施磷、钾肥，保证树木安全越夏 ◆ 中耕除草 ◆ 移植常绿树种，最好入伏后降过一场透雨后进行 ◆ 抽稀树冠达到防风目的 ◆ 防治病虫害 ◆ 及时扶正被风吹倒、吹斜的树木	◆ 平均气温 28.1℃，平均降水量 181.7mm ◆ 本月暴风雨多，暴风雨过后及时处理倒伏树木，凹穴填土夯实，排除积水 ◆ 继续行道树的修剪、剥芽 ◆ 新栽树木的抗旱、果树施肥及除草松土 ◆ 防治病虫害	◆ 平均气温 28.4℃，平均降水量 212.7mm ◆ 继续绿化种植，移植或绿化改造 ◆ 处理被台风吹倒的树木，修剪易被风折的枝条 ◆ 加强绿篱等的整形修剪 ◆ 中耕除草、松土，尤其加强花后树木的施肥 ◆ 防治病虫害
8月 （立秋、处暑）	◆ 平均气温 21.4℃，平均降水量 107mm ◆ 加强排水，防止洪涝 ◆ 继续对树木进行修剪，同时修剪绿篱 ◆ 调查春植树木的保存率 ◆ 加强对树木的后期管理，及时中耕除草，保证其正常生长 ◆ 防治病虫害	◆ 平均气温 24.8℃，平均降水量 243.5mm ◆ 防涝，巡视，抢险 ◆ 继续移植常绿树种 ◆ 继续进行中耕除草 ◆ 防治病虫害 ◆ 行道树的养护和花木的修剪及绿篱等整形植物的造型	◆ 平均气温 27.9℃，平均降水量 121.7mm ◆ 继续做好抗旱排涝、防洪防汛工作，解决树木枝条与管线、建筑物之间的矛盾 ◆ 对被风吹歪的树木进行扶正 ◆ 夏季修剪，植物整形 ◆ 挖除枯树，松土除草和施肥 ◆ 继续做好病虫害防治工作	◆ 平均气温 28.1℃，平均降水量 232.5mm ◆ 继续进行绿化栽植 ◆ 做好低洼地段的排水防洪工作 ◆ 对受台风影响的树木进行清理及扶正修剪等 ◆ 松土除草施肥，以磷、钾肥为主，提高植物的木质化程度 ◆ 防治病虫害 ◆ 积肥，花后植物的修剪
9月 （白露、秋分）	◆ 平均气温 14.3℃，平均降水量27.7mm ◆ 迎国庆，全面整理绿地园容，并对行道树进行涂白 ◆ 修剪树木，去掉枯死枝、病虫枝，挖除枯死树木 ◆ 继续进行中耕除草 ◆ 做好秋季植树的工作 ◆ 防治病虫害	◆ 平均气温 19.9℃，平均降水量 63.9mm ◆ 迎国庆，全面整理绿地园容，修剪树枝 ◆ 对生长较弱，枝梢木质化程度不高的树木追施磷、钾肥 ◆ 中耕除草 ◆ 防治病虫害	◆ 平均气温 22.9℃，平均降水量 101.3mm ◆ 准备迎国庆，加强中耕除草、松土与施肥 ◆ 继续抓好防台风、防暴雨工作，及时扶正吹斜的树木 ◆ 对绿篱的整形修剪月底完成 ◆ 防治病虫害，特别是蛀干害虫	◆ 平均气温 27.0℃，平均降水量 189.3mm ◆ 进行带土球树木的种植 ◆ 处理被台风影响的树木 ◆ 继续除草松土、施肥和积肥 ◆ 对绿篱等进行整形和树形维护 ◆ 防治病虫害

（续）

月　份	哈尔滨	北　京	南　京	广　州
10 月（寒露、霜降）	◆ 平均气温 5.9℃，平均降水量 26.6mm ◆ 本月中下旬开始秋季植树 ◆ 土壤封冻前灌冻水 ◆ 收集枯枝落叶、杂草，进行积肥，沤肥堆肥 ◆ 做好树木的防寒工作	◆ 平均气温 12.8℃，平均降水量 21.1mm；随气温下降，树木相继开始休眠 ◆ 准备秋季植树 ◆ 收集枯枝落叶进行积肥 ◆ 本月下旬开始灌冻水 ◆ 防治病虫害	◆ 平均气温 16.9℃，平均降水量 44mm ◆ 全面检查新植树木，确定全年植树成活率 ◆ 出圃常绿树木，供绿化栽植 ◆ 采收树木种子 ◆ 防治病虫害	◆ 平均气温 23.7℃，平均降水量 69.2mm ◆ 继续带土球树木的种植 ◆ 加强树木的灌水 ◆ 清理部分一年生花卉，并进行松土除草 ◆ 防治病虫害
11 月（立冬、小雪）	◆ 平均气温 −5.8℃，平均降水量 16.8mm ◆ 土壤封冻前结束树木的栽植工作 ◆ 继续灌冻水 ◆ 对树木采取防寒措施 ◆ 做好冻坨移植的准备工作，在土壤封冻前挖好坑 ◆ 继续积肥	◆ 平均气温 3.8℃，平均降水量 7.9mm ◆ 土壤冻结前栽种耐寒树种，完成灌水任务，深翻施基肥 ◆ 对不耐寒的树种进行防寒，时间不宜太早	◆ 平均气温 10.7℃，平均降水量 53.1mm ◆ 大多数常绿树的栽植 ◆ 进行树木的冬剪 ◆ 冬季施肥，深翻土壤，改良土壤结构 ◆ 对不耐寒的树木等进行防寒 ◆ 大量收集枯枝落叶堆集沤制积肥 ◆ 防治病虫害，消灭越冬虫卵等	◆ 平均气温 19.4℃，平均降水量 37.0mm ◆ 带土球或容器苗的绿化施工 ◆ 检查当年绿化种植的成活率 ◆ 加强灌水，减轻旱情 ◆ 深翻土壤，施基肥 ◆ 开始进行冬季修剪 ◆ 防治病虫害
12 月（大雪、冬至）	◆ 平均气温 −15.5℃，平均降水量 5.7mm ◆ 冻坨移植树木 ◆ 砍伐枯死树木 ◆ 继续积肥	◆ 平均气温 2.8℃，平均降水量 1.6mm ◆ 加强防寒工作 ◆ 开始进行树木的冬剪 ◆ 防治病虫害，消灭越冬虫卵 ◆ 继续积肥	◆ 平均气温 4.6℃，平均降水量 30.2mm ◆ 除雨、雪、冰冻天气外，大部分落叶树可进行移植 ◆ 继续堆肥、积肥 ◆ 深翻土壤，施足基肥 ◆ 继续进行树木的冬剪 ◆ 继续做防寒工作 ◆ 防治病虫害	◆ 平均气温 15.2℃，平均降水量 24.7mm ◆ 加强淋水，改善树木生长环境的缺水状况 ◆ 继续深施基肥 ◆ 继续进行冬剪 ◆ 防治病虫害，杀灭越冬害虫 ◆ 对不耐寒的树木进行防寒

的不断有效供给，因此，土壤的质量直接关系着园林树木的生长好坏；同时，结合园林工程的地形地貌改造利用，土壤管理也有利于增强园林景观的艺术效果，并能防止和减少水土流失与尘土飞扬等现象的发生。

（1）园林树木种植土壤类型

①城市绿地土壤　详见模块1项目1“任务1.2　土壤准备”部分。

②保护地土壤　指温室和塑料大棚下的土壤。这种土壤温度高，蒸发量大，没有天然降水的淋溶作用。常形成表土盐化等不利于植物生长的因素。

③盆栽土壤　指盆栽花卉和盆栽盆景用的栽培土。实际上盆栽土壤是人工配制的土壤。因盆栽土层薄、土体小、干湿和土温变化频繁，对水、肥、气、热都有较高的要求。

（2）园林树木种植土壤特点

①城市绿地土壤特点　详见模块1项目1“任务1.2　土壤准备”部分。

②保护地土壤的特征

· 土壤溶液浓度高，一般露地土壤的全盐浓度在500～3000mg/kg，在保护地栽培下可达10 000mg/kg以上。对一般植物来讲，适宜的盐分浓度为2000mg/kg，若超过4000mg/kg，就会抑制植物生长。例如，新建温室土壤溶液浓度较合适，随时间的延长，因施肥不当致盐类集聚，土壤溶液浓度升高。

· 土壤消毒造成的危害，在保护地中有大量的有机肥，微生物活动也比较旺盛，在土壤消毒的同时，将硝化细菌也同时消灭，而氨化细菌对蒸汽和药物的抵抗力强，会使土壤中有很多的氨积累起来。另外，土壤消毒后会造成有效态锰的积累。

· 氮素形态变化和气体的危害，肥料中的氮转化为相当数量的氨和亚硝酸，而硝化过程进行得很慢，因此造成了氨和亚硝酸就蓄积起来，逐渐变成了气体。由于有玻璃、塑料膜的覆盖和保温，在冬季换气比较困难，会产生气体危害。

③盆栽土壤特征　通常用的盆栽土壤是两种以上基质配合而成。理想的盆栽基质在理化性质上比任何一种单独使用的基质都要好。但对不同的植物，盆栽基质的配方不同，土壤特征也有较大差异。

· 盆栽基质需要排水良好，也能忍受一定程度的干旱；

· 一般容重较小，为0.1～0.8g/cm^3，总孔隙、大小孔隙比合适；

· 基质本身具有一定的缓和酸碱变化的能力，基质阳离子交换量10～100mmol/ 100cm^3。

6.1.2.2　土壤管理

1）土壤管理类型

常规的土壤管理的类型一般为松土除草、土壤改良、地面覆盖。

（1）松土除草

为增强植区景观效果、保持绿地的环境卫生、减少病虫害对植物的危害、提高植物对土壤水肥的利用率，需要经常清除杂草。松土除草一般同时进行，在植物的生长期内，要做到见草就除，既除草又松土，其效果较好。

除草要掌握“除早、除小、除了”的原则。杂草开始滋生时，其根系较浅，植株又矮小，易于除尽。对于除草的范围，不同的地段采用不同的方法。风景林、片林及自然景观保护地区，只要不妨碍游人观瞻都予以保留，保持田园情调，增添古朴自然的风韵；易发生水土流失的斜坡也无需进行除草，以减少雨水对土表的冲刷。除以自然景观为主的园林之外，一般的绿地尤其是主景区，都不应允许杂草的生长。

城区公共绿地土壤被反复践踏致板结，透气性、排水性、透水性极差，不利于好气微生物的活动，影响土壤肥力的发挥，严重束缚植物根系的生长。为了改善土壤的上述状况，应结合除草进行松土。松土可以切断土壤表层的毛细管，减少土壤水分的蒸发，保持土壤水分；在盐碱地上，还可防止土壤返碱；疏松土壤，改善土壤通气状况，促进土壤微生物的活动，有利于难溶养分的分解，提高植物对土壤有效养分的利用率。

大面积除草也可以采用化学除草。但由于除草剂选择性的限制，以及对环境的污染，故一般较少在城区园林中使用。

（2）土壤改良

土壤改良工作根据各地的自然条件、经济条件，因地制宜地制订切实可行的规划，逐步实施，以达到有效地提高土壤肥力、改善土壤生产性状和环境条件的目的。

土壤改良过程分两个阶段：

①保土阶段　采取工程或生物措施，使土壤流失量控制在容许流失量范围内。如果土壤流失量得不到控制，土壤改良亦无法进行。

②改土阶段　其目的是增加土壤有机质和养分含量，改良土壤性状，提高土壤肥力。改土措施主要多施有机肥。当土壤过砂或过黏时，可采用砂黏互掺的办法。中国南方的酸性红黄壤地区的侵蚀土壤磷素缺乏，改土时必须施用磷肥。用化学改良剂改变土壤酸性或碱性可取得较好效果，常用的化学改良剂有石灰、石膏、磷石膏、氯化钙、硫酸亚铁、腐殖酸钙等，视土壤的性质而择用。对碱化土壤需施用石膏、磷石膏等以钙离子交换出土壤胶体表面的钠离子，降低土壤的pH。对酸性土壤，则需施用石灰性物质。化学改良必须结合水利、农业等措施，才能取得更好的效果。

（3）地面覆盖

地面覆盖即覆盖树盘。覆盖材料应“就地取材，经济适用”，如铁芒、芒草、豆秸、树叶、树皮、锯屑、泥炭等。覆盖厚度为3～6cm为宜（鲜草5～6cm）。覆盖时间为生长季节土温较高而较干旱时。

2）土壤管理的作用

①疏松表土，切断表层与底层土壤的毛细管联系，以减少土壤水分的蒸发；改善土壤的通气性，加速有机质的分解和转化，提高土壤的综合营养水平；有利于树木的生长。

②排除杂草和灌木对水、肥、气、热、光的竞争；避免杂草、灌木、藤蔓对树木的危害。

③防止或减少水分蒸发，减少地表径流；增加土壤有机质，调节土壤温度；减少杂草生长；为树木生长创造良好的环境条件。

④改善通透性、保水保肥；扩大根系吸收范围；促进侧、须根的发育；深翻并施适量有机肥。

6.1.2.3 灌溉与排水

1）灌溉

水是植物各种器官的重要组成部分，是植物生长发育过程中必不可少的物质，园林植物和其他所有植物一样，整个生命过程都离不开水。而园林植物一般生长的环境有别于自然条件下的植物，其多数生长在相对干旱的土壤中，常处于水分胁迫的状况。因此依据不同的植物种类及在一年中各个物候期的需水特点、气候特点和土壤的含水量等情况，采用适宜的水源适时适量灌溉，是植物正常生长发育的重要保证措施。

灌溉的主要内容包括：灌溉依据、灌溉时期、灌溉类型、灌溉量、灌溉次数、灌溉用水。

（1）灌溉依据

水分是影响植物生长的重要因素。在城市绿地灌溉中，掌握各种绿化植物的耗水特性和生长特性，对实现节水灌溉有重要意义。只有当土壤含水率高于某一阈值时（植物存活阈值）植物才能存活，在此之上更高的某一阈值时（植物拥有最大生物量阈值）才能保证植物拥有较大的生物量。对于景观植物而言，不需要拥有最大生物量，只要保证一定的观赏水平即可，这是实现节水灌溉的生物学依据。因此，掌握植物的需水量变化、准确测量土壤含水率，将植物根部附近的土壤含水率控制在植物存活阈值和植物拥有最大生物量阈值之间，就能有效节水且保证植物的正常生长，具有重要的现实意义。

（2）灌溉时期

①春季灌溉　随气温的升高，植物进入萌芽期、展叶期、抽枝期，即新梢迅速生长期，此时北方一些地区干旱少雨多风，及时灌溉显得相当重要，它不但能补充土壤中水分的不足，使植物地上部分与地下部分的水分保持平衡，也能防止春寒及晚霜对树木造成的危害。

②夏季灌溉　夏季气温较高，植物生长正处于旺盛时期，开花、花芽分化、结幼果都要消耗大量的水分和养分，因此应结合植物生长阶段的特点及本地同期的降水量，决定是否进行灌溉。对于一些进行花芽分化的花灌木要适当扣水，以抑制枝叶生长，保证花芽的质量。

③秋季灌溉　随气温的下降，植物的生长逐渐减慢，应控制浇水以促进植物组织生长充实和枝梢充分木质化；防止秋后徒长和延长花期；加强抗寒锻炼。但对于结果植物，在果实膨大时，要加强灌溉。

④冬季灌溉　我国北方地区冬季严寒多风，为了防止植物受冻害或因植物过度失水而枯梢，在入冬前，即土壤冻结前应进行适当灌溉（俗称灌“冻水”）。随气温的下降土壤冻结，土壤中的水分结冰放出潜热从而使土壤温度、近地面的气温有所回升，植物的越冬能力也相应地提高。

另外，植株移植、定植后的灌溉与成活关系甚大。因移植、定植后根系尚未与土壤充分接触，移植又使一部分根系受损，吸水力减弱，此时如不及时灌水，植株因干旱使生长受阻，甚至死亡。一般来说，在少雨季节移植后应间隔数日连灌3～5次水。但应注意大树、大苗的栽植，亦不能灌水过多，否则新根未萌，老根吸水能力差，宜导致烂根。

一天内灌水时间最好是清晨，此时水温与地温相近，对根系生长活动影响小；早晨风小光弱，蒸腾作用较低，若傍晚灌水，湿叶过夜，易引起病害。但夏季天气高温酷暑，需要灌溉也可在傍晚进行；冬季则因早晚气温较低，灌溉应在中午前后进行。

（3）灌溉类型

园林植物的灌溉类型多种多样，一般根据植物的栽植方式来选择。在园林绿地中常用的有以下几种：

①单株灌溉　对于露地栽植的单株乔灌木如行道树、庭荫树等，先在树冠的垂直投影外开堰，利用橡胶管、水车或其他工具，对每株树木进行灌溉，灌水应使水面与堰埂相齐，待水慢慢渗下后，及时封堰与松土。

②漫灌　适用于在地势较平坦的群植、林植的植物。这种灌溉方法耗水较多，容易造成土壤板结，注意灌水后及时松土保墒。

③沟灌　在列植的植物如绿篱或宽行距栽植的花卉行间开沟灌溉，使水沿沟底流动浸润土壤，直至水分充分渗入周围土壤为止。

④喷灌　用移动喷灌装置或安装好的固定喷头对草坪、花坛等人工或自动控制进行灌溉。这种灌溉方法基本上不产生深层渗漏和地表径流，可很好地省水、省工、效率高，且能减免低温、高温、干热风对植物的危害，既可达到生理灌水的目的，又可起到生态灌水的效果，与此同时也提高了植物的绿化效果。

⑤滴灌　这是按照植物需水要求，通过低压管道系统与安装在毛管上的灌水器，将水和植物需要的养分均匀而又缓慢地滴入植物根区土壤中的灌水方法。滴灌不破坏土壤结构，土壤内部水、肥、气、热经常保持适宜于植物生长的良好状况，蒸发损失小，不产生地面径流，几乎没有深层渗漏。目前干旱缺水地区最有效的一种节水灌溉方式，水的利用率可达95%。滴灌较喷灌具有更高的节水增产效果，同时可以结合施肥，提高肥效1倍以上。

（4）灌溉量及灌溉次数

植物类型、种类不同，灌溉量及灌溉次数不同。一、二年生花卉及一些球根花卉由于根系较浅，容易干旱，灌溉次数应较宿根花卉为多。木本植物根系比较发达，吸收土壤中水分的能力较强，灌溉量及灌溉的次数可少些，观花树种，特别是花灌木灌水量和灌水次数要比一般树种多。耐旱的植物如樟子松、蜡梅、虎刺梅、仙人掌等灌溉量及灌溉次数可少些，不耐旱的如垂柳、枫杨、蕨类、凤梨科等植物灌溉量及灌溉次数要适当增多。每次灌水深入土层的深度，一、二年生花卉应达30～35cm，一般花灌木应达45cm，生理成熟的乔木应达80～100cm。

植物栽植年限及生长发育时期不同，灌溉量及灌溉次数不同。一般刚栽种的植物应连续灌水3次，才能确保成活。露地栽植花卉类，一般移植后马上灌水，3d后灌第二次水，5～6d后灌第三次水，然后松土；若根系比较强大，土壤墒情较好，也可灌两次水，然后松土保墒；若苗木较弱，移植后恢复正常生长较慢，应在灌第三次水后10d左右灌第四次水，然后松土保墒，以后进行正常的灌水。春夏季植物生长旺盛期如枝梢迅速生长期、果实膨大期，每月可浇水2～3次，灌水量应大些，阴雨或雨量充沛的天气要少浇或不浇；秋季减少浇水量，如遇天气高燥，每月浇水1～2次。园林树木栽植后也要间隔5～6d连灌3次水，且需要连续灌水3～5年，花灌木应达5年。北方地区露地栽培的花木，全年一般应灌水 6 次，在初春根系旺盛生长时、萌芽后开花前、开花后、花芽分化期、秋季根系再次旺盛生长时、入冬土壤封冻前都要浇 1 次透水。

土壤质地、性质不同，灌溉量和灌溉次数不同。质地轻的土壤如沙地；或表土浅薄，下有黏土盘，其保水保肥性差，宜少量多次灌溉，以防土壤中的营养物质随重力水淋失而使土壤更加贫瘠；黏重的土壤，其通气性和排水性不良，对根系的生长不利，灌水次数要适当减少，但灌溉的时间应适当延长，最好采用间歇方式，留有渗入期；盐碱地的灌溉量每次不宜过多，以防返碱或返盐；土层深厚的砂质壤土，一次灌水应灌透，待干后再灌水。

天气状况不同，灌溉量和灌溉次数不同。春季干旱少雨天气，应加大灌溉量；夏季降雨集中期，应少浇或不浇。晴天风大时应比阴天无风时多浇几次。

总之，掌握灌溉量及灌溉次数的一个基本原则是保证植物根系集中分布层处于湿润状态，即根系分布范围内的土壤湿度达到田间最大持水量 70% 左右。原则是只要土壤水分不足立即灌溉（表 6-2）。

表 6-2　土壤墒情检验表

类　别	土　色	潮湿程度	土壤状态	作业措施
黑墒（饱墒）	深暗	湿，含水量大于 20%	手攥成团，揉搓不散，手上有明显水迹；水稍多而空气相对不足，为适度上限，持续时间不宜过长	松土散墒，适于栽植和繁殖
褐墒（合墒）	黑黄偏黑	潮湿，含水量 15%～20%	手攥成团，一搓即散，手有湿印；水气适度	松土保墒，适于生长发育
黄墒	潮黄	潮，含水量 12%～15%	手攥成团，微有潮印，有凉感；适度下限	保墒、给水，适于蹲苗，花芽分化
灰墒	浅灰	半干燥，含水量 5%～12%	攥不成团，手指下才有潮迹，幼嫩植株出现萎蔫	及时灌水
旱墒	灰白	干燥，含水量小于 5%	无潮湿，土壤含水量过低，草本植物脱水枯萎，木本植物干黄，仙人掌类停止生长	需灌透水
假墒	表面看似合墒色灰黄	表潮里干	高温期，或灌水不彻底，或土壤表面因苔藓、杂物遮阴，粗看潮润，实际内部干燥	仔细检查墒情，尤其是盆花；正常灌水

（5）灌溉用水

灌溉用水的质量直接影响园林植物的生长发育。以软水为宜，避免使用硬水。自来水、不含碱质的井水、河水、湖水、池塘水、雨水都可用来浇灌植物，切忌使用工厂排出的废水、污水。在灌溉过程中，应注意灌溉用水的酸碱度对植物的生长是否适宜。北方地区的水质一般偏碱性，对于某些要求土壤中性偏酸或酸性的植物种类来说，容易出现缺铁现象，要注意调整。

2）排水

不同种类的植物，其耐水力不同。当土壤中水分过多时致使土壤缺氧，土壤中微生物的活动、有机物的分解、根系的呼吸作用都会受到影响，严重时根系腐烂，植物体死亡，因此需采用以下3种常用的方法对不耐水的植物或易积水的地区进行排水。

（1）地表径流法

这是园林绿地常用的排水方法。将地面改造成一定坡度，保证雨水顺畅流走。坡度的降比应合适，过小，排水不畅；过大，易造成水土流失。地面坡度以0.1%~0.3%为宜。

（2）明沟排水法

这是当发生暴雨或阴雨连绵积水很深时，在不易实现地表径流的绿化地段挖一定坡度的明沟来进行排水的方法。沟底坡度以0.1%～0.5%为宜。

（3）暗沟排水法

在绿地下挖暗沟或铺设管道，借以排出积水。

6.1.2.4 施肥管理

1）施肥的原则

（1）有机肥为主，化肥为辅

使用粪肥、饼肥、厩肥、堆肥、沤肥等，以及经工厂化加工的优质有机肥，如膨化鸡粪肥、微生物肥、有机叶面肥等。根据土壤肥力和植物营养需求进行配方施肥。

（2）施足基肥，合理追肥

在有机肥为主的施肥方式中，将有机肥为主占总肥分的70%以上的肥料作为基肥，种植前施入土壤中，肥分不易流失，并可以改良土壤性状，提高土壤肥力。追肥要根据植物生长情况与需求，以速效肥料为主。采用根区撒施、沟施、穴施、淋水肥及叶面喷施等多种方式。

（3）科学配比，平衡施肥

施肥应根据土壤条件、植物营养需求和季节气候变化等因素，调整各种养分的配比和用量，保证植物所需营养的比例平衡。除了有机肥和化肥外，微生物肥、微量元素肥、氨基酸等营养液，都可以通过根施或叶面喷施作为植物的营养补充。

（4）注意各养分间的化学反应和颉颃作用

磷肥中的磷酸根离子很容易与钙离子反应，生成难溶的磷酸钙，造成植物无法吸收，出现缺磷。南方红壤中的铁、铝、钙离子会与磷酸根生成难溶的磷酸盐，过磷酸钙等磷肥不能单独直接施入土壤，必须先与有机肥混合堆沤，然后施用。磷肥不宜与石灰混用，也不宜与硝酸钙等肥料混用。钾离子和钙离子相互颉颃，钾离子过多会影响植物对钙的吸收，相反钙离子过多也会影响植物对钾离子的吸收。

（5）禁止和限制使用的肥料

城市生活垃圾、污泥、城乡工业废渣以及未经无害化处理的有机肥料，不符合相应标准的无机肥料等禁止使用。氯敏感植物施肥时慎选含氯肥料。

2）施肥的依据

（1）树相诊断

树木的外观形态反映其营养状况，可从树相判断出营养水平和某些营养元素的丰缺。一般认为：叶大而多、浓绿肥厚、枝条粗壮、节间较长、病虫害较少、结实大小年现象不明显的属营养正常。

（2）土壤分析

土壤分析是对土壤的组成成分和（或）物理、化学性质进行的定性、定量测定。它是进行土壤生成发育、肥力演变、土壤资源评价、土壤改良和合理施肥研究的基础工作，也是环境科学中进行环境质量评价的重要手段。

于园林绿地取代表性强的点（十字交叉法或五点取样法）上的土壤，土样深度分0～20cm、20～40cm、40～60cm、60～80cm、80cm以上。土样经过晾干、磨细、过筛等处理，通过有关仪器和分析程序，测定土壤质地、有机质含量、酸碱度、矿质营养元素含量，对照标准参数或丰产园的相应数据，判断某种元素的盈亏程度，制订出科学的施肥方案。

（3）叶分析

一个植物种或生态群类型在生理上对某种元素的需求基本上是恒定的，叶片中矿质元素的含量能及时准确地反映出植株的营养状况。各种元素含量在生长进程中的差异是由环境条件、养分供应水平和管理技术的不同造成的。根据这一论点，对不同植物叶片和叶柄进行分析，可作为施肥的重要依据。

3）施肥的种类

在生产上，施肥常分为基肥和追肥两大类。一般原则为“基肥要早，追肥要巧”。

基肥是在较长时间内供给植物养分的基本肥料。一般常以厩肥、堆肥、饼肥等有机肥料作基肥。厩肥和堆肥多在整地前翻入土中或埋入栽植穴内，粪干或饼肥一般在播种或移植前进行沟施或穴施，也可与一些无机肥料混合施用。

我国部分地区，园林树木多在早秋施基肥，此时正值根系生长高峰，有机养分积累的时期，能提高树体的营养贮备和翌年早春土壤中养分的及时供应，以满足春季根系生长、发芽、开花、新梢生长的需要。也可在早春施用，但效果通常不如早秋施基肥效果好。

追肥是植物生长需肥时必须及时补充的肥料。一般无机肥为多，园林观花树木可用粪干、粪水及饼肥等有机肥料。通常花前、花后及花芽分化期要施追肥，对于某些观花、观果植物，花后追肥非常重要。

4）施肥的次数

一般树木幼苗期，应主要追施氮肥，生长后期主要追施磷、钾肥；因多方面原因，树木进入成熟期追肥次数较少，但要求一年至少追肥3～4次，分别为春季开始生长后、花前、花后、休眠期（厩肥、堆肥）。对观花树木且花期长的可适当增施一些有机肥料。对于初栽2～3年的园林树木，每年的生长期也要进行1～2次的追肥。

具体的施肥时期和次数应依植物的种类、各物候期需肥特点、当地的气候条件、土壤营养状况等情况合理安排，灵活掌握。

5）施肥深度和范围

施肥主要是为了满足植物根系对生长发育所需各种营养元素的吸收和利用。只有把肥料施在距根系集中分布层稍深、稍远的部位，才利于根系向更深、更广的方向扩展，以便形成强大的根系，扩大吸收面积，提高吸收能力，因此，从某种角度来看，施肥深度和范围对施肥效果有很大作用。

施肥深度和范围，要根据植物种类、年龄、土质、肥料性质等而定。

木本花卉、小灌木如茉莉、米兰、连翘、丁香、黄栌等与高大的乔木相比，施肥相对要浅，范围要小。幼树根系浅，分布范围小，一般施肥较中、壮龄树浅、范围小。沙地、坡地和多雨地区，养分易流失，宜在植物需要时深施基肥。

氮肥在土壤中的移动性较强，浅施也可渗透到根系分布层，从而被植物所吸收；钾肥的移动性较差，磷肥的移动性更差，因此，应深施到根系分布最多处；由于磷在土壤中易被固定，为了充分发挥肥效，施过磷酸钙和骨粉时，应与厩肥、圈肥、人粪尿等混合均匀，堆积腐熟后作为基肥施用，效果更好。

6）施肥量

施肥量受植物的种类、土壤的状况、肥料的种类及各物候期需肥状况等多方面影响，应根据不同的植物种类及大小确定。喜肥者多施，如梓树、梧桐、牡丹等；耐瘠薄者可少施，如刺槐、悬铃木、山杏等。开花结果多的大树较开花结果少的小树多施，一般胸径 8～10cm 的树木，每株施堆肥 25～50kg 或浓粪尿 12～25kg；胸径 10cm 以上的树木，每株施浓粪尿 25～50kg。花灌木可酌情减少。草本花卉的施肥参见表 6-3。

表 6-3　花卉施肥量　kg/hm²

花卉类别		N	P_2O_5	K_2O
一般标准	一、二年生花卉	94.05～226.05	75.00～226.05	75.00～169.05
	宿根与球根类	150.0～226.05	103.05～226.05	187.95～300.00
基　肥	一、二年生花卉	39.60～42.00	40.05～49.95	45
	宿根与球根类	72.60～76.95	80.10～100.05	90
追　肥	一、二年生花卉	29.70～31.50	24.00～30.00	25.05
	宿根与球根类	16.50～17.55	12.75～16.05	15.00

◇任务实施

1．器具与材料

（1）器具

锄头、铁锹、铲、耙、修枝剪、运输工具（推车）、水桶、喷雾器、施肥设施等。

（2）材料

肥料、生根剂、铁丝、多菌灵、记录表、纸张、笔，专业书籍，教学案例等。

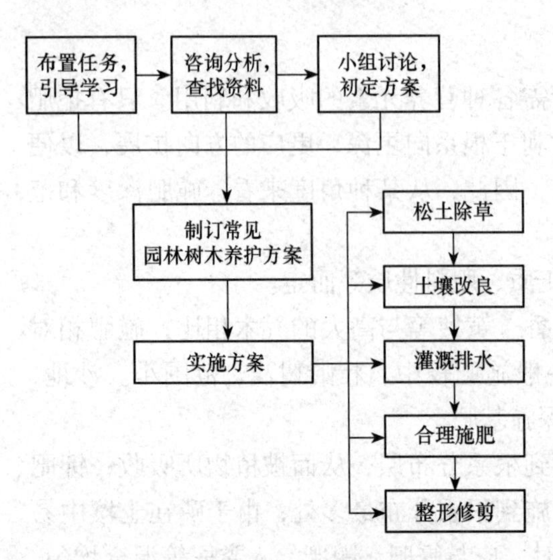

图 6-1 园林树木养护流程图

2．任务流程

园林树木土、肥、水管理流程如图 6-1 所示。

3．操作步骤

1）土壤管理

（1）松土除草

松土的深度和范围视植物不同而异，以松土时不碰伤植物的树皮、顶梢等为佳。树木的松土范围在树冠投影外 1m 以内至投影半径的 1/2 以外的环的范围内，深度为 10～15cm。灌木松土可采用全垦进行，深度为 5cm 左右。

松土可在晴天进行，也可在雨后数日土壤不过湿时进行。松土的次数，每年至少进行 1～2 次。也可根据具体情况而定：乔木、大灌木可两年一次，小灌木、草本植物一年多次；主景区、中心区一年多次；边缘区域次数可适当减少。

（2）土壤改良

在生产实践中，土壤的理化性状均能达到适宜栽植条件的很少。因此，栽植前一般都要进行土壤改良。

①黏质土壤的改良措施　黏质土壤与适宜栽植土壤的主要差别是孔隙度低、通透性差。主要改良方法如下：

掺沙：是提高黏质土孔隙度、增加通透能力的有效措施。具体掺沙比例视土壤黏重程度而定，一般掺入 1/4～1/2。为了防止播种后畦面板结，影响出苗，播种田的覆土掺沙量应适当增大。

深刨深耕：黏质土底层（20～40cm）的通气性和渗水性很差，整地时应适当深刨深耕，促进土壤熟化，增加孔隙度。如果底层土过于冷凉，可将底层土用铁锹或专用犁铧疏松一下，但不把底层生土翻上来。

施有机肥：适当增施热性有机肥，也是改良黏质土壤的有效措施。半分解的有机质能使土壤疏松，土壤孔隙度增加。由于腐殖质的黏结力和黏着力均明显低于黏粒。因此有机肥能降低黏土的黏性，从而改善黏土的通透性和耕性。

②砂质土壤的改良措施　砂质土壤与适宜栽培土壤的主要区别是，土壤非毛管孔隙过多，通透性过强，保水保肥能力差。改良的措施主要是增施有机肥和掺黏质土。

掺入黏质土：黏质土含黏粒多，黏着力和黏结力强，故砂质土掺入黏土后，可明显降低砂质土的松散程度和通气性，提高保水、保肥能力。

增施有机肥：砂质土壤一般比较瘠薄，可增施猪粪等有机肥。有机肥中的腐殖质是亲水胶体物质，能吸收大量水分，其吸水率为 400%～600%。由于腐殖质胶体具有多功能基因，如羧基和酚基上的 H^+，可与土壤溶液中阳离子进行交换，使这些离子不致流失。因此，增施有机肥不但直接补充了砂质土壤的养分，而且可明显提高砂质土壤的保水、保肥性能。此外，腐殖质的黏结力和黏着力均比砂土强。故它可提高砂质土的黏结力，克服松散性，增加水稳性团粒结构。

③生土的改良措施　生土是未经人类扰乱过的原生土壤，亦称“死土”。其特点是结构比较紧密，稍有光泽，颜色均匀，质地纯净，不含人类活动遗存。土壤改良的具体措施有：

深翻耕作层，促进土壤熟化：生土地要采用机械深翻，深度为25～30cm，深翻2～3次，通过深翻暴晒，熟化土壤。

增施有机肥，培肥地力：生土地土壤养分贫瘠，要经过增施有机肥，增加土壤养分，培肥地力，一般应亩*施有机肥5000kg以上。

多施磷肥，提高地力：结合深翻或种植绿肥作物，亩施过磷酸钙50～70kg，以肥调水，以水促肥，培肥地力。

2）灌溉（以喷灌为例）

（1）制订灌溉计划

喷灌系统的设计一般是按满足最不利的条件作出的，可满足植物最大需水要求。而在运行时，应根据实际情况确定灌水计划，包括灌水时间、灌水延续时间、灌水周期等。

（2）确定灌水时间、灌水延续时间及灌水周期

在一天内的大部分时间均可灌水。但应避免在炎热的夏季中午灌水，以防烫伤树体，而且此时蒸发量最大，水的利用率低，傍晚及夜间灌水是较好的选择。

灌水延续时间的长短，主要取决于系统的组合喷灌强度和土壤的持水能力，即田间持水量。当喷灌强度大于土壤的渗透强度时，将产生积水或径流，水不能充分渗入土壤；灌水时间过长，灌水量将超过土壤的田间持水量，造成水分及养分的深层渗漏和流失。因此，一般的规律是，砂性较大的土壤，土壤的渗透强度大，而田间持水量小，故一次灌水的延续时间短，但灌水次数多，间隔短，即需少灌勤灌；反之，对黏性较大的土壤则一次灌水的延续时间长，但灌水次数少。

灌水周期，即灌水间隔或灌水频率，除与上述提到的土壤性质有关外，主要取决于树木本身。灌水过于频繁，会使树体发病率高，根系层浅，生长不健壮；而灌水间隔时间太长，会因缺水使正常生长受到抑制，影响质量。

（3）建立系统运行档案

对喷灌系统的运行情况，包括开机时间、灌水延续时间、用水量、用电量等，应进行详细记录存档，并及时分析这些数据，为进一步改进管理和监测系统运行状况提供依据。

（4）评价灌水效果

在喷灌系统投入使用后，可以直观地对植物生长状况、节水、节省人工的情况进行评价。也可以通过实际测试，对系统的喷洒均匀度、灌溉水的利用率等加以评估，以便及时修正灌水计划。

3）施肥

（1）设计施肥方案（施肥时期、方法、土壤类型、肥料种类、施肥树习性等）

---

* 1亩=666.7m^2。

（2）选取施肥方法（依树龄、树势、根系生长情况等确定）

①环状沟施肥法　在树冠外围稍远处挖30～40cm宽环状沟，沟深据树龄、树势以及根系的分布深度而定，一般深20～50cm，将肥料均匀地施入沟内，覆土填平灌水。随树冠的扩大，环状沟每年外移，每年的扩展沟与上年沟之间不要留隔墙。此法多用于幼树施基肥。

②放射沟施肥法　以树干为中心，从距树干60～80cm的地方开始，在树冠四周等距离地向外开挖6～8条由浅渐深的沟，沟宽30～40cm，沟长视树冠大小而定，一般是沟长的1/2在冠内，1/2在冠外，沟深一般20～50cm，将充分腐熟的有机肥与表土混匀后施入沟中，封沟灌水。下次施肥时，调换位置开沟，开沟时要注意避免伤大根。此法适用于中壮龄树木。

③穴施法　在有机物不足的情况下，基肥以集中穴施最好，即在树冠投影外缘和树盘中，开挖深40cm、直径50cm左右的穴，其数量视树木的大小、肥量而定，施肥入穴，填土平沟灌水。此法适用于中壮龄树木。

④全面撒施法　把肥料均匀地撒在树冠投影内外的地面上，再翻入土中。此法适用于群植、林植的乔灌木及草本植物。

⑤灌溉式施肥　结合喷灌、滴灌等形式进行施肥，此法供肥及时，肥分分布均匀，不伤根，不破坏耕作层的土壤结构，劳动生产率高。

⑥根外追肥　又称为叶面追肥。指根据植物生长需要将各种速效肥水溶液，喷洒在叶片、枝条及果实上的追肥方法，是一种临时性的辅助追肥措施。叶面喷肥主要是通过叶片上的气孔和角质层进入叶片，而后运送到植株体内和各个器官。一般幼叶比老叶吸收快；叶背比叶面吸收快。喷时一定要把叶背喷匀，叶片吸收的强度和速率与溶液浓度、气温、湿度、风速等有关。一般根外追肥最适温度为18～25℃，湿度较大些效果好，因而最好的时间应选择无风天气的10:00之前和16:00以后。叶面喷肥，简单易行，用肥量小，发挥作用快，可及时满足植物的需要，同时也能避免某些肥料元素在土壤中固定。尤其是缺水季节、缺水地区和不便施肥的地方，可采用此法。

（3）挖掘入肥（以具体施肥方法及树势确定）

（4）覆土镇压

（5）覆草浇水

覆草可提高土壤蓄水能力，是减少土壤水土流失和地面水分蒸发的有效措施。长期覆草，还能改善土壤团粒结构，增加土壤有机质含量，提高土壤肥力。覆草可以用秸秆、当地杂草等，覆草厚度在15～20cm，一般在雨季进行。为防止失火可在草上面压土，待草腐烂后翻入土内，再覆新草。

覆盖要掌握以下技术要点：一是覆草前，一般要先整好树盘，浇一遍透水或等下透雨后再覆草。二是覆草未经初步腐熟的，要适量追施速效氮肥，或覆草后浇施腐熟人粪尿，防止因鲜草腐熟引起土壤短期脱氮叶片发黄。覆草厚度，常年宜保持在15～20cm，太薄起不到保温、保湿、灭杂草的作用；太厚春季土壤温度上升慢，不利吸收根活动。三是覆草要离开根颈20cm左右，以防积水。

4. 考核评价（表 6-4）

表 6-4 园林树木土、肥、水管理考核评价表

模 块	园林植物养护管理			项 目	园林树木养护管理	
任 务	任务 6.1 园林树木土、肥、水管理				学 时	6
评价类别	评价项目	评价子项目		自我评价（20%）	小组评价（20%）	教师评价（60%）
过程性评价（60%）	专业能力（45%）	方案制订能力（15%）				
		方案实施能力	松土除草（5%）			
			土壤改良（10%）			
			灌溉排水（5%）			
			施肥（10%）			
	社会能力（15%）	工作态度（10%）				
		团队合作（5%）				
结果评价（40%）	方案科学性、可行性（15%）					
	养护规范性（15%）					
	养护效果（10%）					
评分合计						
班级：		姓名：		第 组	总得分：	

◇**巩固训练**

1．训练要求

（1）以小组为单位开展训练，组内同学要分工合作、相互配合、团队协作。

（2）各小组拟订园林树木养护管理技术方案，技术方案应具有科学性和可行性。

（3）做到安全生产，操作程序符合要求。

2．训练内容

（1）结合校园绿化或当地小区绿化工程的养护管理任务，让学生以小组为单位，在咨询学习、小组讨论的基础上制订园林树木土、肥、水管理技术方案。

（2）以小组为单位，依据技术方案进行一定任务的园林树木土、肥、水管理施工训练。

3．可视成果

提供校园绿化或某小区园林树木土、肥、水管理技术方案及执行方案；土、肥、水管理操作较标准的绿地。

◇**任务小结**

园林树木土、肥、水管理任务小结如图 6-2 所示。

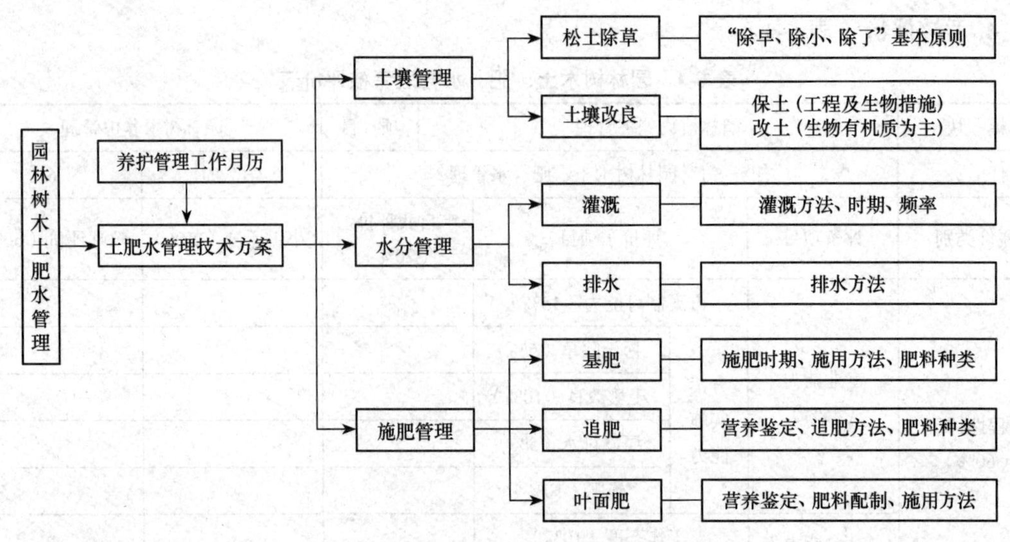

图 6-2 园林树木土、肥、水管理任务小结

◇**思考与练习**

1．填空题

（1）除草的原则是________、________、________。

（2）春季施肥以________肥为主。

（3）树木花芽分化期施肥以________肥为主。

（4）施肥一般分基肥、________、________3 种。

（5）土壤改良分为________、________两个阶段。

2．判断题（对的在括号内填"√"，错的在括号内填"×"）

（1）一般情况下，城市绿地土壤理化性质较差。（ ）

（2）树木的松土范围在树冠投影外 1m 以内至投影半径的 1/2 以外的环的范围内，深度为 6～10cm。（ ）

（3）一般常以厩肥、堆肥、饼肥等有机肥料作追肥。（ ）

（4）叶面喷肥一般幼叶比老叶吸收快，叶面比叶背吸收快。（ ）

（5）叶面喷肥应选无风的阴天进行最为理想。（ ）

（6）土壤施用尿素最好用撒施。（ ）

（7）黏性土壤相较于砂土其保肥能力较强。（ ）

（8）叶面喷肥的浓度不宜过高。（ ）

（9）酸性土壤改良可用石灰进行。（ ）

3．问答题

（1）简述对城镇土壤进行改良的方法。

（2）简述大量元素在对园林树木进行施肥时的应用。

（3）简述园林树木水分管理的意义。

（4）叶面施肥的操作步骤是什么？

（5）简述园林树木环状沟施肥技术。

（6）如何做到合理施肥？

4．分析题

（1）分析水肥土管理与树木生长之间的关系。

（2）树木花芽分化期如何进行土肥水管理。

（3）分析我国南、北方园林树木水肥管理差异。

任务6.2　园林树木整形修剪

◇任务分析

【任务描述】

整形修剪是采用各种不同的技法，对树木的枝、叶、花、果等进行剪截或疏除，以调节植物的生长势并达到良好的观赏效果。它是园林树木栽培与养护管理专业技术性较强的一项工作。本任务学习以当地常用的乔木类、灌木类、藤本类及竹类植物为案例，以学习小组为单位，首先制订不同类型园林树木整形修剪技术方案，再依据制订的技术方案，结合园林苗圃、园林绿地树木整形修剪工作进行现场教学。通过学习，熟练掌握本地区常用园林树木整形修剪的基本方法，并找出技术方案中的不足及实际工作中的问题。本任务实施宜在校内园林植物栽培实训基地、当地园林苗圃或园林绿地现场进行。

【任务目标】

（1）会编制不同类型园林树木整形修剪的技术方案；

（2）会运用各种不同技法对当地常用的园林树木进行整形修剪；

（3）会使用和养护整形修剪的机具；

（4）能独立分析和解决实际问题，吃苦耐劳，合理分工并团结协作。

◇知识准备

6.2.1　整形修剪的理论基础

6.2.1.1　整形修剪的作用

（1）平衡树势

通过对长势强的树轻剪或不剪，使营养和水分供给较多的生长中心，从而能缓和树势；而对长势弱的衰老树木重剪，可刺激枝干皮层内的隐芽萌发，诱发形成健壮的新枝，达到恢复树势、更新复壮的目的。大树移植过程中丧失了大量的根系，通过对树冠进行适度修剪以减少蒸腾量，缓解根部吸水功能下降的矛盾，提高树木移栽的成活率。

（2）控制开花结果

合理的修剪可使树体养分集中、新梢生长充实，控制成年树木的花芽分化或果枝比例。及时有效的修剪，既可促进大部分短枝和辅养枝成为花果枝，达到花开满树的效果；也可避免花、果过多而造成的大小年现象。

（3）培育优美树形

整形修剪可调控树冠结构，使树体的各层主枝在主干上分布有序、错落有致、主从关系明确、各占一定空间，形成合理的树冠结构，增强园林树木的景观效果。

（4）调控通风透光

当自然生长的树冠过度郁闭时，内膛枝得不到足够的光照，致使枝条下部光秃形成天棚型的叶幕，开花部位也随之外移呈表面化；同时树冠内部相对湿度较大，极易诱发病虫害。通过适当的疏剪，可使树冠通透性能加强、相对湿度降低、光合作用增强，从而提高树体的整体抗逆能力，减少病虫害的发生。

6.2.1.2 枝芽生长特性与修剪的关系

1）树体的基本结构

①树冠　主干以上枝叶部分的统称。

②主干　又称树干，是指树木分枝以下的部分，即从地面开始到第一分枝为止的一段茎。丛生性灌木没有主干。

③中干　指树木在分枝处以上主干的延伸部分。在中干上分布有树木的各种主枝。

④主枝　着生在中干上面的主要枝条。

⑤内向枝　向树冠内方生长的枝条。

⑥侧枝　从主枝上分生出的枝条。

⑦花枝组　由开花枝和生长枝共同组成的一组枝条。

⑧骨干枝　是组成树冠骨架永久性枝的统称，如主干、中干、主枝、侧枝、延长枝等。

⑨延长枝　各级骨干枝先端的延长部分。

2）树木枝芽特性与修剪的关系

（1）芽的类型

①按芽的位置不同　可分为顶芽、侧芽和不定芽。在枝条顶端的芽称顶芽；在枝条节上叶腋内的芽称为腋（侧）芽；不定芽没有固定的位置，可在根、茎、叶上发生，当地上部分或根受到刺激时，极易形成不定芽。

②按芽形成的器官不同　分为叶芽、花芽和混合芽（图 6-3）。

叶芽：萌发后仅抽生枝叶而不开花的芽。

花芽：萌发后仅开花的芽，如梅花的花芽等先花后叶的芽。

混合芽：芽萌发后，既抽生枝叶又开花的芽，如海棠、山楂、丁香的芽。

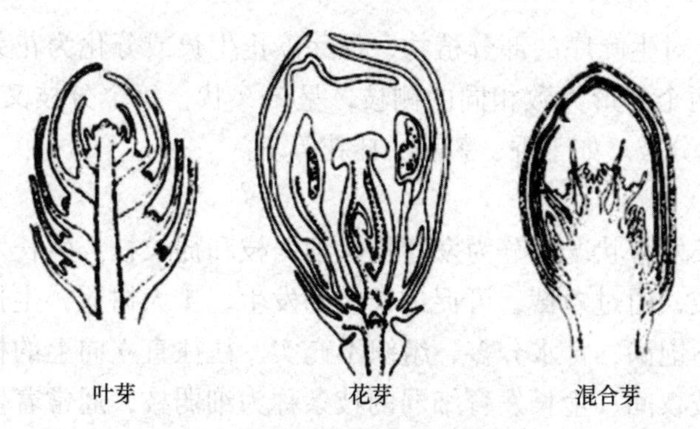

图 6-3　叶芽、花芽和混合芽

③按芽鳞的有无　分为鳞芽和裸芽。温带地区多数的落叶树冬季的越冬芽外有鳞片的保护，称为鳞芽；而原产于热带或亚热带的树木，其越冬芽裸露，无芽鳞片包被，称为裸芽，如枫杨等。

④按芽的活动能力不同　分为活动芽和休眠芽。枝条上的芽在生长期能萌发的芽称为活动芽，如顶芽和距顶芽较近的芽；枝条下部或基部的腋芽则大部分不能萌发，呈休眠状态，又称为隐芽。

⑤主芽与副芽　大多生于叶腋的中央而最饱满的芽称为主芽；叶腋中除主芽以外的芽称为副芽，通常生长在主芽的两侧。

（2）分枝方式（图 6-4）

①单轴分枝　主茎的顶芽不断向上生长，形成直立而明显的主干，主茎上的腋芽形成侧枝，但它们的生长均不超过主茎，又称总状分枝。大多数裸子植物和部分被子植物具有这种分枝方式，如松、柏、杉、白杨、悬铃木等。

②合轴分枝　互生叶序的部分植物，顶芽发育到一定时候，生长缓慢、死亡或形成花芽，由其下方的一个腋芽代替顶芽继续生长形成侧枝。这样，主干实际上是由短的主茎和各级侧枝相继接替联合而成，因此称为合轴分枝。

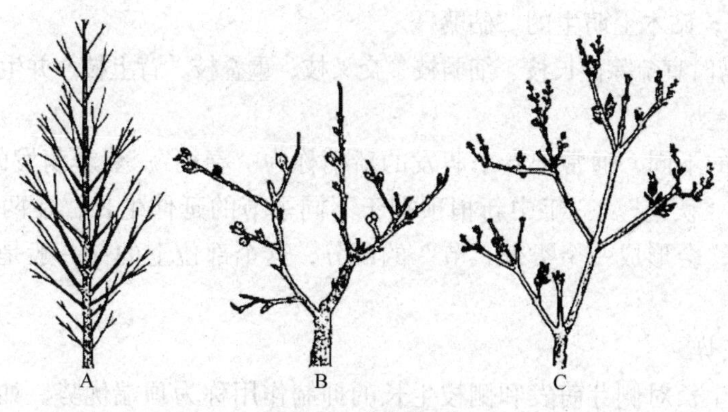

图 6-4　分枝方式

A．单轴分枝　B．合轴分枝　C．假二叉分枝

③假二叉分枝　对生叶序的部分植物，顶芽停止生长或分化为花芽后，由它下面对生的两个腋芽发育成两个外形大致相同的侧枝，呈二叉状，每个分枝又经同样方式再分枝，如此形成许多二叉状分枝。如丁香、茉莉、桂花等。

（3）枝条类型

①按枝条的生长发育状况　分为发育枝、细弱枝和徒长枝。生长发育健壮、侧芽饱满的中庸枝称为发育枝，通过短截，可促进长枝的发生，扩大树冠；生长特别旺盛、枝粗叶大、节间长、芽小不饱满、含水分多、组织不充实、往往直立向上的枝条称为徒长枝，多着生在枝的背部或枝杈间；生长发育细弱的枝条称为细弱枝，通常着生在透光条件较差的树冠内部。

②按枝条形成的器官不同　分为营养枝和花果枝。只长枝叶的枝条称为营养枝；能开花结果的枝条称为花果枝。

③按枝条节间的长短不同　分为长枝和短枝。节间较长的枝称为长枝，绝大多数的营养枝为长枝；节间短、叶簇生的枝条称为短枝，其能开花结果。

④按枝条着生的位置不同　可分为以下几种类型：

直立枝：垂直地面直立向上的枝条。

斜生枝：与水平线成一定角度的枝条。

水平枝：和地面平行即水平生长的枝条。

下垂枝：先端向下生长的枝。

背上枝：着生在水平枝、斜生枝上，直立向上生长的枝条。

并生枝：自节位的某一点或一个芽并生出两个或两个以上的枝。

重叠枝：两枝条同在一个垂直面上，上下相互重叠。

交叉枝：两个相互交叉的枝条。

轮生枝：多个枝条的着生点相距很近，好似多个枝条从一点发出，并向四周呈放射形伸展。

萌蘖枝：通常是由潜伏芽、不定芽萌发形成的新枝条，包括根颈部萌生的“茎蘖”，根系萌生的“根蘖”，砧木上萌生的“砧蘖”。

一般整形修剪时宜疏除徒长枝、细弱枝、交叉枝、重叠枝、背上枝、并生枝、萌蘖枝等。

（4）新梢类型

按生长季节的不同，通常把春季萌发的新梢称为“春梢”；夏季萌发的称为“夏梢”；秋季萌发的称为“秋梢”。一年中新梢顶端于不同季节的延伸生长，在两次生长的交接处（如春梢与秋梢），会形成一个类似“节”的部分，这个部位上的芽一般是瘪芽或无芽，故称为盲节。

（5）顶端优势

植物的顶芽生长对侧芽萌发和侧枝生长的抑制作用称为顶端优势。如果顶芽受伤或被摘去，侧芽就迅速活动而形成侧枝。顶端优势强的树木主干通直高大，树冠窄小。顶端对侧芽的抑制程度，随距离增加而减弱。因此对下部侧芽的抑制比对上部侧芽的轻。许多树木因此形成宝塔形树冠。幼龄植物顶端优势强，老龄时减弱。在实践中人工切除顶芽，就可以促进侧芽生产，增加分枝数。

针叶树顶端优势较强，可对中心主枝附近的竞争枝进行短截，削弱其生长势，从而保证中心主枝顶端优势地位。若采用剪除中心主枝的办法，使主枝顶端优势转移到侧枝上去，便可创造各种矮化树形或球形树。

阔叶树的顶端优势较弱，因此常形成圆球形的树冠。为此可采取短截、疏枝、回缩等方法，调整主侧枝的关系，以达到促进树高生长、扩大树冠、促发中庸枝、培养主体结构的目的。

幼树的顶端优势比老树、弱树明显，所以幼树应轻剪，促使树木快速成形；而老树、弱树则宜重剪，以促进萌发新枝，增强树势。

枝条着生位置越高，顶端优势越强，修剪时要注意将中心主枝附近的侧枝短截、疏剪，来缓和侧枝长势，保证主枝优势地位。内向枝、直立枝的优势强于外向枝、水平枝和下垂枝，所以修剪中常将内向枝、直立枝剪到弱芽处，对其他枝通常改造为侧枝、长枝或辅养枝。

剪口芽如果是壮芽，优势强；若是弱芽则优势较弱。扩大树冠，留壮芽；控制竞争枝，留弱芽。部分观花植物还可以通过在饱满芽处修剪枝梢，在促发新梢的同时，使其花期得以延长，如月季、紫薇等。

（6）芽的异质性（图 6-5）

同一枝条不同部位的芽在质量及饱满程度上的差异称为芽的异质性。通常一年生枝条基部和顶端的芽，由于营养条件较差而相对瘦小，发枝较弱甚至不萌发，而中部的芽发育较好。秋、冬梢形成的芽一般也较为瘦小。短枝由于生长停止早，腋芽多不发育，因此，顶芽最充实。

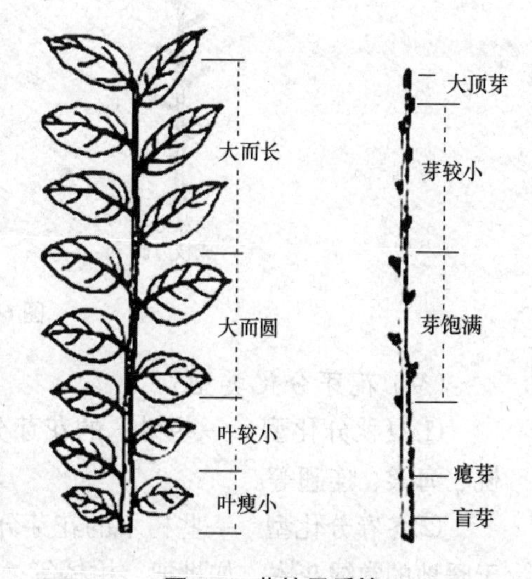

图 6-5　芽的异质性

芽的异质性导致同一年中形成的同一枝条上的芽质量各不相同。芽的质量直接关系到其是否萌发和萌发后新梢生长的强弱。长枝基部的芽常不萌发，成为休眠芽潜伏；中部的芽萌发抽枝，长势最强；先端部分的芽萌发抽枝长势最弱，常成为短枝或弱枝。修剪整形时，正是利用芽的这一特性来调节枝条生长势，平衡植物的生长和促进花芽的形成与萌发。如为使骨干枝的延长枝发出强壮的枝条，常在新梢的中上部饱满芽处进行剪截。对于生长过强的个别枝条，为抑制其过于旺盛的生长，可选择在弱芽处短截，抽出弱枝以缓和其长势。为平衡树势、扶持弱枝，常利用饱满芽当头，抽生壮枝，使枝条由弱转强。总之，在修剪中合理地利用芽的异质性，可有效地调节园林植物生长势并创造出理想的造型。

（7）萌芽力与成枝力

一年生枝条上芽萌发的能力称为萌芽力，没有萌发的芽有的逐渐消亡，有的成为潜伏芽。一年生枝条上的芽萌发后形成长枝的能力称为成枝力。萌芽力和成枝力均强的树木耐修剪，如桃、梅、月季、石榴、小蜡、紫叶小檗、女贞等。萌芽力和成枝力较弱的树木不耐修剪，如银杏、广玉兰、雪松等。

（8）干性与层性（图 6-6）

树木主干、中干的长势强弱和维持时间的长短称为干性。通常顶端优势强的树木干性强，主干通直高大，如雪松、悬铃木、鹅掌楸等；顶端优势弱的树木干性较弱，如黄山栾树、槐、合欢、紫薇、蜡梅等。

主枝在主干上分布的层次明显程度称为层性。顶端优势和芽的异质性的共同作用，形成了树木的层性。层性明显的树木主要有雪松、油松、南洋杉、银杏、灯台树等。

干性、层性强的树木个体高大，适合整成有单轴主干的分层型树形。干性、层性弱的树木个体矮小，多整成自然形或开心形。

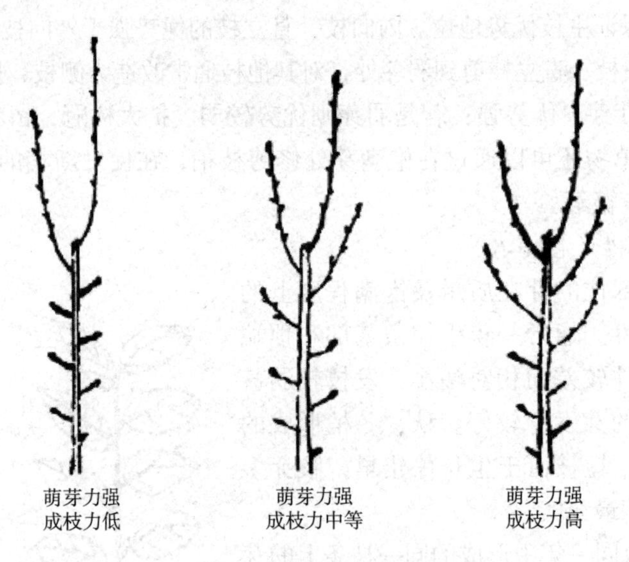

图 6-6　萌芽力与成枝力

（9）花芽分化类型

①夏秋分化型　一些树木的花芽分化在夏秋季进行，第二年春季开花，如蜡梅、梅、桃、海棠、连翘等。

②冬春分化型　一些树木的花芽分化在 1～2 月进行，花芽分化完后随即开花，主要见于暖地的常绿花木，如枇杷、柑橘等。

③当年分化型　树木的花芽在当年新梢上一次性分化完成，如栀子、夹竹桃、紫薇、木槿、桂花等。

④多次分化型　树木的花芽分化可在当年产生的新梢及分枝上多次进行，当年可以多次开花，如月季、茉莉、四季桂等。

6.2.2　整形修剪的原则

（1）服从树木景观配置要求

不同的景观配置对同一种树木要求不同的整形修剪方式。如悬铃木，用作行道树栽植一般修剪成杯状形，若作孤植树、庭荫树用则采用自然式整形；圆柏，作孤植树配置应尽量保持自然树冠，作绿篱树栽植则一般行强度修剪、规则式整形；木槿，栽植在草坪上宜采用丛状扁球形，配置在路边则采用单干圆头形。

（2）遵循树木生长发育习性

不同树种生长发育习性相差较大，要求采用相应的整形修剪方式。如海桐、桂花、大叶黄杨、红叶石楠等顶端生长势不太强，但发枝力强、易形成丛状树冠，可采用人工式整形修剪成圆球形；樟树、广玉兰、银杏等大型乔木树种，则主要采用自然式整形修剪。对于桃、梅、杏等喜光树种，为避免内膛秃裸、花果外移，通常需采用开心形的整形修剪方式。

（3）根据栽培的生态环境条件

树木在生长过程中总是不断地协调自身各部分的生长平衡，以适应外部生态环境的变化。孤植树，光照条件良好，因而树冠丰满，冠高比大；密林中的树木，主要从上方接受光照，因侧旁遮阴而发生自然整枝，树冠狭窄、冠高比小。因此，需针对树木的光照条件及生长空间，通过修剪来调整有效叶片的数量、控制大小适当的树冠，培养出良好的冠形与干体。生长空间较大时，在不影响周围配置的情况下，可开张枝干角度，最大限度地扩大树冠；如果生长空间较小，则应通过修剪控制树木的体量，以防过分拥挤，有碍观赏、生长。对于生长在风口逆境条件下的树木，应采用低干矮冠的整形修剪方式，并适当疏剪枝条，保持良好的透风结构，增强树体的抗风能力。

6.2.3 整形修剪时期

（1）休眠期修剪（冬季修剪）

大多数落叶树种修剪，宜在树体落叶休眠到春季萌芽开始前进行，称为冬季修剪。此期树木生理活动滞缓，枝叶营养大部分回归主干、根部，修剪造成的营养损失最少，伤口不易感染，对树木生长影响较小。冬季严寒的北方地区，冬季修剪以后伤口易受冻害，故以早春修剪为宜；而一些需保护越冬的花灌木，应在秋季落叶后立即重剪，然后埋土或包裹树干防寒。

对于一些有伤流现象的树种，如槭树类，应在春季伤流开始前修剪。伤流液是树木体内的养分与水分，流失过多会造成树势衰弱，甚至枝条枯死。

（2）生长季节修剪（夏季修剪）

生长季节修剪通常是指在春季萌芽后至秋季落叶前的整个生长季内进行，此期修剪的主要目的是改善树冠的通风透光性。一般采用轻剪，以免因剪除枝叶量过大而对树体生长造成不良的影响。对于发枝力强的树种，应疏除冬剪截口附近的过量新梢，以免干扰树形；嫁接后的树木，应加强抹除砧芽、除蘖等修剪措施，保护接穗的健壮生长。对于春季开花的树种，应在花后及时修剪，避免养分消耗，并促进来年开花；一年内多次抽梢开花的树木，应在花后及时剪去残花，可促使新梢的抽发，再度开花；观叶、赏形的树木，可随时疏除扰乱树形的枝条；绿篱、组团造型及造型树可采用多次剪梢，以保持树形的整齐美观。

常绿树种一般无真正的休眠期，根系枝叶终年活动。因冬季修剪伤口易受冻害而不易愈合，故宜在春季气温开始上升、枝叶开始萌发后进行。根据常绿树种在一年中的生长规律，可采取不同的修剪时间及强度。

6.2.4 整形修剪的形式

6.2.4.1 自然式整形修剪

这是指以自然生长形成的树冠为基础，仅对树冠生长做辅助性的调节和整理，使之形态更加优美和自然。保持树木的自然形态，不仅能体现园林树木的自然美，同时也符合树木自身的生长发育习性，有利于树木的养护管理。

树木的自然冠形主要有：圆柱形，如塔柏、新疆杨等；塔形，如雪松、水杉、落叶松等；卵圆形，如圆柏（壮年期）、毛白杨等；球形，如元宝枫、馒头柳、栾树等；倒卵形，如千头柏、刺槐等；丛生形，如玫瑰、棣棠、贴梗海棠等；拱枝形，如连翘、迎春等；垂枝形，如垂柳等；匍匐形，如铺地柏、常春藤等。

修剪时需依据不同树种灵活掌握，对单轴主干形树木，应注意保护顶梢；抑制或剪除扰乱生长平衡、破坏树形的交叉枝、重生枝、徒长枝等，维护树冠的匀称完整。

6.2.4.2 人工式整形修剪

依据园林树木在园林景观中的配置需要，将树冠修剪成各种特定的形状。应用于枝密叶小、萌芽力与成枝力强、耐修剪的树种，如黄杨、大叶黄杨、小蜡、龙柏等。常见树形有规则的几何形体、不规则的动物造型，以及亭、门等雕塑形体。成形后要经常进行维护修剪。

6.2.4.3 复合式整形修剪

在自然树形的基础上，结合观赏目的和树木生长发育的要求而进行的整形修剪方式叫作复合式整形修剪。主要形式有：

（1）杯状形（图 6-7）

树木主干上部分保留 3～5 个主枝，均匀向四周排开；每主枝各自分生侧枝 2 个，每侧枝再各自分生次侧枝 2 个，而成为 12 枝，成为“三股、六杈、十二枝”的树形。杯状形树冠内不允许有直立枝、内向枝的存在，一经出现必须疏除。此种整形方式适用干性较弱的树种及城市行道树，如槐树、合欢、黄山栾树等。

（2）自然开心形（图 6-8）

自然开心形是杯状形的改进形式，不同处仅是分枝点较低、内膛不空、三大主枝的分布有一定间隔，适用于干性弱、枝条开展的观花观果树种，如碧桃、日本晚樱、梅花等。

（3）单轴主干形（图 6-9）

单轴主干形指在强大的主干上配列疏散的主枝，自下而上逐渐疏除以提高分枝点。适用于干性强、能形成高大树冠的树种，如水杉、银杏、鹅掌楸、毛白杨、白玉兰、梧桐、松柏类等，在行道树、庭荫树、孤植树栽植应用中常见。

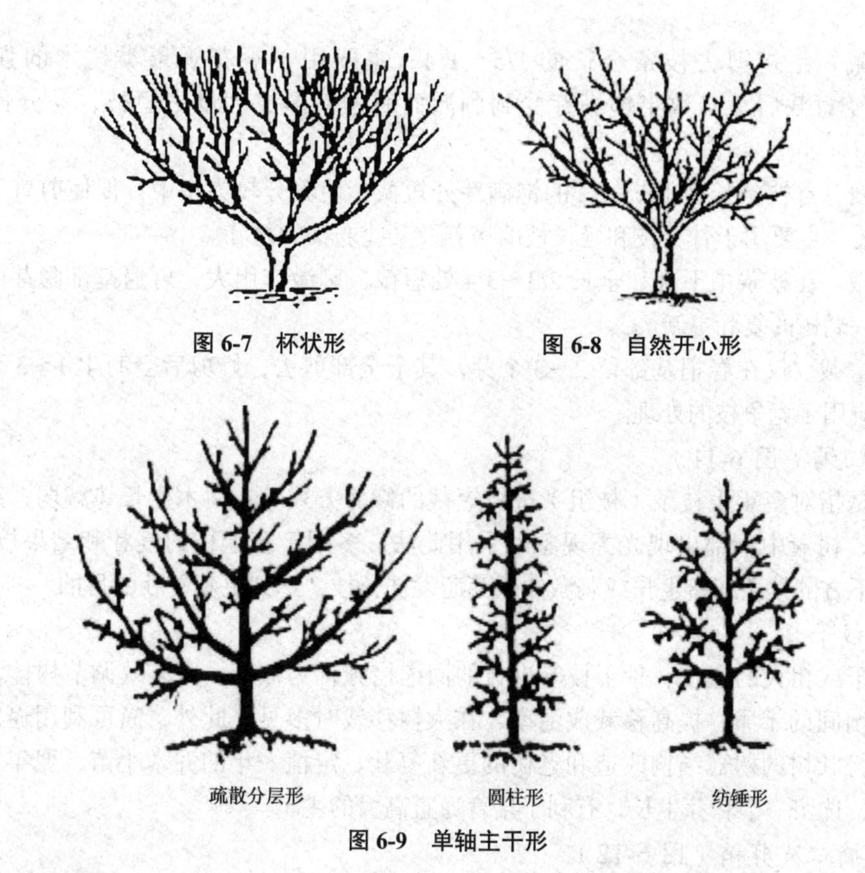

图 6-7　杯状形

图 6-8　自然开心形

图 6-9　单轴主干形

（4）多主干形

有 3～5 个主干，各自分层配列侧生主枝，形成规整优美的树冠，能缩短开花年龄，延长小枝寿命，多适用于观花乔木和庭荫树，如紫薇、蜡梅、桂花等。

（5）灌丛形

适用于迎春、连翘、云南黄馨、黄刺玫、红瑞木等小型灌木，每灌丛自基部留主枝 10 个左右，每年疏除老主枝 2～3 个，新增主枝 2～3 个，促进灌丛的更新复壮。

（6）棚架形

适用于垂直绿化栽植的树木整形，常用于紫藤、凌霄、木香、藤本月季、葡萄等藤本树种。整形修剪方式由架形而定，常见的有棚架式、廊架式、篱壁式等。

6.2.5　整形修剪技法

6.2.5.1　截

截是指剪去枝条的一部分。可分为短截、回缩、剪梢、截干、摘心等。

（1）短截（图 6-10）

短截又称短剪，是指冬季剪去一年生枝条的一部分。枝条短截后，养分相对集中，可刺激剪口下侧芽的萌发，增加枝条数量，促进营养生长或开花结果。短截程度对产生的修剪效果具有显著的影响。

①轻截　是指剪去枝条全长的1/5～1/4，主要用于观花观果类树木的强壮枝修剪。枝条经短截后，多数半饱满芽受到刺激而萌发，形成大量中短枝，易分化更多的花芽。

②中截　自枝条长度1/3～1/2的饱满芽处短截，使养分较为集中，促使剪口下发生较壮的营养枝，主要用于骨干枝和延长枝的培养及某些弱枝的复壮。

③重截　在枝条中下部、全长2/3～3/4处短截，刺激作用大，可逼基部隐芽萌发，适用于弱树、老树的复壮更新。

④极重截　仅在春梢基部留2～3个芽，其余全部剪去，修剪后会萌生1～3个中、短枝，主要应用于竞争枝的处理。

（2）回缩（图6-11）

回缩是指对多年生枝条（枝组）进行短截的修剪方式。在树木生长势减弱、部分枝条开始下垂、树冠中下部出现光秃现象时采用此法，多用于衰老枝的复壮和结果枝的更新，促使剪口下方的枝条旺盛生长或刺激休眠芽萌发徒长枝，达到更新复壮的目的。

（3）截干

对主干或粗大的主枝、骨干枝等进行的回缩措施称为截干，可有效调节树体水分吸收和蒸腾平衡间的矛盾，提高移栽成活率，在大树移栽时多见。此外，尚可利用逼发隐芽的效用，进行壮树的树冠结构改造和老树的更新复壮。定植一年的乔木小苗，翌年春季从基部截干后，选留一个壮芽生长，有利于培育通直高大的主干。

（4）摘心及剪梢（图6-12）

这是指在生长期将新梢的顶芽摘除或将新梢的一部分剪除。其目的是解除枝梢的顶端优势，促发侧枝。如绿篱、造型树的整形修剪。

6.2.5.2　疏

疏即把枝条从分枝基部彻底剪除。疏剪能减少树冠内部的分枝数量，使枝条分布趋向合理与均匀，改善树冠内膛的通风与透光，增强树体的同化功能，减少病虫害的发生，并促进树冠内膛枝条的营养生长或开花结果。

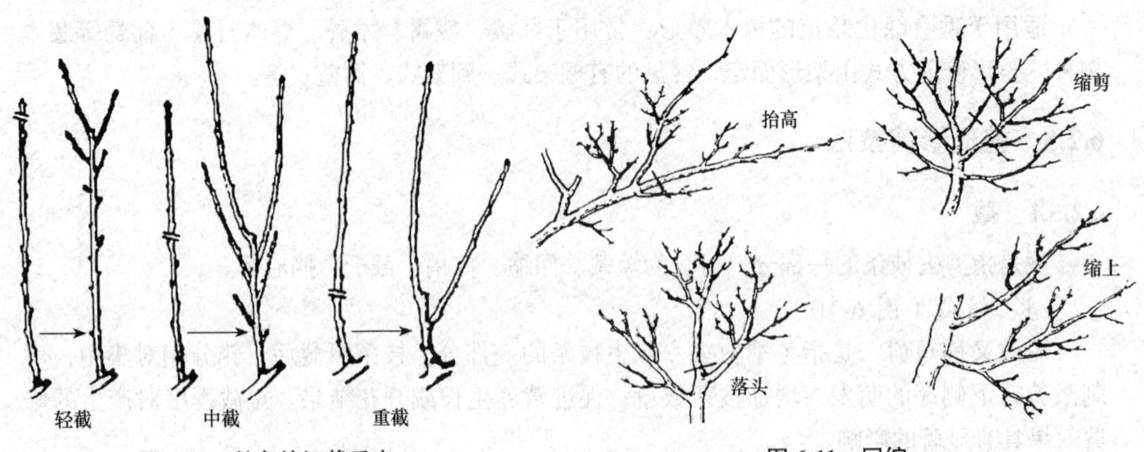

图6-10　枝条的短截反应　　　　图6-11　回缩

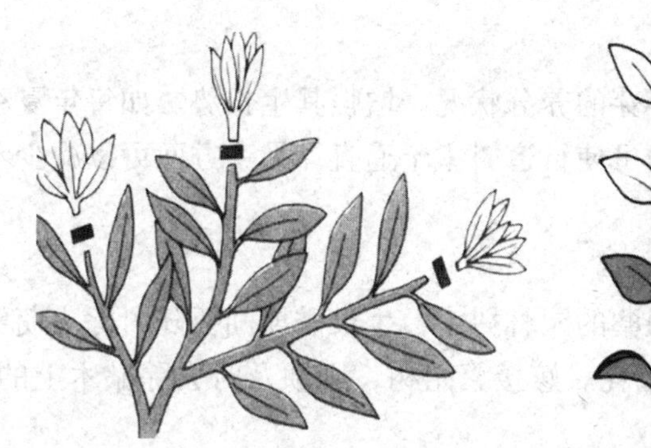

图 6-12　摘心与剪梢

（1）疏枝（图 6-13）

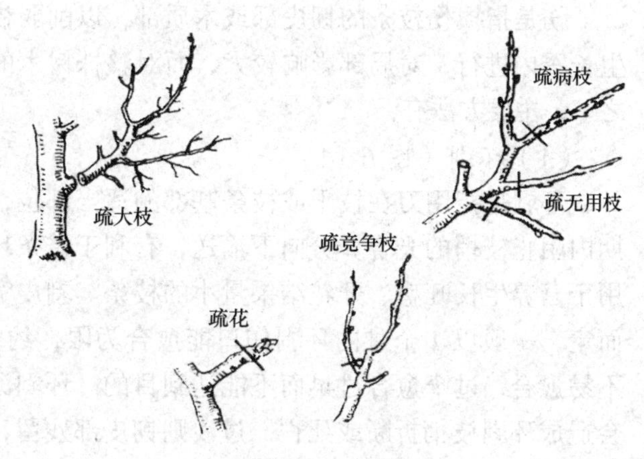

图 6-13　疏枝

疏除的主要对象是徒长枝、细弱枝、病虫枝、干枯枝及影响树木造型的交叉枝、并生枝、重叠枝、背上枝、萌蘖枝等。特别是树冠内部萌生的直立性徒长枝，芽小、节间长、粗壮、含水分多、组织不充实，宜及早疏剪以免影响树形；但如果有生长空间，可改造成枝组，用于树冠结构的更新、转换和老树复壮。

疏剪强度是指被疏剪枝条占全树枝条的比例，剪去全树 10% 的枝条者为轻疏，强度达 10%～20% 时称中疏，重疏则为疏剪 20% 以上的枝条。实际应用时的疏剪强度依树种、长势和树龄等具体情况而定，一般情况下，萌芽力、成枝力都弱的树种应少疏枝，如松类、银杏、广玉兰等；而萌芽力、成枝力强的树种，可多疏枝；幼树宜轻疏，以促进树冠迅速扩大；进入生长与开花盛期的成年树应适当中疏，以调节营养生长与生殖生长的平衡，防止开花、结果的大小年现象发生；衰老期的树木发枝力弱，为保持有足够的枝条组成树冠，应尽量少疏；花灌木类，轻疏能促进花芽的形成，有利于提早开花。

（2）疏花疏果

对于以结果为主要栽培目的的树木，可人为地去除一部分过多的花和幼果，以获得优质果品和持续丰产。开花结果过多，养分供不应求，不仅影响果实的正常发育，形成许多小果、次果，还会削弱树势，树体易受冻害和感染病害，并使翌年减产造成小年。

（3）摘叶

摘叶主要作用是改善树冠内的通风透光条件，提高观果树木的观赏性，防止枝叶过密，减少病虫害，同时起到催花的作用。如丁香、连翘、榆叶梅等花灌木，在 8 月中旬摘去一半叶片，9 月初再将剩下的叶片全部摘除，在加强肥水管理的条件下，则可促其在国庆节期间二次开花。而红枫的夏季摘叶措施，可诱发红叶再生，增强景观效果。

（4）抹芽

抹除枝条上多余的芽体，可改善留存芽的养分状况，增强其生长势。如每年夏季对行道树主干上萌发的隐芽进行抹除，一方面可使行道树主干通直；另一方面可以减少不必要的营养消耗，保证树体健康地生长发育。

（5）去蘖（除萌）

榆叶梅、木槿、蜡梅、紫微等易生根蘖的园林树木，生长季期间要随时除去萌蘖，以免扰乱树形，并可减少树体养分的无效消耗。嫁接繁殖树，则须及时去除砧木上的萌蘖，防止干扰树性，影响接穗树冠的正常生长。

6.2.5.3 伤

伤是指损伤枝条的韧皮部或木质部，以削弱枝条生长势、缓和树势的方法。伤枝多在生长季内进行，对局部影响较大，而对整株树木的生长影响较小，是整形修剪的辅助措施之一，主要方法有：

（1）环剥（图 6-14）

环剥是指用刀在枝干或枝条基部的适当部位，环状剥去一定宽度的树皮，以在一段时期内阻止枝梢的光合养分向下输送，有利于枝条环剥上方营养物质的积累和花芽分化，适用于营养生长旺盛、开花结果量小的枝条。剥皮宽度要根据枝条的粗细和树种的愈伤能力而定，一般以 1 个月内环剥伤口能愈合为限，约为枝直径的 1/10（2～10mm），过宽伤口不易愈合，过窄愈合过早而不能达到目的。环剥深度以达到木质部为宜，过深伤及木质部会造成环剥枝梢折断或死亡，过浅则韧皮部残留，环剥效果不明显。实施环剥的枝条上方需留有足够的枝叶量，以供正常光合作用之需。

环剥是在生长季应用的临时性修剪措施，多在花芽分化期、落花落果期和果实膨大期进行，在冬剪时要将环剥以上的部分逐渐剪除。环剥也可用于主干、主枝，但须根据树体的生长状况慎重决定，一般用于树势强旺、花果稀少的青壮树。伤流过旺、易流胶的树种不宜应用环剥。

（2）刻伤

刻伤是指用刀在枝芽的上（或下）方横切（或纵切）而深及木质部的方法，常结合其他修剪方法施用。主要方法有：

①目伤　在枝芽的上方行刻伤，伤口形状似眼睛，伤及木质部以阻止水分和矿质养分继续向上输送，以在理想的部位萌芽抽生壮枝；反之，在枝芽的下方行刻伤时，可使该芽抽生枝生长势减弱，但因有机营养物质的积累，有利于花芽的形成。

②纵伤　指在枝干上用刀纵切而深达木质部的刻伤，目的是减小树皮的机械束缚力，促进枝条的加粗生长。纵伤宜在春季树木开始生长前进行，实施时应选树皮硬化部分，细枝可行一条纵伤，粗枝可纵伤数条。

（3）扭梢与折梢

多用于生长期内生长过旺的半木质化枝条，特别是着生在枝背的徒长枝，扭转弯曲而未伤折者称扭梢，折伤而未断离者则为折梢。扭梢和折梢均是部分损伤输导组织以阻碍水

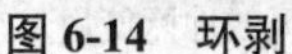
图 6-14 环剥

图 6-15 拉枝

分、养分向生长点输送，削弱枝条长势以利于短花枝的形成。

6.2.5.4 变

变是变更枝条生长的方向和角度，以调节顶端优势为目的的整形措施，并可改变树冠结构。有屈枝、弯枝、拉枝（图 6-15）、抬枝、扶枝等形式，通常结合生长季修剪进行，对枝梢施行屈曲、缚扎或扶立、支撑等技术措施。直立诱引可增强生长势；水平诱引具中等强度的抑制作用，使组织充实易形成花芽；向下屈曲诱引则有较强的抑制作用，但枝条背上部易萌发强健新梢，须及时去除，以免适得其反。大树倾斜可采用扶正器扶正树身。

6.2.5.5 放

营养枝不剪称为放，也称长放或甩放，适宜于长势中等的枝条。长放的枝条留芽多，抽生的枝条也相对增多，可缓和树势，促进花芽分化。丛生灌木也常应用此措施，如连翘，在树冠的上方往往甩放 3～4 根长枝，形成潇洒飘逸的树形，长枝随风摇曳，观赏效果极佳。

6.2.6 整形修剪注意事项

6.2.6.1 整形修剪程序

一知、二看、三剪、四检查、五处理。

6.2.6.2 注意问题

（1）剪口和剪口芽的处理

疏截修剪造成的伤口称为剪口，距离剪口最近的芽称为剪口芽。剪口方式和剪口芽的质量对枝条的抽生能力和长势有影响（图 6-16）。

①剪口方式　剪口的斜切面应与芽的方向相反，其上端略高于芽端上方 0.5cm，下端与芽之腰部相齐，剪口面积小而易愈合，有利于芽体的生长发育。

②剪口芽的处理　剪口芽的方向、质量决定萌发新梢的生长方向和生长状况，剪口芽的选择，要考虑树冠内枝条的分布状况和对新枝长势的期望。背上芽易发强旺枝，背下芽发枝中庸；剪口芽留在枝条外侧可向外扩张树冠，而剪口芽方向朝内则可填补内膛空位。

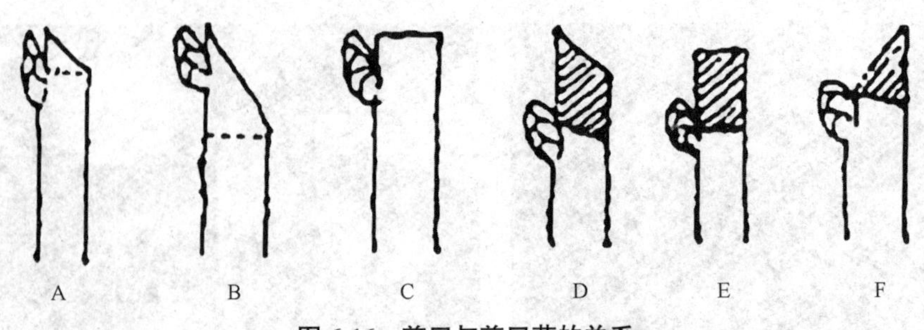

图 6-16　剪口与剪口芽的关系

A．正确（斜切面与芽的方向相反，其上端与芽端相齐，下端与芽的腰相齐）　B．错误（切口过大）

C．可行，但易损伤芽　D～F．不正确，但 D、E 可以在多旱风的地区使用

为抑制生长过旺的枝条，应选留弱芽为剪口芽；而欲弱枝转强，剪口则需选留饱满的背上壮芽。

③剪口保护　截口面积过大，易因雨淋及病菌侵入而导致剪口腐烂，需要采取保护措施。应先用锋利的刀具将创口修整平滑，然后用 2% 的硫酸铜溶液消毒，最后涂树木伤口保护剂。也可采用以下方法自行配制：

保护蜡：用松香 2500g，黄蜡 1500g，动物油 500g 配制。先把动物油放入锅中加温火熔化，再将松香粉与黄蜡放入，不断搅拌至全部溶化，熄火冷凝后即成，取出装入塑料袋密封备用。使用时只需稍微加热令其软化，即可用油灰刀蘸涂，一般适用于面积较大的创口。

液体保护剂：用松香 10 份，动物油 2 份，酒精 6 份，松节油 1 份（按质量计）配制。先把松香和动物油一起放入锅内加温，待熔化后立即停火，稍冷却后再倒入酒精和松节油，搅拌均匀，然后倒入瓶内密封贮藏。使用时用毛刷涂抹即可，适用于面积较小的创口。

油铜素剂：用豆油 1000g，硫酸铜 1000g 和热石灰 1000g 配制。硫酸铜、熟石灰需预先研成细粉末，先将豆油倒入锅内煮至沸热，再加入硫酸铜和熟石灰，搅拌均匀，冷却后即可使用。

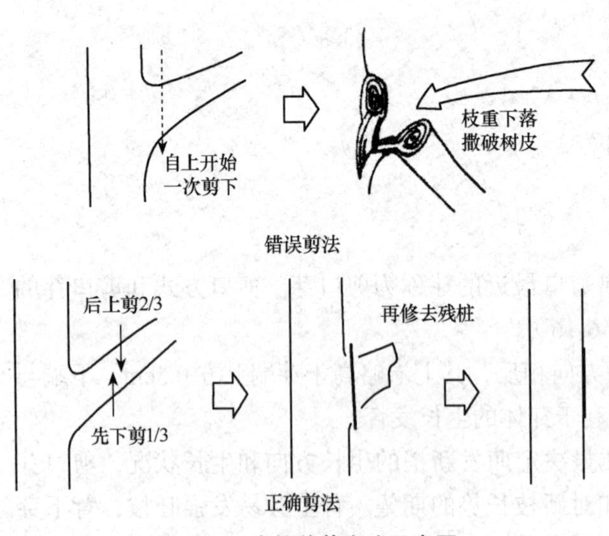

图 6-17　大枝剪截方法示意图

（2）大枝剪截（图 6-17）

在移栽大树、恢复树势、防风雪危害以及病虫枝处理时，经常需对一些大型的骨干枝进行锯截，操作时应格外注意锯口的位置以及锯截的步骤。

选择准确的锯截位置及操作方法是大枝修剪作业中最为重要的环节，因其不仅影响到剪口的大小及愈合过程，更会影响到树木修剪后的生长状况。错误的修剪技术会造成创面过大、愈合缓慢，创口长期暴露、腐烂易导致病虫害寄生，进而影响整株树木的健康。正确的位置是贴近树干但不超过侧枝基部的树皮隆脊部分与枝条基部的环痕。该法的主要优点是保留了枝条基部环痕以内的保护带，如果发生病菌感染，可使其局限在被截枝的环痕组织内而不会向纵深处进一步扩大。

枯死枝的修剪截口位置应在其基部隆起的愈伤组织外侧。

（3）注意安全

使用机械修剪时，必须事先掌握机械的性能和使用方法，仔细检查机械各部件是否完好、牢固。使用时严格遵守操作规程。上树或上梯修剪时，必须先站稳后再修剪，必要时使用安全带，防止事故发生。在道路边修剪时要密切注意来往的车辆；注意树上有无高压电线；利用高枝油锯和高枝绿篱机时，要防止锯下的树枝伤人；树液有毒者，要避免树液入口、眼及伤口。

（4）工具保护

修枝剪、锯等金属工具用过后，一定要用清水冲洗干净，再用干布擦净，并在刀刃及轴部抹上机油，放在干燥处保存。其他工具在使用前，都应进行认真检查，以保证使用安全。

◇任务实施

1．器具与材料

（1）器具

修枝剪、长柄修枝剪、大平剪、绿篱修剪机、高枝剪、手锯、高枝锯、油锯、人字梯、移动式降机、枝条粉碎机等（图6-18）。

图6-18　整形修剪常用机具

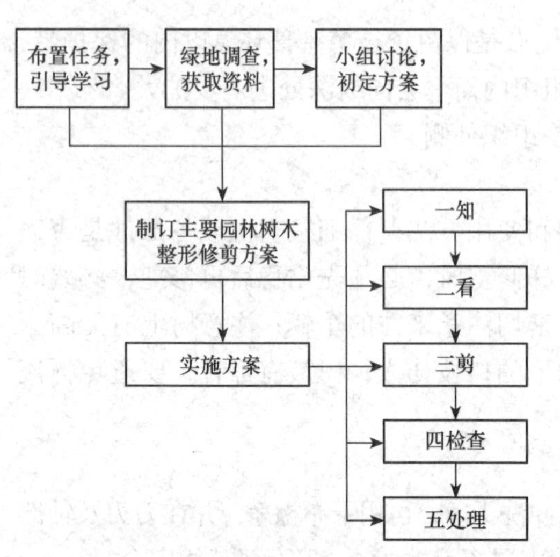

图 6-19　园林树木整形修剪流程图

（2）材料

剪口保护剂、刷子等。

2．任务流程

园林树木整形修剪流程如图 6-19 所示。

3．操作步骤

一知：认知修剪对象，明确待修剪树木的生长发育规律，根据修剪目的，确定修剪方案。

二看：观察分析树木的树冠结构、树势、主侧枝的生长状况、平衡关系等，确定要修剪的枝条、部位等。

三剪：按照先疏后截，先上后下，先里后外，先粗后细的顺序进行。一般从疏剪入手，把干枯枝、病虫枝、交叉枝、重叠枝、徒长枝等先行剪除；再按大、中、小枝的次序，对多年生枝进行回缩修剪；最后，根据整形需要，对一年生枝进行短截修剪。

四检查：修剪完成后尚需检查修剪的合理性，有无漏剪、错剪，以便更正。

五处理：及时清理、运走修剪下来的枝条，保证环境整洁。也可采用移动式枝条粉碎机在作业现场就地把树枝粉碎成木片，可减少运输量并可再利用。对树木主干上伤口较大的剪口涂抹伤口保护剂。

4．不同类型园林树木的整形修剪

1）行道树及庭荫树的整形修剪

（1）单轴主干形树木的修剪

此类树木栽植在无架空线路的路旁或空旷的绿地，通常为干性强的树种，如悬铃木、银杏、鹅掌楸、杨树、水杉等（图 6-20）。

(a)　　(b)

图 6-20　单轴主干形树木

(a) 银杏　(b) 鹅掌楸

①确定分枝点　在栽植前进行，通常确定在2～3.5m，苗木小时可适当降低高度，随树木生长而逐渐提高分枝点高度，同一街道行道树的分枝点必须整齐一致。

②保持主干顶芽　要保留好单轴主干顶芽不受损伤。如顶芽破坏，应在主尖上选一壮芽，剪去壮芽上方枝条，除去壮芽附近的芽，以免形成竞争主尖。

③选留主枝　一般选留主枝最好下强上弱，主枝与单轴主干成40°～60°的角，且主枝要相互错开，全株形成圆锥形树冠。

④常规修剪　疏除过密枝、干枯枝、病虫枝、萌蘖枝等，及时抹除主干上的萌芽。

（2）无单轴主干树木的修剪

此法适用于种植在架空线路下路旁的乔木或干性弱的乔木，如槐、五角枫、黄山栾树、合欢、苦楝、五角枫等。可采用自然开心形和杯状形整形修剪。

①杯状形整形修剪（图6-21）

确定分枝点：种植在架空线路下的行道树，分枝点高度为2～2.5m，不超过3m。

留主枝：定干后，通常选留3个健壮分枝均匀的侧枝作为主枝，疏除其余的侧枝。

主枝短截：保留主枝约50～100cm长进行短截，所有行道树最好上端整齐一致。

剥芽：树木在发芽时，常常是许多芽同时萌发，这样根部吸收的水分和养分不能集中供应所留下的芽。春季树木萌芽以后，每主枝一般保留上部3～5个芽，抹除基部的所有萌芽。

疏枝短截：在每个主枝选留2个侧枝，每个侧枝保留约50cm长短截，疏除其他多余枝条。经过连续2～3年的短截和疏枝，培养成杯状的树形。

常规修剪：疏除内膛的徒长枝、过密枝、干枯枝、病虫枝，主干基部富余萌蘖枝等，及时抹除主干上的萌芽。

②自然开心形整形修剪　与杯状形整形修剪的主要不同是，定干后选留3～5个侧枝作为主枝，不对其进行短截，任其自然生长，及时疏除主枝基部的内膛直立枝，形成自然开阔的圆头形树冠。如悬铃木、五角枫、苦楝、梧桐等（图6-22）。

(a)

(b)

图6-21　杯状形

（a）槐树　（b）黄山栾树

(a)

(b)

图 6-22　自然开心形

(a) 苦楝　(b) 梧桐

2）针叶类树木的整形修剪

针叶类树木通常为常绿乔木，单轴分枝，松类树木一般萌芽力、成枝力较弱，生长缓慢，不耐修剪，通常采用自然式整形修剪，维持树木的自然形态，疏枝少量的过密枝、干枯枝等（图 6-23）。主要树种有雪松、油松、樟子松、华山松、白皮松、云杉、圆柏、侧柏等。柏类树木萌芽力较强，较耐修剪，可根据选景要求采用人工式整形修剪。

①培养主干　保护单轴主干的顶芽不受损，维持其顶端优势。对于双主干的树木，如圆柏、侧柏、塔柏、白皮松等应选留理想主干，及时疏去一枝，保持单干。有时冠内出现侧生竞争枝时，应逐年调整主侧枝关系，对有竞争力的侧枝利用短截削弱其生长势。如果单轴主干的顶芽受伤，扶直相邻较为强壮的侧枝进行培养。像雪松等轮生枝条，选一健壮枝，将一轮中其他枝回缩，再将其下一轮枝轻短剪，便可培养出新的主尖。

②提高分枝点　油松、樟子松等主干较为高大的松类树木，应逐年自下而上疏除侧枝，保留主干高 1.5～2m。若作为景观树孤植或丛植，分枝点可保留在 1m 左右。

(a)

(b)

图 6-23　松类树木

(a) 油松　(b) 雪松

③常规修剪　疏除过密枝、干枯枝、病虫枝等。

3）花灌木的整形修剪

（1）整形修剪形式

多数种类的花灌木干性较弱，自然生长的树形一般为丛生形，在园林中，根据造景的要求和树木的生长习性，通常采用独干开心形和多主干丛生形。

①独干自然开心形（图6-24）　苗木定植后，将主干留0.5～1.5m截干；春季发芽后，通常选留3个不同方位、分布均匀的侧枝并进行短截，促使其形成主枝，余枝疏除。在生长季注意对主枝进行抹芽，培养3～5个方向合适、分布均匀的侧枝；翌年萌发后，每侧枝再选留3～5枝短截，促发次级侧枝，形成丰满、匀称的冠形。及时抹除树冠内膛的徒长枝、主干上的萌芽及主干基部的萌蘖。适用树木有碧桃、梅、日本晚樱、紫薇、木槿、西府海棠、紫荆等。

②独干杯状形（图6-25）　苗木定植后，将主干留0.5～1.5m截干；春季发芽后，通常选留3～5个不同方位、分布均匀的侧枝进行培养，形成主枝，余枝疏除；第二年休眠季节对保留

(a)

(b)

图6-24　独干自然开心形花灌木

(a) 樱花　(b) 紫荆

(a)

(b)

图6-25　独干杯状形花灌木

(a) 梅　(b) 紫薇

的主枝进行短截，促进发生侧枝，疏除内膛枝；第三年休眠季节在二级分枝上选留2个分枝，疏除其他枝条，然后任其自然生长。这样经过连续3年的整形修剪，便形成了“三股、六杈、十二枝”的中空杯状树形。适用树木有碧桃、梅、紫薇、木槿等。

③多主干形（图6-26） 保留3～5个主干，疏除多余萌生枝条，各主干分层配列侧生主枝，形成自然优美的树冠，适用于观花小乔木和庭荫树，如紫薇、蜡梅、桂花、花石榴、火棘等。

④灌丛形（图6-27） 每灌丛自基部留主枝10余个，疏除过密枝、细弱枝、干枯枝，每年疏除老主枝3～4个、新增主枝3～4个，促进灌丛的更新复壮。如连翘、金钟花、棣棠、黄刺玫、榆叶梅、贴梗海棠、云南黄素馨、红瑞木、结香、珍珠梅、绣线菊等。

（2）观花灌木类修剪

①冬春开花树种　如蜡梅、梅、连翘、榆叶梅、碧桃、迎春、牡丹等先花后叶树种，其花芽着生在一年生枝条上，修剪在花残后、叶芽开始膨大尚未萌发时进行。连翘、榆叶梅、碧桃、迎春等可在开花枝条基部留2～4个饱满芽进行短截；牡丹则将残花剪除即可。

(a)

(b)

图6-26　多主干花灌木

(a) 花石榴　(b) 紫薇

(a)

(b)

图6-27　灌丛形花灌木

(a) 榆叶梅　(b) 蜡梅

②夏秋开花树种　如紫薇、木槿、珍珠梅、花石榴、夹竹桃等，花芽在当年萌发枝上形成，修剪应在休眠期进行；在冬季寒冷、春季干旱的北方地区，宜推迟到早春气温回升即将萌芽时进行。在二年生枝基部留2～3个饱满芽重剪，可萌发出茁壮的枝条，虽然花枝会少些，但由于营养集中会产生较大的花朵。对于一年开两次花的灌木，可在花后将残花及其下方的2～3芽剪除，刺激二次枝条的发生，适当增加肥水则可二次开花。

③花芽着生在二年生和多年生枝上的树种　如紫荆、贴梗海棠等，花芽大部分着生在二年生枝上，但当营养条件适合时，多年生的老干亦可分化花芽。这类树种修剪量较小，一般在早春将枝条先端枯干部分剪除；生长季节进行摘心，抑制营养生长，促进花芽分化。

④花芽着生在开花短枝上的树种　如西府海棠等，早期生长势较强，每年自基部发生多数萌芽，主枝上亦有大量直立枝发生，进入开花龄后，多数枝条形成开花短枝，连年开花。这类灌木修剪量很小，一般在花后剪除残花，夏季修剪对生长旺枝适当摘心、抑制生长，并疏剪过多的直立枝、徒长枝。

⑤一年多次抽梢、多次开花的树种　如月季，可于休眠期短截当年生枝条或回缩强枝，疏除交叉枝、病虫枝、纤弱枝及过密枝；寒冷地区可行重短截，必要时进行埋土防寒。生长季修剪，通常在花后于花梗下方第2～3芽处短截，剪口芽萌发抽梢开花，花谢后再剪，如此重复。

（3）观果灌木类修剪

其修剪时间、方法与早春开花的种类基本相同，生长季中要注意疏除过密枝，以利通风透光、减少病虫害、增强果实着色力、提高观赏效果；在夏季，可采用环剥、缚缢或疏花疏果等技术措施，以增加挂果数量和单果重量。如火棘等。

（4）观枝类修剪

为延长冬季观赏期，修剪多在早春萌芽前进行。对于嫩枝鲜艳、观赏价值高的种类，需每年重短截以促发新枝，适时疏除老干促进树冠更新。如红瑞木、金枝槐、金枝白蜡、棣棠等（图6-28）。

（5）观形类修剪

修剪方式因树种而异。对垂枝桃、垂枝梅、龙爪槐短截时，剪口留拱枝背上芽，以诱发壮

(a)

(b)

图6-28　观枝类花灌木

(a) 红瑞木　(b) 棣棠

枝，苍劲有力。

（6）观叶类修剪

以自然整形为主，一般只进行常规修剪，部分树种可结合造型需要修剪。红枫，夏季叶易枯焦，景观效果大为下降，可行集中摘叶措施，逼发新叶，再度红艳动人。

4）绿篱的整形修剪（图 6-29）

（1）绿篱类型

绿篱依高度不同分为矮篱（篱高 0.5m 以下）、中篱（篱高 0.5～1m）、高篱（篱高 1～1.6m）、树墙（高 1.6m 以上）。按观赏特点分有花篱、果篱、彩叶篱、枝篱、刺篱等。按形态分有自然式绿篱和整形式绿篱两种。自然式绿篱一般不进行专门的整形，栽培过程中只做一些常规修剪。整形式绿篱是通过强行修剪，将篱体按设计者要求整剪成一定形状。灌木组团的整形修剪与中、矮篱基本相同，区别仅是图案样式的不同。

绿篱及色块常用树种一般为萌芽力和成枝力强、耐修剪的灌木，高篱、绿墙也有用乔木修剪而成。常用的有小蜡、大叶黄杨、黄杨、胶东卫矛、女贞、金叶女贞、金叶莸、金森女贞、紫叶小檗、火棘、黄素梅、栀子、杜鹃花、假连翘、福建茶、红花檵木、金叶榕、法国冬青、塔柏、龙柏等。

（2）自然式绿篱的整形修剪

此法多用于绿墙或高篱，顶部修剪多放任自然，仅疏除病虫枝、干枯枝等。如圆柏篱等。

(a) (b) (c) (d)

图 6-29 绿篱修剪方式

(a) 人工修剪 (b) 电动修剪 (c) 机动修剪 (d) 车载修剪

（3）整形式绿篱的整形修剪

此法多用于中篱和矮篱。草地、花坛的镶边或组织人流走向的矮篱，多采用几何图案式的整形修剪。初次修剪一般剪掉苗高的1/3～1/2；为使尽量降低分枝高度、多发分枝、提早郁闭，可在生长季内对新梢进行2～3次修剪，如此绿篱下部分枝匀称、稠密，上部枝冠密接成形。

（4）绿篱修剪的形状

绿篱形状以横断面下大上小为好，这样不易秃脚。多数绿篱为平顶绿篱，也可将绿篱修剪成有节奏的波浪形或圆顶形、尖顶形或按一定距离的凹凸形修剪。

（5）绿篱的更新修剪

多年生长的绿篱，由于长期进行强度修剪，其枝叶过度繁密，枝梢细弱，内部整体通风、透光不良，主枝下部的叶片枯萎脱落。为了恢复树势，需要对绿篱进行更新修剪。更新修剪是指通过强度修剪来更换绿篱大部分树冠的过程，一般需要3年。

第一年：首先疏除过多的老主枝，改善内部的通风透光条件。然后，短截主枝上的枝条，并对保留下来的主枝逐一回缩修剪，保留高度一般为30cm；对主枝下部所保留的侧枝，先行疏除过密枝，再回缩修剪，通常每枝留10～15cm长度即可。常绿篱的更新修剪，以5月下旬至6月底进行为宜，落叶篱宜在休眠期进行，剪后要加强肥水管理和病虫害防治工作。

第二年：对新生枝条进行多次轻短截，促发分枝。

第三年：将顶部剪至略低于所需要的高度，以后每年进行重复修剪。

对于萌芽能力较强的种类，可采用平茬的方法进行更新，仅保留一段很矮的主枝干。平茬后的植株，因根系强大、萌枝健壮，可在1～2年中形成绿篱的雏形，3年左右恢复成形。如大叶黄杨等。

5）藤本类的整形修剪

藤本类树木一般枝条比较柔软，不能直立生长，多数种类依靠茎的缠绕、吸盘、钩刺、气生根等辅助攀缘生长。如紫藤、凌霄、木香、藤本月季、三角梅、云实、地锦、常春藤等。根据其在园林中的应用形式，通常可采用以下方法：

①棚架式　栽植后要就地重截，可发强壮主蔓，牵引主蔓于棚架上，并使侧蔓均匀地分布架上，则可很快地成为荫棚（图6-30）。以后每年剪去干枯枝、病虫枝、过密枝等，如紫藤、木香、凌霄等。

②篱垣式　栽植以后重剪，促进长蔓发生，将侧蔓牵引到篱垣上，每年对侧枝施行短剪，

(a)　　(b)

图6-30　棚架式树木

(a) 紫藤　(b) 凌霄

形成整齐的篱垣形式（图 6-31）。

③附壁式　将藤蔓引于墙面即可依靠吸盘或气生根自行附壁攀缘生长，而逐渐布满墙面，同时应及时剪除从墙面上脱落的枝条，如地锦、五叶地锦、常春藤等。也可在墙面上设置网格，将枝蔓绑扎在网格上，花后剪除残花，如藤本月季等（图 6-32）。

6）竹类的整形修剪

及时间伐老竹，砍除清理枯死竹、病竹和倒伏竹及过低的分枝（图 6-33）。竹林（丛）的间伐应在晚秋或冬季进行，间伐以保留 4～5 年生以下立竹，去除 6 年生以上立竹，尤其是 10 年

图 6-31　篱垣式树木（藤本月季）

(a)　　(b)

图 6-32　附壁式树木

(a) 地锦　(b) 藤本月季

图 6-33　间伐后通透的竹林

生以上老竹的原则进行。通过间伐使竹林立竹年龄组成为1～2年生竹占40%左右，3～4年生竹占40%以上，5年生竹占20%左右。

7）棕榈类的整形修剪

棕榈类植物通常单干直立生长，无分枝，叶丛生于主干的上端，大苗移栽时应剪除其叶片的1/2，以减少水分蒸发，提高成活率。常规修剪主要是自下而上疏除下垂的老叶，剪除果序，保持其树姿挺拔（图6-34）。

图6-34 棕榈类植物修剪

5. 考核评价（表6-5）

表6-5 园林树木整形修剪考核评价表

<table>
<tr><td>模 块</td><td colspan="3">园林植物养护管理</td><td>项 目</td><td colspan="2">园林树木养护管理</td></tr>
<tr><td>任 务</td><td colspan="4">任务6.2 园林树木整形修剪</td><td>学 时</td><td>6</td></tr>
<tr><td>评价类别</td><td>评价项目</td><td colspan="2">评价子项目</td><td>自我评价（20%）</td><td>小组评价（20%）</td><td>教师评价（60%）</td></tr>
<tr><td rowspan="9">过程性评价（60%）</td><td rowspan="7">专业能力（45%）</td><td colspan="2">方案制订能力（10%）</td><td></td><td></td><td></td></tr>
<tr><td rowspan="6">方案实施能力</td><td>认识园林树木（5%）</td><td></td><td></td><td></td></tr>
<tr><td>观察分析树形（5%）</td><td></td><td></td><td></td></tr>
<tr><td>树木修剪整形（10%）</td><td></td><td></td><td></td></tr>
<tr><td>修剪结果检查（5%）</td><td></td><td></td><td></td></tr>
<tr><td>清理操作现场（5%）</td><td></td><td></td><td></td></tr>
<tr><td>工具使用及保养（5%）</td><td></td><td></td><td></td></tr>
<tr><td rowspan="2">社会能力（15%）</td><td colspan="2">工作态度（7%）</td><td></td><td></td><td></td></tr>
<tr><td colspan="2">团队合作（8%）</td><td></td><td></td><td></td></tr>
<tr><td rowspan="3">结果评价（40%）</td><td colspan="3">方案科学性、可行性（15%）</td><td></td><td></td><td></td></tr>
<tr><td colspan="3">整形修剪的合理性（15%）</td><td></td><td></td><td></td></tr>
<tr><td colspan="3">树形景观效果（10%）</td><td></td><td></td><td></td></tr>
<tr><td colspan="4">评分合计</td><td></td><td></td><td></td></tr>
<tr><td colspan="2">班级：</td><td colspan="2">姓名：</td><td>第 组</td><td colspan="2">总得分：</td></tr>
</table>

◇巩固训练

1．训练要求

（1）以小组为单位开展训练，组内同学要分工合作、相互配合、团队协作。

（2）园林树木整形修剪应因树因地制宜，具有实用性、艺术性、科学性。

（3）做到安全生产，操作程序符合要求。

2．训练内容

（1）结合当地小区绿地养护管理的内容，让学生以小组为单位，在咨询学习、小组讨论的基础上制订园林树木整形修剪技术方案。

（2）以小组为单位，依据当地小区绿地养护管理实际任务进行各类型园林树木整形修剪训练。

3．可视成果

提供某小区绿地园林树木整形修剪技术方案；完成整形修剪的树木、绿篱或花灌木实景。

◇任务小结

园林树木整形修剪任务小结如图6-35所示。

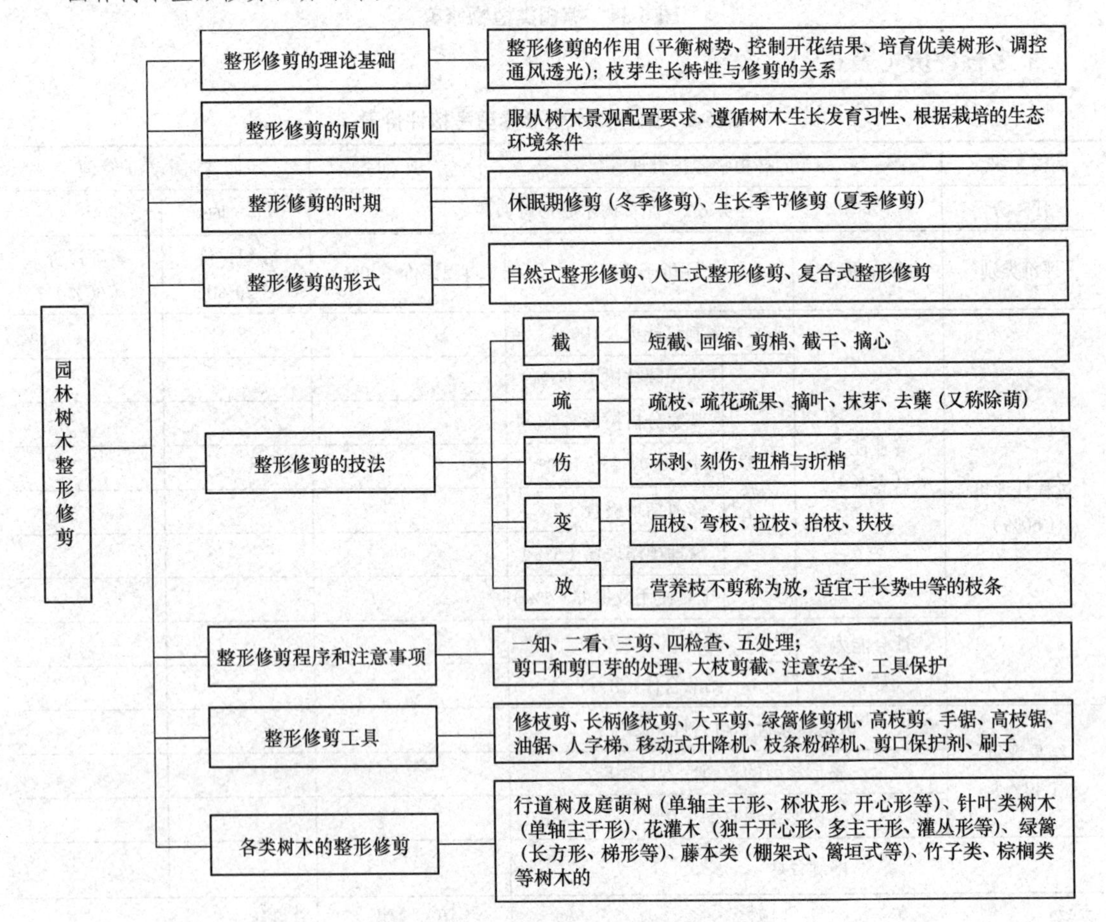

图6-35　园林树木整形修剪任务小结

◇思考与练习

1．填空题

（1）整形修剪的作用主要有________、________、________、________等。

（2）芽按位置的不同可分为________、________和________。

（3）植物的分枝方式主要有________、________和________。

（4）枝条按发育状况的不同可分为________、________和________。

（5）植物花芽分化的类型主要有________、________、________和________等。

（6）整形修剪的方式有________、________和________。

（7）整形修剪的技法有________、________、________、________、________。

（8）整形修剪的工作过程为________、________、________、________、________。

2．选择题

（1）雪松的分枝方式为（　　）。

A．单轴分枝　B．合轴分枝　C．假二叉分枝　D．二叉分枝

（2）萌芽力和成枝力较强的植物是（　　）。

A．油松　B．银杏　C．小蜡　D．广玉兰　E．马褂木

（3）（　　）在整形修剪时，应保护好顶芽，维持其顶端优势。

A．黄山栾树　B．桃花　C．云杉　D．槐　E．合欢

（4）干性弱的树木是（　　）。

A．马褂木　B．樟树　C．银杏　D．悬铃木　E．水杉

（5）桃花适宜采用（　　）整形修剪。

A．疏散分层形　B．自然开心形　C．自然式　D．整形式

（6）（　　）在培育过程中不宜进行摘心。

A．一串红　B．菊花　C．鸡冠花　D．一品红　E．万寿菊

（7）促进老树更新复壮常用的修剪方法是（　　）。

A．轻截　B．中截　C．重截　D．极重截　E．回缩

（8）紫薇的花芽分化是在（　　）进行的。

A．当年春季　B．当年夏季　C．前一年春季　D．前一年夏季

（9）龙爪槐适宜整形修剪成（　　）树形。

A．疏散分层形　B．自然开心形　C．杯状形　D．伞形　E．尖塔形

（10）有明显主干的高大落叶乔木大苗在出圃后，工程栽植之前，应适当地进行（　　）。

A．轻短截　B．回缩　C．疏枝　D．疏枝和回缩　E．重短截

（11）常绿针叶树在出圃时，由于枝条的萌芽力较差，一般不宜（　　）。

A．疏枝　B．截枝　C．刻伤　D．缓放

（12）春季开花的落叶灌木，应在（　　）立即进行修剪。

A．冬季　B．春季萌芽前　C．春季开花后　D．夏季

（13）观枝色类灌木，如红瑞木等，一般在（　　）修剪。

A．春季　　B．夏季　　C．秋季　　D．冬季

3．判断题（对的在括号内填“√”，错的在括号内填“×”）

（1）同一枝条上基部的芽比中部和端部的芽发育得饱满。（　　）

（2）萌芽力和成枝力弱的树木，不耐修剪，多用于自然式整形修剪。（　　）

（3）干性和层性都好的树木适合整成有中心干的自然分层形树形。（　　）

（4）老枝干上的休眠芽在回缩后可以转变成活动芽，并能发育成强壮的枝条代替老枝。（　　）

（5）龙爪槐等垂枝形树木修剪时剪口芽应留背下芽。（　　）

（6）自然式修剪一般只对枯枝、病弱枝和少量影响树形的枝条进行疏除。（　　）

（7）整形式修剪一般用于枝叶繁茂、枝条细密、不易秃棵、萌芽力强、耐修剪的植物。（　　）

（8）轻短截是指剪去一年生枝条长度的1/3～1/2。（　　）

（9）夏季修剪在栽培管理中具有重要作用，其主要手法有除萌、抹芽。（　　）

4．问答题

（1）截的技法有哪些？

（2）简述整形修剪的基本原则。

任务6.3　园林树木树体保护及灾害预防

◇任务分析

【任务描述】

园林植物栽植后，需要良好的养护管理才能保证园林植物成活和健康生长。而在实际养护中，各种灾害的发生尤其是自然灾害、市政工程、化雪盐等危害比较严重。本任务学习以学院或某小区新建绿地中各类绿化植物的养护任务为支撑，以学习小组为单位，首先制订学院或某小区园林植物养护的技术方案，再依据制订的技术方案和相关的技术规程，保质保量地完成园林树木树体保护及灾害的预防任务。

【任务目标】

（1）掌握各种自然灾害、市政工程施工、化雪盐等对园林植物造成的危害和防治措施；

（2）会正确识别园林植物的主要灾害类型；

（3）会依据当地主要灾害类型编制适合的防治措施；

（4）会实施树体保护与修补、树体伤口与树洞处理操作；

（5）具有爱岗敬业、吃苦耐劳和团结协作精神，具有独立分析和解决问题的能力。

◇知识准备

6.3.1 树木保护与修补

6.3.1.1 树木受损的原因

树木的树干和骨干枝上，往往因病虫害、冻害、日灼等自然灾害及机械损伤等造成伤口。伤口有两类，一类是皮部伤口，包括内皮和外皮；另一类是木质部伤口，包括边材、心材或二者兼有。木质部伤口必须在皮部伤口形成之后，在此基础上继续恶化形成。这些伤口如不及时保护、治疗、修补，经过长期雨水侵蚀和病菌寄生，易使内部腐烂形成树洞。另外，树木经常受到人为的有意无意的损坏，如树盘内的土壤被长期践踏变得很坚实，在树干上刻字留念或拉枝折枝等，所有这些对树木的生长都有很大影响。因此，对树体的保护和修补是非常重要的养护措施。

6.3.1.2 树木的保护和修补原则

树体保护首先应贯彻“防重于治”的原则，做好各方面预防工作，尽量防止各种灾害的发生，同时还要做好宣传教育工作，使人们认识到，保护树木人人有责。对树体上已经形成的伤口，应该早治，防止扩大，应根据树干上伤口的部位、轻重和特点，采用不同的治疗和修补方法。

6.3.1.3 树木伤口保护剂的种类

树木伤口保护剂的种类有接蜡、松香清油合剂、豆油铜素剂、松桐合剂、沥青涂剂等，但由于成本比较高、配制工作较复杂，使用的较少。目前生产上常采用树木伤口愈合涂抹剂，不但对伤口有保护和防腐的作用，还能增加杀菌和伤口治愈功能。同时精简了工作步骤，而且节省了人工。

6.3.2 园林植物常见灾害

6.3.2.1 园林植物常见灾害的种类

园林树木在生长发育过程中经常会遭受冻害、冻旱、寒害、日灼、风害、旱害等自然灾害的威胁，此外某些市政工程、建筑、人为的践踏和车辆的碾压及不正确的养护措施等均会导致对树木的伤害。

1）自然灾害

（1）低温伤害

低温既可伤害树木的地上或地下组织与器官，又可改变树木与土壤的正常关系，进而影响树木的生长与生存。低温危害主要有以下几种：

①冻裂　一般不会直接引起树木的死亡，但是由于树皮开裂，木质部失去保护，容易招致病虫，特别是木腐菌的危害，不但严重削弱树木的生活力，而且造成树干的腐朽形成树洞。

②冻拔　其发生与树木的年龄、扎根深浅有很密切的关系。树木越小，根系越浅，受害越严重，因此幼苗和新栽的树木易受害。

③冻旱　这是一种因土壤冻结而发生的生理性干旱。一般常绿树木由于叶片的存在，遭受冻旱的可能性较大。常绿针叶树受害后，针叶完全变褐或者从尖端向下逐渐变褐，顶芽易碎，小枝易折。

④冻害　这种低温危害对园林树木的引种威胁最大，直接影响到引种成败。应该注意的是同一植物的不同生长发育状况，对抵抗冻害的能力有很大的不同，以休眠期最强，营养生长期次之，生殖期抗性最弱。

⑤霜害　由于温度急剧下降至0℃，甚至更低，空气中的饱和水汽与树体表面接触，凝结成冰晶，使幼嫩组织或器官产生伤害的现象称为霜害。

（2）日灼

通常苗木和幼树常发生根颈部灼伤，对于成年树和大树，常在树干上发生日灼，使形成层和树皮组织坏死。通常树干光滑的耐阴树种易发生树皮灼伤。日灼的发生也与地面状况有关，在裸露地、砂性土壤或有硬质铺装的地方，树木最易发生根颈部灼伤。

（3）风害

树木抗风性的强弱与它的生物学特性有关。树高、冠大、叶密、根浅的树种抗风力弱；而树矮、冠小、根深、枝叶稀疏而坚韧的树种抗风力较强。

（4）旱害

干旱少雨地区，常生长季节缺水，干旱成灾。干旱对树木生长发育影响很大，会造成树木生长不正常，加速树木的衰老，缩短树木的寿命。

（5）雪害

雪害是指树冠积雪太多，压断枝条或树干的现象。通常情况下，常绿树种比落叶树种更易遭受雪灾，落叶树如果叶片未落完前突降大雪，也易遭雪害。

2）其他危害

（1）填方

植物的根系在土壤中生长，对土层厚度是有一定要求的，过深与过浅对树木生长均不利。由于填方，根系与土壤中基本物质的平衡受到明显的破坏，最后造成根系死亡。随之地上部分的相应症状也越来越明显，这些症状出现的时间有长有短，可能在一个月出现，也可能几年之后还不明显。

（2）土壤紧实度和地面铺装

人为的践踏、车辆的碾压、市政工程和建筑施工时地基的夯实及低洼地长期积水等均造成土壤紧实度的增加。此外，用水泥和砖石等材料铺装地面，有的做得不合理也不得法，对树木生长发育造成严重的影响。

（3）化雪盐

在北方，冬季经常下雪，路上的积雪被碾压结冰后会影响交通的安全，所以常常用盐促进冰雪融化。冰雪融化后的盐水无论是溅到树木干、枝、叶上，还是渗入土壤侵入根系，都会对树木造成伤害。

6.3.2.2 园林植物常见灾害的成因

1）自然灾害

（1）低温危害

①冻裂　由于温度降至0℃以下冻结，使树干表层附近木细胞中的水分不断外渗，导致外层木质部干燥、收缩。同时又由于木材的导热性差，内部的细胞仍然保持较高的温度和水分。因此，木材内外收缩不均产生巨大的张力，最终导致树干纵向开裂。

②冻拔　在纬度高的寒冷地区，当土壤含水量过高时，土壤冻结并与根系联为一体后，由于水结冰体积膨胀，根系与土壤同时抬高。解冻时，土壤与根系分离，在重力作用下，土壤下沉，苗木根系外露，似被拔出，倒伏死亡。

③冻旱　在寒冷地区，由于冬季土壤结冻，树木根系很难从土壤中吸收水分，而地上部分的枝条、芽及常绿树木的叶子仍进行着蒸腾作用，不断地散失水分。这种情况延续一定时间以后，最终因破坏水分平衡而导致细胞死亡，枝条干枯，甚至整个植株死亡。

④冻害　气温降到0℃以下使植物体温也降至零下，细胞间隙出现结冰现象，严重时导致质壁分离，细胞膜或壁破裂死亡。应注意的是同一植物的不同器官或组织的抗冻害能力也是不相同的，以茎干的抗性最强。但是以具体的茎干部位而论，以根颈，即茎与根交接处的抗寒能力最弱。这对植物的防寒养护管理是很重要的。

⑤霜害　根据霜冻发生时间及其与树木生长的关系，可以分为早霜危害和晚霜危害。早霜又称秋霜，它的危害是因凉爽的夏季并伴随以温暖的秋天，使生长季推迟，树木的小枝和芽不能及时成熟，木质化程度低而遭初秋霜冻的危害。晚霜又称倒春寒，它的危害是因为树木萌动以后，气温突然下降至0℃或更低，导致阔叶树的嫩枝、叶片萎蔫，变黑和死亡，针叶树的叶片变红和脱落。春天，当低温出现的时间推迟时，新梢生长量较大，伤害最严重。

（2）日灼

日灼是由太阳辐射热引起的生理病害，在我国各地均有发生。当气温高，土壤水分不足时，树木会关闭部分气孔以减少蒸腾，这是植物的一种自我保护措施。由于蒸腾减少，树体表面温度升高，灼伤部分组织和器官，一般情况是皮层组织或器官溃伤、干枯，严重时引起枝条死亡。

（3）风害

在多风地区，树木会出现偏冠和偏心现象。偏冠会给树木整形修剪带来困难，影响树木功能作用的发挥。偏心的树木易遭受冻害和日灼，影响树木的正常生长发育。北方冬季和早春的大风，易使树木枝梢抽干枯死。我国东南沿海地区，台风危害频繁，影响树木的生长与发育，更有碍观赏。

2）其他危害

（1）填方

由于市政工程的需要，在树木的生长地填土，对原来生长在此处的树木造成危害。其原因主要是填充物阻滞了大气与土壤中气体的交换及水的正常运动，根系与根际微生物的功能因窒息而受到干扰。在此情况下，厌氧菌繁衍产生有毒物质，使树木根系中毒。中毒可能比缺氧窒息所造成的危害更大。填方对土壤的温度变幅也有影响。

（2）土壤紧实度

在城市绿地中，人流的践踏和车辆的碾压等使土壤紧实度增加的现象是经常发生的。此外市政工程和建筑在施工中将心土翻到上面，心土通气孔隙度很低，微生物的活动很差或根本没有。在这样的土壤中树木生长不良或不能生长。而且施工中用压路机不断地压实土壤，致使土壤更为紧实，孔隙度更低。

（3）地面铺装

铺装面阻碍土壤与大气的气体交换，铺装面下形成潮湿不透气的环境，并使雨水流失，减少对根系氧气与水分的供应。在这种情况下根系代谢失常，功能减弱，而且会减少微生物及其活动，破坏了树木地上与地下的代谢平衡，降低树木的生长势，严重时根系会因缺氧窒息而死亡。

（4）化雪盐

化冰雪的盐水渗入土壤中，造成土壤溶液浓度升高，树木根系从土壤溶液中吸收的水分减少，易使树木失水、萎蔫，甚至死亡。氯化钠中的钠离子和氯离子对树木生长均有不良影响，其对树木的伤害往往要经过多年才能恢复。

◇任务实施

1. 器具与材料

（1）器具

锄头、铁锹、手锯、高枝剪、水桶、剪枝剪、凿子等。

（2）材料

各类园林植物，草帘子、草绳、石灰、水、食盐、石硫合剂、消毒剂（2%～5%硫酸铜溶液、0.1%升汞溶液、石硫合剂原液）、树体伤口愈合保护剂、填充剂（水泥砂浆、沥青混合物），记录本。

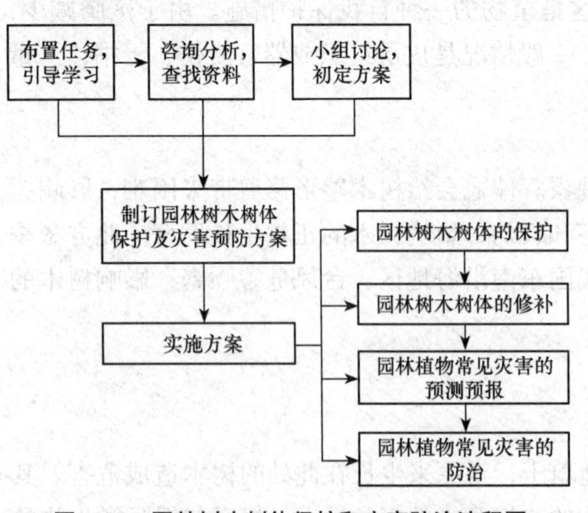

图 6-36 园林树木树体保护和灾害防治流程图

2. 任务流程

园林树木树体保护和灾害防治流程如图 6-36 所示。

3. 操作步骤

1）树木的保护与修补

（1）树木伤口治疗

对于枝干上因病、虫，冻、日灼或修剪等造成的伤口，首先应当用锋利的刀刮净削平四周，使皮层边缘呈弧形，再用药剂（2%～5%硫酸铜液、0.1%的升汞溶液、石硫合剂原液）消毒，最后涂抹树体伤口愈合保护剂。此外由于风折使树木枝干折裂，应立即用绳索捆缚加固，然后消毒、涂保护剂。

（2）树木修补

①树皮修补

刮树皮：目的是减少老皮对树干加粗生长的约束，也可清除在树皮缝中越冬的病虫。刮树皮多在树木休眠期间进行，冬季严寒地区可延至萌芽前，刮树皮时要掌握好深度，将粗裂老皮刮掉即可，不能伤及绿皮以下部位，刮后立即涂以保护剂。但对于流胶的树木不可采用此法。

植皮：对于伤口面积较小的枝干，可于生长季节移植同种树的新鲜树皮。在形成层活跃时期（6～8月）最易成功，操作越快越好。其做法是：首先对伤口进行清理，然后从同种树上切取与创伤面相等的树皮，创伤面与切好的树皮对好压平后，涂以10%萘乙酸，再用塑料薄膜捆紧即可。

②树洞修补　为了防止树洞继续扩大和发展。其方法有3种：

开放法：树洞不深或树洞过大都可以采用此法，如伤孔不深无填充必要，可按前文介绍的伤口治疗方法处理。如果树洞很大，给人以奇特之感，欲留作观赏，可采用此法。方法是将洞内腐烂木质部彻底清除，刮去洞口边缘的死组织，直至露出新的组织，用药剂消毒并涂防护剂。同时改变洞形，以利排水，也可以在树洞最下端插入排水管。以后需经常检查防水层和排水情况，防护剂每隔半年左右重涂1次。

封闭法：树洞经处理消毒后，在洞口表面钉上板条，以油灰和麻刀灰封闭（油灰是用生石灰和熟桐油以1∶0.35混合，也可以直接用安装玻璃用的油灰，俗称腻子），再涂以白灰乳胶，颜料粉面，以增加美观，还可以在上面压树皮状纹或钉上一层真树皮。

填充法：填充物可以是新型的填充材料，木炭的防腐性能、杀菌效果比较好，其膨胀与收缩性能与木材接近，而玻璃纤维膨胀性很小，因此采用木炭、玻璃纤维作为树洞的填充材料效果较好。另外，也可用枯朽树木修复材料（塑化水泥）进行填充。这种材料与以往的材料不同，它是一种新型的填充材料，具有弹性、韧性、可塑性，用时溶于水，固化后坚固，可防水、防腐、防虫蛀。

操作时填充材料必须压实，为加强填料与木质部连接，洞内可钉若干电镀铁钉，并在洞口内两侧挖一道深约4cm的凹槽，填充物从底部开始，20～25cm为一层，用油毡隔开，每层表面都向外略斜，以利排水，填充物边缘应不超出木质部，使形成层能在填充物上面形成愈伤组织。外层用石灰、乳胶、颜色粉涂抹，为了增加美观，富有真实感，在最外面钉一层真树皮。

（3）吊枝和顶枝

吊枝在果园中多采用，顶枝在园林中应用较多。大树或古树如树身倾斜不稳，大枝下垂者需设支柱撑好，支柱可采用金属、木桩、钢筋混凝土材料。支柱应有坚固的基础，上端与树干连接处应有适当形状的托杆和托碗，并加软垫，以免损害树皮。设支柱时一定要考虑到美观，与周围环境协调。北京故宫将支撑物油漆成绿色，并根据松枝下垂的姿态，将支撑物做成棚架形式，效果很好。也有将几个主枝用铁索连结起来，这也是一种有效的加固方法。

（4）涂白

树干涂白，目的是防治病虫害和延迟树木萌芽，避免冻害、日灼危害。

涂白时间一般在10月下旬至11月中旬，6月下旬至7月中旬之间。涂白剂的配制成分各地不一，一般常用的配方是：水10份，生石灰3份，石硫合剂原液0.5份，食盐0.5份，油脂（动植物油均可）少许。配制时要先化开石灰，把油脂倒入后充分搅拌，再加水拌成石灰乳，最后放入石硫合剂及盐水，也可加黏着剂，能延长涂白的期限。

具体要求：涂白剂的配置要准确，注意生石灰的纯度，选择纯度高的；要统一涂白高度，隔离带行道树统一涂白高度为1.2～1.5m，其他按1.2m进行，同一路段、区域的涂白高度应保持一致，以达到整齐美观的效果；涂液时要干稀适当，对树皮缝隙、洞孔、树杈等处要重复涂刷，避免涂刷流失、刷花刷漏、干后脱落。

2）园林植物常见灾害的防治

（1）园林植物常见灾害的预测预报

园林树木在漫长的生命历程中，经常面对各种自然灾害的侵扰，如不采取积极的预防措施，可能使精心培育的树木毁于一旦。要预防和减轻自然灾害的危害，就必须掌握各种自然灾害的发生规律和树木致害的原理，从而因地制宜、有的放矢地采取各种有效措施，保证树木的正常生长，充分发挥园林树木的功能效益。对于各种自然灾害的防治，都要贯彻“预防为主，综合防治”的方针，在规划设计中就要考虑各种可能发生的自然灾害，合理地选择树种并进行科学的配置，在树木栽培养护的过程中，要采取综合措施促进树木健康生长，增强抗灾能力。

（2）园林植物常见灾害防治

①低温危害的预防　选择抗寒的树种或品种，贯彻适地适树的原则。这是减少低温伤害的根本措施。乡土树种和经过驯化的外来树种或品种，已经适应了当地的气候条件，具有较强的抗逆性，应是园林栽植的主要树种。

加强抗寒栽培，提高树木抗性。加强栽培管理（尤其是生长后期管理）有助于树体内营养物质的贮备。经验证明，春季加强肥水供应，合理运用排灌和施肥技术，可以促进新梢生长和叶片增大，提高光合效能，增加营养物质的积累，保证树体健壮；后期控制灌水，及时排涝，适量施用磷、钾肥，勤锄深耕，可促使枝条及早结束生长，有利于组织充实，延长营养物质积累的时间，提高木质化程度，增加抗寒性。

加强树体保护，减少低温危害，具体方法如下：

灌冻水防寒：一般的树木采用浇“冻水”和灌“春水”防寒。冻前灌水，特别是对常绿树周围的土壤灌水，保证冬季有足够的水分供应，对防止冻旱十分有效。掌握浇灌冻水的时机，过早、过晚效果都不好，即夜冻昼化阶段灌足一次冻水。

覆土防寒：主要用于灌木小苗、宿根花卉，封冻前，将树身压倒，覆30～40cm的细土，拍实。

根颈培土：冻水灌完后，结合封堰在树根部培起直径50～80cm、高30～40cm高的土堆。

扣筐、扣盆：一些植株比较矮小的露地花木，如牡丹、月季等，可以采用扣筐、扣盆的方法。

架风障：在上风方向架设风障，风障要超过树高。

涂白：见前文树体保护内容。

护干：新植落叶乔木和小灌木用草绳或用稻草包干或包冠。

树冠防寒：北方引种的阔叶常绿的火棘、枸骨、石楠，江南的常绿树如枇杷、海枣等抗寒能力低的树种，可在冬季冰冻期来临前，用保暖材料将树冠束缚后包扎好，待气温回升后再拆除。

地面覆盖物防寒：实践证明，如在树干周围撒布马粪、腐叶土或泥炭、锯末等保温材料覆盖根区，能提高土温而缩短土壤冻结期，提早化冻，有利根部吸水，及时补充枝条水分。

②日灼的预防　选择耐高温、抗性强的树种或品种栽植。加强综合管理，促进根系生长，改善树体状况，增强抗性。生长季要特别防止干旱，避免各种原因造成的叶片损伤，防止病虫危害，合理施用化肥，特别是增施钾肥。树干涂白，见前文树体保护内容。地面覆盖，对于易遭日灼的幼树或苗木，可用稻草、苔藓等材料覆盖根区，也可用稻草捆缚树干。

③风害的预防　易遭受风害的地方尤应选择深根性、耐水湿、抗风能力强的树种，如枫杨、无患子、樟树等。株行距要适度，最好选用矮化植株栽植。合理的整形修剪，可以调整树木的生长发育，保持优美的树姿，做到树形、树冠不偏斜，冠幅体量不过大，避免"V"形杈的形成。在易受风害的地方，特别是在台风和强热带风暴来临之前，在树木的背风面用竹竿、钢管、水泥柱等支撑物进行支撑，用铁丝、绳索扎缚固定。排除积水，改良栽植地的土壤质地，培育壮根良苗，采取大穴换土、适当深栽等措施。

④旱害的预防　开放水源，修建灌溉系统，及时满足树木对水分的要求；选择栽植抗旱性强的树种、品种和砧木；营造防护林；做好养护管理，采取中耕、除草、培土、覆盖等既有利于保持土壤水分，又利于树木生长的技术措施。

⑤雪害的预防　通过培育措施促进树木根系的生长，以形成发达的根系网。根系牢，树木的承载力就强。修剪要合理，不因过分追求某种形状而置树木的安全不顾。事实上，在自然界，树木枝条的分布是符合力学原理的，侧枝的着力点较均匀地分布在树干上，这种自然树形承载力强。合理配置，栽植时注意乔木与灌木、高与矮、常绿与落叶之间的合理搭配，使树木之间能相互依托，以增强群体的抗性。对易遭雪害的树木进行必要的支撑。下雪后及时摇落树冠积雪。

⑥填方危害的预防　当填土较浅时，在栽植园林植物前对难以用于植树的人工填土进行更换；对已经栽植的园林植物，如果填土不当，可以在铺填之前，在不伤或少伤根系情况下疏松土壤、施肥、灌水，并用砂砾、沙或砂壤土进行填充。对于填土过深的园林植物，需要采取完善的工程与生物措施进行预防。一般园林植物可以设立根区土壤通气系统。

⑦土壤紧实度的预防　做好绿地规划，合力开辟道路。做好维护工作，可以做栅栏将树木围护起来，以免人流踩压。将压实地段的土壤用机器或人工进行耕翻，疏松土壤。耕翻的深度，根据压实的原因和程度而定。还可在翻耕时适当加入有机肥，既可增加土壤松软度，又能为土壤微生物提供食物，增大土壤肥力。

⑧地面铺装的预防　选择较耐土壤密实和对土壤通气要求较低及抗旱性强的树种。

采用通气透水的步道铺装方式，目前应用较多的透气铺装方式是采用上宽、下窄的倒梯形水泥砖铺设人行道。铺装后砖与砖之间不加勾缝，下面形成纵横交错的三角形孔隙，利于通气；在人行道上采用水泥砖间隔铺砌，空挡处填砌不加沙的砾石混凝土，也有较好的效果；还可以将砾石、卵石、树皮、木屑等铺设在行道树周围，在其上加盖具艺术效果的圆形铁格栅，既对园林植物生长大有裨益，又具美学效应。另外，可改进透气铺装，促进土壤与大气的交换。

⑨化雪盐的预防　在接近融雪剂的路旁选用耐盐园林植物。严格控制化雪盐的合理用量，绝不要超过40g/m^2，一般15～25g/m^{2}就足够了。此外，通过改进现有的路牙结构并将路牙缝隙封严可以阻止化雪盐水进入植物根区。开发无毒的氯化钠和氯化钙替代物，使其既能溶解冰和雪又不会伤害园林植物，如在铺装地上铺撒一些粗粒材料，同样能加快冰和雪的溶解。

4. 考核评价（表 6-6）

表 6-6　园林树木树体保护及灾害预防考核评价表

<table>
<tr><td>模　块</td><td colspan="3">园林植物养护管理</td><td>项　目</td><td colspan="2">园林树木养护管理</td></tr>
<tr><td>任　务</td><td colspan="4">任务 6.3　园林树木树体保护及灾害预防</td><td>学　时</td><td>2</td></tr>
<tr><td>评价类别</td><td>评价项目</td><td colspan="2">评价子项目</td><td>自我评价（20%）</td><td>小组评价（20%）</td><td>教师评价（60%）</td></tr>
<tr><td rowspan="6">过程性评价（60%）</td><td rowspan="4">专业能力（45%）</td><td colspan="2">方案制订能力（15%）</td><td></td><td></td><td></td></tr>
<tr><td rowspan="3">方案实施能力</td><td>园林树木树体保护与修补（15%）</td><td></td><td></td><td></td></tr>
<tr><td>园林植物常见灾害的防治（15%）</td><td></td><td></td><td></td></tr>
<tr style="display:none"></tr>
<tr><td rowspan="2">社会能力（15%）</td><td colspan="2">工作态度（7%）</td><td></td><td></td><td></td></tr>
<tr><td colspan="2">团队合作（8%）</td><td></td><td></td><td></td></tr>
<tr><td rowspan="3">结果评价（40%）</td><td colspan="3">方案科学性、可行性（15%）</td><td></td><td></td><td></td></tr>
<tr><td colspan="3">树木树体保护结果（15%）</td><td></td><td></td><td></td></tr>
<tr><td colspan="3">园林植物灾害防治结果（10%）</td><td></td><td></td><td></td></tr>
<tr><td colspan="4">评分合计</td><td></td><td></td><td></td></tr>
<tr><td colspan="2">班级：</td><td colspan="2">姓名：</td><td>第　组</td><td colspan="2">总得分：</td></tr>
</table>

◇巩固训练

1．训练要求

（1）以小组为单位开展训练，组内同学要分工合作、团队协作。

（2）技术方案应具有科学性和可行性。

（3）做到安全生产，操作程序符合要求。

2．训练内容

结合当地绿化植物的养护实际情况，让学生以小组为单位，在进行咨询学习、小组讨论的基础上制订该地区园林树木树体保护及灾害预防的技术方案。

3．可视成果

提供某地区树木树体保护灾害预防技术方案；自然灾害预防的照片。

◇任务小结

园林树木树体保护及灾害防治任务小结如图 6-37 所示。

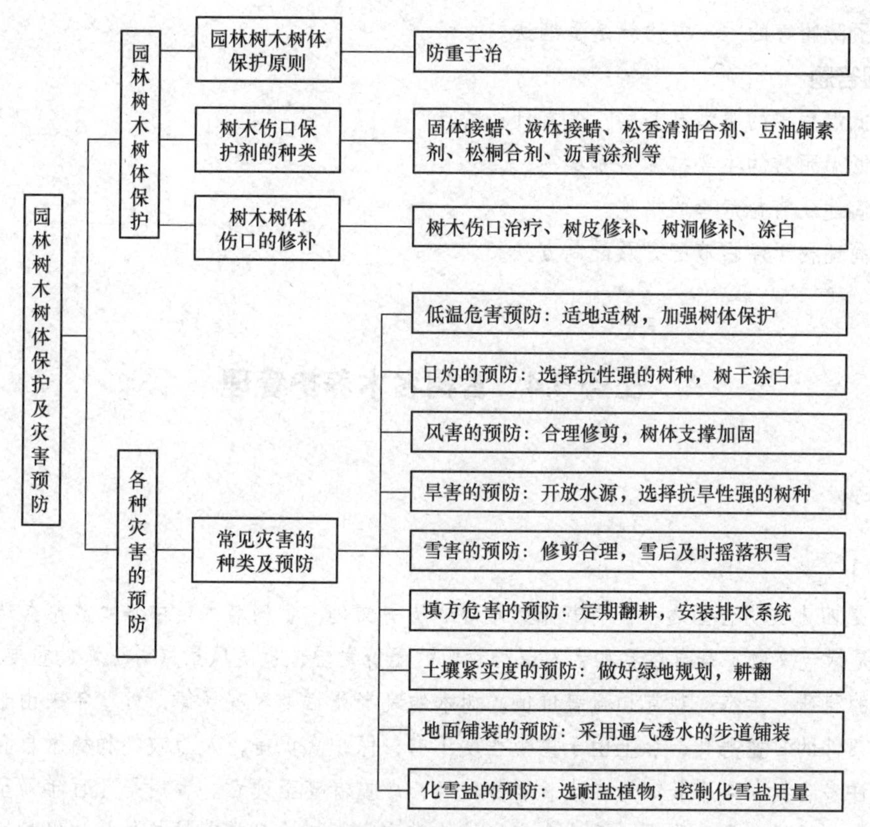

图 6-37 园林树木树体保护及灾害防治任务小结

◇思考与练习

1．填空题

（1）树体保护首先应贯彻________的原则。

（2）同一植物的不同生长发育状况，对抵抗冻害的能力有很大的不同，以________最强，营养生长期次之，________抗性最弱。

（3）补树洞是为了防止树洞继续扩大和发展。其方法有________、________、________3种。

（4）树干涂白，目的是________。

（5）树木抗风性的强弱与它的生物学特性有关。树高、冠大、叶密、根浅的树种抗风力________；而树矮、冠小、根深、枝叶稀疏而坚韧的树种抗风力________。

2．判断题（对的在括号内填“√”，错的在括号内填“×”）

（1）同一植物的不同器官或组织的抗冻害能力也是不相同的，以胚珠最弱，而以茎干的抗性最强。（　）

（2）冻裂一般在幼树上多，老树上少。（　）

（3）灌冻水防寒要掌握浇灌冻水的时机，过早、过晚效果都不好，即夜冻昼化阶段灌足一次冻水。（　）

（4）日灼主要发生在树干的南面。（　）

（5）预防霜害的唯一方法就是熏烟法。（　　）

3．问答题

（1）低温危害的类型有哪些？各有什么特点？

（2）低温预防的主要措施有哪些？

（3）简述化雪盐危害的措施。

（4）简述树干涂白液配方及配制方法。

任务6.4　古树名木养护管理

◇任务分析

【任务描述】

中国是四大文明古国之一，有着光辉灿烂的历史文化，古树名木是中华民族悠久历史与文化的象征，是绿色文物，是自然界和古人留给我们的无价之宝，也是风景旅游资源的重要组成部分，具有极高的科研、生态、观赏和科普价值。树木的衰老死亡是客观规律，近些年来由于环境的污染，生长条件的日益恶化，加上由于重视程度不够，保护意识差，人为破坏和树木自身树龄较大等因素，许多古树、名木长期处在生长弱势边缘，严重者甚至死亡。古树是几百年乃至上千年生长的结果，一旦死亡无法再现，因此我们应该非常重视古树的日常养护与复壮。保护好现存古树名木，要先对古树名木进行普查建档工作，为开展古树名木保护工作打好基础。通过调查分析树木的生长状况及衰老原因，再根据具体情况对古树名木进行日常养护及复壮工作。

【任务目标】

（1）了解古树名木的概念，能对古树名木进行衰老原因分析；

（2）能对古树名木进行调查、登记及存档；

（3）能依据制订的技术方案对古树名木进行日常养护及更新复壮；

（4）培养学生爱岗敬业、吃苦耐劳和团结协作精神，培养学生严谨认真、实事求是的科学态度。

◇知识准备

6.4.1　古树名木概述

6.4.1.1　古树名木的概念

古树名木一般指在人类历史发展进程中保存下来的年代久远或具有重要科研、历史、文化价值的树木。中华人民共和国建设部*2000年9月1日发布实施的《城市古树名木保护管

---

* 现中华人民共和国住房和城乡建设部，简称住建部。

理办法》规定，古树是指树龄在一百年以上的树木，名木是指国内外稀有的以及具有历史价值和纪念意义及重要科研价值的树木。《中国农业百科全书》对名木古树的内涵界定为：“树龄在百年以上的大树，具有历史、文化、科学或社会意义的木本植物。”

古树名木往往两者兼任，当然也有名木不古或古树未名的，但都应该加以重视、保护和研究。

6.4.1.2 保护古树名木的意义

我国被世界誉为“世界园林之母”，丰富的园林植物种质资源，使得古树名木表现出种类的多样性。据建设部初步统计，我国百年以上的古树约20万株。大多分布在城区、城郊及风景名胜地，其中约20%为千年以上的古树。由于生态环境的恶化，诸多急功近利的原因，使得这些古树均有不同程度的衰老与死亡，因此研究和保护古树名木具有现实意义。

（1）古树名木是名胜古迹的重要景观

古树名木苍劲古雅、姿态奇特，如北京天坛的“九龙柏”、团城的“遮阴侯”、中山公园的“槐柏合抱”、香山公园的“白松堂”、嵩山脚下的“大将军柏”“二将军柏”“三将军柏”等，观赏价值极高而闻名中外，它们把祖国山河装点得更加美丽多娇，令无数中外游客流连忘返。

（2）古树名木是历史的见证

我国有周柏、秦松、汉槐、隋梅、唐杏等之说，均可作为历史的见证；北京景山崇祯皇帝上吊的古槐（现在已非原树）是记载农民起义伟大作用的丰碑；北京颐和园东宫门内有2排古柏，八国联军火烧颐和园时曾被烧烤，因此靠近建筑物的一面没有树皮，它是帝国主义侵华罪行的记录；国子监有一株圆柏，相传明朝奸相严嵩路过时，柏枝触落严嵩的乌纱帽，被后人称为“除奸柏”；潭柘寺院内有2棵银杏树，高30m，树围7～8m，这2棵树又称“帝王树”，据说是清代乾隆皇帝来寺院拜佛而得名。

（3）古树、名木具有重要的文化艺术价值

不少古树曾使历代文人、学士为之倾倒，为之吟咏感怀，它们在中国文化史上有其独特的地位。如扬州八怪中的李蝉，曾有名画“五大夫松”，是泰山名木艺术的再现。此类为古树而作的诗画为数极多，都是我国文化艺术宝库中的珍品。

（4）古树名木是研究自然史的重要资料

古树好比一部极其珍贵的自然史书，那粗大的树干储藏着几百年、几千年的气象资料，可以显示古代的自然变迁。古树复杂的年龄结构常常能反映过去气候的变化情况。树木的生长周期很长，相比之下人的寿命却短得多，它的生长、发育、衰老及死亡的规律，人们很难用跟踪的方法加以研究；古树的存在就把树木生长、发育在时间上顺序展现为空间上的排列，使人们能够把处于不同年龄阶段的树木作为研究对象，从中发现该树种从生到死的总规律。前苏联就建立了一门新兴学科——树木气象学。

（5）古树名木对现今城市树种规划具有很大的参考价值

古树多为乡土树种，对当地气候和土壤条件及抗病虫害方面有很高的适应性，因此，城市树种选择首先要以乡土名贵树种为重点；其次，通过对适合于本地栽培的树种要积极引种驯化，以期从中选出优良新种。例如，对于干旱、瘠薄的北京市郊区种什么树合适，30 年来变来变去，建国初期认为刺槐比较合适，不久证明刺槐虽然耐干旱，幼苗速生，但对土壤肥力反应敏感，很快出现生长停滞，长不成材；20 世纪 60 年代认为油松最有希望，因为建国初期造的油松林当时正处于速生阶段，山坡上一片葱绿可爱，但是不久后便封顶，不再长高，这时才发现，幼年时生长速度不快的侧柏却能稳定生长。北京的古树中恰侧柏最多，故宫和中山公园都有很多古侧柏，这说明它是经受了历史考验的北京地区的适生树种，如果早日领悟这个道理，在树种选择中就可以少走许多弯路。

（6）稀有、名贵的古树对保护种质资源有重要的价值

如上海古树名木中的刺楸、大王松、铁冬青等都是少见的树种，在当地生存下来更具有一定的经济价值和科学研究价值。同时，目前有的住宅开发商以当地现存的古树名木为依托，宣扬“人杰地灵”“物华天宝”的地域文化，以进行促销；并以古树命名，如香樟苑、银杏苑等，因备受居民的喜爱而畅销。

6.4.1.3 古树名木的分级管理

根据树木的生长年龄可把古树名木进行分级。

（1）古树名木的分级

①古树　可分为国家一、二、三级。

一级古树：目前规定，柏树类、白皮松、七叶树，胸径（距地面 1.2m）在 60cm 以上；油松胸径在 70cm 以上；银杏、槐、楸树、榆树等胸径在 100cm 以上的古树，且树龄在 500 年以上的，定为一级古树。

二级古树：国家二级古树为树龄在 300～499 年，胸径在 30cm 以上的柏树类、白皮松、七叶树，或者胸径在 40cm 以上的油松；胸径在 50cm 以上的银杏、槐、楸树、榆树等，树龄在 300～499 年的，定为二级古树。

三级古树：树龄在 100～299 年的树木。

②名木　指稀有名贵树木，如樱花、椴、蜡梅、玉兰、木香、乌桕等树种。另外，树龄 20 年以上的，胸径在 25cm 以上的各类常绿树及银杏、水杉、银杉等，以及外国朋友赠送的礼品树、友谊树，或有纪念意义和具有科研价值的树木，不限规格一律保护。其中各国元首亲自种植的定为一级保护，其他定为二级保护。

当然，不同的国家对古树树龄的规定差异较大。在西欧、北美一些国家，树龄在 50 年以上的就定为古树，100 年以上的古树就视为国宝了。

（2）古树名木的一般种类及保护

我国常见的古树名木主要有将军柏、轩辕柏、凤凰松、迎客松、阿里山神木、银杏、胡杨、珙桐等。

国家颁布的古树名木保护办法规定：

一级古树名木由省、自治区、直辖市政府确认，报国务院建设行政主管部门备案；二级古树名木由城市政府确认，直辖市以外的城市报省、自治区建设行政主管部门备案，其档案也做相应的处理。

古树名木保护管理工作实行专业养护部门保护管理和单位、个人保护管理相结合的原则。市政府园林绿化行政部门应当对城市古树名木，按实际情况分株制订养护、管理方案，落实养护责任单位、责任人，并进行检查指导。

市政府应当每年从城市维护管理经费、城市园林绿化专项资金中划出一定比例的资金用于城市古树名木的保护管理，如树势衰弱，养护单位和个人应立即报告，由园林绿化行政主管部门组织治理复壮。已死亡的古树名木，经园林绿化行政主管部门确认，查明原因，明确责任并予以注销登记后，方可进行处理，结果上报。

对本地区所有古树名木进行挂牌，标明中文名、学名、科属、树种、管理单位等。要研究制订出具体的养护管理办法和技术措施，发现有危及古树名木安全的因素存在时，及时上报并采取有效措施。规划建设时严格保护古树名木，更不能任意砍伐和迁移。

6.4.2 古树衰老原因

古树按其生长来说，已经进入衰老更新期。世界上任何事物都有其生长、发育、衰老、死亡的客观规律，古树也不例外，但是古树衰老还与其他因素有关。经调查，古树衰老是内因与外因共同作用的结果。

6.4.2.1 内因

内因主要是树木自身因素导致，古树名木树龄大，自身生理机能下降，生活力低，再加上树形较高大，树龄的老化使根部吸收水分、养分的能力与再生能力减弱，因而抗病虫害侵染力低，抗风雨侵蚀力弱，这是其衰败的内因所在。

6.4.2.2 外因

外因主要包括环境因素、人为因素、病虫害、自然灾害等。

（1）环境因素

一些古树分布于丘陵、山坡、墓地、悬崖等处，土壤贫瘠，水土流失严重，随着树体的生长，吸取的养分不能维持其正常生长，很容易造成严重的营养不良而衰弱甚至死亡。由于各种原因引起树木周围地下水位的改变，使树木根系长期浸于水中，导致根系腐烂；或长期干涸，导致枯萎。生长在城市中的古树名木，立地条件差，营养面积小，由于城市气候的变化，形成热岛效应等城市特有气候，这些都影响着古树名木的生长甚至于加速其衰老死亡。

有些古树长在建筑殿基上，树木长大以后根系很难竖向向土中生长，其活动受到限制，营养缺乏，致使树体衰老。古树名木周围常有高大建筑物，影响树体通风和透光，导致树干生长发育发生改向，造成树体偏冠，影响树体美观，枝条分布不均匀。若遇雪压、雨淞等自然灾害的外力作用，易造成枝折树倒，对古树破坏性大。

（2）人为因素

①工程建设的影响　各类工程建设中，如城区改造、修路、架桥、建水库等各类工程建设过程中，由于对古树名木断根过频、过多，修剪过重，造成其衰败，直至死亡。

②人为活动引起土壤板结　在城市、公园、名胜古迹等处，凡有古树名木之处，必是

游人云集之所，游人频繁践踏，致使树体周围土壤板结，密度增大，严重影响土壤的气体交换、根系活动和正常生长。

③各种污染的影响　古树名木周围的污染，如化工、印染厂等排放的废水废气，不仅污染了空气及河流，也污染了土壤和地下水体，更有甚者在古树名木根部倾倒工业废料，使树体周围土壤酸碱浓度、重金属离子大量增加，土壤理化性能恶化，使其根系受到或轻或重的伤害。空气中的有害物质还会抑制叶片的呼吸，破坏叶绿素的光合作用，使其逐年衰败枯死。

④人为造成的直接损害　烟熏、火烤、刻字留念、晨练攀拉，更有人迷信地将古树的叶、枝、皮采回入药，其中以剥掉树皮的伤害最大。还有砍枝、撞击、移栽等行为直接导致树体受损。

⑤管理不当影响　如修剪过重，超过了树的再生能力，施药浓度过大造成的药害，肥料浓度把握不当造成烧根，人为的破坏造成古树生长衰退。

（3）病虫害

古树由于年代久远，会遭受一些人为和自然的破坏造成各种伤残，如主干中空、破皮、树洞、主枝死亡，导致树冠失衡、树势衰弱，而诱发病虫害。如得不到及时有效的防治，其树势衰弱的速度将进一步加快，衰弱的程度也会进一步增强。如槐的介壳虫、天牛，油松的松毛虫等对古树的侵害较重。

（4）自然灾害

①极端气候原因　古树名木历经千百年风霜岁月，屡受严寒酷暑、大涝大旱等恶劣气候的侵袭，造成皮开干裂、根裸枝残等现象，使其生长不良，甚至濒临死亡。7级以上的大风，可吹折枝干或撕裂大枝，严重时可将树干拦腰折断。5级以上地震会造成树木倾倒或树皮开裂。

②雷电火灾等原因　古树一般树冠高大，如遇雷击，轻则树体烧伤、断枝、折干，重则焚毁，造成树体严重损坏。苏州光福“清、奇、古、怪”四大古柏在历史上曾遭受雷击。持续干旱，枝叶生长量小，重者落叶，小枝枯死。大雪易压折枝条，冰雹砸断小枝，削弱树势。

（5）野生动物的危害

许多古树的根、皮、叶、花、果是野生动物和各种昆虫的良好食物，许多兽类和虫鸟凿树为洞，以洞为巢，以树根、树皮、树叶及花果为食，日积月累，树体受长年的虫蛀兽咬，导致树体残缺不全。

◇任务实施

1. 器具与材料

（1）器具

皮尺、钢卷尺、胸径尺、数码相机、枝剪、高枝剪、卡纸、刻刀、铁锹、水桶等。

（2）材料

肥料、记录表格等。

2．任务流程

古树名木养护管理流程如图 6-38 所示。

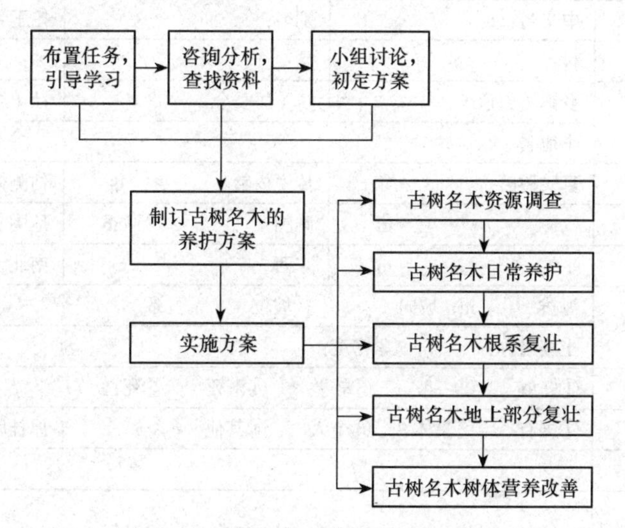

图 6-38　古树名木养护管理流程图

3．操作步骤

（1）古树名木资源调查

调查古树名木资源是为了掌握古树名木资源分布情况、生长生态情况，以便建立古树名木档案，相应地采取有效的保护措施，使之充分发挥作用。

①调查方法　采用实地踏勘，对本地区内树龄在百年以上的古树与名木进行每木调查。

②调查内容　主要调查古树名木的树种、生长位置、树龄、树高、胸围、冠幅、生长势、立地条件、特殊状况描述、树木茎叶的描述与标本制作以及传记等。

③填写古树名木每木调查　经过认真细致的调查后填写古树名木每木调查表（表 6-7）。

（2）古树名木养护管理

①立标牌、设围栏　古树名木应当标明树种、学名、科属、树龄、级别以及养护单位或者责任人。有特殊历史价值和纪念意义的，还应当在古树名木生长处树立说明牌做介绍。距离树干 3～4m，或在树干投影范围外设立围栏，地面做通气处理。

②支架支撑　古树由于年代久远，主干或有中空，主枝常有死亡，造成树冠失去均衡，树体容易倾斜；又因树体衰老，枝条容易下垂，因而需用他物支撑。北京有的公园用两个半弧圈构成的铁箍加固，为了防止摩擦树皮用棕麻绕垫，用螺栓连接，以便随着干径的增粗而放松。另一种方法，是用带螺纹的铁棒或螺栓旋入树干，起到连接和夹紧的作用。

③设避雷针　据调查，千年古树大部分曾遭雷击，有的在雷击后因未采取补救措施很快死亡。所以，高大的古树应加避雷针。如果遭雷击，就立即将伤口刮平，涂上保护剂，并堵好树洞。

④防治病虫害　古树衰老，容易遭受病虫害的侵扰，加速死亡。名木古树病虫害防治应遵循“预防为主、综合防治”的方针，平时要追踪检查，做到“早发现，早预防，早治疗”。

表 6-7　古树名木每木调查表

________省（区、市）________市（地、州）________县（区、市）

<table>
<tr><td rowspan="2">树种</td><td>中文名：</td><td>别名：</td><td>拉丁名：</td></tr>
<tr><td>科：</td><td>属：</td><td>种：</td></tr>
<tr><td rowspan="2">位置</td><td>乡镇（街道）</td><td>村（居委会）</td><td>社（组、号）</td></tr>
<tr><td colspan="3">小地名</td></tr>
<tr><td>树龄</td><td>真实树龄　　　　年</td><td>传说树龄　　　　年</td><td>估测树龄　　　　年</td></tr>
<tr><td>树高</td><td>m</td><td>胸围　　　　cm</td><td>地围　　　　cm</td></tr>
<tr><td>冠幅</td><td>平均　　　　m</td><td>东西　　　　m</td><td>南北　　　　m</td></tr>
<tr><td rowspan="2">立地条件</td><td colspan="3">海拔　　m；坡向　　　；坡位　　　部</td></tr>
<tr><td colspan="3">土壤名称：　　　紧密度：</td></tr>
<tr><td>生长势</td><td colspan="3">①旺盛　②一般　③较差　④濒死　⑤死亡</td></tr>
<tr><td>权属</td><td colspan="2">①国有　②集体　③个人　④其他</td><td>原挂牌号：第　　号</td></tr>
<tr><td>树木特殊状况描述</td><td colspan="3"></td></tr>
<tr><td>管护单位或个人</td><td colspan="3"></td></tr>
<tr><td>保护现状及建议</td><td colspan="3"></td></tr>
<tr><td>古树传说或名木来历</td><td colspan="3"></td></tr>
<tr><td>树种鉴定记载</td><td colspan="3"></td></tr>
</table>

调查者：　　　　审查者：　　　　日期：

填写说明：全国古树名木普查建档技术规定如下（每木调查）：

(1) 填写省（自治区、直辖市）、市（地、州）、县（市、区）名称，调查号顺序由各乡镇（街道）统一定，填写阿拉伯数字。在各乡镇（街道）调查的基础上，全县古树名木统一编号。

(2) 树种：无把握识别的树种，要采集时、花、果或小枝作标本，供专家鉴定。

(3) 位置：逐项填写该树木的具体位置，小地名要准确，是单位内的可填单位名称及位置。

(4) 树龄：分 3 种情况，凡是有文献、史料及传说有据的可视作“真实年龄”；有传说，无据可依的作“传说年龄”；“估测年龄”估测前要认真走访，并根据各地制定的参照数据类推估计。

(5) 树高：用测高器或米尺实测，记至整数。

(6) 胸围（地围）：乔木量测胸围，灌木、藤本量测地围，记至整数。

(7) 冠幅：分“东西”和“南北”两个方向量测，以树冠垂直投影确定冠幅宽度，计算平均数，记至整数。

(8) 生长势：分 5 级，在调查表相应项上打“✓”表示。枝繁叶茂，生长正常为“旺盛”；无自然枯损、枯梢，但生长渐趋停滞状为“一般”；自然枯梢，树体残缺、腐损，长势低下为“较差”；主梢及整体大部枯死、空干、根腐、少量活枝为“濒死”；已死亡的直接填写，死亡古树不进入全县统一编号，但要编写调查号，并在总结报告中说明。

(9) 树木特殊状况描述：包括奇特、怪异性状描述，如树体连生、基部分杈、雷击断梢、根干腐等。如有严重病虫害，简要描述种类及发病状况。

(10) 立地条件：坡向分“东”“南”“西”“北”“东南”“东北”“西南”“西北”，平地不填；坡位分坡顶、上、中、下部等；坡度应实测；土壤名称填至土类；紧密度分“极紧密”“紧密”“中等”“较疏松”“疏松”5 等填写。

(11) 权属：分国有、集体、个人和其他，据实确定，打“✓”表示。

(12) 管护责任单位或个人：根据调查情况，如实填写具体负责管护古树名木的单位或个人。无单位或个人管护的，要说明。

(13) 传说记载：简明记载群众中、历史上流传的对该树的各种神奇故事，以及与其有关的名人轶事和奇特怪异性状的传说等，记在该树卡片的背页，字数 300 字以内。

(14) 保护现状及建议：主要针对该树保护中存在的主要问题，包括周围环境不利因素，简要提出今后保护对策建议。

防治名木古树病虫害应采用专门的药器械和药剂。由于古树一般比较高大，树体比较庞大，对危害枝叶的害虫、蛀干害虫，在喷药防治时受到器械的限制，很难达到。对名木古树危害较普遍的害虫是白蚁、蛀干性害虫和食叶害虫；病害主要是腐烂病和叶枯病，应加强治疗。

⑤灌水、松土、施肥　春季、夏季灌水防旱，秋季、冬季浇水防冻，灌水后应松土，一方面保墒，另一方面增加通透性。古树的施肥方法各异，可以在树冠投影部分开沟，沟内施腐殖土加稀粪，或施化肥。

⑥整形修剪　对一般古树的修剪，主要是将弱枝、病虫枝和枯死枝进行缩剪或剪除，这样既可改变古树的根冠比，集中供应养分，有利于发出新枝，又能减少病源、虫源。对名贵的古树，以轻剪、疏剪为主，基本保持原有的树形为原则。对树势过于衰老的珍贵古树，最好不要修剪，因人为修剪带来的损伤很难愈合，会受到病菌的侵袭，枝干会腐烂或出现空洞。

⑦树体喷水　由于城市空气浮尘污染，古树树体截留灰尘极多，影响观赏效果和光合作用，北京市北海公园和中山公园常用喷水方法加以清洗。此项措施费工费水，只在重点区采用。

（3）古树名木的复壮

经过对古树的生长立地条件等因素进行调查，除了进行日常的养护管理外，还应该针对其树体具体情况采取多种措施改善其生长状况。

①改善地下环境　复壮的目的是要促进树木根系生长。一般可采用换土、松土、地面铺梯形砖或草皮、埋条促根等措施来改善根的通气、透水状况。

换土：古树长时间生长在某处，土壤里肥分有限，常呈现缺肥症状；再加上人为踩实，通气不良，排水也不好，对根系生长极为不利。因此，造成古树地上部分日益萎缩。换土时在树冠投影范围内，深挖0.5m（随时将暴露出来的根用浸湿的草袋子盖上），将原来的旧土与砂土、腐叶土、粪肥、锯末、少量化肥混合均匀之后填埋上。对排水不良地域的古树名木换土时，同时挖深3～4m的排水沟，下层填以大卵石，中层填以碎石和粗沙，再盖上无纺布，上面掺细沙和园土填平，使排水顺畅。

松土：松土应在树冠投影外100cm进行，深度要求在40cm以上，需多次重复才能达到这一深度。对于有些古树不能进行深耕时，可观察根系走向，用松土结合客土等措施来改善根的生长条件。

地面铺梯形砖或草皮：在地面上铺置上大下小的特制梯形砖，砖与砖之间不勾缝，留有通气道，下面用石灰砂浆衬砌，砂浆用石灰、沙子、锯末为1∶1∶0.5的比例配制。同时还可以在埋树条的上面铺设草坪或地被植物，改善土壤肥力，改善景观，或在其上面铺带孔的或有空花条纹的水泥砖。此法对古树复壮都有良好的作用。

②地上部分复壮措施　地上部分复壮，指对古树名木树干、枝叶等的保护，并促使其生长，这是整体复壮的重要方面，同时还要考虑根系的复壮。

支架支撑：古树因年代久远，主干、主枝常有中空、死亡现象，造成树冠失衡；又因树体衰老，枝条容易下垂，因而需用支架支撑。

树体喷肥：由于城市空气被浮尘污染，古树名木树体截留灰尘极多，影响光合作用和观赏效果。对一些特别珍贵或生长衰退的古树名木可用0.5‰尿素进行树体喷肥。

合理修剪：由于古树名木生长年限较长，有些枝条感染了病虫害，有些无用枝过多耗费营养，需进行合理修剪，并结合疏花果处理，以达到减少营养消耗、保护古树名木的目的。

树体补伤填洞：因各种原因造成的树干上伤口长久不愈合，长期外露的木质部受雨水侵蚀逐渐腐烂，形成树洞，输导组织遭到破坏，影响了树体水分和养分的运输及贮存，缩短了树体寿命。详见任务6.3中树体保护与修补。

树木注液：对于生长极度衰退的珍贵古树，可用活力素进行注射，也可自行配置注射液。

③改善树体营养

挖沟施肥：以N、P、K混合肥为主，离树干2.5m处开宽0.4m、深0.6m的半圆沟，施入量按1m沟长为准，撒施尿素250g，磷酸二氢钾125g，每年共施肥两次，一次于3月底，另一次于6月底。经观察，施入混合肥的根生长量远大于仅施N肥的根生长量，一次全面营养有利于古树的复壮。

叶面施肥：能局部改善古树的营养状况，但稳定性较差。用生物混合药剂对古侧柏或古圆柏实施叶面喷施和灌根处理，能明显促进古柏枝叶与根系生长，增加枝叶中叶绿素及磷的含量，并增强了耐旱力。

根部混施生根剂：以树干为中心，在半径7m的圆弧上，挖长0.6m、宽0.6m、深0.3m的坑穴，施腐熟肥15kg加适量的生根剂，有利于根系生长。

4. 考核评价（表6-8）

表6-8 古树名木养护管理考核评价表

<table>
<tr><td>模 块</td><td colspan="3">园林植物养护管理</td><td>项 目</td><td colspan="2">园林树木养护管理</td></tr>
<tr><td>任 务</td><td colspan="4">任务6.4 古树名木养护管理</td><td>学 时</td><td>2</td></tr>
<tr><td>评价类别</td><td>评价项目</td><td colspan="2">评价子项目</td><td>自我评价（20%）</td><td>小组评价（20%）</td><td>教师评价（60%）</td></tr>
<tr><td rowspan="6">过程性评价（60%）</td><td rowspan="4">专业能力（45%）</td><td colspan="2">方案制订能力（15%）</td><td></td><td></td><td></td></tr>
<tr><td rowspan="3">方案实施能力</td><td>日常养护（15%）</td><td></td><td></td><td></td></tr>
<tr><td>根系复壮（7%）</td><td></td><td></td><td></td></tr>
<tr><td>地上部分复壮（8%）</td><td></td><td></td><td></td></tr>
<tr><td rowspan="2">社会能力（15%）</td><td colspan="2">工作态度（7%）</td><td></td><td></td><td></td></tr>
<tr><td colspan="2">团队合作（8%）</td><td></td><td></td><td></td></tr>
<tr><td rowspan="3">结果评价（40%）</td><td colspan="3">方案科学性、可行性（15%）</td><td></td><td></td><td></td></tr>
<tr><td colspan="3">古树名木调查结果（10%）</td><td></td><td></td><td></td></tr>
<tr><td colspan="3">古树名木养护结果（15%）</td><td></td><td></td><td></td></tr>
<tr><td colspan="4">评分合计</td><td></td><td></td><td></td></tr>
<tr><td>班级：</td><td colspan="3">姓名：</td><td>第 组</td><td colspan="2">总得分：</td></tr>
</table>

◇巩固训练

1. 训练要求

（1）以小组为单位开展训练，组内同学要分工合作、相互配合、团队协作。

（2）古树名木养护管理技术方案应具有科学性和可行性。

（3）做到安全生产，操作程序符合要求。

2．训练内容

结合当地古树名木的实际情况，让学生以小组为单位，在进行网上调查、咨询学习、小组讨论的基础上制订该地区古树名木的养护方案。

3．可视成果

提供地区古树名木养护方案。

◇任务小结

古树名木养护管理任务小结如图6-39所示。

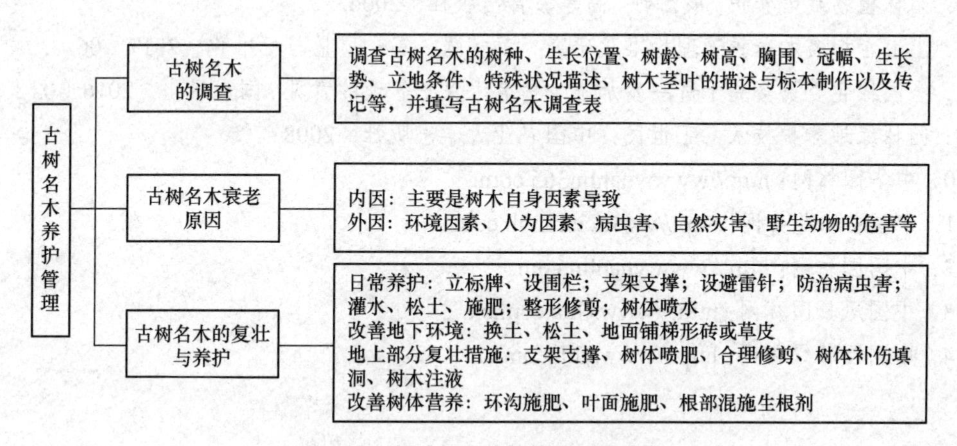

图6-39 古树名木养护管理任务小结

◇思考与练习

1．填空题

（1）古树名木进行调查时，一般应调查________、________、________、________、________、________、________、________等内容。

（2）造成古树衰老的外因主要有________、________、________、________、________。

（3）古树名木地上部分复壮措施主要包括________、________、________、________、________。

2．判断题（对的在括号内填“√”，错的在括号内填“×”）

（1）《中国农业百科全书》界定古树是指树龄在50年以上的树木。（　）

（2）古树一定是名木，反之名木也一定是古树。（　）

（3）影响古树衰老最主要的原因是人为因素。（　）

（4）为了避免雷击，可以在古树名木上加设避雷针。（　）

3．问答题

（1）研究与保护古树名木有何意义？

（2）古树衰老的原因有哪些？

（3）古树名木的日常养护措施有哪些？

（4）古树名木综合复壮的措施有哪些?

◇自主学习资源库

1．园林植物栽培养护．周兴元．高等教育出版社，2006.

2．园林植物栽培养护．祝遵凌，王瑞辉．中国林业出版社，2005.

3．园林植物栽培与养护管理．佘远国．机械工业出版社，2007.

4．园林树木栽培学．吴泽民．中国农业出版社，2003.

5．园林树木栽培养护学．郭学望．中国林业出版社，2002.

6．园林植物栽培养护．成海钟．高等教育出版社，2006.

7．上海古树名木养护管理标准化研究．黄祯强，等．质量与标准化，2017（06）.

8．全国绿化委员会关于进一步加强古树名木保护管理的意见．国土绿化，2016（02）.

9．园林绿地养护技术．丁世民．中国农业大学出版社，2008.

10．中华园林网：http://www.yuanlin365.com.

11．中国苗木花卉网：http://www.cnmmhh.com.

12．中国园林网：http://www.yuanlin.com.

13．中国风景园林网：http://www.chla.com.cn.

14．中国园林绿化网：http://www.yllh.com.cn.

项目 7

草本花卉养护管理

草本花卉养护管理是园林植物养护管理的重要组成部分。本项目以园林绿化工程养护管理项目的实际工作任务为载体，设置了一、二年生花卉养护管理，宿根花卉养护管理，球根花卉养护管理，水生花卉养护管理，草坪养护管理5个学习任务，其中重点为一、二年生花卉养护管理和球根花卉养护管理。学习本项目要熟悉园林植物养护管理技术规程，并以园林绿化工程养护管理项目、园林绿地养护管理的实际施工任务为支撑，将知识点和技能点融于实际的工作任务中，使学生在"做中学、学中做"，实现"理实一体化"教学。

【知识目标】

（1）掌握各类草本花卉土、肥、水管理的基本内容和技术方法；

（2）理解本地区草本花卉养护管理工作月历编制方法；

（3）理解各类草本花卉修剪整形的基本知识，掌握本地区常见草本花卉整形修剪技术方法；

（4）理解草坪日常养护管理基本知识，掌握草坪日常养护管理技术方法。

【技能目标】

（1）会编制各类草本花卉养护管理技术方案；

（2）会实施各类草本花卉的养护管理；

（3）会实施草坪日常养护管理。

【素质目标】

（1）养成自主学习、表达沟通、组织协调和团队协作能力；

（2）养成独立分析、解决实际问题和创新能力；

（3）养吃苦耐劳、敬业奉献、踏实肯干、精益求精的工匠精神；

（4）养成山水林田湖草沙一体化保护和系统治理意识；

（5）养成法律意识、质量意识、环保意识、安全意识。

任务7.1　一、二年生花卉养护管理

◇**任务分析**

【任务描述】

一、二年生花卉的养护管理是园林植物养护管理的重要组成部分。本任务学习以校内实训基地或各类绿地中一、二年花卉养护管理任务为载体，以学习小组为单位，结合当地实际首先编制一、二年生花卉养护管理技术方案，依据制订的技术方案，各小组认真完成一、二年生花卉中春夏季养护管理任务。本任务实施宜在各类绿地中进行。

【任务目标】

（1）会熟练编制学校或某小区一、二年生花卉的养护管理技术方案；

（2）会实施一、二年生花卉的养护管理操作；

（3）会熟练并安全使用各类养护的器具材料；

（4）能独立分析和解决实际问题，吃苦耐劳，合理分工并团结协作。

◇**知识准备**

7.1.1　一、二年生花卉生态习性

7.1.1.1　一、二年生花卉生态习性共同点

（1）光照要求

大多数一、二年生花卉为喜光植物，仅少部分喜半阴环境。

（2）土壤要求

大多数一、二年生花卉喜肥沃、疏松、湿润的砂质土壤，在干燥、贫瘠、黏重土壤中生长差。

（3）水分要求

多数一、二年生花卉根系浅，不耐干旱，易受表土影响，要求土地湿润且不积水，应注意合理灌溉。

7.1.1.2　一、二年生花卉生态习性的差异

（1）一年生花卉

一年生花卉喜温暖，不耐冬季严寒，大多不能忍受0℃以下的低温，生长发育在无霜期进行。因此主要是春季播种，又称春播花卉、不耐寒性花卉。

（2）二年生花卉

二年生花卉喜冷凉，耐寒性强，可耐0℃以下的低温，要求春化作用，一般在0～10℃下30～70d完成，自然界中越过冬天就通过了春化作用；不耐夏季炎热，因此主要是秋天

播种，又称秋播花卉、耐寒性花卉。

7.1.2 一、二年生花卉花期调控技术

花卉的花期调控技术是根据花卉的生长发育特点及其对环境条件的要求，科学调控温度、光照及水肥，合理应用外源激素及栽培管理措施，控制花卉提前或延后开花的技术。其目的在于使花卉按人们需要的时间开放，从而方便观赏与应用；使花期不遇的杂交亲本在同一时间内开花，以方便杂交，利于培养新品种。一、二年生花卉的花卉调控技术主要从以下两个方面考虑。

（1）确定合理的播种期

大多数一、二年生花卉用于五一、国庆等重大节日花坛等，首先需要明确具体的开花日期，然后要熟悉所需花卉种类及品种的生长发育周期，例如，矮牵牛从播种到开花约需要 90d，若五一用花，可在元旦后播种。

（2）利用栽培措施调控花期

①控制光照　调节光周期是花卉生产中较为常用的花期调控技术，如要使蒲包花提前开花，可于11月始用100W电灯照明，每日延长光照3～4h，翌年1～2月即可开花。短日照花卉在长日照季节，靠遮光处理也能适时开花。例如，单瓣一品红短日照处理40d可开花。科学调节光周期的前提是须明确花卉对光周期的生态适应性，即了解花卉是属于长日照植物、短日照植物还是中性日照植物，然后根据预定花期调控光照时间，促进或延迟花芽分化。

②控制温度　温度是影响开花的另一个因素，一般情况下，加温可以促进一些喜温花卉提前开花，例如，一串红自然花期为6～10月，冬季一串红在温室生长可使花期提前到五一。降温处理可以延长花卉的休眠期，使其减缓生长、延迟开花，使耐高温花卉解除休眠，促其提早开花。人工降低环境温度适于耐寒、耐阴的花卉，处理温度以1～3℃为宜，不耐寒的花卉可略高些。另外，在盛夏降温处理有避暑促花的作用。如天竺葵、四季海棠等，在6～9月间降温能不断开花。

③水肥调节　一、二年生花卉在营养生长期需要充足的水肥，这是花芽分化的物质基础。在植株进行一定营养生长之后，增施磷、钾肥，有促进开花的作用。开花末期增施氮肥，可以延缓衰老和延长花期，能取得休眠的效果。适度控制水肥，也可延迟开花。例如，报春花在北方自 12 月开始陆续开花，花后剪残花梗，放通风阴凉处，停止施肥，控制浇水，使之呈半休眠状态度过炎热的夏季；立秋后气温转凉，随着翻盆重栽，使其重新发叶，至翌年 12 月又可重新开花；花谢后进行修剪，并加强肥水管理，可陆续抽茎开花。

④株形管理　有些花卉有不断开花的习性，其营养生长达到一定程度时就能开花，可采用修剪、摘心的方法，使其继续或按时开花。例如，一串红春播苗及时摘心、剥蕾，9月初除蕾完毕，国庆节前后即可开花；香石竹苗期进行1～2次摘心，整个生育期要及时摘除每个枝条上产生的侧芽和小花蕾，每枝只保留顶端上1个花蕾，使养分集中供给顶花蕾；月季花后剪去残花，可陆续开花。

⑤激素调节　植物花芽的分化与内源激素水平关系密切，因此可通过施用外源激素解除休眠，促进花芽分化达到提早开花。常用的药剂有赤霉素、生长素、细胞分裂素、乙烯

利等。例如，用浓度为500～1000mg/L的赤霉素，喷在牛眼菊、毛地黄、桔梗上有代替低温的作用，可促进植株早开花。用植物生长延缓剂（矮壮素，多效挫）可延迟花芽分化。

具体某一种花卉的花期调控措施，需要根据花卉自身的生长发育规律和生态学特性，综合应用各种栽培措施。

7.1.3 养护管理

7.1.3.1 水分管理

（1）灌溉类型

园林草本花卉的灌溉分为地面灌溉、喷灌和滴灌。

①地面灌溉　这是传统的灌溉技术。按现代化的要求，使用塑料软管浇灌不但可以避免水分在途中因渗漏而损失，同时也不影响地面的土壤耕作，是目前主要的灌溉方式，大多用于花坛、苗床、花境以及作畦的小规模栽培。

②喷灌　喷灌的优点是节约用水，土地不平也能均匀灌溉，可保持土壤结构，提高土地利用率，省力、高效，除浇水外还可喷药、施肥、调节小气候等。缺点是设备一次性投资大，风大地区或风大季节不宜采用。

③滴灌　滴灌能给根系连续供水，而不破坏土壤结构，土壤水分状况稳定，更省水、省工，不要求整地，适于各种地势，且连接计算机可实现关闭完全自动化。目前此法广泛用于园林工程中立体造型的各种景观。

（2）灌溉时间

春夏季节应在清晨或傍晚进行。这时水温和土温相差较小，不至于影响根系活动，傍晚更好，可减少蒸发。冬季宜在中午前后灌溉。

（3）灌溉次数和量

一、二年生花卉定植后要浇3次水。第一次是定植后立即浇透水，以保证苗木成活；5～7d后浇第二次水；10～15d后若无降水应浇第三次水。以后灌水次数依季节、土质和植物种类不同而异。一年中春夏温度渐高，蒸发量大，北方降雨较少，植物需要大量水分，灌水要频繁些；进入秋季，植物已陆续停止生长，北方又多雨，浇水次数逐渐减少至停止灌水。每次灌水量应以灌透为原则。

（4）排水

排水指排除地表多余降雨径流的除涝措施。常见的排水方式有：

①地表排水　建植花坛、花境等植物景观时，注意种植床的坡度，或中间高、四周低，或前高后低，或作成高畦以利于排水。

②沟渠排水　在种植床挖排水沟，利于排水渠排除积水。

③管道排水　指利用设在地下的相互连通的管道及相应设施，汇集和排除栽培床的地表积水。

④盲沟排水　是在花卉栽培床地内设置暗沟，暗沟内填充碎砖、砾石等粗粒材料并铺以倒滤层（有的其中埋设透水管）的排水方式。

7.1.3.2 施肥

为满足花卉不同生长期对营养的需要以及弥补土壤中养分的不足，在露地花卉的栽培过程中要施足基肥，并根据花卉的生长发育阶段及长势情况及时追肥。

基肥一般用腐熟的厩肥、堆肥、骨粉等有机肥料。基肥对改进土壤性状也很重要，通常在整地的同时施入土壤中。基肥以有机肥为主，配合使用氮、磷、钾。化肥的施用浓度不宜超过0.3%。

追肥是补充基肥的不足，满足花卉不同发育时期的特殊需求。追肥时应注意有机肥和无机肥配合使用，以及氮、磷、钾肥的合理使用。无论施哪种肥，都应坚持薄肥勤施的原则，施肥与浇水相结合。

一、二年生花卉施肥分为基肥和追肥，施肥应根据气候、土壤质地、土壤肥力状况、土壤pH、花卉种类的不同而异。一、二年生花卉在苗期，为促其茎叶生长，氮肥成分可稍多一些，但在以后生长期间，磷、钾肥应逐渐增加，花期长的，追肥次数应较多。

7.1.3.3 中耕和除草

中耕是指在花卉植物的生长期间，耕翻植株周围的土壤。其作用是疏松表土，增加土壤的通透性，减少土壤中水分的蒸发，提高土壤温度，促进土壤中有机物的分解，为植物根系生长提供良好的环境条件。中耕深度根据花卉种类及不同生长期来定。根系分布较浅的一、二年生花卉应浅耕，根系分布较深的多年生花卉如宿根花卉、球根花卉和木本花卉可适当深耕；幼苗期宜浅耕，随植株的生长可适当深耕，但以不损伤根系为准。中耕时应注意，远离植株的行间深耕，近植株处应浅耕。中耕可以结合锄草进行，但除草不能代替中耕。

7.1.3.4 整形和修剪

露地花卉的整形和修剪主要是围绕着如何使植株花叶繁茂、姿态优美、长势均衡、复壮来进行。修剪是对花卉植株局部或某一器官的修整措施，整形和修剪一般结合进行，落叶花灌木多在落叶后萌芽前修剪，宿根花卉多在花期后进行修剪。修剪时，主要剪除病枝、枯枝、对徒长枝和过密枝也应适当剪除。剪除主杆顶梢有利于侧芽发育成侧枝，重剪长势强，轻剪长势弱的枝条。整形、修剪都能够实现调节花卉的生长发育。

草本花卉的修剪是指利用枝剪对花卉的某些器官进行修整的技术措施，其常用的方法主要包括：

①摘心　通过摘除枝条顶芽，抑制主枝生长，促进多发侧枝，使植株矮化，达到着花多的目的。摘心还可延迟开花，调整花期，或促进二次开花，如一串红、菊花、百日草、波斯菊、金鱼草、万寿菊、大丽花。

②抹芽　除去过多的腋芽和花芽，限制枝条和花的数量，使养分集中，让花朵充实而美丽。

③剥蕾　通常指除掉过多的侧蕾，留主蕾，使营养集中供给顶蕾开花，保证花朵质量，如芍药、菊花、大丽花等。

④修枝（疏枝）从枝条的基部剪除。主要针对枯枝、病虫害枝、密生枝、徒长枝、花

后残枝等，可减少养分消耗、改善通风透光、美化植株等。

园林植物除了用上述修剪方法，还常用到曲枝、扭枝、拿枝以及环剥等方法。

7.1.3.5 越冬防寒

越冬防寒是对耐寒性较差的观赏植物进行的一项保护措施。一、二年生草本花卉、宿根花卉和一些木本花卉在露地栽培时，每年必须做好季节性保温防寒越冬工作，以便安全越冬。露地花卉栽培中，特别是生长后期，应多施磷肥、钾肥，减少供水量，使植株充分发育成熟，这样可以增强花卉自身抗寒能力。常用的方法有：

①覆盖法　在霜冻来临之前，在畦面上用干草、落叶、草帘、马粪或塑料薄膜等将苗木盖好，到第二春季晚霜过后清理覆盖物。常用于一些二年生花卉、宿根花卉和一些可以露地越冬的球根花卉和木本花卉幼苗，如三色堇、雏菊等。

②培土法　利用培土进行防寒。冬季地上部分枯萎的宿根花卉和进入休眠的花灌木，通过培土压埋或开沟覆土压埋植物的茎部或地上部分进行防护严寒，到第二年春季萌芽前将培土扒开，使其继续生长。此方法可用于牡丹、月季等花卉的防寒越冬。

此外，还会用到烟熏法、浅耕法、灌水法等方法保护露地花卉越冬。

◇任务实施

1. 器具与材料

（1）器具

锄头、花铲、耙、修枝剪、运输工具（推车）、水桶、喷雾器、配肥设施等养护工具及材料。

（2）材料

肥料、铁丝、多菌灵、记录表、纸张、笔，专业书籍，教学案例等。

2. 任务流程

根据一、二年生花卉定植后的生长情况，适时调整养护管理措施，前期主要是土壤和水、肥管理，后期主要是株形管理。

3. 操作步骤

（1）土、肥、水管理

一、二年生花卉定植后，要保持花期一致，并具有较长观赏期，应及时做好松土除草管理，要随水追肥，每半个月施氮、磷、钾复合液肥1次。

（2）株形管理

①摘心及抹芽　为了植株整齐，促使分枝，或因枝顶开花，分枝多花也多，常采用摘心的方法以培养美观株形。如万寿菊、波斯菊生长期长，为了控制高度，于生长初期摘心。需要摘心的种类：五色苋、三色苋、红亚麻、金鱼草、石竹、金盏菊、霞草、柳穿鱼、高雪轮、一串红、千日红、百日草、银边翠、彩叶草等。摘心还可延迟花期。

②支柱与绑扎　有些植物株形高大，上部枝、叶、花朵过于沉重，遇风易倒伏；还有一些藤本植物，需进行支柱绑扎才利于观赏。常用3种方法：用单根竹竿或芦苇支撑植株高、花大的花卉；藤本植物于播种或种子萌发后，在栽植床上放置本植物的枝丫，让花卉长大攀缘其上，并将

其覆盖；在生长高大花卉的周围四角插立支柱，并用绳索联系起来以扶持群体。

③剪除残花　对于连续开花期长的花卉，如一串红、金鱼草、石竹类等，花后应及时摘除残花，不使其结实，同时加强水肥管理，以保持植株生长健壮，继续花开繁密，花大色艳，还有延长花期的作用。

（3）越夏越冬管理

南方地区夏季高温多雨，一、二年生花卉管理浇水时需避开中午，应在清晨或傍晚进行。多雨季节要及时排水，力求做到雨停即干，使植株根系正常呼吸，保证苗木正常生长。

二年生花卉通常具有一定的耐寒性，但为使其安全越冬，需要采取一定的防寒措施。主要有覆盖法、设立风障、移入阳畦、灌水等。花坛中常用的是塑料膜覆盖法。

4. 考核评价（表 7-1）

表 7-1　一、二年生花卉养护管理考核评价表

<table>
<tr><td>模　块</td><td colspan="3">园林植物养护管理</td><td>项　目</td><td colspan="2">草本花卉养护管理</td></tr>
<tr><td>任　务</td><td colspan="4">任务 7.1　一、二年生花卉养护管理</td><td>学　时</td><td>2</td></tr>
<tr><td>评价类别</td><td>评价项目</td><td colspan="2">评价子项目</td><td>自我评价（20%）</td><td>小组评价（20%）</td><td>教师评价（60%）</td></tr>
<tr><td rowspan="6">过程性评价（60%）</td><td rowspan="4">专业能力（45%）</td><td colspan="2">方案制订能力（15%）</td><td></td><td></td><td></td></tr>
<tr><td rowspan="3">方案实施能力</td><td>土壤管理（8%）</td><td></td><td></td><td></td></tr>
<tr><td>水、肥管理（12%）</td><td></td><td></td><td></td></tr>
<tr><td>株形管理（10%）</td><td></td><td></td><td></td></tr>
<tr><td rowspan="2">社会能力（15%）</td><td colspan="2">工作态度（7%）</td><td></td><td></td><td></td></tr>
<tr><td colspan="2">团队合作（8%）</td><td></td><td></td><td></td></tr>
<tr><td rowspan="3">结果评价（40%）</td><td colspan="3">方案科学性、可行性（15%）</td><td></td><td></td><td></td></tr>
<tr><td colspan="3">花卉观赏性（10%）</td><td></td><td></td><td></td></tr>
<tr><td colspan="3">绿地景观整体效果（15%）</td><td></td><td></td><td></td></tr>
<tr><td colspan="4">评分合计</td><td></td><td></td><td></td></tr>
<tr><td colspan="3">班级：</td><td>姓名：</td><td>第　组</td><td colspan="2">总得分：</td></tr>
</table>

◇**巩固训练**

1. 训练要求

（1）以小组为单位开展训练，组内同学要分工合作、相互配合、团队协作。

（2）一、二年生花卉养护管理技术方案应具有科学性和可行性。

（3）做到安全生产，操作程序符合要求。

2. 训练内容

（1）以校园绿化美化等绿化工程中一、二年生花卉养护管理为任务，让学生以小组为单位，在咨询学习、小组讨论的基础上编制一、二年生花卉养护管理的技术方案。

（2）以小组为单位，依据技术方案进行一、二年生花卉的日常养护管理训练。

3．可视成果

（1）编制一、二年生花卉养护管理的技术方案。

（2）养护的花坛或绿地景观效果等。

◇任务小结

一、二年生花卉养护管理任务小结如图 7-1 所示。

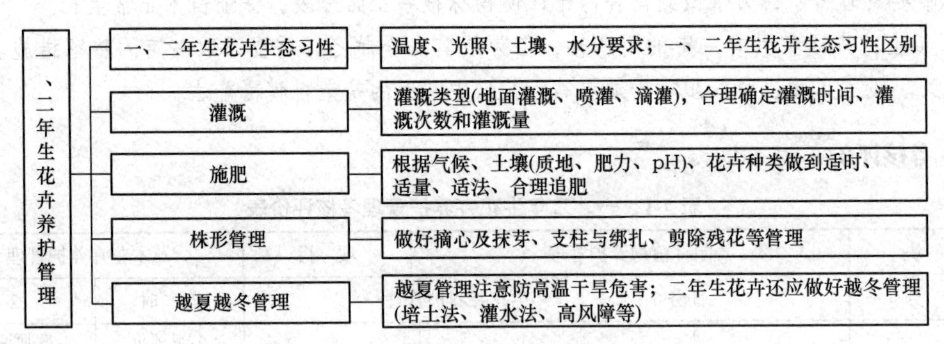

图 7-1　一、二年生花卉养护管理任务小结

◇思考与练习

1．填空题

（1）多数一、二年生花卉根系分布______，不耐______，易受表土影响，要求土地湿润且不积水，应注意合理______。

（2）多数一年生花卉喜______，不耐冬季严寒，大多不能忍受 0℃以下的低温，生长发育在______进行。因此主要是______播种，又称春播花卉或不耐寒性花卉。

（3）二年生花卉喜______，耐寒性______，可耐 0℃以下的低温，要求______作用；不耐夏季炎热，因此主要是______播种，又称秋播花卉或耐寒性花卉。

（4）园林草本花卉的灌溉方式有______灌溉、______和滴灌等。

（5）园林草本花卉的水分养护管理中，通常要排除地表多余降雨径流量，常用的排水方式有______排水、______排水、______排水和______排水等。

2．选择题

（1）摘心的作用有（　　）。

A. 促进分枝　　B. 控制高度　　C. 株形美观　　D. 延迟花期

（2）节约用水，省力、高效，但一次性投资较大的灌溉方式有（　　）。

A. 地面灌溉　　B. 喷灌　　C. 滴灌　　D. 渗灌

（3）露地花卉栽培中，特别是生长后期，应多施（　　）、磷肥、钾肥，减少供水量，这样可以增强花卉自身抗寒能力。

A. 氮肥　　B. 镁硼锌铁微肥　　C. 有机肥　　D. 缓释肥

（4）一、二年生花卉的施肥原则是薄肥勤施，化肥的浓度一般不超过（　　）

A. 1%　　B. 2%　　C. 0.5%　　D. 0.3%

3．判断题（对的在括号内填“√”，错的在括号内填“×”）

（1）露地花卉养护管理过程中，锄草可以代替中耕。（ ）

（2）在一串红的栽培养护中，常用摘心的方法控制其株形。（ ）

（3）露地花卉施肥时，应坚持薄肥勤施的原则。（ ）

（4）设立风帐可以有效地保护耐寒性差的幼树。（ ）

4．简答题

（1）露地花卉修剪的意义是什么？常用的修剪方法有哪些？

（2）一、二年生花卉养护管理的技术要点有哪些？

（3）露地花卉的养护管理中，中耕有什么作用？

◇**自主学习资源库**

1．李晓丹．一、二年生草花的花期控制．现代园艺，2013（10）．

2．郭仁德．花卉的花期调控技术．中国园艺文摘，2011（2）．

3．刘秀丽．矮牵牛盆花生产及花期调控技术．吉林蔬菜，2014（10）．

4．胡慧荣．120 种花卉的花期调控技术．化学工业出版社，2009.

任务 7.2 宿根花卉养护管理

◇**任务分析**

【任务描述】

宿根花卉的养护是园林植物养护中相对简单的部分。本任务学习以校内实训基地或各类绿地中宿根花卉养护任务为载体，以学习小组为单位，结合当地实际首先编制宿根花卉养护的技术方案，依据制订的技术方案，各小组认真完成宿根花卉的一年养护任务。本任务实施宜在各类绿地中进行。

【任务目标】

（1）会熟练编制宿根花卉养护管理的技术方案；

（2）会实施宿根花卉养护管理任务；

（3）会熟练并安全使用各类养护的器具材料；

（4）能独立分析和解决实际问题，吃苦耐劳，合理分工并团结协作。

◇**知识准备**

宿根花卉生长强健，适应性较强。不同种类，在其生长发育过程中对环境条件的要求不一致，生态习性差异很大。

（1）温度要求

宿根花卉耐寒力差异很大，早春及春天开花的种类大多喜欢冷凉，忌炎热；而夏秋开花的种类大多喜欢温暖。

（2）光照要求

宿根花卉大多数种类喜光，如菊花、非洲菊、宿根福禄考等；部分喜半阴，如玉簪、紫萼等；有些耐阴，如白及、耧斗菜、桔梗等。

（3）土壤要求

宿根花卉对土壤要求不严，除砂土和重黏土外，大多数都可以生长，一般栽培2～3年后以黏质壤土为佳，小苗喜富含腐殖质的疏松土壤。对土壤肥力的要求也不同，金光菊、荷兰菊、桔梗等耐瘠薄；而芍药、菊花则喜肥。多叶羽扇豆喜酸性土壤；而非洲菊、宿根霞草喜微碱性土壤。

（4）水分要求

宿根花卉根系较一、二年生花卉强，抗旱性较强，但对水分要求不同。像鸢尾、乌头喜湿润的土壤；而马蔺、紫松果菊则耐干旱。

宿根花卉养护管理的土壤管理、灌溉管理、施肥管理、株形管理的理论知识参见任务7.1 一、二年生花卉养护管理内容。

◇任务实施

1．器具与材料

（1）器具

锄头、花铲、耙、修枝剪、运输工具（推车）、水桶、喷雾器、配肥等养护工具及材料。

（2）材料

肥料、铁丝、多菌灵、记录表、纸张、笔，专业书籍，教学案例等。

2．任务流程

根据宿根花卉定植后的生长情况，适时调整养护管理措施，前期主要是土壤和水、肥管理，后期主要是株形管理。

3．操作步骤

（1）土、肥、水管理

宿根花卉根系发达，种植层以40～50cm富含有机质的砂质壤土最好。宿根花卉耐旱性较强，浇水次数要少于一、二年生花卉。一般栽植后要灌一次水，保证成活，5～7d后再灌第二次水，要浇透。以后不需精细管理，干燥时灌水即可。在生长旺期，需结合花卉的习性，补充适当的水分。如鸢尾、玉簪、荷兰菊等喜湿润的土壤；而萱草、芍药、宿根福禄考等比较耐旱，在休眠前应逐渐减少浇水量和浇水次数。大部分宿根花卉在入冬前需灌一次透水，提高环境的温度和湿度，以利于其安全越冬。

此外，一些宿根花卉忌积水，如萱草、芍药等积水会烂根。所以在夏季多雨或阴雨天，注意及时排水。

宿根花卉一般一次种植后不再移植，可多年生长，多次开花，因此在整地时应施足基肥，以维持良好的土壤结构，利于宿根花卉的正常生长。

定植后，为促使其旺盛生长，花大，花期长，应在春季萌发新芽前，结合松土，根部挖沟施入有机肥。在开花前追肥一次，花后再追肥一次。此外肥的管理，还需根据各种花卉的生长习性来定。

（2）株形管理

花期较长的宿根花卉，如福禄考、萱草等，花后及时剪除残花，不要其结实，同时加强水肥管理，可使植株继续开花，并且花大色艳，延长花期。

对于栽植几年后出现生长衰弱、开花不良的种类，应结合繁殖进行更新，剪除无根、烂根，重新分株栽培。一般3～5年后要适时分株更新。对生长快、萌发能力强、有自播繁衍能力的种类要适时分株，控制生长面积，保持良好景观。

（3）越冬管理

宿根花卉在冬季多处于休眠状态。大多数宿根花卉在华北地区可以露地越冬，在东北地区需采取防寒措施才能安全越冬。常用防寒措施：

①培土法　冬季落叶宿根花卉地上部分干枯后，用土掩埋，翌年春天清除泥土，如芍药常用此法过冬。

②灌水法　大多数宿根花卉在入冬前灌一次透水，有利于提高环境的温度和湿度，使其安全过冬。

此外，也可以采用覆盖法（塑料薄膜、草席、芦苇等）来安全度过休眠期。

4. 考核评价（表7-2）

表7-2　宿根花卉养护管理考核评价表

<table>
<tr><td>模　块</td><td colspan="4">园林植物养护管理</td><td>项　目</td><td colspan="2">草本花卉养护管理</td></tr>
<tr><td>任　务</td><td colspan="5">任务7.2　宿根花卉养护管理</td><td>学　时</td><td>2</td></tr>
<tr><td>评价类别</td><td>评价项目</td><td colspan="2">评价子项目</td><td colspan="2">自我评价（20%）</td><td>小组评价（20%）</td><td>教师评价（60%）</td></tr>
<tr><td rowspan="6">过程性评价（60%）</td><td rowspan="4">专业能力（45%）</td><td colspan="2">方案制订能力（15%）</td><td colspan="2"></td><td></td><td></td></tr>
<tr><td rowspan="3">方案实施能力</td><td>土壤管理（8%）</td><td colspan="2"></td><td></td><td></td></tr>
<tr><td>水、肥管理（12%）</td><td colspan="2"></td><td></td><td></td></tr>
<tr><td>株形管理（10%）</td><td colspan="2"></td><td></td><td></td></tr>
<tr><td rowspan="2">社会能力（15%）</td><td colspan="2">工作态度（7%）</td><td colspan="2"></td><td></td><td></td></tr>
<tr><td colspan="2">团队合作（8%）</td><td colspan="2"></td><td></td><td></td></tr>
<tr><td rowspan="3">结果评价（40%）</td><td colspan="3">方案科学性、可行性（15%）</td><td colspan="2"></td><td></td><td></td></tr>
<tr><td colspan="3">花卉观赏性（10%）</td><td colspan="2"></td><td></td><td></td></tr>
<tr><td colspan="3">绿地景观整体效果（15%）</td><td colspan="2"></td><td></td><td></td></tr>
<tr><td colspan="4">评分合计</td><td colspan="2"></td><td></td><td></td></tr>
<tr><td colspan="3">班级：</td><td colspan="2">姓名：</td><td>第　　组</td><td colspan="2">总得分：</td></tr>
</table>

◇巩固训练

1．训练要求

（1）以小组为单位开展训练，组内同学要分工合作、相互配合、团队协作。

（2）宿根花卉养护管理技术方案应具有科学性和可行性。

（3）做到安全生产，操作程序符合要求。

2．训练内容

（1）以校园绿化美化等绿化工程中宿根花卉养护管理为任务，让学生以小组为单位，在咨询学习、小组讨论的基础上编制宿根花卉养护管理的技术方案。

（2）以小组为单位，依据技术方案进行宿根花卉的日常养护管理训练。

3．可视成果

（1）编制宿根花卉养护管理的技术方案。

（2）养护的花境或绿地景观效果等。

◇任务小结

宿根花卉养护管理任务小结如图7-2所示。

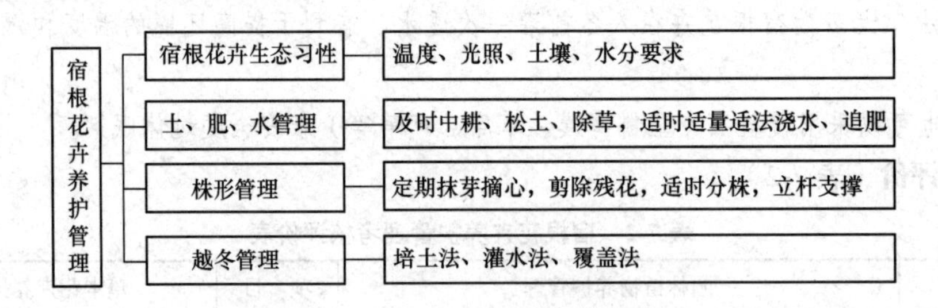

图7-2 宿根花卉养护管理任务小结

◇思考与练习

1．填空题

（1）宿根花卉耐寒力差异很大，早春及春天开花的种类大多喜欢____，忌炎热；而夏秋开花的种类大多喜欢____。

（2）宿根花卉一般一次种植后不再移植，可多年____，多次____，因此再整地时应施足____，以维持良好的土壤结构，利于宿根花卉的正常生长。

（3）花期较长的宿根花卉，如福禄考、萱草等，花后及时____残花，不要其结实，同时加强____，可使植株继续开花，并且花大色艳，延长____。

（4）对于栽植几年后出现生长衰弱、开花不良的宿根花卉，应结合繁殖进行____，剪除无根、烂根，重新____。一般____年后要适时分株更新。

（5）冬季宿根花卉地上部分干枯后，用土掩埋，翌年春天清除泥土，这种越冬方法称为____，如____在东北地区常用此法过冬。

（6）地被植物一级养护标准：枝叶茂密，整齐美观，覆盖率____以上，无杂草，生长健壮，观叶类____，观花类开花正常，着花____，花色____，开花期长。

2．选择题

（1）宿根花卉大多数种类喜光，如（　　）。

A. 菊花　　B. 非洲菊　　C. 宿根福禄考　　D. 紫露草

（2）下列宿根花卉中耐半阴的种类有（　　）。

A. 玉簪　　B. 紫萼　　C. 芍药　　D. 千屈菜

（3）地被花卉一级养护标准要求覆盖率为（　　）。

A. 95% 以上　　B. 97% 以上　　C. 98% 以上　　D. 99% 以上

3．判断题（对的在括号内填“√”，错的在括号内填“×”）

（1）芍药宜在秋天分株栽植。（　　）

（2）玉簪是喜光花卉。（　　）

（3）芍药是较耐阴宿根花卉。（　　）

（4）多数宿根花卉在入冬前灌一次透水，有利于提高环境的温度和湿度，使其安全过冬。（　　）

（5）多数早春开花的宿根花卉喜欢冷凉，忌炎热。（　　）

4．问答题

（1）选一种你喜欢的多年生宿根露地花卉，总结其一年的养护管理技术要点。

（2）地被植物养护管理等级分几级？每一级的标准各是什么？

◇自主学习资源库

1．菊花花期调控技术．李申军，等．吉林林业科技，2011（3）．

2．菊花花期调控技术研究进展．敖地秀，等．安徽农业科学，2018，46（5）．

3．花卉的花期调控技术．郭仁德．中国园艺文摘，2011（2）．

4．120 种花卉的花期调控技术．胡慧荣．化学工业出版社，2009.

任务 7.3　球根花卉养护管理

◇任务分析

【任务描述】

球根花卉与一、二年生和宿根花卉不同，具有多年生，栽培管理比较简便，多数种类一次种植，连续多年开花，3～5 年后才需要更新的特点。本任务学习依托本地常见球根花卉的养护管理工作，以小组为单位，首先按任务要求编制球根花卉养护管理工作月历及养护管理技术方案，再依据技术方案实施养护管理工作。

【任务目标】

（1）会编制本地区常见球根花卉养护管理工作月历和技术方案；

（2）会实施常见球根花卉养护管理操作；

（3）会熟练并安全使用球根花卉养护管理器具材料；

（4）能分析解决实际问题，树立良好的职业道德和敬业精神以及刻苦钻研技术的精神。

◇知识准备

7.3.1 土壤管理

7.3.1.1 球根花卉种植土壤的特点

绝大多数球根花卉自然野生于排水良好的坡地或山地，对土壤条件要求较高，喜疏松、肥沃、排水良好，以下层为砂砾土、表土为深厚肥沃的砂质壤土或壤土最理想，最忌水湿或积水。除个别种类外，大多数球根花卉适宜的土壤 pH 为 6～7，过高或过低都可能产生烂根（表 7-3）。

表 7-3 部分球根花卉适宜土壤酸碱度（引自《中国花经》）

种　类	适宜酸度	种　类	适宜酸度
大丽花	6.0～8.0	风信子	6.0～7.5
洋水仙	6.5～7.0	郁金香	6.0～7.5
花毛茛	6.0～8.0	朱顶红	5.5～7.0
美人蕉	6.0～7.5	唐菖蒲	6.0～8.0
大岩桐	5.0～6.5	番红花	6.0～8.0
水　仙	6.0～7.5	仙客来	5.5～6.5

7.3.1.2 土壤管理的类型和作用

（1）土壤类型

几乎所有的球根花卉都要求排水良好的土壤或栽培基质。虽然大多数种类整个生长季要保持土壤湿润，但若排水不良，它们不仅生长不好而且产生病害。有些种类如郁金香、风信子中的某些栽培品种可在砂性土壤中生长良好；而另一些种则更喜黏土。选择使用何种土壤或栽培基质，还受到球根大小和类型的影响。球根必须在土壤中容易识别和分离出来。土壤的类型还明显地影响着球根的内部质量，特别是对鳞茎类的球根花卉。

（2）土壤消毒

为了控制病虫害，除了选择合适的土壤类型，实行倒茬轮作外，每年还要对土壤进行消毒。消毒方法有蒸汽消毒、土壤浸泡（淹水消毒）和药剂消毒 3 种方法。

①蒸汽消毒　利用高温杀死有害生物。很多病菌遇 60℃高温 30min 即能致死，病毒需 90℃ 10min，杂草种子需 80℃ 10min，因此，球根花卉蒸汽消毒一般采用 70～80℃高温 60min 的处理方法。蒸汽消毒具有无药害，省时、省工，提高土壤通气性、保水性和

保肥性，能与加温炉兼用等优点，是温室和保护地内常用的土壤消毒方法。具体做法：用直径3～7.5cm，长2～5m的铁管，在管上每隔13～30cm钻直径为3～6mm的小孔，3根管子并排埋入土中25～30cm深处，地面覆盖耐热的布垫后通气，蒸汽压力为450kg/h，温度100～120℃，1h大致能消毒5m^2，可以移动管子依次进行。另一种方法是在地下40cm深度埋直径为5cm的水泥管，每管间隔50cm，3条管子同时通气。由于管子埋得深，整地时不必移动，省工，还可以与灌溉、排水兼用。

②土壤浸泡（淹水消毒） 常在温室中采用此方法。首先在5月播种高粱属植物；6月中旬当植株约50cm高时，用旋耕机施碳酸钙于土层20cm深处，每公顷施100kg；7月底将土壤做成60～70cm宽的畦，灌水淹没，并覆盖塑料薄膜，2～3周后去膜翻耕土壤并检测土壤pH和电解质浓度（EC）。

③药剂消毒　不管什么类型的球根花卉，每年最基本和常规的土壤药剂消毒方法是：在土温至少为10～12℃时，喷施剂量为15～30g/m^{2}的甲基溴化物于土中，然后用塑料薄膜覆盖，夏季3d，冷凉季节7～10d后，揭开薄膜，等气味散尽后，等待播种。由于腐霉菌再生很快，往往常规土壤消毒还不够，在每茬作物种植前可根据球根种类选择适当的药剂再补充1～2次土壤消毒。为使药剂散布均匀，可湿性粉剂应与沙子混合撒播，水剂加温水用喷壶喷洒，使药渗入到土表下15～20cm，最好用人工或旋耕机将杀菌剂与土壤充分混合。

7.3.2　灌溉

露地花卉灌溉的方法有漫灌、沟灌、喷灌及滴灌4种。栽培面积较大时宜用漫灌。沟灌即干旱季节时在高畦的步道中灌水，可使水完全到达根系区；当行距较大时，也可行间开沟灌水。喷灌是利用喷灌设备系统，在高压下使水通过喷嘴喷向空中，然后呈雨滴状落在花卉植物体上的一种灌溉方法。喷灌便于控制，可节约用水，能改善环境小气候，但投资较大。大面积栽培时宜用喷灌。滴灌是利用低压管道系统，使水缓慢而不断地呈滴状浸润根系附近的土壤，能使土壤保持湿润状态。这种方式可节省用水，但往往滴头易阻塞，设备成本较高。

对于温室生产灌溉系统是最基本的设施，而对于露地生产灌溉时间和灌水量取决于种植面积和天气条件。球根花卉生产广泛使用的是喷灌系统或者沟灌。精确的灌水量因球根种类、发育阶段、气候、土壤类型而异。每天灌水的时间也因季节而异，夏季高温季节，宜在清晨或傍晚灌水，以减少水与土壤之间的温差，对花卉的根系有保护作用。灌水最好在早上进行，这样经过一天，到傍晚时植株上的水分已吸收和蒸发掉，不会因湿度过高造成真菌侵染。夏季露地栽植时要注意排涝，防止球根腐烂。冬季宜中午前后灌水。灌溉用水应注意选用软水，避免使用硬水。最理想的是河水、湖水或塘水。自来水也可使用，但必须将其在贮水池内晾晒2～3d，使氯气挥发后再用。

7.3.3　施肥

花卉所需要的营养元素，碳素取自空气，氧、氢从水中获得，氮在空气中含量虽高，植物却不能利用。土壤中虽有花卉可利用的含氮物质，但大部分地区含量不足，因此必须施用氮肥来补充。此外构成植物营养的矿质元素还有磷、钾、硫、钙、镁、铁等，由于成土母质不同，各种元素在土壤中含量不一，所以对缺少或不足的元素应及时补充。微量元素如硼、锰、铜、锌、钼以及氯等也是花卉生长发育必不可少的。影响肥效的常是土壤中含量不足的那一种元素。如在缺氮的情况下，即使基质中磷、钾含量再高，花卉也无法利用，因此施肥应特别注意营养元素的完全与均衡。

施肥方式有基肥和追肥两大类。在翻耕土地之前，均匀地撒施于地表，通过翻耕整地使之与土壤混合；或是栽植之前，将肥料施于穴底，使之于坑土混合，这种施肥方式称为基肥。基肥对改良土壤物理性质具有重要作用。有机肥及颗粒状的无机复合肥多用作基肥。在花卉栽培中为补充基肥中某些营养成分不足，满足花卉不同生育时期对营养成分的需求而追施的肥料，称为追肥。在花卉的生长期内需分数次进行追肥。一般当花卉春季发芽后施第一次追肥，促进枝叶繁茂；开花之前，施第二次追肥，以促进开花；花后施第三次追肥，补充花期对养分的消耗。追肥常用无机肥，有机肥中速效性的，如人粪尿、饼肥等经腐熟后的稀释液也可用作追肥。

氮、磷、钾是球根花卉生长发育必需的营养元素。氮促进茎叶的生长和光合作用；磷促进根系生长；钾使茎粗壮，抗逆性及抗病性增强，促进球根膨大。因此，球根生长后期应多补施磷、钾肥，此外，还应特别注意补充一些微量元素如硼、钙、镁。球根花卉比宿根花卉的施肥量宜少些，球根花卉需磷钾肥较多。据报道，当施用 5-10-5 的完全肥时，每 $10m^2$ 的施肥量为球根花卉 0.5～1.5kg。

◇**任务实施**

1. 器具与材料

（1）器具

锄头、铁锹、铲、运输工具、水桶、修枝剪、喷壶等。

（2）材料

常见露地球根花卉的养护管理工作月历、肥料、药剂、记录表、纸张、笔、专业书籍，教学案例等。

2. 任务流程

球根花卉养护管理流程如图 7-3 所示。

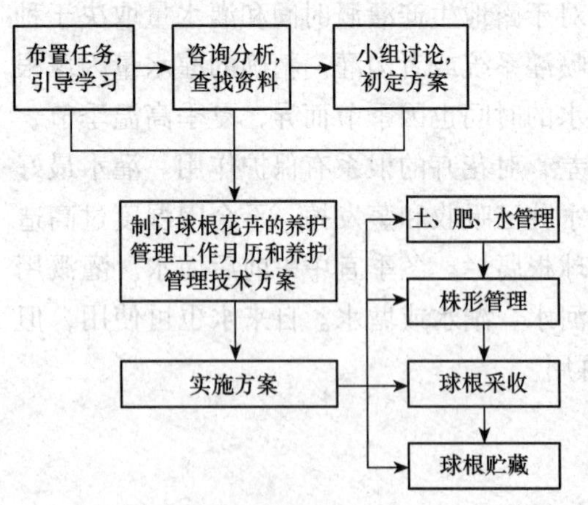

图 7-3 球根花卉养护流程图

3. 操作步骤

（1）土、肥、水管理

①杂草控制　几乎所有的大田作物都是用除草剂来控制杂草的生长，但是各国政府允许使用的除草剂种类不同。作物在大田持续生长的时间也影响着整个杂草的控制系统，因为有些球根的生长周期达一年以上。温室生产经常用土壤消毒来控制杂草。为了不使除草剂对球根造成伤害，种球要埋得

足够深，种球上萌生的幼芽至少在土表 2cm 以下。展叶前，可在植株上喷施适量除草剂，若遇草地早熟禾一类的杂草，应改用复合除草剂。施用的时间最好在傍晚，植株喷上药后，用水清洗，次日清晨再用清水从植株顶部彻底冲洗。由于除草剂具残留性，一定注意以下几点：

• 同一块地一年内最多只能喷施 2 次除草剂；

• 要连片喷施，不得留有空地；

• 随时检查植株有无伤害。

另外，各类球根花卉适用的除草剂不同。例如，唐菖蒲对除草剂有抵抗作用，可用 2,4–D 作为除草剂，在杂草发芽初期，也可用浓度为 300g/L 西玛津溶液喷施除草。

②肥水管理　球根种植后，要求最适宜的土壤湿度来保证根系的生长和发芽，在整个生长期间也需要适当的水分以获得最大的产量或观赏效果。球根花卉的灌溉用水量因球根花卉种类、土质以及季节而异。一般春夏两季气温较高，空气干燥，水分蒸发量也大，宜灌水勤些，灌水量大些。秋季雨量稍多，且露地花卉大多停止生长，应减少灌水量，以防苗株徒长，降低防寒能力。就土质而言，砂土透水性强，黏土保水能力强。因此，黏土灌水次数宜少，砂土灌水次数宜多些。球根花卉根系浅，灌水次数多些，渗入土层的深度以 30～35cm 为适宜。

在球根种植前施足基肥，一般用腐熟的有机肥料加一些骨粉（磷肥）促进根系的健壮生长。种植后的施肥时间和施肥量因球根种类而异。一般秋植球根在秋种后要立即追施一次肥，到翌年初春发芽前再追施一次，以保证球根生根发芽、花茎伸长之用。春植球根种植后每 2～4 个月追施一次肥，补充其花芽分化、发育时对营养的需求。

（2）球根采收贮藏

①采收时间　球根必须达到成熟期才能收获，可通过测量球根的直径、花芽的大小、最少叶片数来确定。若收获过早，球根贮藏期间花芽分化的诱导将受到影响；若收获过迟，春植球根将受到冻害，所以，开始下霜可作为春植球根收球的信号，如大丽花、唐菖蒲等；对于秋植球根因遇上雨季造成烂球的，当叶片完全枯黄即可收球，如郁金香、风信子等。而另一些球根花卉如花叶芋，当温度降到停止生长线以下，即可收获。

②采后处理　球根收获后，必须依次进行清洗、分级和贮藏，而这一系列处理的要求又因球根的种类而异。如郁金香新球收获后必须马上分离，然后按球径大小分级，这样不仅能够按不同商品等级贮藏，而且便于不同的温度处理。有些球根需要在脱水后再进行分级。对于水仙、风信子球根贮藏前常用热水或高温处理来控制病害。

③种球贮藏　种球的贮藏是球根花卉栽培管理中一项独特的环节，因为种球在贮藏期间即休眠期间，不仅能保持存活，而且进行着内部营养转化、打破休眠等一系列生理生化活动，所以种球贮藏条件极其重要。种球贮藏技术又是种球的保鲜技术，主要靠贮藏温度、湿度、通风和贮藏时间等控制。

干燥贮藏（干藏）：种球收获后要充分晾干，贮存在浅箱与网袋中，放在通风良好的室内，不需要特殊的包装，即干燥贮藏（干藏）。秋植球根是初夏起球，越夏贮藏，此时正值高温多雨期，所以都要求干藏，而对温度的要求则比越冬贮藏的球根复杂得多，因为大部分球根在此期间进行花芽分化和器官的发生，因此，必须给以最适条件。有些球根则只受湿度影响。如晚香玉的球根遇湿即会造成芽褐变，甚至霉烂，因此，起球后应立即在高温下（25～35℃）烤干，于10～15℃下干藏。朱顶红在秋季进入休眠后，停止浇水保持干燥，此时鳞茎内进行花芽分化，干藏2～3个月后，一浇水即可恢复生长。唐菖蒲的球根不用包埋，但要在空气湿度较高（70%～80%）的低温条件下贮藏。宜干藏的常见花卉有郁金香、风信子、球根鸢尾、番红花、小苍兰、水仙、晚香玉、唐菖蒲等。

潮湿贮藏（湿藏）：种球收获后不能失水，要及时用湿的泥炭藓、湿锯末、湿沙和湿蛭石等材料包装后低温贮藏，即潮湿贮藏（湿藏）。春植球根是秋季起球，越冬贮藏，在此期间对温、湿度的要求各不相同。百合、大丽花、美人蕉的球根必须用湿的基质如细沙、蛭石、椰壳粉等包埋于湿润低温条件下贮藏。宜湿藏的常见花卉有百合、六出花、花毛茛、美人蕉、大丽花等。

另外，种球贮藏期间注意通风，以免过湿造成球根霉烂和对球根不利的乙烯气体的积累，球根不可与水果、蔬菜混藏。还要经常翻动球根，检查、剔除病虫球。

4. 考核评价（表7-4）

表7-4 球根花卉养护管理考核评价表

<table>
<tr><td>模　块</td><td colspan="4">园林植物养护管理</td><td>项　目</td><td colspan="2">草本花卉养护管理</td></tr>
<tr><td>任　务</td><td colspan="5">任务7.3　球根花卉养护管理</td><td>学　时</td><td>2</td></tr>
<tr><td>评价类别</td><td>评价项目</td><td colspan="3">评价子项目</td><td>自我评价（20%）</td><td>小组评价（20%）</td><td>教师评价（60%）</td></tr>
<tr><td rowspan="6">过程性评价（60%）</td><td rowspan="4">专业能力（45%）</td><td colspan="3">方案制订能力（15%）</td><td></td><td></td><td></td></tr>
<tr><td rowspan="3">方案实施能力</td><td colspan="2">土、肥、水管理（10%）</td><td></td><td></td><td></td></tr>
<tr><td colspan="2">球根采收（10%）</td><td></td><td></td><td></td></tr>
<tr><td colspan="2">球根贮藏（10%）</td><td></td><td></td><td></td></tr>
<tr><td rowspan="2">社会能力（15%）</td><td colspan="3">工作态度（7%）</td><td></td><td></td><td></td></tr>
<tr><td colspan="3">团队合作（8%）</td><td></td><td></td><td></td></tr>
<tr><td rowspan="2">结果评价（40%）</td><td colspan="4">方案科学性、可行性（15%）</td><td></td><td></td><td></td></tr>
<tr><td colspan="4">养护效果（25%）</td><td></td><td></td><td></td></tr>
<tr><td colspan="5">评分合计</td><td></td><td></td><td></td></tr>
<tr><td colspan="2">班级：</td><td colspan="3">姓名：</td><td>第　　组</td><td colspan="2">总得分：</td></tr>
</table>

◇**巩固训练**

1. 训练要求

以小组为单位开展训练，组内同学要分工合作、相互配合、团队协作。

2. 训练内容

（1）结合当地各类园林绿地中球根花卉应用情况，让学生在调查、走访、咨询学习、熟悉并研究其养护管理技术方案的基础上，以小组为单位讨论并重新制订适宜该地栽植的多种球根花卉的管理养护管理技术方案，分析技术方案的科学性和可行性。

（2）根据季节，在校内外实训区或结合校园绿地日常养护依据制订的球根花卉养护管理技术方案进行训练。

3．可视成果

（1）编制球根花卉养护管理技术方案。

（2）养护成功的球根类花坛或绿地景观效果等。

◇任务小结

球根花卉养护管理任务小结如图 7-4 所示。

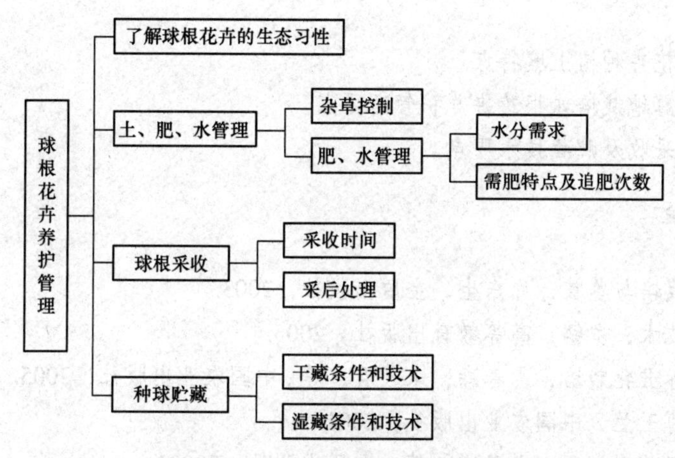

图 7-4　球根花卉养护管理任务小结

◇思考与练习

1．选择题

（1）（　　）不是郁金香的种球生产栽培与观赏栽培的区别。

A．对种植土壤的消毒要求的高低　　B．花期的管理，种球生产栽培要剪花

C．花后的养护管理要求的高低　　D．对气候、土壤条件的要求高低

（2）仙客来原产于南欧地中海地区，其生长过程中对它阻碍最大的环境条件是（　　）。

A．夏季高温　　B．冬季低温　　C．土壤条件　　D．水分不足

（3）（　　）不适宜大花美人蕉的生长。

A．阳光充足，夏季高温　　B．种植在避风向阳处，土壤条件一般

C．霜冻天气，庇荫　　D．土壤疏松，排水良好

（4）仙客来大花品种的传统栽培一般从播种到开花约需（　　）个月。

A．12　　B．15　　C．8　　D．20

（5）郁金香是“花卉王国”荷兰的国花。郁金香在我国于今尚无普遍生产栽培的原因主要是（　　）。

A．土壤病虫害，有些地区的夏季高温，多雨

B．成本太高，没有足够的市场

C．花期集中春季，观赏期相对较短

D．国内栽培品种太少，品种质量差

2．判断题（对的在括号内填“√”，错的在括号内填“×”）

（1）秋植球根一般都较耐寒，冬季宜低温春化，但香雪兰例外。（　　）

（2）百合是一种需低温春化的球根花卉，具长日照习性，切花、盆花应用较多。（　　）

（3）晚香玉不耐寒，宜作春植球根花卉栽培。（　　）

（4）郁金香是秋植球根，夏季休眠时球根的贮存温度不宜超过25℃。（　　）

（5）仙客来在每年夏季休眠期应保持土壤干燥。（　　）

3．问答题

（1）简述球根花卉种植土壤特点。

（2）简述常见露地栽培球根花卉养护管理要点。

（3）简述球根采收及贮藏技术要点。

◇自主学习资源库

1．中国水仙栽培与鉴赏．许东生．金盾出版社，2003.

2．花卉生产技术．罗镪．高等教育出版社，2005.

3．名新花卉标准化栽培．夏春森，朱义君，等．中国农业出版社，2005.

4．花卉学．傅玉兰．中国农业出版社，2001.

5．百合—球根花卉之王．龙雅宜，等．金盾出版社，2000.

6．仙客来．[日]平城好明．四川科学技术出版社，2005.

7．中国园林网：http://www.yuanlin.com.

8．中国园林绿化网：http://www.yllh.com.cn.

9．中国花卉协会：http://www.chinaflower.org.

任务7.4　水生花卉养护管理

◇任务分析

【任务描述】

影响水生花卉生长发育的环境因子主要有温度、光照、水质、土壤、肥料等。正确地认识和满足水生花卉对环境的要求，是水生花卉栽培生长的关键所在。本次任务的学习是以公园或新建小区水景园中水生花卉养护管理任务为支撑，以学习小组为单位，制订出公园或新建小区水景园中水生花卉养护管理技术方案，依据养护管理技术方案及园林植物栽植技术规程及养护管理标准，按设计要求完成水生花卉养护管理任务。本任务的实施应在园林植物栽培与养护理实一体化实训室、新建小区水景园和公园等地进行。

【任务目标】

（1）会编制公园或新建小区水景园水生花卉养护管理的技术方案；

（2）能依据制订的技术方案和园林植物栽植技术规程，进行水生花卉养护管理的施工操作；

（3）熟练并安全使用各类水生花卉养护管理的器具材料；

（4）能独立分析和解决实际问题，吃苦耐劳，合理分工并团结协作。

◇知识准备

水生花卉的种类繁多，以其特有的形态美和意境美在历代园林中得到了广泛应用。除了观赏作用外，水生花卉及以其为主要材料的湿地对水体有净化作用，具有生物多样性高的特点，受到了全世界的高度重视。在我国大中城市中水生花卉的引种、驯化与应用，湿地公园建设、城市河道生态修复与景观构建等工作发展迅速，成为城市生态建设一个重要内容。

所谓“三分种植七分养护”，水生花卉景观生态作用的发挥关键在于养护管理上，而水生花卉的管理主要是水分管理，沉水、浮水、浮叶植物从起苗到种植的过程中都不能长时间离开水，尤其是在炎热的夏天施工，苗木在运输过程中要做好降温保湿工作，确保植物体表湿润，做到先灌水，后种植。如不能及时灌水，则只能延期种植。挺水植物和湿生植物种植后要及时灌水，如不能及时灌水，要经常浇水，使土壤水分保持过饱和状态。

7.4.1　水生花卉栽培土壤的要求

除了漂浮植物不需底土外，水生花卉所用土壤是一个极为重要的因素。土壤对于水生花卉的作用是：固定植株，使其有所依附，供给水分、养分、空气。栽植水生花卉时，要求采用疏松、肥沃、保水力强、透气性好的土壤，需用田土、池塘烂泥等富含有机质的黏土作为底土，在表层铺盖直径1～2cm的粗沙，可防止灌水或震动造成水混浊现象。

7.4.2　水生花卉栽培水的要求

（1）水质

沉水观赏植物在水下生长发育，需要相对的光照，否则就不能完成整个生育过程。要求水无污染物，清澈见底，pH 5～7。但也有青海湖等盐水湖水生花卉的生长环境，pH 在 9 左右。喜光、阴生水生花卉对水质的要求不十分严格，pH 5～7.5 都能完成整个生育过程。

（2）水位

水生植物依生长习性不同，对水深的要求也不同。绝大多数水生花卉主要分布在1～2m深的水中；漂浮植物仅需足够的水深使其漂浮；沉水植物水高必须超过植株，使茎叶自然伸展；水边植物则需保持土壤湿润、稍呈积水状态；挺水植物因茎叶会挺出水面，常以水深30～100cm为限；浮水植物水位高低须依茎梗长短调整，使叶浮于水面呈自然状态为佳；而沼泽习性的种类，只需5～30cm的浅水即可，过深反而生长不良，如水葱、水生鸢尾等。

7.4.3　水生花卉常见病害

水生花卉所处的生态环境较为特殊，大都种植在空旷的野外，水源条件充足，空气湿度大，温度高，光照强，旅游观光的景区来往人员多，害虫的天敌少等诸多因素都是病虫害感染的有利条件。所以，一旦防治不及时，常造成重大损失。因此，水生花卉的病虫害防治工作，应贯彻“预防为主，防重于治”的原则，不断提高栽培技术水平，施肥要多样化，有机肥要充分腐熟，及时清除杂草和枯枝落叶，培育壮苗，提高抗病虫害的能力。发现病虫害要及时防治，以防蔓延。此外，还要加强引种的检疫工作，避免引入新的病虫害。

水生花卉的病害主要有两类，一类为栽培环境的土壤、气候、水质等条件不适应，有害物质感染等引起的非侵染性病害，称为生理性病害，这类病害不感染；另一类是侵染性病害，由病原微生物如真菌、细菌、病毒、线虫等引起，它们的形态各异，繁殖能力极强，具有传染性，其危害大。常见的侵染性病害有：

（1）腐败病

①病征　全株发病，严重时可造成整个植株死亡。病株早期叶片失水枯萎而死。病害严重时，地下茎变褐色、腐败（腐烂）。

②感染途径　病菌以菌丝体及厚垣孢子在病体上越冬。用带菌种的地下茎栽种，长出的幼苗便是病苗。传染的方式是通过地下茎的伤口侵入，菌丝在茎内蔓延，使其茎节及根系变色腐烂，并导致地上部叶片和叶柄枯死。它还可随水迁移传染。从始花期至地下茎成熟期均可发病，当气温在25～30℃时发病最严重。

（2）黑斑病

①病征　主要感染叶片，有时也发生在叶柄上。最初在叶片上出现淡褐色小斑点（叶背面更明显），以后扩大成0.5～2 cm的多角形褐色或暗褐色病斑。病斑上有或无褐色轮纹，并生有黑色的霉状物。严重时病斑再扩大融合，最后全叶枯死。

②感染途径　病原体冬季在枯死的病株残体上越冬，而不在土壤中越冬。5月以后开始活动，经雨水和气流传播侵入叶片引起发病。6月中旬至7月上旬和8月下旬至9月上旬为两个发病高峰。以蚜虫危害严重的区域，以及高温、多暴雨时发病严重。

（3）叶斑病（麸皮病）

①病征　发病初期叶外缘有许多圆形病斑，初为暗绿色，后转为深褐色，有时具有轮纹，一般直径2～4mm，最大者可达到10mm，极易腐烂穿孔。潮湿时病斑上生鼠灰色霉层。病严重时病斑可连合成片，使整张叶腐烂。

②感染途径　病原为卷喙旋孢属真菌。7～9月发病较多，可传染，对整个植物的生长发育影响较大。

◇任务实施

1. 器具与材料

（1）器具

锄头、花铲、耙、修枝剪、运输工具（推车）、水桶、喷雾器、配肥设施等养护工具及材料。

（2）材料

肥料、多菌灵、药剂、记录表、纸张、笔、专业书籍，教学案例等。

2．任务流程

水生花卉养护管理流程如图 7-5 所示。

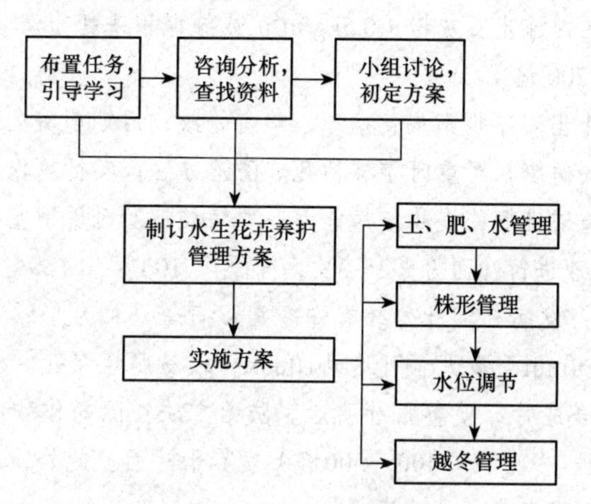

图 7-5　水生花卉养护管理流程图

3．操作步骤

（1）土、肥、水管理

①土壤管理　已栽植过水生花卉的土壤一般已有腐殖质的沉积，视其程度施足基肥。新开挖的池塘需在栽植前加入塘泥并施入大量的底肥。

②肥分管理　追肥一般在水生花卉的生长发育中后期进行，用化学肥料代替有机肥，以免污染水质，用量较一般植物稀薄 10 倍。露地栽培可直接施入缸、盆中，这样吸收快。因此，在施追肥时，应用可分解的纸做袋装肥施入泥中。

③水分管理　水生花卉在不同的生长季节（时期）所需的水量也有所不同，调节水位，应遵循由浅入深、再由深到浅的原则。在城市水面栽植的水生花卉要注意防水和控制水的污染。为避免蚊虫滋生或水质恶化，当用水发生混浊时，必须立即换水，夏季则须增加换水次数。

（2）株形管理

浮水类水生花卉常随风而动，种植后要根据需要进行固定，可加拦网。有地下茎的水生花卉在池塘中生长时间长，便会四处扩散，与设计意图相悖。为防止其四处蔓延，应在池塘内建种植池。

（3）疏除

若同一水池中混合栽植各类水生植物，必须定时疏除繁殖快速的种类，以免覆满水面，影响睡莲或其他沉水植物的生长；浮水植物过大时，叶面互相遮盖时，也必须进行分株。

（4）越冬管理

水生花卉的木质化程度低，纤维素含量少，抗风能力差，栽植时，应在东南方向选择有防护林等的地方为宜。水生花卉在北方种植，冬天要进入室内或灌深水（120cm）防冻。在长江流域，正常年份可以在露地越冬。为了确保安全越冬，可将缸、盆埋于土里或在缸、盆的周围壅土、包草、覆盖草防冻。

（5）病虫害管理

①水生花卉常见病害防治技术

腐败病：发病初期叶缘出现青枯色斑块，之后连成片向内扩展，最后整叶变褐色。藕发病后中心部位变褐色，并逐渐向藕节及荷梗纵向坏死。防治方法：发病严重的种植区，实行 3 年一次的轮作，改种其他水生植物，是防治本病的有效方法；选用抗性较强的和未被感染病害的优良品种作种苗；种植区内施生石灰粉（0.5kg/m^2）或施撒甲基托布津 70% 可湿性粉剂、多菌灵 50% 复方可湿性粉剂（1200 倍）。

黑斑病：初期叶面上出现不规则褐色病斑，略有轮纹，后期病斑上着生黑色霉状物，常几个病斑连在一起，形成大块病斑，严重时整株枯死。防治方法：实行轮作；彻底清除种植区内的病株残体；加强管理，增施磷钾肥，提高抗病能力；发病初期及时用甲基托布津、多菌灵1000倍液或75%百菌清500～800倍液进行叶面喷雾2～3次，间隔7～10d喷一次。

叶斑病（麸皮病）：发病初期叶外缘有许多圆形病斑，初为暗绿色，后转为深褐色，有时具有轮纹，一般直径2～4mm，最大者可达到10mm，极易腐烂穿孔。潮湿时病斑上生鼠灰色霉层。病严重时病斑可连合成片，使整张叶腐烂。防治方法：除轮作和不偏施氮肥外，可用甲基托布津（800～1000倍）、多菌灵（400～500倍）喷雾于叶面。此外，对水生花卉产生危害的病害还有褐斑病、炭疽病、斑点病、斑叶病等。

②水生花卉虫害防治技术

莲缢管蚜：5 月上旬到 11 月均可发现，以若虫、成虫群集于叶芽、花蕾以及叶背处，吸取汁液危害，每年发生 20 多代。用 40% 乐果乳剂 1000～2000 倍液，70% 灭蚜松可湿粉剂 2000 倍液或 3% 鱼藤精 800～1000 倍液喷杀。少量发生时可用手捏死。

斜纹夜蛾： 又称莲纹夜蛾，初孵幼虫群集叶背啃食叶肉，留下表皮和叶脉，被害叶片好像纱窗一样，呈灰白色。幼虫稍大后即分散食害，将叶片咬成缺刻，并能咬食花蕾和花，每年以6～10月危害最重。防治方法：及时摘除虫叶销毁，同时在幼虫群集危害时，用90%敌百虫或乙酰甲胺磷结晶1000～1500倍液，50%敌敌畏乳剂或马拉硫磷结晶800～1000倍液，青虫菌剂或杀螟杆菌剂（每克含孢子100亿以上）800～1000倍液喷杀。

稻根叶甲：又称食根金花虫、水蛆。主要幼虫危害茎节，吸吮汁液，致叶发黄枯死。成虫也啃食叶片。水旱轮作可杀死土中越冬幼虫。清除杂草，尤其是眼子菜，可以减少成虫产卵机会和食料。结合冬耕或春耕每 667m^2 用 50% 西维亚可湿性粉剂 1.5～2kg，加细土 5kg，拌匀撒入田后再行耕田，或每 667m^2 用石灰 10～15kg，撒入田内。

黄刺蛾：杂食性害虫，以幼虫啃食叶。摘除虫叶，用 90% 敌百虫 1000～1500 倍液或青虫菌剂 800～1000 倍液喷杀。

大蓑蛾：又名避债蛾，俗称袋子虫。杂食性害虫。幼虫吐丝做囊，上面黏着碎枝残叶，做成蓑囊，幼虫身居其中，负囊前行，咬食叶，主要在幼虫期危害水生花卉的叶及花蕾、嫩茎干。虫少时可人工摘除，虫多时用 90% 敌百虫 1500～2000 倍液加青虫菌剂 800 倍液喷杀。

铜绿丽龟子：成虫杂食性，主要在夏季成虫期咬食叶片，一般夜间飞啃食叶，有趋光性和假死性。防治方法：利用其趋光性和假死性采取夜间人工捕杀或灯光诱杀。也可用 90% 敌百虫 1500～2000 倍液喷杀。

蚜虫：对气候的适应性较强，分布很广，主要刺吸植株的茎、叶，尤其是幼嫩部位。于5月上旬开始危害浮叶及叶芽、叶背或花蕾。防治方法：蚜虫繁殖和适应力强，种群数量巨大，各种方法都很难取得根治的效果，因此，需要定期使用50%的乐果乳剂2000～2500倍液、2.5%鱼藤精500倍液喷杀或稀释500～1000倍的80%敌敌畏乳油喷雾。

水蛆：成虫吸食茎、叶和根的汁液，致使植株发黄枯萎。防治方法：施石灰驱杀。

莲潜叶摇蚊：以幼虫潜入浮叶危害，吃叶肉，使残叶腐烂。此虫不能离水，对立叶无害。幼苗受此虫危害较大。摘除虫叶，用40%乐果乳剂1500～2000倍液喷杀。

椭圆萝卜螺：属软体动物门腹足纲肺螺亚纲其眼目椎实螺科。主要危害莲苗幼叶。人工诱杀或每667m^{2}用5～6kg茶枯粉，制成毒土，撒入田内药杀。

蜗牛：属软体动物门腹足纲有肺目蜗牛科。主要危害嫩叶。每667m^{2}施用石灰10～15kg撒入田内。

克氏原鳌虾：主要危害植物的实生苗或幼苗，严重时可将植物吃光致死亡。可用甲氰菊酯20%乳油（每667m^{2}施用20～50g），由四周向内施撒药，以防鳌虾转移他处继续危害。

4. 考核评价（表7-5）

表7-5　水生花卉养护管理考核评价表

<table>
<tr><td>模　块</td><td colspan="3">园林植物养护管理</td><td>项　目</td><td colspan="2">草本花卉养护管理</td></tr>
<tr><td>任　务</td><td colspan="4">任务7.4　水生花卉养护管理</td><td>学　时</td><td>2</td></tr>
<tr><td>评价类别</td><td>评价项目</td><td colspan="2">评价子项目</td><td>自我评价（20%）</td><td>小组评价（20%）</td><td>教师评价（60%）</td></tr>
<tr><td rowspan="8">过程性评价（60%）</td><td rowspan="6">专业能力（45%）</td><td colspan="2">方案制订能力（15%）</td><td></td><td></td><td></td></tr>
<tr><td rowspan="5">方案实施能力</td><td>土、肥、水管理(8%)</td><td></td><td></td><td></td></tr>
<tr><td>株形管理（7%）</td><td></td><td></td><td></td></tr>
<tr><td>水位调节（7%）</td><td></td><td></td><td></td></tr>
<tr><td>越冬管理（8%）</td><td></td><td></td><td></td></tr>
<tr><td></td><td></td><td></td><td></td></tr>
<tr><td rowspan="2">社会能力（15%）</td><td colspan="2">工作态度（7%）</td><td></td><td></td><td></td></tr>
<tr><td colspan="2">团队合作（8%）</td><td></td><td></td><td></td></tr>
<tr><td rowspan="3">结果评价（40%）</td><td colspan="3">方案科学性、可行性（15%）</td><td></td><td></td><td></td></tr>
<tr><td colspan="3">水生花卉花大色艳、生长良好（15%）</td><td></td><td></td><td></td></tr>
<tr><td colspan="3">水景景观效果（10%）</td><td></td><td></td><td></td></tr>
<tr><td colspan="4">评分合计</td><td></td><td></td><td></td></tr>
<tr><td colspan="2">班级：</td><td colspan="2">姓名：</td><td>第　组</td><td colspan="2">总得分：</td></tr>
</table>

◇巩固训练

1. 训练要求

（1）以小组为单位开展训练，组内同学要分工合作、相互配合、团队协作。

（2）水生植物养护管理技术方案应具有科学性和可行性。

（3）做到安全生产，操作程序符合要求。

2．训练内容

（1）结合当地新建小区或公园内水景绿化工程中水生植物养护管理任务，让学生以小组为单位，在咨询学习、小组讨论的基础上制订某公园水生植物养护管理技术方案。

（2）以小组为单位，依据技术方案进行一定任务的水生植物养护管理施工训练。

3．可视成果

编制喷泉水生花卉养护管理技术方案；提供栽植成功的水景绿地照片等。

◇任务小结

水生花卉养护管理任务小结如图 7-6 所示。

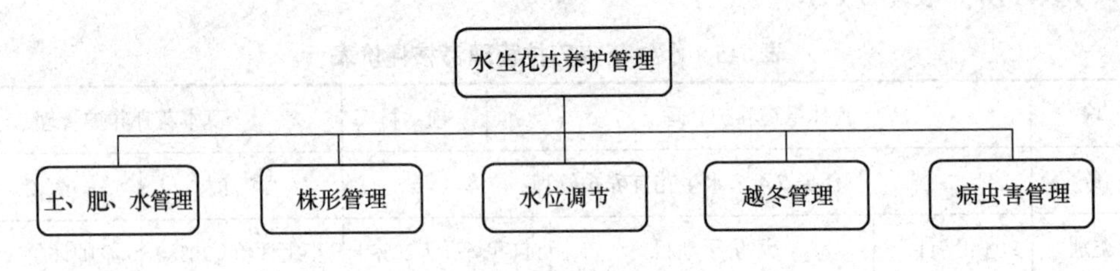

图 7-6 水生花卉养护管理任务小结

◇思考与练习

1．填空题

（1）栽培水生花卉要求________、________、________、________的土壤。

（2）水生花卉养护管理包括________、________、________、________、________5个方面。

2．问答题

（1）如何进行水生花卉的养护管理？

（2）你知道的水生花卉有哪些？哪些是适合本地区栽植的？

（3）如何在水生花卉的生长发育过程中调节其水位高低？

（4）水生花卉常见的病害有哪些？应该如何防治？

（5）水生花卉常见的虫害有哪些？应该如何防治？

◇自主学习资源库

1．园林花卉栽培与养护．王立新．中国劳动社会保障出版社，2012．

2．花卉学．包满珠．中国农业出版社，2003．

3．中国苗木花卉网：http://www.cnmmhh.com．

任务7.5　草坪养护管理

◇任务分析

【任务描述】

草坪养护管理是园林植物养护的重要组成部分。本任务学习以校内或校外实训基地及各类绿地中的草坪养护管理任务为载体，以学习小组为单位，首先编制草坪养护管理技术方案，再完成草坪养护管理任务。本任务宜在校内外实训基地或各类绿地中实施。

【任务目标】

（1）会编制草坪养护管理技术方案；

（2）会依据草坪养护管理技术方案，完成草坪养护工作任务；

（3）会熟练并安全使用草坪养护管理用机具材料；

（4）能独立分析和解决实际问题，吃苦耐劳，团结协作。

◇知识准备

7.5.1　草坪养护管理月历

草坪养护管理月历是依照草坪节律或依时间的变化而制定周密的养护计划，以使常规的养护管理工作科学有序进行，按照月份制订的养护计划称为养护月历。

由于地理位置的差异，各地的生态环境条件也各有不同，因此草坪养护月历具有地域性，现就我国的一般情况，推荐表7-6、表7-7所列草坪养护月历以供参考。

表7-6　暖季型与冷季型草坪养护月历

草坪类型	3月	4月	5月
暖季型草坪	少量杂草人工拔出，大量杂草喷施以西玛津为代表的萌前除草剂，西玛津对狗牙根有危害不宜使用；施以缓效性肥料为主的基肥，每平方米施200g油渣和5g草木灰；在黏土或砂土中加入土壤改良剂，以不埋草坪草的叶为度（厚约5mm）；清理草坪内的枯枝落叶和草屑；有计划地进行打孔作业；加强金龟子的幼虫和春秃病的防治，在3月下旬施用广谱性杀菌剂，注意鼹鼠危害；是补植、铺草皮的适宜期	视草坪草生长状况适时修剪；越年生杂草及时拔出；若需施肥，则应在中旬后施速效的液肥催芽，以促进草坪草新芽生长；对新建植的草坪，一周不下雨时应浇水；此时应最后进行施细土作业；草坪变色，应注意春秃病；对有部分损伤或枯死的草坪，应进行补植	视草坪草生长状况按照修剪原则适时修剪；气温渐渐升高，夏型杂草迅速生长，应立即拔出；对新建植的草坪适时浇水；草坪修剪后坪地凹凸不平时施入细土进行修正；注意防治金龟子等害虫的幼虫和锈病；是铺草皮、补植的时期。购置草皮要注意随起随铺，防止失水现象

（续）

草坪类型	3月	4月	5月
冷季型草坪	上旬施基肥和细土，中下旬施速效性肥料催返青；灌返青水；积雪地带，防发生雪腐病，应施杀菌剂，注意防治春秃病和虫害	强风、持续干旱的天气，应浇水；视草坪草生长情况适时修剪；是草坪早熟禾、剪股颖的播种期；杂草和病虫害的防除与暖季型草相同	进入快速生长期，视草坪草生长情况适时修剪；多次修剪易引起缺肥，需施速效液肥；在夏季到来之前维持草坪的健全状态十分必要
草坪类型	**6月**	**7月**	**8月**
暖季型草坪	夏季草坪草生长进入旺季，生长很快，修剪需每周进行。夏型杂草生长旺盛，应使用萌前除草剂；梅雨季节草坪草易徒长、易生病，此时不宜施肥；梅雨期间不需要浇水；锈病和某些害虫的幼虫已发生，进行必要的防治	草坪草生长最旺盛，每周都需要修剪；杂草旺盛生长，阔叶杂草宜喷施 2,4–D 等选择性除草剂，对顽固的多年生杂草用茅草枯等灭生性除莠剂涂擦；少量撒施迟效性肥料；持续 4～5d 晴天时需浇水；对草坪中凹凸不平处施细土进行修正；几乎不发生病害，注意某些害虫幼虫的发生和防治；是种植的适宜期	持续晴天，每 3～4d 浇水一次；定期修剪，以促进匍匐枝的生育；对未除净的杂草彻底防除，多年生杂草的防除方法同 7 月；病虫害防治同 7 月
冷季型草坪	因炎热草坪草生长势减弱，因此应注意适当干燥，防止病害发生	因炎热生长势减弱，修剪次数适量减少；不宜施肥；及时浇水；及时防治病害和虫害	同 7 月
草坪类型	**9月**	**10月**	**11月**
暖季型草坪	气温渐低，草坪草的生长变慢，修剪次数适量减少；为预防二年生杂草，在下旬左右施用苗前除草剂；连续 10d 晴天应浇水；防除某些害虫的幼虫，注意防治锈病	气温下降，雨量减少，减少修剪次数；二年生杂草萌生，如果 9 月没有使用苗前除草剂，此时应施用苗前除莠剂；连续晴天每月浇水 2 次；注意虫害，此时是铺草皮的适宜时期	开始下霜，草坪草休眠；上旬停止修剪，进行草坪清理；适量浇水
冷季型草坪	天气变凉，是草坪恢复的时期，增加修剪次数和施肥	天气变凉，草坪草恢复生机，进行打孔；覆细土、施肥；在暖季型草坪上进行交播	生长逐渐变慢，为防雪腐病施用杀菌剂
草坪类型	**12月**	**1月**	**2月**
暖季型草坪	草坪草变成褐色，人工拔除变得醒目的二年生杂草；在霜冻严重地段，用踏压法镇压浮起地块	除草同 12 月；因休眠，生长渐渐停止，若持续干旱，每月浇水 2～3 次	除草同 12 月；浇水同 1 月；对长的枯草进行清理
冷季型草坪	停止生长，进入休眠，对积雪的地方用药防止雪腐病	休眠状态，南方若持续干旱，每月浇水 1～2 次	同 1 月

表 7-7 一般草坪的养护月历

时间	养护内容	注意事项
1月	清除草坪内的枯枝落叶；检查、保养草坪机具，确保春季使用；在晴天的日子，可以铺草皮	草坪不应灌水
2月	气候温和地区的草坪会出现害虫，可用扫除的方法清除；南方地区在本月内完成铺草皮的工作；如计划播种，在天气条件允许时，于月末开始床土准备	3月前不要剪草
3月	草开始返青生长，在天气和土壤条件适宜时，应搂去草坪上的枯叶和垃圾；如果冬季有霜，可用轻型碾压机固定草皮；第一次剪草只需剪去草尖，该月最多剪草2次；观察早期的病虫害，及时防治；防除苔藓；用修边机修齐草皮边缘，修复损坏的边缘	不要过分搂草坪
4月	开始施肥和除杂草；除去已死苔藓；覆细土；适度修剪，保证草坪草不要长得过于茂盛；出现荒草块及时补播或铺草皮	
5月	继续修剪按需要增加次数，降低修剪高度，逐渐接近额定标准，一般每周一次；用选择性除莠剂除杂草；及时浇水，水量要充足	
6月	继续修剪，每周可达2次；视草坪营养状况酌情施肥；为控制匍匐型杂草，在修剪前应耙地；及时浇水	
7月	按夏季修剪的要求（次数、高度）修剪、浇水、定时耙地；用混合除莠剂杀灭阔叶型杂草	
8月	修剪、浇水、除杂草与7月同；月末可进行补播	
9月	按秋季要求修剪草坪；进行虫害和病害防治；在雨季时进行草坪修复工作；进行松土和追肥；是新建草坪的有利时节	
10月	逐渐停止剪草，最后1～2次修建时要提高留茬高度；最后完成松土、碎土作业；修复草坪，除去落叶；挖出丛生的荒草	
11月	在晴朗的天气，对草坪进行高茬修剪；清理保养所有草坪设备，以便越冬；清理草坪	不能补播
12月	除去落叶；防止重物车辆进入草坪	

7.5.2 草坪养护管理基本知识

7.5.2.1 草坪杂草防除

（1）草坪杂草的含义

在草坪中除目的栽培的草坪草种以外的所有草本植物统称为草坪杂草。草坪杂草的出现破坏景观、降低草坪品质、影响草坪的使用价值。草坪杂草是一个相对的概念，具有一定的时空性。

（2）草坪杂草对草坪的危害

①破坏草坪的美观和均一性，影响草坪坪观质量。

②与草坪草争光、争营养、争空间，影响草坪草生长发育。

③增加了草坪养护的困难和强度。

④成为病虫害的寄宿地，影响人畜安全。草坪是人类休闲的地方，而有些杂草是有毒有害的，杂草入侵以后，将威胁到人们的安全，造成外伤或诱发疾病，如豚草等。

（3）草坪杂草的分类

草坪中的杂草种类繁多，约有400多种。

①按防治目的分类　分为一年生禾草类杂草、多年生禾草类杂草和阔叶杂草。在进行防治过程中，通常采取这种分类方法。

一年生禾草类杂草：如牛筋草、马唐、香附子、狗尾草、稗草、一年生早熟禾等。

多年生禾草类杂草：如匍匐冰草、双穗雀稗等。

阔叶杂草：如马齿苋、反枝苋、白三叶、车前、酢浆草、蒲公英、独行菜、苦荬菜等。

②按生物学特点分类　可分为双子叶（阔叶）杂草和单子叶（窄叶）杂草。

单子叶杂草：多属禾本科，少数属莎草科。其形态特征是无主根、叶片细长、叶脉平行、无叶柄。如马唐、狗尾草等。

双子叶杂草：分属多个科。与单子叶杂草相比，一般有主根，叶片较宽，叶脉多为网状脉，多具叶柄。如车前、反枝苋、荠菜等。

（4）草坪除杂草

①草坪杂草的物理防除

手工除草：手工除草是一种古老的除草法，污染少，在杂草繁衍生长以前拔除杂草可收到良好的防除效果。拔除的时间是在雨后或灌水后，将杂草的地上、地下部分同时拔除。

滚压防除：对早春已发芽出苗的杂草，可采用重量为100～150kg的磙筒进行交叉滚压消灭杂草幼苗，每隔2～3周滚压1次。

修剪防除：对于依靠种子繁殖的一年生杂草，可在开花初期进行草坪低修剪，使其不能结实而达到将其防除的目的。

②草坪杂草的化学防除

双子叶杂草的防除：当草坪散叶以后，可用2,4-D丁酯或二甲四氯防治，此两种药为选择性除草剂，只杀双子叶草而不伤害禾本科草坪草，一般用量为每亩80～120mL。

单子叶杂草的防除：可用草禾净、马塘净、暖坪净，一般5～7d见效，用药浓度及用量应严格按药品使用说明进行，并且未用过此药的地区必须先做实验，否则易造成技术事故，后果严重。

注意事项：在施用化学除草剂的过程中，也应结合人工拔除，以达到草坪美观，无杂草危害；用药时必须注意用药安全，对草坪地其他植物做好保护，如草坪地上栽植的阔叶树木和草本花卉等，使用杀阔叶类杂草药剂时，必须考虑其安全性；注意人身安全，做好施药时的防护措施，一旦发生中毒事件必须及时送到医院救治。

7.5.2.2　灌水

水是草坪草植物生长的必要条件。草坪草组织中含80%～95%的水分，如果含水量下降就会造成萎蔫。含水量降至60%时，草坪草会出现死亡。但是水分过多，也会影响草坪草的生长，造成生长受阻。在现实的草坪养护管理中，如果仅靠大气降水和土壤水来供给，很难满足草坪草各个生长阶段对水分的需求。因此，为了维持高质量的草坪观赏效果，适时适量灌水尤为重要。

（1）灌水时间的确定

草坪何时需要灌水，受多种因素，如大气、土壤类型、草坪草种和草坪草不同的生长阶段等的影响。因此，判断草坪何时灌水是草坪管理中一个比较复杂的问题。一般情况，可以通过以下几种方法来确定草坪是否需要浇水：

①植株观察法　草坪缺水，叶色由亮变暗。进一步缺水则细胞膨压改变，叶片萎蔫，卷成筒管状或叶色发灰白，最后叶片枯黄。

②土壤含水量检测法　如果地面已变成浅白，则表明土壤干旱，挖取土壤，当土壤干旱深到土层10～15cm时，需要灌水（土壤含水量充足时则呈现暗黑色）。

③仪器测定法　在草坪灌溉中利用多种电子设备辅助确定灌水时间，如使用张力计测定土壤含水量。

④蒸发皿法　用水分蒸发皿来粗略判断土壤蒸发失水量，除大风地区外，蒸发皿的失水量大致等于草坪因蒸散而损失的水量，如蒸发皿水深降低75%～85%，相当于草坪蒸散灌水量的75%～85%。在主要生长季节，暖季型草坪蒸发失水55%～65%，冷季型草坪蒸发失水65%～80%。

⑤土壤水分探头测定法　埋于草坪不同区域，来实时监测土壤水分变化。

根据以上方法判断草坪缺水要及时灌溉，一天当中何时灌溉要根据灌溉方式来确定。如果应用间歇喷灌（雾化度较高），阳光充足条件下灌溉最好。不仅能补充水分，而且能明显地改善小气候，有利于蒸腾作用、气体交换和光合作用等，有助于协调土壤水、气、肥、热，并利于根系及地下部营养器官的扩展。若采用浇灌、漫灌等，需看季节。晚秋至早春，均以中午前后为好，此时水温较高，灌后不伤根，气温也较高，可促进土壤蒸发、气体交换，提高土温，有利于根系的生长。其余方式则以早晨灌溉为好，在具体时间的安排上，应根据气温高低、水分蒸发快慢来确定，气温高，蒸发快，则浇水时间可晚些，否则宜早些。应做到午夜前草坪地上部茎叶能处于无明水状态，防止草坪整夜处于潮湿状态导致病害发生。

（2）灌水量的确定

草坪每次的灌水总量与土壤质地及季节有关。砂质土每次的灌水量宜少，灌溉次数应增加，所以维护草坪生长所消耗的总需水量较大；反之则相反。

检查土壤补充水分浸润土层的实际深度是确定适宜灌水量的有效方法。一般来说，当水湿润至10～15cm土层时，即表明已浇足了水。一旦测定了每次使土壤湿润到适当深度所需要的时间，就确定了这片草坪浇水所需的时间，从而也根据灌水强度确定了它的灌水量。

冷季型草坪草对水分的要求从高到低依次为：匍匐剪股颖、草地早熟禾、多年生黑麦草、紫羊茅、高羊茅等。暖季型草坪草对水分的要求从高到低依次为：假俭草、地毯草、狗牙根、结缕草等。

（3）灌水频率的确定

幼坪的灌水基本原则是“少量多次”，成坪灌水的基本原则是“一次浇透，见干见湿”。灌水次数依据床土类型和天气状况而定，通常砂壤比黏壤易受干旱的影响，因而需频繁灌水。热干旱比冷干旱的天气需要灌水次数更多。草坪灌水频率无严格的规定，一般在生长季内，普通干旱情况下，每周浇水1次；在特别干旱或床土保水性差时，则每周需灌水2～3次以上。凉爽天气则可减至每隔10d左右灌1次。

不同条件下灌水频率见表7-8所列。

表7-8 不同条件下灌水频率

灌水条件	灌水次数	灌水条件	灌水次数
凉爽天气	1次/10～15d	炎热干旱、生长旺盛期	3～4次/周
生长季	1次/周	开春水	1次/年
草坪生长季的干旱期	1～2次/周	封冻水	1次/年

（4）灌水方法

草坪灌水主要有地面灌水和喷灌两种形式。

①地面灌水　是最简单的灌水方法，优点是简单易行，缺点是耗水量大，水量不够均匀，坡度大的草坪不能使用，有一定的局限性。目前多采用水管灌水，手持浇洒，同时要在水管上加节水装置。

②喷灌　草坪使土壤渗吸速度降低，要求采用少量频灌法灌溉。为了节约劳力和资金、提高喷灌质量，园林草坪灌溉大多采用喷灌系统。喷灌系统按其组成的特点，可分以下3种类型：

固定式：所有管道系统及喷头常年固定不动。喷头采用地埋式喷头或可快速装卸喷头。该形式单位面积投资较高，但管理方便、地形适应性强、便于自动化控制、灌溉效率高。

半固定式：设备干管固定，支管及喷头可移动。在草坪上应用不多。

移动式：除水源外，设备管道喷头均可移动。例如NAAN“迷你猫”系列120/43型自走式喷灌器，只需一人操纵，性能可调，可自动停机。该形式适用于已建成的大面积草坪。

7.5.2.3 施肥

施肥是草坪养护管理中一项非常重要的措施，与修剪和灌溉一起，被称为草坪三大基本管理措施。

合理施肥可为草坪草提供所需的营养，维持草坪正常的颜色、密度和活力，不易受病、虫、杂草的危害；增强抗性（如抗旱、抗病等）。

（1）草坪缺肥判断

草坪植物生长必需的有16种营养元素，其中氮（N）、磷（P）、钾（K）是“肥料三要素”。氮（N）、磷（P）、钾（K）、钙（Ca）、镁（Mg）、硫（S）等几种营养元素在草坪生长中各自起着不同的作用，其他的营养元素也是必不可少的。如缺乏某种或某几种元素，

表 7-9　草坪草中营养元素含量及缺乏症状

元素	干物质中含量	营养元素缺乏症状
N	2.5%～6.0%	老叶变黄，草坪色泽变淡，幼芽生长缓慢
K	1.0%～4.0%	老叶显黄，尤其叶尖、叶缘枯萎
P	0.2%～0.6%	老叶先变暗绿，后呈现紫红或微红
Ca	0.2%～0.4%	幼叶生长受阻或呈棕红色，叶尖、叶缘内向坏死
Mg	0.1%～0.5%	叶条状失绿，出现枯斑，叶缘鲜红
S	0.2%～0.6%	老叶变黄，嫩叶失绿，叶脉失绿，无坏死斑
Fe	极小量	幼叶失绿，出现黄斑，叶脉仍绿，无坏死斑
Mn	极小量	类似铁缺乏症，坏死斑小
Zn	微量	生长受阻，叶皮薄而皱缩、干缩，具大坏死斑
Cu	微量	嫩叶萎蔫，茎尖弱
B	微量	绿纹、嫩叶生长受阻
Mo	微量	老叶淡绿，甚至金黄

则会表现出一定的症状，草坪草缺肥症状见表 7-9。

（2）常用肥料类型

草坪肥料类型较多，一般分五大类：天然有机肥，速效肥，缓释肥，复合肥，肥料、除草、杀虫、杀菌四合一混合物。

①天然有机肥　是一种完全肥料，含 N、P、K 三要素及其他微量元素，同时还可以改良土壤，是应该广泛推广使用的肥料。主要分为厩肥、堆肥和绿肥。它的用量无严格要求，但必须使用腐熟的肥料，并多作基肥。

②速效肥　又称化学肥或无机肥。肥料成分浓，可溶于水，植物吸收利用快。施用时必须严格控制浓度，以避免造成灼伤。

③缓效肥　指草坪专用肥。此类肥料肥效缓慢，但肥效可保持 2～6 个月，若与速效肥混合使用，可达到速效与长效结合的效果。

④复合肥　包括 N、P、K 3 种成分的肥料。

⑤混合肥　将肥、杀虫剂、杀菌剂、除草剂混合在一起，作为一种专门的产品生产使用。此类混合肥可节省人力，但价格高，不利于普及使用。

选择和施用肥料时，应分析和了解各种肥料中的养分含量和烧伤草坪叶片的可能性以及肥料的生理性，并根据草坪土壤情况确定适宜的化肥种类及施用量，草坪常用肥料见表 7-10。

表 7-10　草坪常用肥料

肥料名称	养分的百分含量（%）			烧伤叶片可能性	生理性
	氮	五氧化二磷	氧化钾		
硝酸钠	17	0	0	高	碱
有机氮肥	5	0	0	低	
硝酸铵	35	0	0	高	
硫酸铵	21	0	0	高	酸
尿　素	45	0	0	中	
尿素甲醛	32	0	0	低	
磷酸铵	14	71.7	0	高	
磷酸二铵	24	61.2	0	中	
氯化钾	0	0	63	中	酸
硫酸钾	0	0	59.5	低	酸
硝酸钾	13.8	0	46.5	高	
过磷酸钙	0	15～22	0	低	碱
重过磷酸钙	0	37～53	0	低	碱

（3）施肥时期和频率

施肥时期：一般情况下，暖季型草坪草在一个生长季节可施肥两三次，春末夏初是最重要的施肥时期。冷季型草坪草最重要的施肥时间是晚夏，能促进草坪草在秋季的良好生长。而晚秋施肥则可促进草坪草根系的生长和春季的早期返青，如有必要，也可在春季再施肥。

施肥频率：实践中，草坪施肥的频率常取决于草坪养护管理水平。

低等养护管理草坪（1 年只施 1 次肥）：冷季型草坪草秋季施用，暖季型草坪草初夏施用。

中等养护管理草坪：冷季型草坪草春、秋季各施 1 次。暖季型草坪草春季、仲夏、秋初各施用 1 次。

高等养护管理草坪：在草坪草快速生长季节，冷季型、暖季型草坪草最好每月施用 1 次。

（4）肥料用量

在所有肥料中，氮是首要考虑的营养元素。草坪氮肥用量不宜过大，否则会引起草坪草徒长，增加修剪次数，并使草坪抵抗环境胁迫的能力降低。一般高等养护管理的草坪年施氮量为45～75g/m^2，低等养护管理的草坪年施氮量为6g/m^{2}左右。草坪草的正常生长发育需要多种营养成分的均衡供给。磷、钾或其他营养元素也不可替代，中等养护管理草坪磷施肥量为4.5～13.5g/m^2，高等养护管理草坪为9～18g/m^2，新建草坪施用量为4.5～22.5g/m^2。对禾本科草坪草而言，一般氮、磷、钾比例宜为4∶3∶2。

（5）施肥方法

草坪施肥主要采用追肥的方式，具体施肥方法有撒施和喷施两种。

撒施：小面积的草坪可用人工手撒，简便易行，但易造成不均匀。大面积的草坪应该用机械撒施，施肥均匀、省时、省工。

喷施：液体肥和可溶性肥均可采用此法。小面积的草坪可用喷雾器进行人工叶面喷施。大面积草坪可将肥料溶解于灌溉水中，通过灌溉系统喷施在草坪上。

7.5.2.4 修剪

修剪是为了维护草坪的美观或达到某一特定目的，使草坪保持一定高度而进行的剪除多余草坪草枝条的作业。

（1）修剪作用

①促使草坪平整美观，以充分体现其景观效应；

②抑制杂草开花结籽，使其逐渐退化；

③合理的修剪可以促进草坪分蘖，增加草坪的密度和平整度；

④改善草坪的密度和通气性，减少病害和虫害的发生；

⑤防止草坪草因开花结实而老化；

⑥形成美丽的条纹或图案，提高商业价值（采用间歇修剪或不同走向修剪，可因光的作用在人的视觉里形成明暗不同的条纹）。

（2）修剪原理

①剪掉叶的上部分，留下的部分可继续生长；

②未被伤害的幼叶可继续发育；

③基部的分蘖可产生新的枝条；

④根与留茬具有吸收和储藏营养物质的功能，能保证再生对养分的需求。

因此，科学合理的修剪，即使频繁也不会对草坪形成太大伤害。

（3）修剪高度

通常也称为留茬高度，是修剪后立即测得的地上茎叶的高度。留茬高度与草坪草的种类、用途、生长发育状况有关。一般来说，越精细的草坪，留茬高度越低。

确定修剪高度时应考虑以下几个因素：

①草坪草的种类和品种　见表7-11。

表 7-11　常见草坪草修剪高度

cm

冷季型草坪草	修剪高度	暖季型草坪草	修剪高度
草地早熟禾	3.8～6.5	中华结缕草	1.3～5.0
多年生黑麦草	3.8～5.0	细叶结缕草	1.3～5.0
高羊茅	5.0～7.6	普通狗牙根	1.9～3.8
紫羊茅	2.5～6.5	野牛草	6.4～7.5
细叶羊茅	3.8～7.6	地毯草	1.5～5.0
匍匐剪股颖	0.5～1.3	假俭草	2.5～5.6

②环境条件　当草坪受到不利因素的影响时，要提高修剪高度，以增强草坪的抗性。在夏季，为了增加草坪草对高温和干旱的忍耐度，冷季型草坪草的留茬高度应适当提高。如果要恢复昆虫、疾病、交通、践踏及其他原因造成的草坪伤害，也应提高修剪高度。树下遮阴处，为使草坪更好地适应遮阴条件也应提高修剪高度。此外，休眠状态的草坪，有时也可把草剪到可耐受的最低高度。在生长季开始之前，应把草剪低，以利枯枝落叶的清除和草坪的返青。

③草坪用途　见表7-12。

④等级质量要求　见表7-13。

表7-12　不同用途草坪的草坪草修剪高度　cm

用　途	修剪高度	用　途	修剪高度
果岭草坪	<0.5	游憩草坪	4～6
运动场草坪	2～5	一般草坪	8～13

表7-13　不同等级质量草坪的修剪高度　cm

类型	一级修剪高度	二级修剪高度	三级修剪高度
景观草坪	3～5	5～7	7～9
足球场草坪	2～3	3～5	5～7
草坪卷	3～4	4～5	5～6
水土保持草坪	0～10	10～20	20～40

（4）修剪原则

草坪修剪应遵循"1/3原则"，即每次修剪掉的高度不能超过修剪前草坪草自然生长高度的1/3。

对生长较高的草不能一次剪至所需高度，每次修剪时，剪去1/3的叶片，使保留的叶片能正常进行光合作用，为根系补充同化产物。若一次过度修剪会使地上部分不能为根系提供足够的同化产物，阻碍根系的生长，导致草坪因养分缺乏而死亡。

（5）修剪时间

实际工作中，从有利于全面提高草坪质量出发，一般可按下列公式计算草坪草长到多高时，要进行草坪修剪。

$$剪草时草高=留茬高度\times 1.5$$

例如，修剪草地早熟禾足球场草坪，要求草坪草留茬高度是3cm，那么当草长4.5cm高时进行修剪：

$$剪草时草高=3\times 1.5=4.5\ (cm)$$

（6）修剪频率

草坪修剪频率受以下因素影响：

草坪草的种类及品种：草坪草的种类及品种不同，形成的草坪生长速度不同，修剪频率也自然不同。生长速度越快，则修剪频率越高。在冷季型草中，多年生黑麦草、早熟禾等生长量较大，修剪频率则较高；紫羊茅、高羊茅的生长量较小，修剪频率则较低。

草坪草的生育期：一般来说，冷季型草坪草有春、秋两个生长高峰期，因此在两个高峰期应加强修剪，可每周1~2次。但为了使草坪有足够的营养物质越冬，在晚秋，修剪次数应逐渐减少。在夏季，冷季型草坪草有休眠现象，应根据情况减少修剪次数，一般2周1次即可满足修剪要求。暖季型草坪草一般从4月至10月，每周都要修剪1次，其他时候则2周1次。

草坪的养护管理水平：在草坪的养护管理过程中，水肥供给充足、养护精细的，生长速度比一般养护草坪要快，需要经常修剪。例如，养护精细的高尔夫球场的果岭区，在生长季每天都需要修剪。

草坪的用途：草坪的用途不同，草坪的养护管理精细程度也不同，修剪频率自然有差异。用于运动场和观赏的草坪，质量要求高，修剪高度低，养护精细，需经常修剪；如高尔夫球场的果岭地带；而管理粗放的草坪则可以每月修剪1~2次，或根本不用修剪，如防护草坪。

（7）修剪机械

当前，用于草坪修剪的机械很多，按刀具类型，可将剪草机分为滚刀式和旋刀式两种基本类型。

剪草机的选择要考虑多种因素，如草坪面积、修剪质量、修剪高度、可以获得的刀刃设备等。总的选择原则是：在达到草坪修剪质量的前提下，选择经济实用的机型。

在坡度较大，或不适宜用剪草机的地方，人们还常用割灌机进行草坪修剪作业，同样能得到令人满意的效果。

（8）草屑处理

草屑即剪草机剪掉的草坪草组织。草屑内含有植物所需的营养元素，是重要的氮源之一，其干重的3%~5%为氮素，1%是磷，1%~3%为钾。

将草屑留在草坪中：健康无病虫害草坪，如果剪下的草叶较短，可不将草屑清除出草坪，直接任其撒入草坪内分解，将大量营养元素回归草坪。

将草屑移出草坪：如果剪下的草叶较长，草屑留于草坪会影响美观。同时，草屑的覆盖会影响草坪草的光合作用，引起病害的发生。修剪有病害的草坪，无论草屑的长短，一律收集起来运出草坪焚烧处理。一般的运动草坪，考虑运动的需要应将草屑清出草坪。

7.5.2.5 病虫害防治

（1）草坪病虫害发生特点

①城市绿地不能进行耕翻及轮作等农业技术措施，致使病虫害不断积累；

②城市夜间的灯光引诱了大量的害虫（如蝼蛄及金龟子）进入城市，草坪成为它们的最佳食物；

③城市植物种类较少，生态体系不健全，因此天敌种群较少，不能形成有效的生物防治体系；

④城市的生态环境恶劣，如高温、干旱以及空气和水体的污染，不利于草坪植物的生长，人为地提高了病虫害侵染的机率；

⑤草坪除了特有的害虫之外，还有许多来自蔬菜、果树、农作物及园林植物上的害虫，有的长期寄生，有的则互相转主危害或越夏越冬，因而害虫种类多，危害严重。

（2）草坪病害防治

草坪病害的发生和流行，使草坪草的生长受到影响，草坪景观遭到破坏，甚至导致草坪局部或大面积的衰败直至死亡。

草坪病害按是否具有传染性分为：非传染性病害（即生理性病害）和传染性病害。

①非传染性病害（生理性病害） 是由不适宜的环境条件引起的，主要原因是土壤条件和气候条件的不适宜，如营养物质的缺乏，高温干旱，低温伤害，不适当的修剪及环境的有害物质影响等均可引起。

常见病状有变色，即草坪缺少正常生长所需元素时，会失去正常的绿色；萎焉，即土壤缺水或水分过多；枯死，即温度过高过低；或土壤中盐分过量。

鉴定时，一般非传染性病害多成片发生，在相同的土壤条件、相同气候、相同管理条件下发生相同症状；显微镜下在病组织上看不到病原物，并且接种实验无浸染，可确定为非传染性病害。

②传染性病害 主要由真菌、细菌、病毒、线虫和病原体及其他病原物引起。其中，在冷季型草坪上，有70%以上的病害都是由真菌引起，其症状有变色，坏死，腐烂，凋萎，畸形，产生粉状物、霉状物等。

③常见草坪病害识别与防治 见表7-14。

表7-14 常见草坪病害识别与防治方法

病 名	危害对象	症状识别	发病规律	防治方法
褐斑病（立枯丝核疫病）	所有草坪草	枯草圈呈“蛙眼”状，在清晨有露水或高湿时，有烟圈	土壤传播，枯草层过厚，高温多雨的炎热天气	适量灌溉，平衡施肥，及时修剪。可用代森锰锌、百菌清、三唑酮杀菌剂喷施或灌根
腐霉枯萎病（油斑病）	所有草坪草均易感染此病，冷地型草坪草受害严重	病叶水浸状，连在一起，有油腻感，造成芽腐、苗腐、幼苗猝倒和整株腐烂死亡	苗期和高温高湿的夏季容易发生	提倡混合建植，用0.2%灭霉灵或杀毒矾药剂喷施
夏季斑枯病（夏季斑或夏季坏斑病）	可侵染多种冷地型草坪草，尤以草地早熟禾受害最重	夏初表现为大面积不规则枯草圈，根部、根冠部和根状茎呈黑褐色，后期维管束也变成褐色，有马蹄形斑纹	高温高湿，排水不良，土壤板结情况下易出现	凡能促进根生长的措施都可减轻病害的发生。避免低修剪，最好施用缓效氮肥。用0.2%～0.3%的灭霉灵、杀毒矾、代森锰锌等药剂防治
镰刀枯萎病	早熟禾、羊茅、剪股颖等草坪草受害较重	造成烂芽、苗腐、茎基腐、匍匐茎和根状茎腐等一系列复杂的病症，且病斑形状多样	建植3年以上的草坪易感染。夏季湿度过高或过低，高温，土壤含水量过高或过低，枯草层太厚情况下容易发病	提倡混播建植，用灭霉灵、代森锰锌、甲基托布津等药剂防治，控制氮肥

（续）

病　名	危害对象	症状识别	发病规律	防治方法
锈病	所有草坪草，以多年生黑麦草、高羊茅和草地早熟禾等最重	叶片散生黄色孢子堆，后期叶背面有黑色孢子堆，大量失水，叶片变黄枯死，草坪稀疏	空气湿度在80%以上，光照不足，土壤板结，土质贫瘠，偏施氮肥，病残体残留过多引发	合理灌水，适时剪草，保持通风透光，用三唑酮类杀菌剂防治
白粉病	可侵染狗牙根、草地早熟禾、细叶羊茅、匍茎剪股颖等，以早熟禾、细羊茅和狗牙根发病最重	草坪呈灰色，主要侵染叶片、叶鞘，开始出现1～2mm病斑，尤其叶片正面，后扩大为圆形、椭圆形霉斑，最后变成黑褐色，黑色病斑，叶片发黄，干枯死亡	15～25℃为发病高潮期，与环境温度、湿度有很大关系，水肥不当，阴蔽、通风不良等会引发病害发生	用粉锈宁、立克锈、国光必治等含三唑酮类药防治
尾孢叶斑病	易侵染剪股颖、狗牙根、羊茅、钝叶草等	叶片及叶鞘上出现褐色病斑，沿叶脉平行伸长，中央有大量霉层，叶片枯黄，死亡	叶面湿润易发，借风雨传播	浇水应在清晨，深浇，增施磷、钾肥，用代森锰锌、多菌灵、三唑酮可湿性粉剂喷施防治

（3）草坪虫害防治

草坪上栖息有多种有害昆虫，它们取食草坪草，污染草地，传播疾病，严重影响草坪质量。

根据害虫对草坪草的危害，可把草坪害虫分为：地下害虫和地上害虫。

①地下害虫　指一生中大部分在土地中生活，危害草坪草根部的害虫，又称土壤害虫。此类害虫具有种类多，分布大，危害严重的特点，因此是防治的重点。

②地上害虫　指危害草坪草茎叶的害虫，茎叶害虫以草叶为食，由于草坪草经常修剪，因此草坪草上层环境不稳定，所以茎叶害虫危害相对于土壤害虫要小些，但由于地上害虫与草坪草疾病传播相联系，因此防治也不能忽视。

③常见草坪害虫的识别与防治　见表7-15。

表7-15　常见草坪害虫识别与防治方法

害虫名称	危　害	生活习性	识别特征	防　治
黏　虫	主要危害黑麦草、早熟禾、剪股颖、结缕草、高羊茅等	白天潜伏在表土层或茎基，夜间取食叶片	成虫灰褐色，幼虫一般六龄，体色变化较大，一般为绿到黄褐色，蛹红褐色，鳞翅目夜蛾类	黑光灯（或糖醋酒液）诱杀成虫；将草把插入草坪中，诱集消灭虫卵。在幼虫发生期内喷洒敌百虫、辛硫磷、溴氰菊酯等进行防治
斜纹夜蛾	暴食性害虫，可在短期内啃食完草坪草，可危害黑麦草、早熟禾、剪股颖、结缕草、高羊茅等	初孵幼虫通常群集叶背，啃食叶肉，三龄后分散啃食叶片，且有昼伏夜出的特性	成虫灰褐色，前翅环纹和肾纹之间有3条白线组成明显的较宽斜纹，幼虫体色多变	喷药宜在暴食期以前并在午后及傍晚幼虫出来活动后进行，可用毒死蜱、敌百虫杀灭

（续）

害虫名称	危　害	生活习性	识别特征	防　治
草地螟	将叶吃成缺刻、孔洞，甚至造成光秃	夜间取食草坪草的幼叶，在草坪上形成不规则的棕色死亡斑点	幼虫黄褐色或暗黄色	可用拉网捕捉成虫，喷施地亚农、毒死蜱、敌百虫等
蝗　虫	食叶片和嫩茎	蝗虫数量极多，生命力顽强，能栖息在各种场所	成虫体大，跳跃足，善飞翔	采用药剂或毒饵防治
蜗牛、蛞蝓	取食叶片、嫩茎和芽，造成缺刻或漏洞，甚至造成缺苗	喜阴暗潮湿环境	软体动物，体被黏液，蜗牛背部有壳，蛞蝓没有壳	人工捕捉，堆草诱杀，撒石灰粉
蚜　虫	所有草坪草	在温暖的北方地区年发生十余代，南方地区年发生数十代	体小而软，腹部有管状突起（腹管），吸食植物汁液	喷施吡虫啉可湿性粉剂，利用七星瓢虫进行生物防治
盲　蝽	被害茎叶上出现褪绿斑点，多出现在北方	行动活泼，颇善飞翔	体小型，稍扁平，触角4节，无单眼。前翅基部革质，端部膜质	喷施吡虫啉可湿性粉剂
叶　蝉	所有草坪草	成虫在树上或杂草丛中越冬。若虫或成虫用刺吸式口器吸食植物汁液，使叶片出现淡白色斑点	成虫外形似蝉，若虫五龄	灯光诱杀，喷施叶蝉散乳油
飞　虱	被害部位出现不规则褐色条斑，叶片自下而上变黄，植株萎缩	在北方地区1年发生4～5代。华北地区越冬若虫于4月中旬至5月中旬羽化，迁向草坪产卵繁殖	成、若虫均以口器刺吸汁液危害	使用氨水或撒石灰粉
螨	被害叶片褪绿，发白，逐渐变黄而枯萎	常春、秋两季干旱时发生	节肢动物的一类，体形微小，属寄生性	喷施扫螨净可湿性粉剂
秆　蝇	严重时草坪枯死	成虫晴朗无风的上午和下午活跃	成虫较小，绿色或黄色，头部稍向前突出，呈三角形，触角3节，幼虫蛆形，白色	可采用杀螟或乳油等药剂喷施
潜叶蝇	被害叶片上可见“蛇形隧道”	为多发性害虫，1年发生代数随地区而不同	成虫灰褐色。雄蝇前缘下面有毛，卵呈白色，椭圆形，成熟幼虫有皱纹，呈乌黄色	用阿巴丁乳油等喷施
线　虫	危害草坪草长势	寄生于动、植物，或自由生活于土壤、淡水和海水环境中	虫体绝大多数长圆筒形，两端尖细，无纤毛，不分节，两侧对称	多次少量灌水，增施磷肥

（续）

害虫名称	危　害	生活习性	识别特征	防　治
蛴　螬	取食草坪草的根部，咬断或咬伤草坪草的根或地下茎，并且挖掘土壤形成土丘。被咬断根系的草皮易被掀起	大多出现在3～7月	金龟子幼虫的统称，体近圆筒形，常弯曲成“C”字形，乳白色，尾部颜色较深，头橙黄色或黄褐色，有胸足3对，无腹足	用辛硫磷颗粒剂、3%呋喃丹进行毒土法防治
金针虫（叩头虫）	每年4、9、10月食根和分蘖节	在春、秋两季表土温度适宜时到表土层危害，形成两个危害高峰。夏季、冬季向下层移动，越夏越冬	金针虫是鞘翅目叩头甲科幼虫的总称。幼虫细长黄色，成虫体被黄毛	及时喷灌，撒施辛硫磷颗粒剂防治
地老虎（切根虫）	低龄幼虫，缺刻孔洞；高龄幼虫，茎被咬断，枯死	昼伏夜出，食量不足时可迁移，具强烈的驱光性、驱化性	鳞翅目夜蛾科，成虫体长16～23mm；老熟幼虫黄褐色至黑褐色，体表粗糙，密布大小颗粒	人工扑杀幼虫、黑光灯（糖醋酒液）诱杀成虫，辛硫磷1000倍液浇灌
蝼蛄（土狗子）	在土壤中咬食根及嫩茎、使植株枯死，在土壤表层挖掘隧道，使根系吊空，造成植株干枯而死，发生数量多时，可造成草坪大面积枯萎死亡	高湿度时，采食最为活跃	大型、土栖，成虫身体比较粗壮肥大，体长36～56mm。属直翅目蝼蛄科	在煮至半熟的谷子、麦麸及鲜马粪中加入一定量的敌百虫、甲胺磷等农药制成毒饵诱杀。喷施辛硫磷、西维因等防治

7.5.2.6　草坪的辅助养护

草坪的辅助管理措施是指除了施肥、浇水、修剪等主要管理措施以外，为提高草坪的质量而采取的一些特殊方法，主要内容包括打孔通气、覆沙、梳草、覆播等，属于草坪管理的高级范畴，对于某些要求品质较高的草坪来说，也是必不可少的管理措施。

①覆沙　是草坪管理的表施土壤中的措施之一，是指通过在草坪表面均匀地覆盖一薄层沙的过程。当所施材料为壤土或一般碎土、土肥混合物时，可称为草坪的表施土壤措施。现在草坪管理者越来越倾向于纯沙，所以称为铺沙、覆沙。

覆沙的时间：一般应结合施沙的目的而确定。一般来讲3～10月是草坪的旺盛生长期，加施沙可促进枯草层的快速分解，促进草坪坪面光滑度提高，平整度增加。对于大多数运动场草坪而言，应在夏季使用频率相对较少时覆沙一次，当作为草坪防寒防护而铺沙时，可在初冬进行，并适当加大厚度。

覆沙方法：无论是机械铺沙还是人工铺沙，都应该提前对草坪进行修剪。然后设计好铺沙厚度，计算好用沙量，并将草坪划分为适当大小的区域分区完成，以确保沙量均匀地撒入草坪中再行作业。人工作业时，可将草坪划分为较小区域，将沙子等量分两次均匀铺撒到草坪上，使覆沙更均匀。具体做法是，先人工用铁锹将各小区的覆沙量分成两份，再分别均匀地撒入草坪，然后用硬扫帚轻扫坪面，使沙滑入草坪叶片以下，落到土壤表面，覆盖住枯草层或填入坑凹处、洞孔中。对于运动场或高尔夫球场草坪铺沙，最好是在铺完沙以后进行适当的镇压作业，以确保坪面的平整性和坚实性。

②滚压

滚压的作用：增加草坪草分蘖，促进匍匐茎生长，使匍匐茎的上浮受到抑制，节间变短，增加草坪密度；生长季节滚压，使叶丛紧密而平整，抑制杂草入侵；草坪铺植后滚压，使草坪根部与坪床土紧密结合，吸收水分，易于产生新根，以利于成坪；对因冻胀和融化或蚯蚓等引起的土壤凹凸不平进行修整；对运动场草坪可增加场地硬度，使场地平坦；使草坪形成花纹，提高草坪的观赏效果。

滚压方法：人力手推，轮重为60～200kg；机械，滚轮为80～500kg。

滚压的重量依滚压的次数和目的而异，为了修整床面则宜少次重压（200kg），播种后使种子与土壤接触宜轻压（50～60kg）。

滚压注意事项：土壤黏重、土壤水分过大时不宜滚压，滚压不能在同一起点，按同一方向、同一路线进行，否则会出现“纹理”和“层痕”；滚压防冻害时，切忌带冰带霜作业。

③打孔

打孔的作用：主要有 3 个方面，一是使水分、养分能够深入土壤；二是增加土壤的透气性；三是给草一个新的蘖生、匍匐空间。

打孔的时间：打孔的时间至关重要，一般情况下，应选择草坪生长茂盛，生长条件良好、生长速度快的时期，进行打孔作业。这样便于草坪迅速恢复被破坏的外观。对于冷季型草坪草而言，在早春和夏末秋初进行打孔较为合适，对于暖季型草而言，应在草坪返青以后，将进入快速生长期时进行打孔。

打孔的方法和标准：打孔的方法就是利用打孔机械在草坪上打出合适的孔洞，打孔的直径一般在1～2.5cm，深度目前一般在3～11cm，极个别的情况下，也可以打得更深，如用特制的工具，特制的打孔针。目前市场上打孔机的打孔数量都在80个/m^2左右，具体的打孔数量要根据草坪的实际状况决定。为了增加打孔效果，往往会重复作业，即在横、竖、斜3个方向上操作打孔机，每打一遍可增加80孔/m^2。中空的打孔机对草坪打孔，取出土卷的打孔效果要比实心的打孔针打孔效果好。

④垂直修剪　一般的草坪修剪是横向的剪平草坪，而垂直修剪是借助安装在高速旋转的水平轴上的刀片对草坪进行近地表面的垂直切割。将表土切碎，同时将草坪草的部分地下根茎切断，以清除草坪积累的枯草层，改善草坪的通透性，增加水肥渗透性，促进根系的生长。

垂直修剪适宜时间是草坪植物生长旺盛，大气胁迫小，恢复力强的季节。与打孔操作一样，冷季型草坪在夏末秋初，暖季型草坪在春末夏初。与打孔操作不同，垂直修剪应在土壤和枯草层干燥时进行，可使草坪受到的破坏最小，也便于垂直修剪后的管理操作。

◇任务实施

1. 器具与材料

（1）器具

草坪修剪机、割灌机、打孔机、梳草机、大平剪、喷雾器、水桶、喷头、水管等各种草坪养护机械和用具。

（2）材料

各种肥料、药品、机油、汽油、垃圾袋等。

2. 任务流程

草坪养护管理任务流程如图7-17所示。

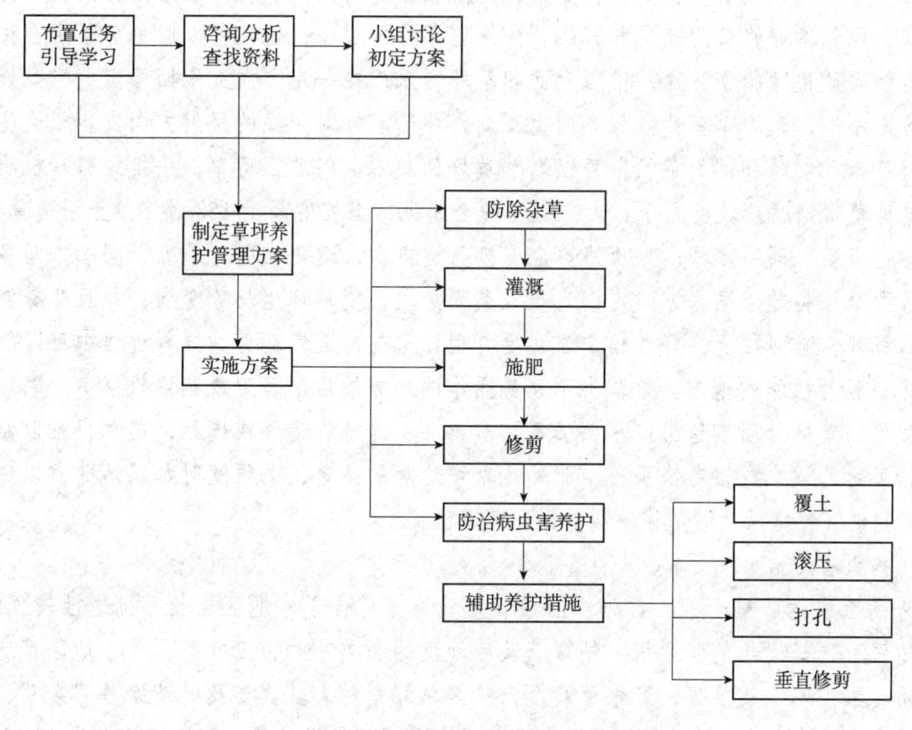

图7-17 草坪养护管理任务流程图

3. 操作步骤

（1）杂草防除

根据草坪的生长状况及杂草的发生情况选择不同的防除方法。以种子繁殖为主的一、二年生杂草用剪草和滚压的方法防除，滚压能将子叶期的阔叶杂草压死或压伤后被草坪所覆盖；剪草能剪除杂草的花序和花，使其不结实而自然灭绝。在有零星杂草的草坪上进行人工随手拔除。杂草大量发生的草坪要进行化学防除，喷施杀灭双子叶杂草或单子叶杂草的选择性除草剂。

（2）灌溉

草坪灌水应根据土质、不同生长时期、不同草种耐旱能力以及天气状况而定，适时适量灌水，宜选择在无风天气进行。春、秋季节以中午前后灌水为宜，夏季以10：00以前及16：00之后为宜，剪草后24h内必须灌一次水。灌水要灌透且均匀，要深达草坪根系分布层，特别是返青水及封冻水必须灌透，土壤持水应达20cm。

（3）施肥

草坪施肥应根据草坪草种类、生长情况及土壤养分状况确定施肥种类、数量和时间。暖季型草坪在生长和观赏的季节，应掌握重施春肥，巧施夏肥，轻施秋肥，进入冬季休眠期，停止施肥。而冷季型草坪，应掌握重施秋肥，轻施春肥，巧施夏肥”，秋末是冷季型草坪的生长旺季，增施肥料能延长草坪的绿色期，是草坪安全越冬，提高抗风、抗旱、抗寒能力与促进根系分蘖的关键。为了满足草坪生长中对各种营养元素的需求，应坚持平衡施肥的原则。

（4）修剪

草坪修剪通常使用剪草机械。修剪前，先观察草坪的生长状况，确定修剪高度，再观察草坪的形状，规划草坪修剪的起点和路线。先修剪草坪的边缘，这样可以避免剪草机在往复修剪过程中接触硬质边缘损伤刀片，中心大面积草坪则采用在一定方向上来回修剪的方式操作。由于修剪方向不同，草坪草茎叶倾斜方向也不同，导致茎叶对光线的反射方向发生很大变化，在视觉上就产生了明暗相间的条纹，可以增加草坪的美观。斜坡上剪草，手推式剪草机要横向行走，车式剪草机则顺着坡度上下行走。为了安全起见，当坡度高于15°时，禁止用剪草机剪草，可用割灌机修剪。同一草坪，每次修剪应变换行进方向，避免在同一地点、同一方向多次重复修剪，否则草坪将趋于同一方向定向生长，久而久之，使草坪生长势变弱，并且容易使草坪土壤板结。另外，来回往复修剪过程中注意要有稍许重叠，避免漏剪。修剪过程中可以绕过灌丛或林下等不容易操作的地方。剪草机不容易操作的地方最后用剪刀或割灌机修剪。草坪边缘越出草坪边界的茎叶可用切边机或平头铲等切割整齐；对毗邻道路或栅栏，剪草机难以修剪的边际草坪，可用割灌机或刀剪修平整。此外，草坪边际的杂草，必须随时加以清除，以免其向草坪内发展蔓延。修剪后及时清除草屑并保养剪草机械。

（5）病虫害防治

草坪病虫害的防重于治。首先要因地制宜地选择适合于本地区生长、抗逆性较强的品种。如南方地区可选择耐热的狗牙根、结缕草及冷地型的高羊茅和白三叶等，北方地区可选择抗旱的早熟禾、黑麦草、高羊茅、野牛草及白三叶等草坪草种。其次要及时清除草坪杂草、合理灌溉、适时修剪，从而改善草坪草的生长环境，提高草坪的抗性，减少病虫害的发生。

如果发生病虫害要进行科学的诊断，适时合理选用和正确使用农药，并要注意人身安全和保护环境。

（6）辅助养护措施

①覆沙　小面积草坪人工撒施，大面积草坪用撒播机。冷季型草坪草宜在春秋两季进行，暖季型草坪草以春末至夏初和初秋为宜。撒施前必须先对草坪进行修剪，沙质材料应干燥并过筛，在施肥前进行，撒施要少量均匀，厚度不超过0.5cm。

②滚压　用滚压机或滚筒，重量为60～200kg，在春季至夏季滚压为好，有特殊用途的则在建坪后不久进行滚压，降霜期、早春修剪时期也可进行滚压。土壤黏重、水分过多时，可在草坪草生长旺盛时进行。播后、草皮铺植、起草皮前滚压。

③打孔　宜在草坪生长茂盛、生长条件良好的情况下进行。冷季型草坪宜在夏末秋初进行，暖季型草坪宜在春末夏初进行。打孔宜配合其他作业，通常在打孔后表施土壤或施肥，可提高草坪的平整度和肥料的速效性。

④垂直修剪　可用手推式或自走式垂直修剪机，也可配合梳草及划破草皮进行。要掌握修剪的深度，及时清除碎屑。

4. 考核评价（表7-16）

表7-16　草坪养护管理考核评价表

<table>
<tr><td>模　块</td><td colspan="3">园林植物养护管理</td><td>项　目</td><td colspan="2">草本花卉养护管理</td></tr>
<tr><td>任　务</td><td colspan="4">任务7.5　草坪养护管理</td><td>学时</td><td>2</td></tr>
<tr><td>评价类别</td><td>评价项目</td><td colspan="2">评价子项目</td><td>自我评价（20%）</td><td>小组评价（20%）</td><td>教师评价（60%）</td></tr>
<tr><td rowspan="8">过程性评价（60%）</td><td rowspan="6">专业能力（45%）</td><td colspan="2">草坪养护管理方案制订能力（15%）</td><td></td><td></td><td></td></tr>
<tr><td rowspan="5">方案实施能力</td><td>草坪杂草防除（5%）</td><td></td><td></td><td></td></tr>
<tr><td>草坪灌水（5%）</td><td></td><td></td><td></td></tr>
<tr><td>草坪施肥（5%）</td><td></td><td></td><td></td></tr>
<tr><td>草坪修剪（10%）</td><td></td><td></td><td></td></tr>
<tr><td>草坪病虫害防治（5%）</td><td></td><td></td><td></td></tr>
<tr><td rowspan="2">社会能力（15%）</td><td colspan="2">工作态度（7%）</td><td></td><td></td><td></td></tr>
<tr><td colspan="2">团队合作（8%）</td><td></td><td></td><td></td></tr>
<tr><td rowspan="3">结果评价（40%）</td><td colspan="3">方案的科学性、可行性（15%）</td><td></td><td></td><td></td></tr>
<tr><td colspan="3">草坪养护效果（15%）</td><td></td><td></td><td></td></tr>
<tr><td colspan="3">草坪景观效果（10%）</td><td></td><td></td><td></td></tr>
<tr><td colspan="4">评分合计</td><td></td><td></td><td></td></tr>
<tr><td colspan="2">班级：</td><td colspan="2">姓名：</td><td>第　组</td><td colspan="2">总得分：</td></tr>
</table>

◇巩固训练

1. 训练要求

（1）以小组为单位开展训练，组内同学要分工合作、相互配合、团队协作。

（2）草坪养护管理应因地制宜，具有实用性、科学性和准确性。

（3）做到安全生产，操作程序符合要求。

2. 训练内容

（1）结合当地小区草坪养护管理内容，让学生以小组为单位，在咨询学习、小组讨论的基础上制订草坪养护方案。

（2）以小组为单位，依据当地小区草坪养护管理任务，完成草坪养护管理训练。

3. 可视成果

某小区草坪养护管理方案；养护后的草坪景观效果。

◇**任务小结**

草坪养护管理任务小结如图 7-8 所示。

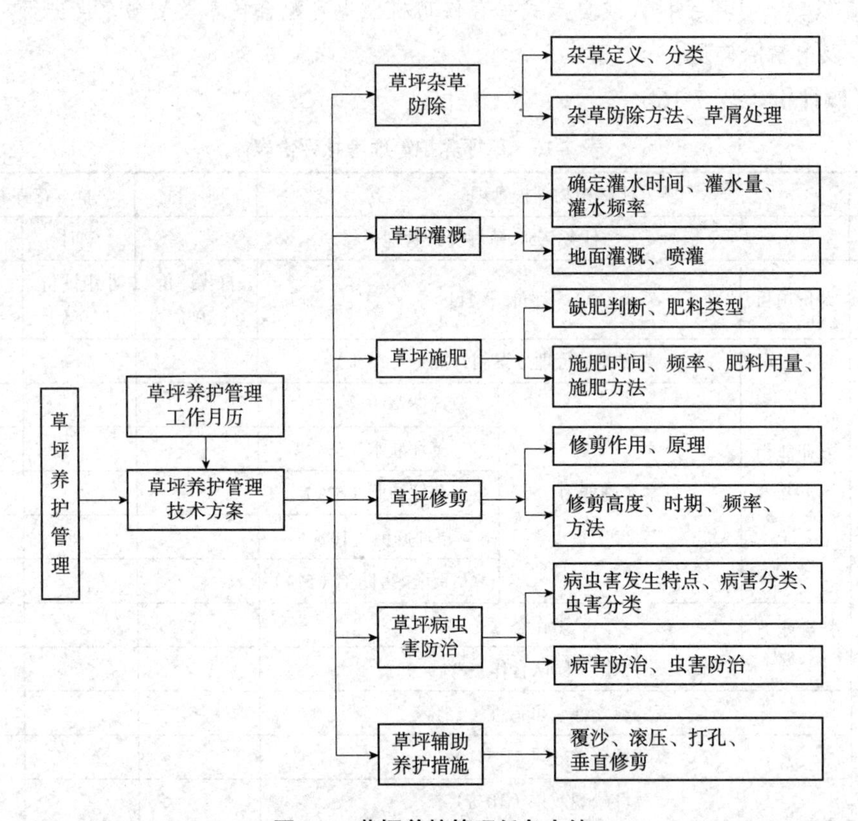

图 7-8　草坪养护管理任务小结

◇**思考与练习**

1. 名词解释

留茬，病症，病状，草坪打孔，草坪交播。

2. 填空题

（1）草坪质量要求越高，修剪高度就______。

（2）当草坪遭遇到环境胁迫时通常需要______修剪高度。

（3）常见的病害病状可归纳成五大类：______、______、______、______、______。

（4）按植物的形态将杂草分为______、______、______3 类。

（5）对运动场草坪的共同要求是：必须具有很强的生命力、______、______、______、______、______。

3. 判断题（对的在括号内填“√”，错的在括号内填“×”）

（1）预防草坪草病害常用药为代森锌、代森锰锌等。（ ）

（2）草坪打孔的时间最好在天气凉爽湿润、草坪旺盛生长的时期。（ ）

（3）草甘膦和2,4–D丁酯都可以用于草坪中除阔叶草。（ ）

（4）草坪草受到环境胁迫时，修剪高度应尽量降低，以提高草坪草的抗性。（ ）

（5）车轴草草坪中的阔叶杂草可通过施用2,4–D丁酯除去。（ ）

（6）磙压在一定程度上可以增加草坪密度。（ ）

（7）暖地型草坪草适宜的施肥时间是春末和初夏。（ ）

（8）冷季型草坪草最重要的施肥时间是夏季。（ ）

（9）褐斑病是一种世界性的危害极为严重的草坪病害。（ ）

（10）蚯蚓是一种益虫，其活动有益于草坪草的生长，所以在高尔夫球场果岭上有大量蚯蚓时，不必进行防治。（ ）

（11）许多杂草具有在各种条件下易结实的能力。（ ）

（12）灌溉必须有利于草坪草根系向土壤深层生长发育，应根据草坪草的需要，在草坪草缺水时进行灌溉。（ ）

（13）对壤土和黏壤土而言，应“每次浇透，干透再浇”；但对于砂土，小水量多次灌溉更适合。（ ）

4. 选择题

（1）北方常见的双子叶杂草有（ ）。

A. 稗草 B. 蒲公英 C. 狗尾草 D. 马唐

（2）下列是灭杀性除草剂的是（ ）。

A. 草甘膦 B. 2,4–D丁酯 C. 禾草净 D. 拿捕净

（3）下列属于草坪养护中辅助养护措施的是（ ）。

A. 浇水 B. 打孔 C. 施肥 D. 杂草防除

（4）草坪杂草的合理防治方法是（ ）。

A. 人工和化学药品合理结合 B. 人工拔除

C. 化学除草 D. 自然生长

（5）下列是阔叶杂草除草剂的是（ ）。

A. 草甘膦 B. 2,4–D丁酯 C. 禾草净 D. 拿捕净

（6）下列草坪草最耐践踏的是（ ）。

A. 多年生黑麦草 B. 草地早熟禾 C. 白三叶 D. 结缕草

（7）下列属于草坪养护中基础养护措施的是（ ）。

A. 浇水 B. 打孔 C. 覆沙 D. 垂直修剪

（8）下列属于草坪养护中辅助养护措施的是（ ）。

A. 浇水 B. 打孔 C. 施肥 D. 杂草防除

5. 问答题

（1）草坪修剪为什么遵循“1/3原则”？

（2）夏季一天内什么时间灌溉草坪最好，为什么？

（3）草坪何时进行碾压？碾压的作用有哪些？

（4）对草坪进行打孔作业的作用是什么？

（5）褐斑病发病条件是什么？如何进行防治？

（6）草坪杂草的危害有哪些？

（7）如何确定草坪的施肥次数？

◇自主学习资源库

1．园林绿地施工与养护．付海英．中国建材工业出版社，2014.

2．草坪建植与养护．孙廷．中国农业出版社，2013.

3．草坪技术手册：草坪工程．孙吉雄．化学工业出版社，2006.

4．草坪建植与养护彩色图说．英国皇家园艺学会．王彩云，姚崇怀，译．中国农业出版社，2002.

项目 8

屋顶及垂直绿化植物养护管理

屋顶及垂直绿化植物养护管理是保障立体绿化质量、景观效果及生态、环境效益的重要措施。本项目以屋顶和垂直绿化工程养护管理项目的实际工作任务为载体，设置了屋顶绿化植物和垂直绿化植物养护管理 2 个学习任务。学习本项目要熟悉屋顶及垂直绿化技术规范，并以屋顶和垂直绿化工程养护管理项目的实际任务为支撑，将知识点和技能点融于实际的工作任务中，使学生在“做中学、学中做”，实现“理实一体化”教学。

【知识目标】

（1）理解屋顶绿化植物土、肥、水管理，修剪整形，越冬越夏的基本知识和技术方法；

（2）理解垂直绿化植物土、肥、水管理，修剪整形，枝梢牵引，病虫害防治的基本知识和技术方法。

【技能目标】

（1）能编制屋顶与垂直绿化植物养护管理技术方案；

（2）能熟练实施屋顶与垂直绿化植物的养护管理。

【素质目标】

（1）养成自主学习、表达沟通、组织协调和团队协作能力；

（2）养成独立分析、解决实际问题和创新能力；

（3）养吃苦耐劳、敬业奉献、踏实肯干、精益求精的工匠精神；

（4）养成法律意识、质量意识、环保意识、安全意识。

任务 8.1 屋顶绿化植物养护管理

◇任务分析

【任务描述】

屋顶绿化植物养护管理是保障屋顶绿化效果的重要措施，是园林植物养护管理的组成部分。本任务依托学校或某小区屋顶绿化工程养护管理项目的实际任务，以学习小组为单位，首先制订屋顶绿化工程养护管理技术方案，再依据制订的技术方案和屋顶绿化技术规范，完成一定数量的屋顶绿化工程养护任务。本任务实施宜在学校绿地、小区绿地的屋顶绿化区开展。

【任务目标】

（1）会熟练编制学校或某小区屋顶绿化工程养护技术方案；

（2）会熟练实施屋顶绿化植物土、肥、水管理，修剪整形，越冬越夏管理；

（3）会熟练并安全使用各类养护管理器具材料；

（4）能独立分析和解决实际问题，吃苦耐劳，合理分工并团结协作。

◇知识准备

8.1.1 屋顶绿化植物种植土壤类型及特点

受屋顶荷载影响，屋顶绿化种植时一般均采用专门配制的轻质土壤，且种植土层较浅。轻质土壤的基质要求、配比，不同类型植物对基质厚度要求详见“任务 4.1 屋顶绿化植物栽植的任务实施”部分。

8.1.2 屋顶绿化环境特点

8.1.2.1 屋顶种植环境的有利因素

屋顶是基于地下建筑而形成的高于周围地面的上层空间，依据建筑的高度差异，屋顶可能高出周围地面几十米到几百米。与地面相比，屋顶特殊的位置特征决定了其植物绿化的有利因素：

①与城市中地面状态相比，屋顶上光照强，接受日光照射时间长，为屋顶植物进行光合作用创造了有利条件，生长在屋顶的植物体内积累的有机物比地面要多。

②昼夜温差大，利于植物的营养积累。

③屋顶位置高，空气流通好，城市环境中的污染气体难以长久聚集，屋顶空气浊度比地面低，受外界影响小，有利于植物的生长和保护。

8.1.2.2 屋顶种植环境的限制因素

屋顶因其特殊的位置环境，其气候与地面也存在较大差异，也给植物的生存带来了困难。另外屋面的承载力有限，也将影响屋顶绿化植物的选择。

（1）气候方面影响

①温度　屋顶外表面材料多以水泥等硬质材料为主，与土壤相比，这些材料白天在日光照射下能迅速升温，到了晚上又迅速降温，屋顶日温差和年温差均远远高于普通地面。一旦温差的变化幅度和变化速度超过植物承受能力，夏季的高温就会导致植物叶片灼伤，冬季低温又容易对植物造成冻害。

②水分　屋顶绿化是建立在完全的人工基础——屋顶之上，种植土与大地完全被建筑物隔绝，植物生长的基本要素——水由于缺少了大地土壤的调节，所需水分完全来自于人工灌溉和自然降雨。在雨季，雨量过多，屋顶排水缓慢，土壤有短时间积水，植物易因不耐湿而死亡；在旱季，加上屋顶白天的高温，植物又容易出现脱水而枯萎。

③风　由于承重有限，屋顶绿化用的种植土土层薄，现代种植技术发展，种植土多采用人工轻质混合土，使得屋顶植物抗风能力弱。另外，建筑屋顶空气流畅，风力大于地面风速，较大的、枝干茂密的植物容易倒伏、折断。

（2）屋顶承载力方面影响

建筑物的承载力受限于屋顶下的梁板、柱、基础、地基。因此，屋顶上的荷载只能控制在一定范围内，这将对屋顶植物的选择和种植土的厚度有所约束。植物选择过程中要预先考虑植物可能的自重。新建框架结构建筑可适当选择乔木、灌木，而对于改造的旧有砖混建筑屋顶，尽可能多采用草地式屋顶绿化，少用灌木，避免使用高大乔木。由于屋顶承载力有限，屋顶绿化土层薄，在植物选择时，一般以浅根系植物为主。

屋顶绿化土壤管理、灌溉管理、施肥管理的理论知识详见“任务6.1　园林树木土、肥、水管理”。

◇任务实施

1．器具与材料

（1）器具

锄头、铁锹、铲、耙、运输工具、水桶、修枝剪、畚斗、喷雾器等。

（2）材料

基质、尼龙绳、肥料、药品、支撑杆、铁丝、记录表、纸张、笔，专业书籍，教学案例等。

2．任务流程

屋顶绿化植物养护管理流程如图8-1所示。

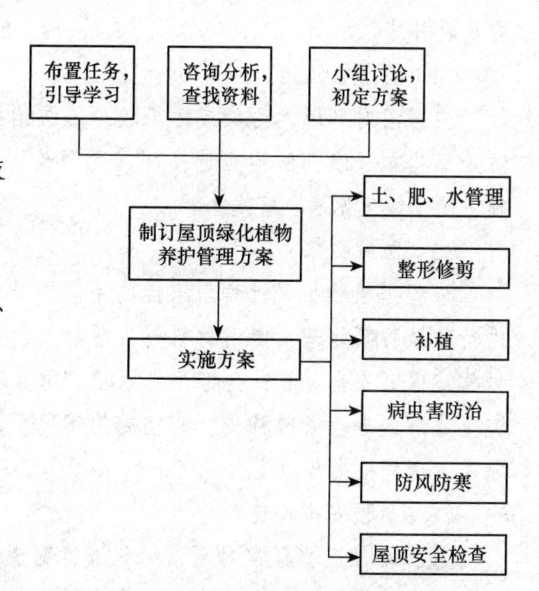

图8-1　屋顶绿化植物养护管理流程图

3．操作步骤

（1）土、肥、水管理

①土壤管理　屋顶绿化应及时补充因雨水冲刷损失的基质层轻质土壤，及时疏松板结土壤；及时

拔除杂草，清理枯草，避免踩踏用佛甲草等景天科植物绿化的屋顶草毯。

②施肥管理　应采取控制水肥的方法或生长抑制技术，防止植物生长过旺而加大建筑荷载和维护成本；施肥应以长效肥、缓释肥和生物肥为主，薄施，尽量避免使用速效肥，防止植物疯长；注意不要选用有污染、异味强烈或易腐蚀的肥料，以免对屋面结构、设施及楼内人员的工作生活带来影响；植物生长较差时，可在植物生长期内按照30～50g/m^{2}的量，每年施1～2次长效氮、磷、钾复合肥，其比例为10∶8∶7。

③灌溉和排水　根据屋顶绿化的立地条件、植物种类、季节、气候不同适时浇水，灵活掌握灌溉次数和浇水量；简单式屋顶绿化一般基质较薄，应根据植物种类和季节不同，适当增加灌溉次数；春季日均温10℃左右应浇返青水，12月中下旬应浇冻水；有条件时尽量选择滴灌、微喷、渗灌等机械化灌溉系统，建立屋顶雨水和空调冷凝水的收集回灌系统。随时检查排水口是否通畅，及时对排水口堆积残留的枯枝落叶进行清理，防止堵塞排水口，雨季遇大、暴雨加强巡查，做好排水工作。

（2）整形修剪

根据植物的生长特性，进行定期整形修剪，并及时清理落叶；乔木、灌木修剪参照《园林树木整形修剪技术规程》执行，且应严格控制乔木和灌木高度、疏密度，保持适宜根冠比及水分、养分平衡，保证屋顶绿化的安全性，乔木保持树冠与树干适当比例，一般保持在3∶2左右；草坪应根据不同草种的习性、季节、环境、观赏效果等定期进行修剪，应采用1/3修剪原则；一、二年生花卉及宿根花卉、球根花卉花后枯萎应及时进行地上部分的修剪与清除；一、二年生花卉应根据季节及时进行更换；注意对外来自生树和杂草等的控制与清除。

（3）补植

屋顶绿地枯萎、死亡、缺失的植株应及时更换、补苗；简单式屋顶绿化，没有及时返青的地方应当及时进行补植，新铺设的佛甲草等如果尚未完全成坪或者在生长较稀疏的情况下，也应及时补苗。

（4）病虫害防治

应采用对环境无污染或污染较小的防治措施，如人工及物理防治、生物防治、环保型农药防治等措施。农药防治应选择环保无污染、无刺激性气味、污染较小、腐蚀性弱的环保农药，确保屋顶绿化无病虫害发生。

（5）防风防寒

应根据植物抗风性和耐寒性的不同，采取搭风障、支防寒罩和包裹树干、屋顶覆盖等措施进行防风防寒处理，使用材料应具备耐火、坚固、美观的特点；冬季必须对灌溉设施采取防寒措施，保证安全越冬；全部用佛甲草、垂盆草等景天科植物进行绿化的简单式屋顶绿化，尚未完全成坪或者生长较稀疏，有空秃的情况下，越冬前应进行补苗，以防止冬季大风吹散、吹落基质，造成损失与污染。

（6）屋顶安全检查

施工单位应当经常对屋顶绿化进行巡视，检修屋顶绿化各种设施，保障建筑安全；检查灌溉系统，确保及时回水，防止水管冻裂；遇大雪等天气，应当组织人员及时排除降雪，减轻屋顶荷载，将雪载数值保持在正常荷载范围内，确保建筑及人员的安全；检查木本植物根层，避免其穿透防水层。

4. 考核评价（表 8-1）

表 8-1　屋顶绿化植物养护管理考核评价表

<table>
<tr><td>模　块</td><td colspan="2">园林植物养护管理</td><td>项　目</td><td colspan="2">屋顶及垂直绿化植物养护管理</td></tr>
<tr><td>任　务</td><td colspan="3">任务 8.1　屋顶绿化植物养护管理</td><td>学　时</td><td>2</td></tr>
<tr><td>评价类别</td><td>评价项目</td><td>评价子项目</td><td>自我评价（20%）</td><td>小组评价（20%）</td><td>教师评价（60%）</td></tr>
<tr><td rowspan="5">过程性评价
（65%）</td><td rowspan="2">专业能力
（45%）</td><td>方案制订能力（15%）</td><td></td><td></td><td></td></tr>
<tr><td>方案实施能力：
屋顶绿化植物各项养护管理任务实施（30%）</td><td></td><td></td><td></td></tr>
<tr><td rowspan="3">社会能力
（20%）</td><td>主动参与实践（7%）</td><td></td><td></td><td></td></tr>
<tr><td>工作态度（5%）</td><td></td><td></td><td></td></tr>
<tr><td>团队合作（8%）</td><td></td><td></td><td></td></tr>
<tr><td rowspan="3">结果评价
（35%）</td><td colspan="2">方案完整性、可行性（15%）</td><td></td><td></td><td></td></tr>
<tr><td colspan="2">养护植物的保存率（10%）</td><td></td><td></td><td></td></tr>
<tr><td colspan="2">屋顶绿化景观效果（10%）</td><td></td><td></td><td></td></tr>
<tr><td colspan="3">评分合计</td><td></td><td></td><td></td></tr>
<tr><td colspan="2">班级：</td><td>姓名：</td><td>第　　组</td><td colspan="2">总得分：</td></tr>
</table>

◇巩固训练

1. 训练要求

（1）以小组为单位开展训练，组内同学要分工合作、相互配合、团队协作。

（2）屋顶绿化植物养护管理技术方案应具有科学性和可行性。

（3）做到安全生产，操作程序符合要求。

2. 训练内容

（1）结合学校或当地小区绿化工程的屋顶绿化植物养护管理任务，让学生以小组为单位，在咨询学习、小组讨论的基础上制订某小区或学院屋顶绿化植物养护管理技术方案。

（2）以小组为单位，依据技术方案进行一定任务的屋顶绿化植物养护管理训练。

3. 可视成果

编制某小区或学院屋顶绿化植物养护管理技术方案及管护成功的屋顶绿地照片等。

◇任务小结

屋顶绿化植物养护管理任务小结如图 8-2 所示。

◇思考与练习

1. 填空题

（1）受屋顶________影响，屋顶绿化种植时一般均采用专门配制的________，且种植土层________。

（2）屋顶绿化种植环境的有利因素主要指________，有利于植物光合作用；屋顶________，

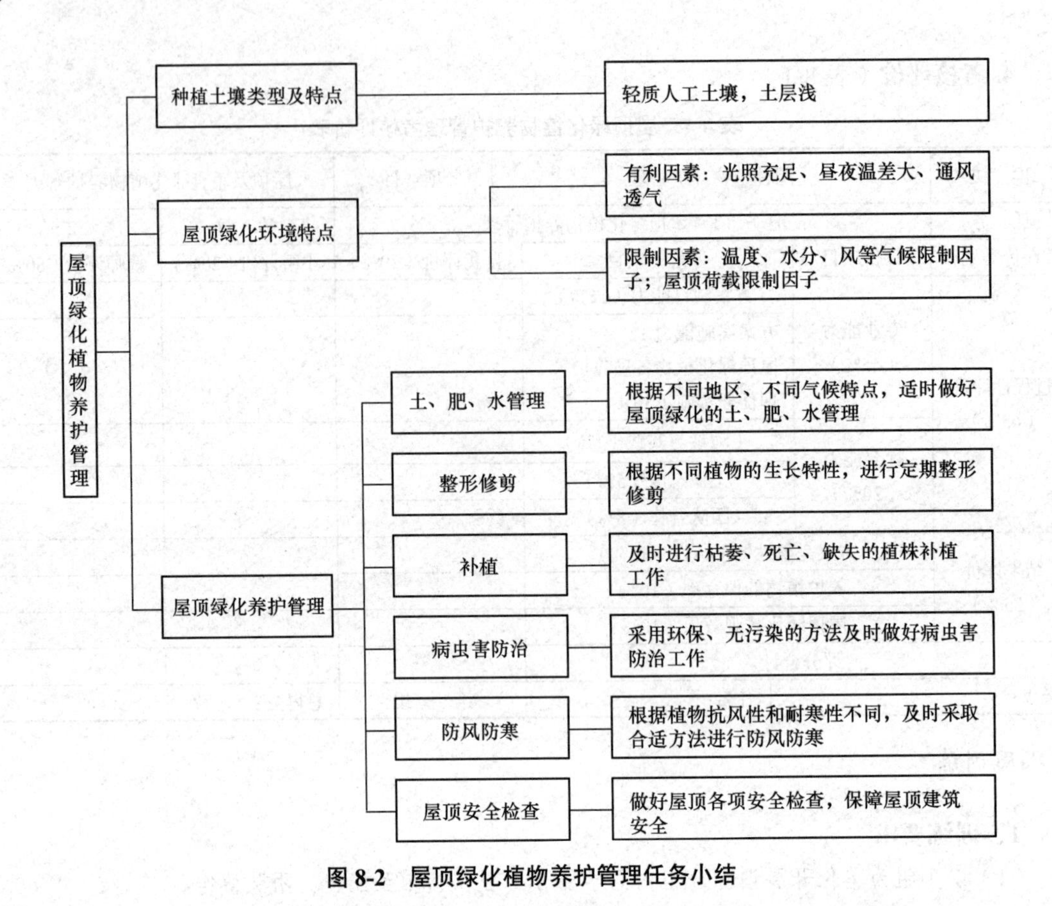

图 8-2　屋顶绿化植物养护管理任务小结

有利于植物营养积累；屋顶位置高，________，可减少空气污染，有利于植物的________。

（3）屋顶绿化种植的限制因素中，气候因素主要有________、________、________。另一方面限制因素是________。

（4）屋顶绿化种植一旦温差的________和________超过植物承受能力，夏季的高温就会导致植物________，冬季低温又容易对植物________。

（5）屋顶绿化种植在雨季，雨量过多，屋顶________，土壤有短时间积水，植物易因________而死亡；在旱季，加上屋顶白天的________，植物又容易出现________而枯萎。

（6）建筑物的承载力受限于屋顶下的________、________、________、________，因此屋顶上的荷载只能控制在一定范围内。

（7）屋顶绿化的施肥管理应采取________的方法或________技术，防止植物________而加大维护成本。

（8）草坪应根据不同草种的________、________、________、观赏效果等定期进行修剪，应采用________修剪原则。

（9）屋顶绿化病虫害防治应采用对环境________或污染较小的防治措施，如人工及________、________、________等措施。

（10）屋顶绿化应根据植物________和耐寒性的不同，采取________、支防寒罩和

________、________等措施进行防风防寒处理。

2．选择题

（1）屋顶绿化春季日均温（　　）℃左右应浇返青水。

A．5　　B．10　　C．15　　D．5～10

（2）屋顶绿化（　　）月中下旬应浇冻水。

A．1　　B．7　　C．12　　D．10

（3）草坪应根据不同草种的习性、季节、环境、观赏效果等定期进行修剪，应采用（　　）修剪原则。

A．1/3　　B．1/4　　C．1/2　　D．3/4

（4）植物生长较差时，可在植物生长期内按照（　　）的量，每年施1～2次长效氮、磷、钾复合肥，其比例为10∶8∶7。

A．30～50g/m^2　　B．10～20g/m^2

C．20～40g/m^2　　D．50～100g/m^2

3．判断题（对的在括号内填“✓”，错的在括号内填“×”）

（1）屋顶外表面材料多以水泥等硬质材料为主，与土壤相比，这些材料白天在日光照射下能迅速升温，到了晚上又迅速降温，导致屋顶昼夜温差大。（　　）

（2）屋顶气候日温差和年温差均远远低于普通地面。（　　）

（3）屋顶绿化是建立在完全的人工基础——屋顶之上，植物生长所需水分完全来自于人工灌溉和自然降雨。（　　）

（4）屋顶绿化种植土多采用人工轻质混合土，使得屋顶植物抗风能力弱。（　　）

（5）屋顶植物的选择和种植土的厚度不受约束，可任意确定。（　　）

（6）屋顶绿化施肥应以速效肥、缓释肥和生物肥为主，薄施，促进植物快速生长。（　　）

4．问答题

（1）简述屋顶绿化环境特点。

（2）举例分析屋顶绿化的土、肥、水管理技术。

（3）举例分析怎样正确进行屋顶绿化的整形修剪。

（4）举例分析怎样正确进行屋顶绿化的防风防寒。

◇自主学习资源库

1．屋顶绿化规范 DB 11/T 281—2005. 北京市质量技术监督局，2005.

2．世界屋顶绿化协会网：http://www.greenrooftops.cn.

3．屋顶绿化网站：http://www.thegardenroofcoop.com.

任务 8.2　垂直绿化植物养护管理

◇任务分析

【任务描述】

垂直绿化植物养护管理是保障垂直绿化效果的重要措施，是园林植物养护管理的组成部分。本任务学习以学校或某小区垂直绿化工程养护管理项目的实际任务为支撑，以学习小组为单位，首先制订垂直绿化工程养护管理技术方案，再依据制订的技术方案和垂直绿化技术规范，完成一定数量的垂直绿化工程养护任务。本任务实施宜在学校绿地、小区绿地的垂直绿化区开展。

【任务目标】

（1）会熟练编制学校或某小区垂直绿化工程养护技术方案；

（2）会熟练实施垂直绿化植物土、肥、水管理，修剪整形，病虫害防治等管理；

（3）会熟练并安全使用各类养护管理器具材料；

（4）能独立分析和解决实际问题，吃苦耐劳，合理分工并团结协作。

◇知识准备

8.2.1　垂直绿化植物种植土壤类型及特点

垂直绿化植物种植土类型因垂直绿化形式不同而异。主要有以下几类：自然土壤、填充土、岸坡立地、人工配制轻质土壤、模块绿化的一体化介质等，其中自然土壤、填充土的特点详见“任务 1.2　土壤准备”部分。岸坡立地土壤由于开挖回填和水土流失等原因形成裸露边坡，大部分原有自然植被被破坏，边坡冲刷严重，且有浅表层滑动等现象，存在表土层缺失，土壤侵蚀较严重，部分坡面为悬崖峭壁和山石，海岸护坡土壤盐碱性强，河湖护坡土壤积水严重。人工配制轻质土壤具有质量轻、疏松透气、保水、保肥、养分和 pH 适中等特点。模块绿化一体化介质主要采用绿化垃圾中的枯枝落叶等有机废弃物作为壁挂植物生长的主要“土壤”和肥料，并添加椰丝等植物纤维为原料，具有质量轻、疏松透气、保水、保肥、营养充足、不松散、不脱落、能与根系紧密结合成一体等特点。

8.2.2　垂直绿化环境特点

垂直绿化环境特点因不同垂直绿化形式所处的绿化位置不同而异。普遍具有光照强、极端高低温明显、温差大、风大、水分少、蒸发量大、承载力受限等特点。背阴面墙面垂直绿化具有环境阴湿、光照少等特点；人行天桥、立交桥垂直绿化还具有交通繁忙，汽车废气、粉尘污染严重，土壤条件差，桥体承载力受限，桥柱下光照不足等特点；护坡（堤岸）绿化环境还具有冲刷严重、风大、涝积明显、土壤盐碱性强，山体陡坡水土流失严重、地表裸露、土层浅、土壤瘠薄，道路护坡汽车废气、粉尘污染严重等特点；室内垂直绿化还具有光照强度明显低于室外、昼夜温差亦较室外要小、空气湿度较小等特点。

垂直绿化土壤管理、灌溉管理、施肥管理的内容详见“任务6.1 园林树木土、肥、水管理”。

◇任务实施

1. 器具与材料

（1）器具

锄头、铁锹、铲、耙、运输工具、水桶、修枝剪、畚斗、喷雾器、栽植槽、栽植容器、攀附支架等。

（2）材料

基质、尼龙绳、肥料、药品、支撑杆、铁丝、记录表、纸张、笔，专业书籍，教学案例等。

2. 任务流程

垂直绿化植物养护管理流程如图8-3所示。

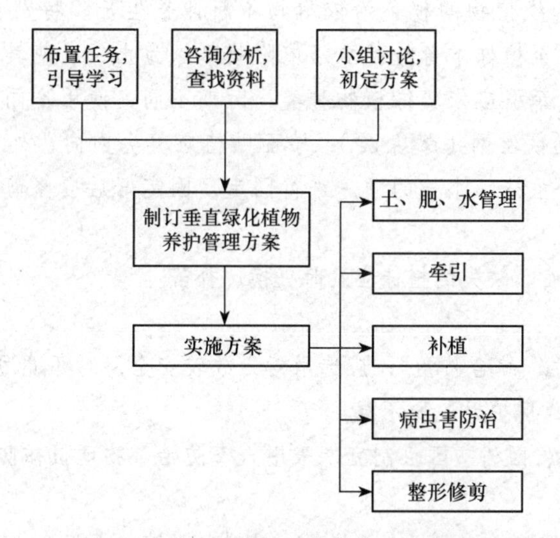

图8-3 垂直绿化植物养护管理流程图

3. 操作步骤

（1）土、肥、水管理

①土壤管理 垂直绿化应及时补充因雨水冲刷损失的栽植池或栽植槽土壤；对板结土壤及时中耕松土，及时彻底清除杂草，清理枯草。在中耕除草时避免伤及攀缘植物根系。

②施肥管理

施肥时间：根据不同季节、植物生长物候期、植物种类，选择合适的施肥时间和形式，秋季落叶后或春季发芽前施用基肥，春季萌芽后至当年秋季苗木生长期间施追肥（花前追肥、花后追肥、果实膨大肥、采后恢复肥）。

施肥种类和施肥量：基肥宜选用有机肥，施用量宜为0.5～1.0kg/m^2。追肥可分为土壤追肥和根外追肥，土壤追肥常用穴施和沟施，每两周一次，每次施混合肥100g/m²，施化肥50g/m²；根外追肥常用喷施，每两周一次，每年喷4～5次，以观叶为主的攀缘植物可喷施浓度为5%的氮肥尿素，以观花为主的攀缘植物喷浓度为1%的磷酸二氢钾。

③灌溉和排水

A．灌溉　根据垂直绿化的形式、立地条件、植物种类、物候期、季节、气候不同适时浇水，灵活掌握灌溉次数、浇水量和方法。

苗期：应该适当控水，有利于根系的发育，培育壮苗；

抽蔓展叶旺盛期：生长旺期需水量大，应该充分灌水；

开花期：需水较多，但过多易产生落花；

果实膨大期：果实快速膨大期需水较多；

越冬期：越冬前灌水，使其在整个冬季保持良好的水分状况，灌冬水可防过冷空气的侵入而冻坏根系，可越冬防寒。灌溉方法有喷灌、滴灌、浇灌等。

B．排水　应做到雨季及时排水，不积水。

（2）牵引

牵引的目的是使攀缘植物的枝条沿依附物不断伸长生长。特别要注意新植幼苗栽植初期的牵引，从植株栽后至植株本身能独立沿依附物攀缘为止，以使其向指定方向生长，枝蔓分布均匀，调整枝势。牵引应依攀缘植物种类、时期不同，使用不同的方法。例如，自身攀缘能力弱的应捆绑设置铁丝网（攀缘网）；墙面贴植应剪去内向、外向的枝条，保存可填补空档的枝叶，按主干、主枝、小枝的顺序进行固定，固定好后应修剪平整。

（3）补植

垂直绿化枯萎、死亡、缺失的植株应及时更换、补苗。

（4）病虫害防治

①原则　“预防为主，综合防治”；应选用对天敌较安全，对环境污染轻的农药，既控制住主要病虫的危害，又注意保护天敌和环境。

②防治方法　因地、因树、因虫制宜，采用人工防治、物理机械防治、生物防治、化学防治等方法。

③垂直绿化植物主要病虫害　蚜虫、螨类、叶蝉、天蛾、虎夜蛾、斑衣蜡蝉、白粉病等。

④防治措施　栽植时应选择无病虫害的健壮苗，勿栽植过密，保持植株通风透光，防止或减少病虫发生；栽植后应加强肥水管理，促使植株生长健壮，以增强抗病虫的能力；及时清理病虫落叶、杂草等，消灭病源虫源，防止病虫扩散、蔓延；加强病虫情况检查，发现主要病虫害应及时进行防治。

（5）修剪与整形

①修剪时期　休眠期修剪、生长期修剪（夏剪）。

②修剪方法

短截：轻短截（促进中枝、短枝生长，可缓和枝势）、中短截（促进中枝、长枝生长，长势强，以培养骨干枝）、重短剪（发枝少、留1～2个旺枝或者中枝，用于培养结果枝）、极重短剪（基部剪枝，发1～2个细弱枝，用于处理竞争枝）、缩剪（对多年生枝短截）。

疏枝：把枝条从基部剪去，疏除交叉重叠枝、衰老枯病枝，减少枝叶密度，有利于通风透光。

抹芽：短截后选择方向适合的芽，并分次除芽。

摘心与剪梢：摘心抑制新梢生长；花芽分化前摘心，有利于花芽分化；秋季摘心有利于枝蔓木质化。一般枝蔓木质化后修剪。

整枝压蔓：垂直绿化植物用作地被时，需要整枝压蔓，可均匀利用土地面积，充分利用光照，促进根系生长发育，增强吸收养分或者保持水土。

刻伤与环剥：提高开花和坐果率。

断根：促进新根产生，抑制旺盛生长，有利于移植成活或老树更新复壮。

③株型及架式整剪

棚架式：适用于卷须、缠绕类、藤本月季等，于近地面处重剪促发数条强壮主蔓，人工牵引至棚面，使其均匀分布成荫，隔年疏剪病、老和过密枝即可。有格架栽培，多在框架间隔内，用较细的钢筋、粗铅丝、尼龙绳等条线材组成方格，有利于卷络。修剪手法，重截以培养侧蔓为主，缚扎使其均匀布满架面；圈架栽培，株植其中，蔓自圈中出，如大花瓶一般。修剪时选留6～8个方位分布均匀的主蔓，衰老枝按“去老留新”法疏剪更新。云实等较豪放的类型，宜用高架圈型；凉廊与棚架不同之处在于设有两侧格子架，故应先采用连续重剪、抑主蔓促侧蔓等措施，勿使主蔓过早攀上廊顶，以防两侧下方空虚并均缚侧蔓于垂直格架。

壁柱式：主要适用于吸附类，如地锦、常春藤、凌霄、扶芳藤等，包括吸附墙壁、巨岩、假山以及裹覆光秃之树干或灯柱等。缠柱式，应用时要求一定直径的适缠柱形物，并保护和培养主蔓，使能自行缠绕攀缘。对不能实现自缠的过粗的柱体，可行人工助牵引绕，直至能自行缠绕。在两柱间进行双株缠绕栽植，应在根际钉桩，结链绳分别呈环垂挂于两柱适合的等高处，牵引主蔓缠绕于绳链，形成连续花环状景观。对藤本月季类品种，需行重剪促生侧蔓，以后对主蔓长留，人工牵引绕柱逐年延伸，同时需均匀缚扎侧蔓或弯下引缚补缺。

悬垂式：对于自身不能缠绕又无特化攀缘器官的蔓生型种类，常栽植于屋顶、墙顶或盆栽置于阳台等处，使其藤蔓悬垂而下，只作一般整形修剪，顺其自然生长。用于室内吊挂的盆栽垂悬类型，应通过整形修剪达到蔓条均匀分布于盆四周，下垂之蔓有长有短，错落有致。对衰老枝应选适合的带头枝行回缩修剪。

篱垣式：用于卷须类、缠绕类品种。通常将主蔓呈水平诱引，形成长距离、较低的篱垣，分2层或3层培养成“水平篱垣式”，每年对侧蔓进行短截。如欲形成短距离的高篱，可进行短截使水平主蔓上垂直萌生较长的侧蔓。对蔓生性品种，如藤本月季、三角梅等，可植于篱笆、栅栏边，经短截萌枝后人工编附于篱栅上。

利用某些垂直绿化植物枝蔓柔软、生长快、枝叶茂密的特点，进行人工造型，如动物、亭台、门坊等形体或墙面图案，以满足特殊景观的需要。立体造型栽培需先用细钢筋或粗铅丝构制外形，适用于卷须或缠绕类型植物。成坯后还需经适当修剪与整理，使枝蔓分布均匀、茂密不透。

匍匐、灌丛式：疏去过密枝、交叉重叠枝，匍匐栽植，可人工调整枝蔓使其分布均匀，如短截较稀处枝蔓，促发新蔓，雨季前按一定距离（0.5～1m）于节位处培土压蔓，促发生根绵延。

对呈灌丛拱枝形的垂直绿化植物，整剪要求圆整，内高外低。其中为观花的，应按开花习性进行修剪，先花后叶类，在江南地区可花后剪；在北方大陆性气候地区宜花前冬剪；但应剪得自然些。由于单枝离心生长快，衰老也快，虽在弯拱高位及以下的潜伏芽易前枝更新，为维持其拱枝形态，不宜在弯拱高位处采用回缩更新，否则易促枝直立而破坏株形，而应采用“去老留新”法，即将衰老枝从基部疏除。成片栽植时，一般不单株修剪更新，而是待整体显衰老时，分批自地面割除，1～2年即又可更新复壮。对先灌后藤的某些缠绕藤木幼时呈灌状之骨架，可植于草地、低矮假山石、水边较高处，但不给予攀缠条件，使之长成灌丛形。新植时结合整形按一般修剪，待枝条渐多和生出缠绕枝后，作疏剪清理即可。

4. 考核评价（表8-2）

表8-2　垂直绿化植物养护管理考核评价表

<table>
<tr><td>模　块</td><td colspan="2">园林植物养护管理</td><td>项　目</td><td colspan="2">屋顶及垂直绿化植物养护管理</td></tr>
<tr><td>任　务</td><td colspan="3">任务8.2　垂直绿化植物养护管理</td><td>学　时</td><td>2</td></tr>
<tr><td>评价类别</td><td>评价项目</td><td>评价子项目</td><td>自我评价
（20%）</td><td>小组评价
（20%）</td><td>教师评价
（60%）</td></tr>
<tr><td rowspan="5">过程性评价
（65%）</td><td rowspan="2">专业能力
（45%）</td><td>方案制订能力（15%）</td><td></td><td></td><td></td></tr>
<tr><td>方案实施能力：
垂直绿化植物各项养护管理任务实施（30%）</td><td></td><td></td><td></td></tr>
<tr><td rowspan="3">社会能力
（20%）</td><td>主动参与实践（7%）</td><td></td><td></td><td></td></tr>
<tr><td>工作态度（5%）</td><td></td><td></td><td></td></tr>
<tr><td>团队合作（8%）</td><td></td><td></td><td></td></tr>
<tr><td rowspan="3">结果评价
（35%）</td><td colspan="2">方案完整性、可行性（15%）</td><td></td><td></td><td></td></tr>
<tr><td colspan="2">养护植物的保存率（10%）</td><td></td><td></td><td></td></tr>
<tr><td colspan="2">垂直绿化景观效果（10%）</td><td></td><td></td><td></td></tr>
<tr><td colspan="3">评分合计</td><td></td><td></td><td></td></tr>
<tr><td colspan="2">班级：</td><td>姓名：</td><td>第　　组</td><td colspan="2">总得分：</td></tr>
</table>

◇巩固训练

1．训练要求

（1）以小组为单位开展训练，组内同学要分工合作、相互配合、团队协作。

（2）垂直绿化植物养护管理技术方案应具有科学性和可行性。

（3）做到安全生产，操作程序符合要求。

2．训练内容

（1）结合学校或当地小区绿化工程的垂直绿化植物养护管理任务，让学生以小组为单位，在咨询学习、小组讨论的基础上制订某小区或学校垂直绿化植物养护管理技术方案。

（2）以小组为单位，依据技术方案进行一定任务的垂直绿化植物养护管理训练。

3．可视成果

编制某小区或学校垂直绿化植物养护管理技术方案；提供管护成功的垂直绿化绿地照片。

◇任务小结

垂直绿化植物养护管理任务小结如图 8-4 所示。

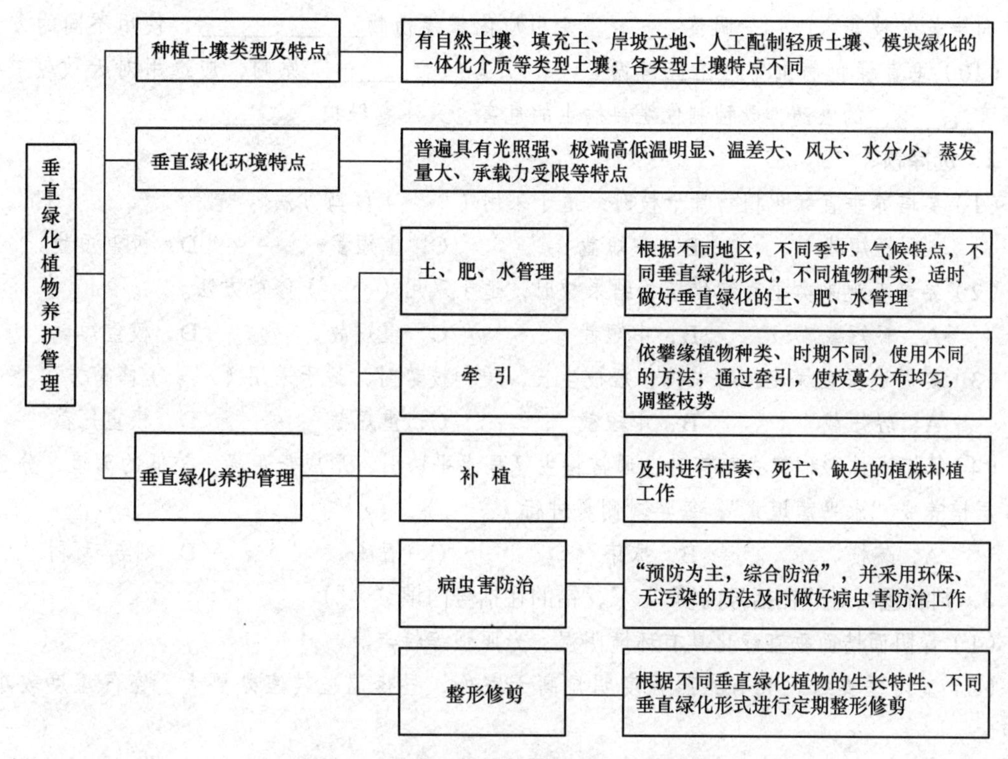

图 8-4　垂直绿化植物养护管理任务小结

◇思考与练习

1．填空题

（1）垂直绿化植物种植土类型因不同垂直绿化形式而异。主要有以下几类：自然土壤、________、________、________、模块绿化的________等。

（2）人工配制轻质土壤具有______、______、______、______、______分和 pH 适中等特点。

（3）模块绿化一体化介质具有质量轻、疏松透气、保水、保肥、________、________、________能与根系________等特点。

（4）垂直绿化环境普遍具有________、极端高低温明显、________、风大、________、________、承载力受限等特点。

（5）人行天桥、立交桥除具备垂直绿化环境普遍特点外，还具有________，汽车废气、________污染严重，________，桥体承载力受限，桥柱下________等特点。

（6）护坡（堤岸）除具备垂直绿化环境普遍特点外，还具有________、________、________、________等特点。

（7）施肥时间应根据________、________、植物种类合理选择，秋季落叶后或春季发芽前________，春季萌芽后至当年秋季苗木生长期间________。

（8）根据垂直绿化的形式、立地条件、________、________、季节、气候不同适时浇水，灵活掌握________、________和方法。

（9）垂直绿化从植株栽后至植株本身能独立沿依附物攀缘为止，应注意牵引，以使其向指定方向生长，枝蔓______，调整______。牵引应依攀缘植物______、______，使用不同的方法。

（10）垂直绿化病虫害防治应遵循“________，________”原则，应选用对天敌较安全，对环境________的农药，既控制住主要病虫的危害，又注意保护________。

2．选择题

（1）要培养垂直绿化植物骨干枝时，适于采用（　　）修剪方法。

A．轻短截　　B．中短截　　C．重短截　　D．极重短截

（2）要培养观果类垂直绿化植物结果枝时，适于采用（　　）修剪方法。

A．轻短截　　B．中短截　　C．重短截　　D．极重短截

（3）要促进垂直绿化植物中枝、短枝生长，缓和枝势时，适于采用（　　）修剪方法。

A．轻短截　　B．中短截　　C．重短截　　D．极重短截

（4）篱垣式株形和架式整剪时，通常将主蔓呈水平诱引，形成长距离、较低的篱垣，分2层或3层培养成“水平篱垣式”，每年对侧蔓进行（　　）。

A．疏枝　　B．抹芽　　C．短截　　D．刻伤与环剥

3．判断题（对的在括号内填“✓”，错的在括号内填“×”）

（1）背阴面墙面垂直绿化具有环境阴湿、光照强等特点。（　　）

（2）室内垂直绿化具有光照强度明显高于室外、昼夜温差较室外要大、空气湿度较小等特点。（　　）

（3）垂直绿化植物秋季落叶后或春季发芽前施用基肥，春季萌芽后至当年秋季苗木生长期间施追肥。（　　）

（4）基肥宜选用速效肥，施用量宜为0.5～1.0kg/m^2。（　　）

（5）垂直绿化植物苗期应该加大浇水量，促进根系的发育，培育壮苗。（　　）

（6）垂直绿化抽蔓展叶旺盛期，由于生长旺期需水量大，应该充分灌水。（　　）

（7）牵引的目的是使攀缘植物的枝条沿依附物不断伸长生长。（　　）

（8）悬垂式垂直绿化植物株形和架式整剪时，只做一般整形修剪，顺其自然生长为主。（　　）

4．问答题

（1）简述垂直绿化土壤类型及特点。

（2）简述垂直绿化的环境特点。

（3）举例分析垂直绿化的土、肥、水管理技术。

（4）举例分析怎样正确进行垂直绿化植物的整形修剪。

（5）举例分析怎样正确进行垂直绿化植物的病虫害防治。

◇自主学习资源库

1．北京市垂直绿化技术规范．2007．

2．中国立体绿化网：http://www.3d-green.com．

项目 9

园林绿地养护成本控制及效益评估

园林绿地是城市的一项重要生态基础设施，园林绿化养护作为绿地建设中的重要环节，是发挥绿地效益的保证，也是实现工程质量和成本目标的关键。控制和降低绿地养护成本，是提高园林绿地养护利润和经济效益的保障。本项目从园林绿化建设中绿地养护成本管理与效益出发，设置了园林绿地养护成本控制、绿地养护效益评估两个学习任务。学习本项目要熟悉不同城市现行的园林绿化养护管理标准或质量标准、园林绿地养护管理定额标准，并依托城市园林绿地养护项目，将知识点和技能点融于实际的工作任务中，使学生在“做中学、学中做”，实现“理实一体化”教学。

【知识目标】

（1）了解园林绿地养护项目成本构成；
（2）熟悉园林绿地养护成本控制原则；
（3）熟悉园林绿地养护成本控制措施；
（4）熟悉园林绿地养护项目效益组成和养护利润测算的基本知识和方法。

【技能目标】

（1）会分析园林绿地养护项目成本构成；
（2）会园林绿地养护项目施工过程中的成本控制；
（3）会园林绿地养护项目成本核算；
（4）会园林绿地养护项目的效益分析、产值和利润测算。

【素质目标】

（1）养成自主学习、表达沟通、组织协调和团队协作能力；
（2）养成独立分析、解决实际问题和创新能力；
（3）养成生态优先、节约集约、绿色低碳意识；
（4）养成法律意识、质量意识、环保意识、安全意识。

任务9.1　园林绿地养护成本控制

◇任务分析

【任务描述】

本任务学习以学校或某小区已建成绿地养护管理项目为支撑，以学习小组为单位，在参考该绿地原有养护内容和养护成本的基础上首先分析绿地养护成本构成，再依据绿地养护计划、该城市园林绿化养护质量标准、园林绿地养护成本控制原则，合理进行园林绿地养护成本控制。本任务实施宜结合当地城市园林绿化部门（企业）或学院绿地养护任务开展。

【任务目标】

（1）会分析园林绿地养护项目成本构成；

（2）能科学进行绿地养护成本控制；

（3）能独立分析和解决实际问题，具吃苦耐劳和团结协作精神。

◇知识准备

9.1.1　园林绿地养护成本分析

9.1.1.1　园林绿地养护内容

园林绿地养护内容包括园林植物（含草坪、灌木、乔木、草本花卉、水生植物、垂直绿化、屋顶绿化、悬挂绿化、盆栽植物等）、各类绿化设施（含垃圾桶、果皮箱等卫生设施，护栏、护树设施，路灯及各类电气设施，座椅，指示牌、宣传牌、警示牌等标识系统等）、公厕、绿地建筑及构筑物（含亭、廊、桥、园道、铺装广场、花架、小品、雕塑等）、水体及给排水系统（含给水系统、喷灌系统、排水沟及防洪设施、喷泉、水池等）的养护和维护管理。俗话说“三分种，七分养”，说明园林绿地养护的重要性。绿地建成以后，往往需要经历长达15年左右的养护过程，才能进入稳定期。特别是在建成后3年之内，更需要精心呵护，才能确保绿地建设成果不致中途夭折，才能最终实现建设目标，发挥园林绿地的生态、经济、社会效益。

9.1.1.2　园林绿地养护成本构成

（1）直接成本

直接成本包含内容如下：一是人工费，即直接从事管理养护的生产工人开支的各项费用；二是材料费，即管理养护过程中耗用的各种材料费用，包括水费、燃料费、电费、农药费等；三是机械使用费，即管理养护过程中使用机械所发生的费用，包括车辆费、各类养护机械费等；四是措施费，即临时设施费、安全作业费、文明作业费、环境保护费等。

（2）间接成本

间接成本即为管理养护准备、组织和管理养护作业而必须支出的各种费用，又称管理费。包括管理人员的工资、办公费、差旅交通费、工具用具使用费等。

9.1.2 园林绿地养护成本控制

9.1.2.1 园林绿地养护成本控制含义

绿化养护管理的成本控制，是对管理养护成本形成过程中，所消耗的人工、材料和机械费等，进行指导、监督、调节和限制，及时纠正将要发生和已经发生的偏差，把各项费用控制在成本计划的范围内，使管理养护成本降至最低。

9.1.2.2 园林绿地养护成本控制原则

（1）质量保证原则

成本控制必须以保证质量为前提，质量是一切工程的生命线，以牺牲质量为代价来降低成本是偷工减料行为。

（2）全员参与原则

成本控制关系到每个员工的切身利益，所有员工必须积极参与。

（3）全过程控制原则

管理养护成本全过程控制，是指管理养护任务确定后，自管理养护准备开始，经过管理养护过程，到管理养护期结束。其中的每项管理养护作业必须纳入成本控制之下。

（4）节约原则

节约管理养护人、财、物的消耗，是提高管理养护经济效益的核心，也是管理养护成本控制的基本原则。应严格执行管理养护成本开支范围、费用开支标准和有关财务制度，对各项成本费用的支出进行限制和监督；提高管理养护的科学管理水平，优化管理养护方案，提高管理养护效率；采取预防成本失控的技术组织措施，制止可能发生的浪费。

（5）责、权、利相结合的原则

明确各部门（或小组、班组）、各人的成本控制责任及应享有的成本控制的权利，并与各自工资挂钩，实行奖罚制度。

9.1.2.3 园林绿地养护成本控制措施

成本控制是园林绿地养护项目成本管理的重要环节，也是实现绿地养护成本目标和提高成本管理水平的关键。做好园林绿地养护成本控制要从以下几方面着手：

（1）拓宽园林绿地养护资金来源渠道，加大管理养护费用投入

城市园林绿地养护是一项公益性事业，政府投入是绿地养护资金的主渠道，但只靠政府投入是不够的，所有享用城市园林绿地美好环境的企事业单位和个人，应适度承担部分养护支出，以此拓宽绿化养护资金来源渠道，充实养护资金，使绿地景观和生态价值持续

发展以促进其物业进一步升值。可采取企业获取绿地冠名权，然后承担全部或部分养护资金，减轻政府养护投入负担、降低绿地养护成本；也可采取树木认养、机构捐赠、发布广告等方法增加养护资金来源。

（2）加强人员管理，提高工人工作效率

目前，绿化养护还是采取人工为主、机械为辅的模式，属劳动密集型工作。加强人员管理和技术培训，提高工人技术水平，熟练正确使用和维护养护机具，促进养护机械化、科学化，提高工作效率；建立有效的考核制度，以减少误工、窝工；实行岗位责任制，各个岗位都要制订具体的作业要求，做到各尽职责。根据绿地面积、绿地等级、管理养护要求与内容以及绿地情况等，合理确定管理养护人员的数量（一般每名管理养护人员管理养护面积控制在 6000～10 000m^2）。制订和落实各项管理措施、激励办法，调动员工的工作积极性。

（3）多措并举，减少土、肥、水、农药及材料的浪费

通常水费、车辆使用费和燃料费占养护支出的 50% 以上，它主要由抗旱保苗浇水，大量使用自来水造成的。因此应科学配置植物，多选抗旱、适应性强的植物，多用木本少用草坪；采用节水灌溉措施，利用汛期强降水设立多级积蓄水池，使用抗旱保水剂等实现节约并合理用水。制订严格的材料（肥料、农药等）采购、供应、验收和保管办法，杜绝材料的耗费；制订切实可行的材料（肥料、农药、水等）使用办法，提高材料的使用效能；堆沤绿化垃圾，节约肥料成本；推广应用物理、生物、综合防治等病虫害防治方法，节省农药的使用量，同时达到环保的目的。

（4）实行社会招标，降低人工费用

放开绿化养护市场，绿地养护任务实行社会招标制度，实现由“以费养人”转变为“以费养事”。目前北京、上海、济南、石家庄等地都在实行。实践证明，通过招标获取养护任务的公司，养护成本构成明显合理。

（5）认真抓好质量标准和经费定额的落实

质量标准是对养护工程的目标要求，是衡量养护水平的一把尺子，也是实行依法推进绿地养护的根据。同时绿地养护经费定额，作为实现绿地养护质量标准的资金保障条件，是核定养护成本、核拨绿化养护经费的依据。

（6）加强宣传教育，减少人为破坏

引导市民积极参与社区绿化工作，用实际行动爱护城市居住环境。加强宣传教育工作，通过设置标语、警示牌等，提醒人们注意，如“小草青青，请勿践踏”等，提高市民爱护绿地、主动参与管理养护的意识，减少人为破坏，从而节约绿化养护总成本。此外，加强安全教育监督，防止发生工伤安全事故，这也可在一定程度上节约绿化养护总成本。

◇任务实施

1. 材料

已中标的园林绿地养护项目及其详细资料（地理位置、建成时间、所起作用、历年养护管理情况及现状等）城市现行的园林绿化养护管理标准或质量标准、园林绿地养护管理定额标准等。

2．任务流程

园林绿地养护成本控制流程如图9-1所示。

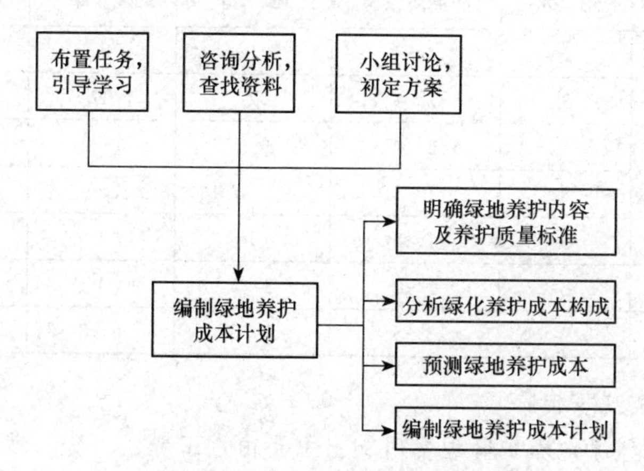

图9-1 园林绿地养护成本控制流程图

3．操作步骤

（1）明确绿地养护内容及养护质量标准

①绿化养护内容 绿化养护对于绿地功能的保持具有非常重要的作用，各类绿地的养护内容主要包括绿地内园林植物、各类绿化设施、绿地建筑及构筑物、水体及给排水系统等方面的养护和维护，其中重点是对园林植物的养护和维护，即对绿地中草坪、灌木、乔木、草本花卉、水生植物、垂直绿化、屋顶绿化、悬挂绿化、盆栽植物等按养护质量标准要求实施养护管理，主要任务以3个阶段浇水（春季返青水、夏季抗旱保苗、冬季浇冻水）、病虫害防治、植物整形修剪、中耕松土除草、施肥、清理绿化垃圾为主。

②绿地养护标准 根据园林绿地所处位置的重要程度和养护管理水平的高低，可将园林绿地的养护管理分成不同等级。由高到低分为：特级养护管理、一级养护管理、二级养护管理3个等级。各级养护质量标准要求不同，级别越高，要求越精细（详见城市园林绿化养护管理标准DB11/T 213—2003）。大部分城市绿地养护标准一般只划分一级和二级养护管理2个等级（表9-1）。

表9-1 绿化养护等级技术措施和要求

次/年

级 别	类 别	浇 水	防治病虫害	修 剪	除 草	施 肥	垃圾处理
一级	乔 木	6	3～4	2	2	1	随产随清
	灌 木	6	3～5	2～4	4	2～4	
	绿 篱	5	3～5	6～10	1	2	
	花 卉	10	2～3	2～3	3～4	3	
	藤蔓植物	6	2～3	1～2	2	1	
	整形植物	6	3～5	6～10	2	2	
	草 坪	6	4～6	6～8	10～12	3	

（续）

级别	类别	浇水	防治病虫害	修剪	除草	施肥	垃圾处理
二级	乔木	3	2～3	1	1	1	日产日清
	灌木	3	2～4	2	2	2	
	绿篱	3	2～4	3～5	1～2	1	
	花卉	8	1～2	1～2	1～2	2	
	藤蔓植物	3	1～2	1	1	1	
	整形植物	3	1～2	3～5	1	1	
	草坪	3	3～5	3～5	6～8	2	

（2）分析绿地养护成本构成

据调查分析，园林绿地养护管理费用支出主要由人工费、水费、燃料费、车辆和机械使用费、电费、农药费及其他费用构成。其中绿地养护管理费用支出主要以人工、水、燃料、车辆和机械使用费为主，主要任务以3个阶段浇水（春季返青水、夏季抗旱保苗、冬季浇上冻水）、夏季病虫害防治、植物整形修剪为主。如2006年邯郸市园林绿地养护管理费用中人工费82.79万元，占27.1%；水费71.59万元，占23.5%；燃料费60.93万元，占19.9%；车辆费38.45万元，占12.6%；电费5.37万元，占1.8%；农药费2.29万元，占0.8%；其他费用（如机械费、材料费、运输费、苗木费、场地租赁、喷泉维修及其他直接费）43.62万元，占14.3%。

（3）预测绿地养护成本

要搞好园林绿地养护成本管理和提高绿地养护成本管理水平，首先要认真开展成本预测工作。根据城市园林绿化养护质量标准和城市园林绿化养护管理标准定额，初步预测绿地养护的成本可能达到的水平，规划一定时期的绿地养护成本水平和养护成本目标，考虑各种降低成本的方案，对比分析实现成本目标的各项方案，选取最优成本方案，预计实施后的成本水平，正式确定成本目标，进行最有效的成本决策（表9-2）。

表9-2　绿地养护成本预测表

成本项目	绿化养护费用（元）	预计支出（元）	收支对比	亏损率
人工费				
水费				
肥料				
农药费				
燃料费				
电费				
机械费				
绿化垃圾清运费				
其他直接费				

（4）编制绿地养护成本计划

根据成本决策的具体内容，编制绿地养护成本计划（表9-3）。并以此作为绿地养护成本控制的依据，加强日常的成本审核监督，随时发现并克服养护管理过程中的损失浪费情况，在平时要认真组织成本核算工作，建立健全成本核算制度和各项基本工作，严格执行成本开支范围，采用适当的成本核算方法，正确计算绿地养护成本。

（5）成本的考核和分析

安排好成本的考核和分析工作，正确评价绿地养护成本管理业绩，不断改善成本管理措施，提高绿地养护成本管理水平。定期积极地开展成本分析，找出成本升降变动的原因，挖掘降低绿地养护耗费和节约成本开支的潜力。

表9-3　绿地养护成本计划用表（供参考）

<table>
<tr><th>序号</th><th>类　别</th><th>数　量</th><th>年管理养护经费（元）</th><th>总计（元）</th><th>管理月份起止时间</th></tr>
<tr><td>1</td><td>公共绿地（m²）</td><td></td><td></td><td rowspan="6"></td><td rowspan="6"></td></tr>
<tr><td>2</td><td>乔木（株）</td><td></td><td></td></tr>
<tr><td>3</td><td>灌木（株或m²）</td><td></td><td></td></tr>
<tr><td>4</td><td>绿篱（m或m²）</td><td></td><td></td></tr>
<tr><td>5</td><td>草坪及地被（m²）</td><td></td><td></td></tr>
<tr><td>6</td><td>其　他</td><td></td><td></td></tr>
</table>

4. 考核评价（表9-4）

表9-4　园林绿地养护成本控制任务考核评价表

<table>
<tr><td>模　块</td><td colspan="2">园林植物养护管理</td><td>项　目</td><td colspan="2">园林绿地养护成本控制及效益评估</td></tr>
<tr><td>任　务</td><td colspan="3">任务9.1　园林绿地养护成本控制</td><td>学　时</td><td>2</td></tr>
<tr><td>评价类别</td><td>评价项目</td><td>评价子项目</td><td>自我评价（20%）</td><td>小组评价（20%）</td><td>教师评价（60%）</td></tr>
<tr><td rowspan="6">过程性评价（60%）</td><td rowspan="4">专业能力（45%）</td><td>编制成本控制计划能力（15%）</td><td></td><td></td><td></td></tr>
<tr><td>成本分析（10%）</td><td></td><td></td><td></td></tr>
<tr><td>成本预测（10%）</td><td></td><td></td><td></td></tr>
<tr><td>成本计划（10%）</td><td></td><td></td><td></td></tr>
<tr><td rowspan="2">社会能力（15%）</td><td>工作态度（7%）</td><td></td><td></td><td></td></tr>
<tr><td>团队合作（8%）</td><td></td><td></td><td></td></tr>
<tr><td rowspan="2">结果评价（40%）</td><td colspan="2">计划科学性、可行性（15%）</td><td></td><td></td><td></td></tr>
<tr><td colspan="2">成本控制计划文本（25%）</td><td></td><td></td><td></td></tr>
<tr><td colspan="3">评分合计</td><td></td><td></td><td></td></tr>
<tr><td colspan="2">班级：</td><td>姓名：</td><td>第　组</td><td colspan="2">总得分：</td></tr>
</table>

◇巩固训练

1．训练要求

（1）以小组为单位开展训练，组内同学要分工合作、相互配合、团队协作。

（2）绿地养护成本控制计划应具有可行性和科学性。

2．训练内容

（1）结合学校或当地小区园林绿化养护项目，让学生以小组为单位，在咨询学习、小组讨论的基础上，熟悉园林绿地养护成本构成分析、成本预测、成本控制计划编制的基本流程和方法。

（2）以小组为单位，依据学校或当地小区园林绿地养护项目进行成本分析、成本预测、成本控制计划编制。

3．可视成果

编制学校或当地小区园林绿地养护项目成本控制计划。

◇任务小结

园林绿地养护成本控制任务小结如图 9-2 所示。

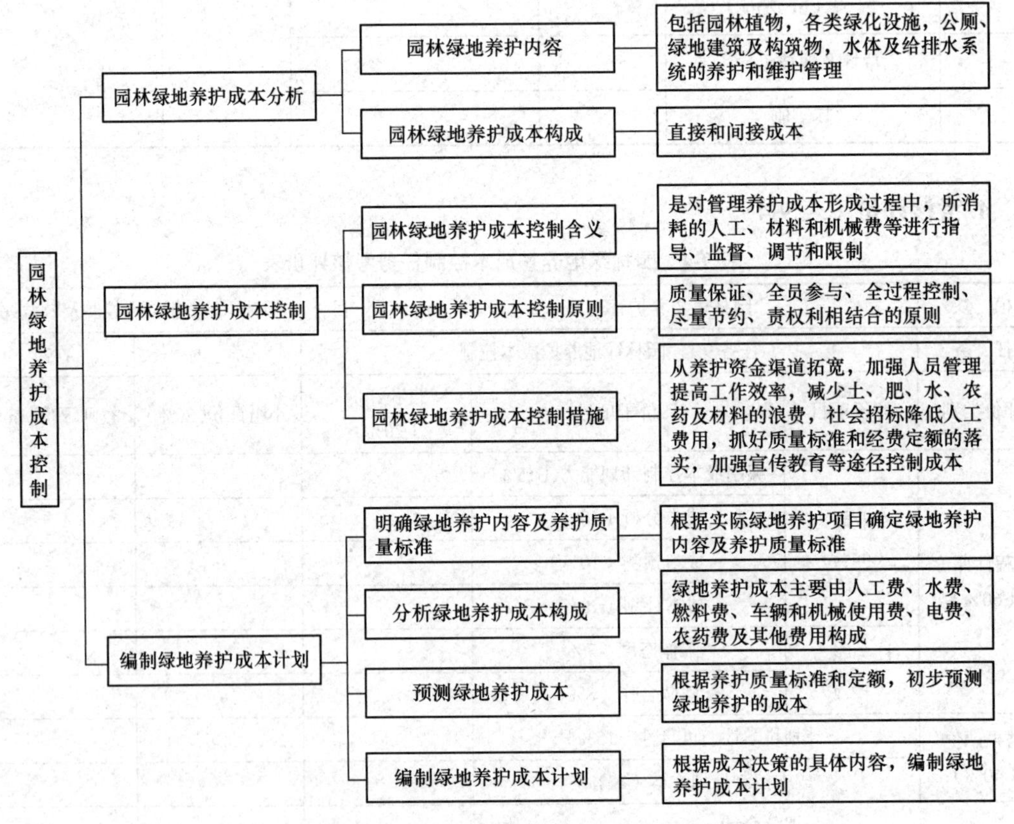

图 9-2　园林绿地养护成本控制任务小结

◇思考与练习

1．填空题

（1）园林绿地养护内容包括________，________，________，________的养护和维护管理。

（2）园林绿地养护的直接成本主要由________、________、________、________等几部分构成。

（3）园林绿地养护直接成本的材料费，即管理养护过程中耗用的各种材料费用，包括________、________、________、________等。

（4）园林绿地养护直接成本的措施费，即________、________、________、________等。

（5）园林绿地养护成本控制原则包括________、________、________、节约、________。

2．问答题

（1）简述园林绿地养护的内容。

（2）简述园林绿地养护成本构成。

（3）分析园林绿地养护成本控制措施。

（4）举例说明编制园林绿地成本控制计划。

任务 9.2　园林绿地养护效益评估

◇任务分析

【任务描述】

本任务学习依托城市绿地养护管理项目为支撑，以学习小组为单位在全面熟悉及掌握城市园林绿地养护质量标准（国标或地标）及标准定额的基础上，利用合理的技术方法和科学先进的计算方法实现效益分析和利润测算。本任务实施宜结合当地城市园林绿化部门（企业）或学院校地养护项目开展。

【任务目标】

（1）能以小组为单位进行园林绿地养护项目的效益分析；

（2）能科学进行园林绿地养护项目的利润测算；

（3）能独立分析和解决实际问题，具有良好的与人沟通能力。

◇知识准备

9.2.1　园林绿地养护项目的效益分析

园林绿化建设是一项巨大的自然和社会相结合，技术与经济相结合，生态措施与工程措施相结合的综合性系统工程；它的活动是对自然环境的保护和再改造。城市园林具有多属性、多功能和多效益的特性，由此产生相应的三大效益指标，即经济效益、社会效益和环境效益。

园林生态经济系统是由园林生态系统和园林经济系统相互作用、相互渗透构成的复合系统。我们既要遵循经济规律；又要重视各种生态规律，把园林再生产视为自然、经济、社会多种因素相互作用的大系统，从而指导人们采取有效的措施和对策，促使园林生态经济系统的良性循环。园林绿化建设经济活动在生产、交换、分配、消费的过程中具有与其他部门经济活动不同的一些特性：①消费主体不同，满足特定对象的消费与覆盖全社会的消费并存；②实现消费的渠道不同，通过市场行为进入消费与不进入市场实现消费并存；③价格形式不同，市场价格与影子价格并存（影子价格：专项资源在其他资源具备的条件下，才能形成价格。影子价格不形成实际价格）；④商品价值形成过程和商品交换内容不同；⑤园林经济的外在性（经济的外在性：指一个单位或个人的某种生产或非生产活动，对于未从事这种活动的单位或个人在经济上带来的影响），决定了评估和计量园林效益的综合性。

9.2.2 园林效益评估和计量的指标和指标体系

为了对园林效益进行准确的评价，需要建立一套科学的、完整的生态经济效益指标与指标体系。只有通过各种指标的具体计算、比较、分析和评估，才能获得科学的、可信的结论。目前常用的计量和评估指标有：吸收二氧化碳、释放氧气、吸收有毒气体、增湿降温、防尘杀菌、降低噪声、产生有形物化产品、经营服务效益、旅游观赏效益等微观计量指标；涵养水源、蓄水保土、防风固沙、调节气候、净化空气等生态环境价值，保健休养价值，社会公益价值，游览观赏价值，美学价值等宏观评估指标（图 9-3）。

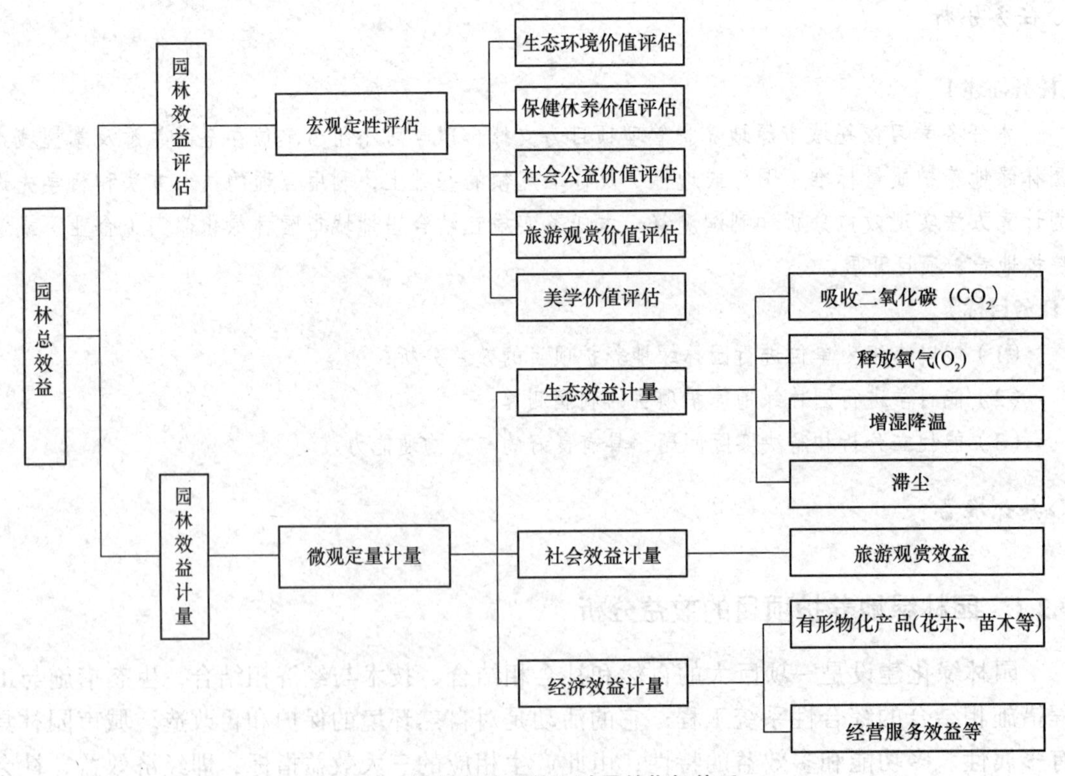

图 9-3 园林效益评估和计量的指标体系

9.2.3 园林综合效益评估和计量的基本方法

园林绿化建设综合效益评估和计量方法，有的与一般商品相同，可以以货币计量；有的则不能直接用货币衡量，必须采取新的科学方法，运用生态经济、环境经济的理论，从宏观上进行定性的评估，从微观上进行定量的计算，才能做出正确合理的价值评定。

9.2.3.1 园林综合效益评估

园林综合效益的宏观评估包括生态环境价值、保健休养价值、游览观赏价值、美学价值、社会公益价值、历史文物价值、生物物种价值等的评估。

（1）生态环境价值的评估

绿色环境是人类生存和发展的物质基础。在号称“热岛”的城市中，园林绿化能够给空气污浊、噪声喧哗、建设密集的城市带来新鲜、清洁而富有生命力的环境。据美国科研部门一份资料显示：绿化间接的社会经济价值是它本身直接经济价值的 18～20 倍，这个测算内容包括：流行病减少收益为 2 倍；环境污染控制收益为 6 倍；森林综合效益为 10～12 倍。美国研究证明，20 世纪 70 年代，仅空气污染对人体的影响每年损失 100 亿美元。前苏联森林的环境保护价值占森林总价值的 3/4。全世界公认森林是多效益的资源。其公益效能的价值大大高于其木材价值。印度一位教授计算，一棵正常生长到 50 年的树，对其群落的贡献，价值为 19.62 万美元，在 50 年中它产生氧气的价值为 3.12 万美元；防治大气污染的价值为 6.25 万美元；防止土壤侵蚀，增加土壤肥力的作用可创造价值为 3.12 万美元；其涵养水源，促进水分再循环的效益约值 3.75 万美元；它为鸟类和其他动物提供栖息环境价值 3.12 万美元。芬兰每年生产木材的价值 17 亿马克，而森林的其他多种效益价值达 53 亿马克，3 倍于木材。我国三北防护林其防护效益占 70.33%，直接效益的价值占 29.67%。波兰砍一棵树的代价是用工业方法制造出相当于这棵树 50 年所生成氧气的全部费用。

（2）保健休养价值的评估

城市园林被称为城市的肺脏。植物在生长阶段可释放杀菌素，有效地净化空气，且绿地空气中的阳离子积累较多，能改善神经功能，调整代谢过程，提高人体的免疫力。经常处在优美、安静的绿色环境中皮肤温度可降低 1～2℃，脉膊每分钟减少 4～8 次，呼吸慢而均匀，血流减慢，心脏负担减轻，有利于高血压、神经衰弱、心脏病人恢复健康。此外，植物绚丽的颜色及释放的芳香物，对大脑皮层有一种良好的刺激，可以解除焦虑，稳定情绪，消除疲劳，有益健康。

（3）美学价值的评估

园林的创造吸取了自然美的精华，通过艺术加工再现于园林，它既是自然景观的提炼和再现，又是人工环境生态平衡的创造。因此，园林是以科学与艺术的原则来进行创作，再形成的一种美的自然与美的生活境域。园林植物包括姿态美、色彩美、嗅觉美、意境美。使人感到亲切、自在，而不像建筑物那样有约束力。此外，人们从园林植物优美景象的直觉开始，通过联想而深化展开，产生优美的园林意境、形成了“景外之景，弦外之音”，融汇了人们的思想情趣与理想、哲理的精神内容，满足人们对感情生活、道德修养的追求，激发人们爱家乡、爱祖国的激情。

（4）游览观赏价值的评估

游憩是多种多样的，但对于城市居民来说，回到大自然中去是人类历史发展中长期形成的一种生态特需。国际现代建筑学会拟定的雅典宪章指出“居住、工作、游憩、交通”是城市四项基本职能。游憩是现代文明的产物，是一种现代生活的补偿现象。社会高度文明是其产生和发展的基础。游憩是劳动生产力再生产所必须的一个环节。作为旅游观赏目标的园林，是风光旅游事业的重要资源和基础。园林促进了旅游业的发展，增加了外汇收入；带动了旅游商品的销售与生产；促进了交通、商业、城市建设的发展和环境质量的提高。

（5）社会公益价值的评估

园林的社会效益表现在满足人民日益增长的文化生活需要。人是通过行为接触环境的，首先产生对环境的探索，以便对环境作出适应。一个清洁优美的环境，给人一种暗示，启发人珍惜和爱护这个环境，启发人积极向上。优美的环境可以促进人们把不良的习气逐步改掉。从环境入手由表及里，使人们随着环境的改变，培养良好的道德风尚，从这方面讲，其起着潜移默化的作用。绿色环境可以陶冶情操，增长知识，消除疲劳，激发起人对自然、对社会、对人际关系的一种满足和爱的感情。在某种意义上讲园林属于生产性建设，大部分以社会方式参与企业的生产，以各自特殊的方式直接或间接地进入产品生产过程。例如，工厂的绿化虽然并非直接表现为生产和流通中获得利润，但它们如同企业的厂房、设备、材料等固定资产一样，将其所创造的价值转移到产品中使企业的盈利增加。园林绿化通过改善生产、生活环境，增进劳动者及其居民身心健康，进而提高劳动生产率和职工出勤率，减少医疗费，提高平均寿命。据我国有关资料报道，凡在绿色优美的环境中劳动，效率可提高 15%～35%；工伤事故可减少 40%～50%。

9.2.3.2 园林效益计量

根据园林的公益效能，来进行功能分类，然后按类别进行定性、定量调查，再将定性数据换算成为货币，这个过程叫作园林效益计量化。园林经济效益指标定量计算方法：对有形的物化产品（花卉、苗木、树木等的价值）和直接经营服务的效益进行定量计算。园林生态效益指标定量计算方法：对园林植物吸收二氧化碳（CO_2）、释放氧气（O_2）、增湿降温、滞尘等生态效益等进行全面调查和定量计算。

$$园林价值（V）= 园林功能（F）/ 费用（C）$$

园林的功能越大 (环境效益、社会效益、经济效益)，园林价值越大；反之，则园林的价值 (V) 越小。提高园林价值的途径有五条：园林功能不变，费用下降；园林功能提高，费用不变；园林功能大幅度提高，费用少量提高；园林功能略有下降，费用大幅度下降；园林功能提高，费用下降。

◇**任务实施**

1．材料

有关城市园林绿地的详细资料（包括绿地总面积，其中公共绿地面积、公园个数及总面积、年游人量、花园及苗圃面积、参与绿化工人数，城市非农业人口、绿化覆盖率、人均占有公共绿地面积，实有树木株数、道路绿化总长度，苗圃在圃量、苗木繁殖量、出圃量，花卉生产及出圃量等）。

2．任务流程

园林绿地效益评估流程如图9-4所示。

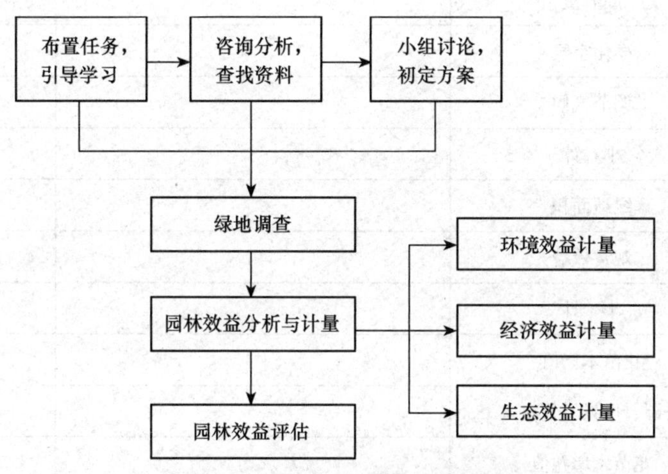

图9-4　园林绿地效益评估流程图

3．操作步骤

（1）设计表格，进行绿地调查，获取详细的资料，并对调查后的数据进行整理（表9-5）。

表9-5　园林绿地基本情况调查表

调查城市或地点：			调查时间：		
序号	调查项目	数　量	个　数	游人量	备　注
1	绿地总面积				
2	公共绿地面积				
3	公园面积				
4	动物园				
5	苗　圃				
6	花　园				
7	年末工人数				
8	城市非农业人口				
9	绿化覆盖率				
10	人均占有公共绿地面积				
⋮					

（2）讨论研究确定绿地效益评估和计量的指标和指标体系（表 9-6）。

表 9-6　园林绿地效益指标及计量

类　别	效益指标	计量指标	备　注
生态效益	绿地面积		
	放氧量		
生态效益	净化空气		
生态效益	调节气候		
	小　计		
社会效益	绿地面积		
	观赏效益		
	小　计		
经济效益	花苗木产值		
	公园、风景经营收入		
	花苗木增益值		
	小　计		
合　计			

（3）选取先进科学方法进行绿地效益的评估和计量。

园林 3 个效益可计算的总值为：环境效益＋社会效益＋经济效益。其中经济效益的评估可遵照工程经济分析中的独立型方案评价进行。独立方案在经济上是否可接受，取决于方案自身的经济性，即方案的经济效果是否达到或超过了预定的评价标准或水平。预知这一点，只需通过计算方案的经济效果指标，并按照指标的判别准则加以检验就可做到。这种对方案自身的经济性的检验叫作“绝对经济效果检验”，如果方案通过了绝对经济效果检验，就认为方案在经济上是可行的，是值得投资的。

①应用投资收益率对投资方案进行评价　确定行业的基准投资收益率（*Rc*）；计算投资方案的投资收益率（*R*）；进行判断，当 $R \geqslant Rc$ 时，方案在经济上是可行的。

②应用投资回收期对投资方案进行评价　确定行业或投资者的基准投资回收期（*Pc*）；计算投资方案的静态投资回收期（*Pt*）；进行判断，当 $Pt \leqslant Pc$ 时，方案在经济上是可行的。

③应用 *NPV* 对投资方案进行评价　依据现金流量表和确定的基准收益率 *ic* 计算方案的净现值（*NPV*）；对方案进行评价，当 $NPV \geqslant 0$ 时，方案在经济上是可行的。

④应用 *IRR* 对投资方案进行评价　计算出内部收益率（*IRR*）后，将 *IRR* 与基准收益率 *ic* 进行比较。当 $IRR \geqslant ic$ 时，方案在经济上是可行的。

⑤进行园林综合效益分析，按价值工程计算：V=3 个效益总值 /（维护费＋建设费）。

4．考核评价（表 9-7）

表 9-7 园林绿地养护效益评估考核评价表

<table>
<tr><td>模 块</td><td colspan="3">园林植物养护管理</td><td>项 目</td><td colspan="2">园林绿地养护成本控制及效益评估</td></tr>
<tr><td>任 务</td><td colspan="4">任务 9.2 园林绿地养护效益评估</td><td>学 时</td><td>2</td></tr>
<tr><td>评价类别</td><td>评价项目</td><td colspan="2">评价子项目</td><td>自我评价（20%）</td><td>小组评价(20%)</td><td>教师评价（60%）</td></tr>
<tr><td rowspan="7">过程性评价（60%）</td><td rowspan="5">专业能力（45%）</td><td colspan="2">调查统计（8%）</td><td></td><td></td><td></td></tr>
<tr><td rowspan="4">方案实施能力</td><td>数据整理（7%）</td><td></td><td></td><td></td></tr>
<tr><td>环境效益评估（10%）</td><td></td><td></td><td></td></tr>
<tr><td>社会效益评估（10%）</td><td></td><td></td><td></td></tr>
<tr><td>经济效益评估（10%）</td><td></td><td></td><td></td></tr>
<tr><td rowspan="2">社会能力（15%）</td><td colspan="2">工作态度（7%）</td><td></td><td></td><td></td></tr>
<tr><td colspan="2">团队合作（8%）</td><td></td><td></td><td></td></tr>
<tr><td rowspan="2">结果评价（40%）</td><td colspan="3">计算（20%）</td><td></td><td></td><td></td></tr>
<tr><td colspan="3">效益评估方案（20%）</td><td></td><td></td><td></td></tr>
<tr><td colspan="4">评分合计</td><td></td><td></td><td></td></tr>
<tr><td colspan="2">班级：</td><td colspan="2">姓名：</td><td>第 组</td><td colspan="2">总得分：</td></tr>
</table>

◇**巩固训练**

1．训练要求

（1）以小组为单位开展训练，组内同学要分工合作、相互配合、团队协作。

（2）园林绿地效益评估方案应具有科学性、实用性。

2．训练内容

（1）结合学校或当地小区园林绿地，让学生以小组为单位，在咨询学习、小组讨论的基础上，熟悉园林绿地效益评估的基本流程和方法。

（2）以小组为单位，依据学校或当地小区园林绿地进行效益评估和测算。

3．可视成果

编制学校或当地小区园林绿地效益评估方案。

◇**任务小结**

园林绿地养护效益评估任务小结如图 9-5 所示。

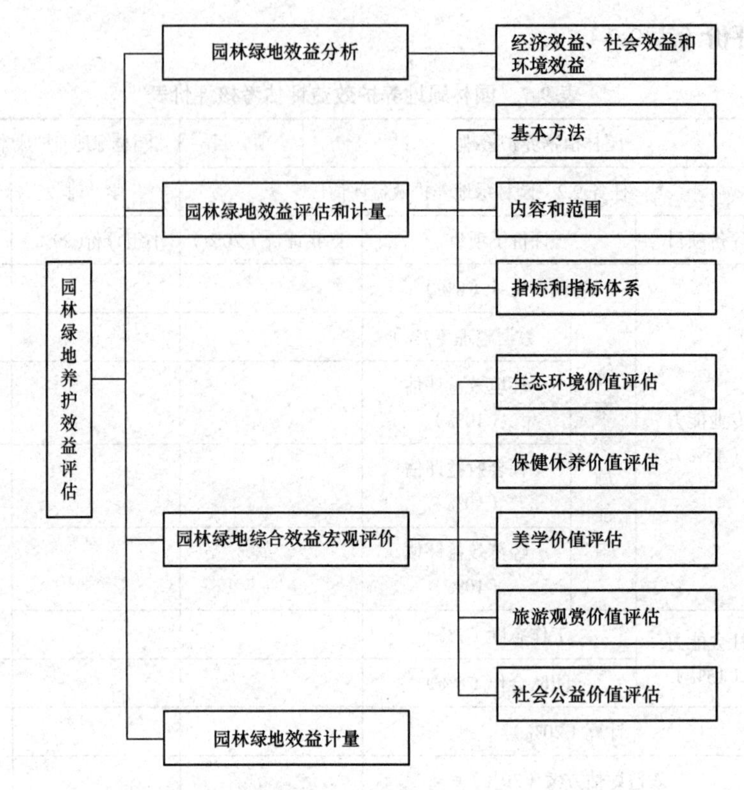

图 9-5　园林绿地养护效益评估任务小结

◇思考与练习

1．简述园林绿地效益组成及意义。
2．论述园林绿地效益评估指标和计量方法。
3．园林绿化建设经济活动区别于其他经济活动的特征体现在哪些方面？
4．提高园林价值的途径有哪些？

◇自主学习资源库

1．浅谈园林绿地管护成本的构成及控制．李磊．江苏林业科技，2010.
2．园林绿化效益的评估和计量．贺振，徐金祥．中国园林，1993.
3．园林工程概预算与施工组织管理．董三孝．中国林业出版社，2003.
4．城市园林绿化养护管理标准（DB 11/T 213—2003）.
5．重庆市城市园林绿化养护质量标准（试行）.
6．重庆市园林绿化养护管理标准定额（试行）.

参 考 文 献

包满珠，2003．花卉学 [M]．北京：中国农业出版社．
北京市质量技术监督局，2005．屋顶绿化规范：DB11/T 281—2005[S]．北京：中国标准出版社．
北京市质量技术监督局，2003．城市园林绿化养护管理标准：DB11/T 213—2003[S]．北京：中国标准出版社．
曹春英，2001．花卉栽培学 [M]．北京：中国农业出版社．
陈其兵，2016．观赏竹与景观 [M]．北京：中国林业出版社．
陈为民，2012．园林土壤退化分析与培肥策略 [J]．黑龙江农业科学（6）．
成海钟，2002．园林植物栽培与养护 [M]．北京：高等教育出版社．
邓华平，刘庆阳，杨小民，等，2018. 大树反季节移栽技术与应用实例 [M]. 北京：中国农业科学技术出版社．
丁世民，2008．园林绿地养护技术 [M]．北京：中国农业大学出版社．
董三孝，2003．园林工程概预算与施工组织管理 [M]．北京：中国林业出版社．
范伟，2012．浅议园林景观工程施工放样 [J]．城市建设理论研究（2）．
郭学望，2002．园林树木栽培养护学 [M]．北京：中国林业出版社．
贺振，徐金祥，1993．园林绿化效益的评估和计量 [J]．中国园林．
江胜德，2004．园林苗木生产 [M]．北京：中国林业出版社．
劳动和社会保障部教材办公室，上海市职业培训指导中心，2004．花卉园艺工（高级）[M]．北京：中国劳动社会保障出版社．
李磊，2010．浅谈园林绿地管护成本的构成及控制 [J]．江苏林业科技．
刘伟灵，2011．简述园林绿化种植施工放样 [J]．建材发展导向（7）．
刘燕，2009．园林花卉学 [M]．2 版．北京：中国林业出版社．
芦建国，2000．园林植物栽培学 [M]．南京：南京大学出版社．
鲁平，2006．园林植物修剪与造型造景 [M]．北京：中国林业出版社．
吕玉奎，2016．200 种常用园林植物栽培与养护技术 [M]．北京：化学工业出版社．
孟金花，2011．困难立地条件下园林植物栽植初探 [J]．农村科技 (10)．
潘文明，2001．观赏树木学 [M]．北京：中国农业出版社．
庞丽萍，苏小惠，2012．园林植物栽培与养护 [M]．郑州：黄河水利出版社．
苏付保，2003．园林苗圃学 [M]．沈阳：白山出版社．
孙吉雄，2006．草坪技术手册——草坪工程 [M]. 北京：化学工业出版社．
孙廷，2013．草坪建植与养护 [M]．北京：中国农业出版社．
王立新，2012．园林花卉栽培与养护 [M]．北京：中国劳动社会保障出版社．
魏岩，2003．园林植物栽培与养护 [M]．北京：中国科学技术出版社．
吴辉英，2012．绿化大苗培育技术 [J]．现代农业科技（5）．
吴开金，2008．城市绿化苗木出圃准备工作及技术管理 [J]．农业科技与信息（8）．
吴泽民，2003．园林树木栽培学 [M]．北京：中国农业出版社．
吴志华，2002．花卉生产技术 [M]．北京：中国林业出版社．
徐友道，2010．绿化施工与苗木移植 [J]．福建热作科技，35（2）．
杨瑞卿，汤丽青，2006．城市土壤的特征及其对城市园林绿化的影响 [J]．江苏林业科技，33（3）．
义鸣放，2000．球根花卉 [M]．北京：中国农业大学出版社．
义鸣放，王玉国，等．2000．唐菖蒲 [M]．北京：中国农业出版社．

英国皇家园艺学会，2002．草坪建植与养护彩色图说 [M]. 王彩云，姚崇怀，译．北京：中国农业出版社．
张东林，2006．高级园林绿化与育苗工培训考试教程 [M]．北京：中国林业出版社.
张小红，2016．园林树木移植与养护管理 [M]．北京：化学工业出版社．
赵定国，李乔，等，2001．平顶屋顶绿化的好材料——佛甲草初考 [J]．上海农业学报，17(4).
赵海霞，2012．提高远调苗木成活率的措施 [J]．安徽农学通报，18(4).
周兴元，2006．园林植物栽培养护 [M]．北京：高等教育出版社.
朱春生，2012．观赏竹栽培新技术 [M]. 呼和浩特：内蒙古人民出版社．
祝志勇，2006．园林植物造型技术 [M]．北京：中国林业出版社.
祝遵凌，王瑞辉，2005．园林植物栽培养护 [M]．北京：中国林业出版社.
邹原东，2013．园林绿化施工与养护 [M]．北京：化学工业出版社．